STEAM EDUCATION SERIES

융합교육 시리즈 10

곱셈 프랙탈 디자인을 만나다

안대영 지음

KYOWOOSA 교우사

머리말

이책은 프랙탈의 새로운 몸짓이다. 프랙탈은 자연을 탐구하는 수학이다. 자연에서 나타나는 자기닮음의 현상을 수학적으로 탐구하는 학문이다. 프랙탈은 자기닮음을 기본으로 한다. 프랙탈을 생성하는 방법으로 도형을 분할, 카오스 게임, L-system 등이 있다. 저자는 프랙탈을 만드는 새로운 방법을 만들었다. 연산을 이용하여 프랙탈을 새롭게 만들어 보았다. 곱셈을 이용하여 프랙탈을 만드는 방법을 소개한다. 프랙탈을 통해서 디자인의 아름다운 세계를 함께 즐길 수 있는 기회를 만들기 위해 이 책을 출판하였다.

1장은 곱셈-곱셈 프랙탈이다. 곱셈-곱셈이란 1단계에서 2단계 프랙탈을 만들때 곱셈을 이용한다. 곱셈 프랙탈은 주어진 1단계 프랙탈에서 두 개의 자기반복을 곱하여 만든다. 곱셈을 이용하는 방법을 소개하고, 엑셀을 이용하여 계산하는 방법을 소개하고 있다. 곱셈 프랙탈은 일반적으로 알고 있는 프랙탈이다. 프랙탈 차원이 단계에 따라 유지되는 것을 알 수 있다.

3×3과 4×4의 프랙탈을 다루고 있다. 1단계의 도형이 3단계에서 그데로 유지된다. 1단계, 2단계, 3단계의 각 단계에서 나타나는 패턴을 탐구해 보자.

2장은 곱셈-덧셈 프랙탈이다. 1단계를 2개의 자기 반복으로 나타낸 다음, 두개의 표에 대응하는 값을 곱하여 2단계의 프랙탈을 만든다. 1단계와 2단계의 덧셈을 이용하여 3단계의 프랙탈을 만드는 방법을 통하여 프랙탈을 디자인으로 만드는 방법을 설명하고 있다.

3×3 프랙탈에서 8×8까지의 프랙탈을 다루고 있다. 프랙탈 디자인을 적용할 수 있는 분야를 생각해 보자.

3장은 곱셈-뺄셈 프랙탈이다. 2단계의 프랙탈을 곱셈을 이용하고, 3단계의 프랙탈은 뺄셈을 이용한다. 곱셈 프랙탈은 우리에게 익숙하다. 3단계의 프랙탈 도형을 살펴보면, 1단계의 프랙탈에서 2단계의 프랙탈을 제거한 모습을 살펴볼 수 있다. 프랙탈의 수학적인 성질을 탐구하고, 디자인의 관점에서도 프랙탈을 즐겨보길 바란다. 자기 자신 안에 자기가 아닌 자기가 있음을 알 수 있다. 나안에 나 아닌 나가 존재한다. 프랙탈의 아름다움을 맘껏 즐겨보길 바란다. 디자인으로서 가치있는 것들을 만들고 느끼는 기회가 되길 바란다.

4장은 곱셈-나눗셈 프랙탈이다. 2단계는 곱셈을 이용하고, 3단계는 나눗셈을 이용한다. 나눗셈은 덧셈 프랙탈의 결과를 2로 나눈 나머지를 이용한다. 덧셈 프랙탈의 성질과 뺄셈 프랙탈의 성질이 함께 나타난다. 덧셈 프랙탈의 무거움 보다는 가볍고, 뺄셈 프랙탈의 깨끗함 보다 좀 세심함을 느껴 볼 수 있다.

프랙탈을 이용하여 디자인 하는 과정을 통해서, 수학이란 학문이 세상을 향해 함께 이야기 하고 공유할 수 있는 기회를 함께 가져보길 바란다. 프랙탈 디자인을 통해 수학과 미술이 함께 어울려 새로운 세상을 만들어 가는 기회가 되길 바란다. 이 책이 세상을 향해 수학이 이야기 하고 싶을 것을 나눌 수 있는 기회를 갖게 도와주신 오판근 사장님을 비롯한 임직원 여러분의 수고에 깊이 감사드립니다.

2015년 4월
안대영

차례

4장 곱셈-나눗셈 프랙탈 디자인/ 149

제 1 장

곱셈-곱셈 프랙탈 디자인

1 곱셈-곱셈 프랙탈 만들기

곱셈-곱셈 프랙탈은 2단계와 3단계 프랙탈을 만들때 곱셈만을 이용한다.

(1) 1단계 프랙탈

① 1단계의 프랙탈이 다음과 같이 주어져 있다.

1	2	3
4	0	6
7	8	9

(2) 2단계 곱셈 프랙탈

① 2단계의 프랙탈은 1단계의 프랙탈을 이용하여 다음과 같이 만들어 보자. 왼쪽은 1단계의 각 셀에 있는 수를 9번씩 반복하였다. 오른쪽은 1단계 9개의 수를 9번 반복해보자.

1	1	1	2	2	2	3	3	3
1	1	1	2	2	2	3	3	3
1	1	1	2	2	2	3	3	3
4	4	4	0	0	0	6	6	6
4	4	4	0	0	0	6	6	6
4	4	4	0	0	0	6	6	6
7	7	7	8	8	8	9	9	9
7	7	7	8	8	8	9	9	9
7	7	7	8	8	8	9	9	9

1	2	3	1	2	3	1	2	3
4	0	6	4	0	6	4	0	6
7	8	9	7	8	9	7	8	9
1	2	3	1	2	3	1	2	3
4	0	6	4	0	6	4	0	6
7	8	9	7	8	9	7	8	9
1	2	3	1	2	3	1	2	3
4	0	6	4	0	6	4	0	6
7	8	9	7	8	9	7	8	9

② 각 셀에 해당하는 수를 곱한다. 왼쪽의 처음셀과 오른쪽의 처음 셀처럼 대응하는 수의 곱을 구한다. 2단계의 곱셈 프랙탈을 만들어 보자.

1×1	1×2	1×3	2×1	2×2	2×3	3×1	3×2	3×3
1×4	1×0	1×6	2×4	2×0	2×6	3×4	3×0	3×6
1×7	1×8	1×9	2×7	2×8	2×9	3×7	3×8	3×9
4×1	4×2	4×3	0×1	0×2	0×3	6×1	6×2	6×3
4×4	4×0	4×6	0×4	0×0	0×6	6×4	6×0	6×6
4×7	4×8	4×9	0×7	0×8	0×9	6×7	6×8	6×9
7×1	7×2	7×3	8×1	8×2	8×3	9×1	9×2	9×3
7×4	7×0	7×6	8×4	8×0	8×6	9×4	9×0	9×6
7×7	7×8	7×9	8×7	8×8	8×9	9×7	9×8	9×9

③ 계산의 결과는 아래와 같다.

1	2	3	2	4	6	3	6	9
4	0	6	8	0	12	12	0	18
7	8	9	14	16	18	21	24	27
4	8	12	0	0	0	6	12	18
16	0	24	0	0	0	24	0	36
28	32	36	0	0	0	42	48	54
7	14	21	8	16	24	9	18	27
28	0	42	32	0	48	36	0	54
49	56	63	56	64	72	63	72	81

(3) 3단계 곱셈 프랙탈

① 2단계의 ① 표를 참고하여 아래와 같이 채워 보자. 1단계의 각 셀을 27개씩 채운다.

1	1	1	1	1	1	1	1	1	2	2	2	2	2	2	2	2	2	3	3	3	3	3	3	3	3	3
1	1	1	1	1	1	1	1	1	2	2	2	2	2	2	2	2	2	3	3	3	3	3	3	3	3	3
1	1	1	1	1	1	1	1	1	2	2	2	2	2	2	2	2	2	3	3	3	3	3	3	3	3	3
1	1	1	1	1	1	1	1	1	2	2	2	2	2	2	2	2	2	3	3	3	3	3	3	3	3	3
1	1	1	1	1	1	1	1	1	2	2	2	2	2	2	2	2	2	3	3	3	3	3	3	3	3	3
1	1	1	1	1	1	1	1	1	2	2	2	2	2	2	2	2	2	3	3	3	3	3	3	3	3	3
1	1	1	1	1	1	1	1	1	2	2	2	2	2	2	2	2	2	3	3	3	3	3	3	3	3	3
1	1	1	1	1	1	1	1	1	2	2	2	2	2	2	2	2	2	3	3	3	3	3	3	3	3	3
1	1	1	1	1	1	1	1	1	2	2	2	2	2	2	2	2	2	3	3	3	3	3	3	3	3	3
4	4	4	4	4	4	4	4	4	0	0	0	0	0	0	0	0	0	6	6	6	6	6	6	6	6	6
4	4	4	4	4	4	4	4	4	0	0	0	0	0	0	0	0	0	6	6	6	6	6	6	6	6	6
4	4	4	4	4	4	4	4	4	0	0	0	0	0	0	0	0	0	6	6	6	6	6	6	6	6	6
4	4	4	4	4	4	4	4	4	0	0	0	0	0	0	0	0	0	6	6	6	6	6	6	6	6	6
4	4	4	4	4	4	4	4	4	0	0	0	0	0	0	0	0	0	6	6	6	6	6	6	6	6	6
4	4	4	4	4	4	4	4	4	0	0	0	0	0	0	0	0	0	6	6	6	6	6	6	6	6	6
4	4	4	4	4	4	4	4	4	0	0	0	0	0	0	0	0	0	6	6	6	6	6	6	6	6	6
4	4	4	4	4	4	4	4	4	0	0	0	0	0	0	0	0	0	6	6	6	6	6	6	6	6	6
4	4	4	4	4	4	4	4	4	0	0	0	0	0	0	0	0	0	6	6	6	6	6	6	6	6	6
7	7	7	7	7	7	7	7	7	8	8	8	8	8	8	8	8	8	9	9	9	9	9	9	9	9	9
7	7	7	7	7	7	7	7	7	8	8	8	8	8	8	8	8	8	9	9	9	9	9	9	9	9	9
7	7	7	7	7	7	7	7	7	8	8	8	8	8	8	8	8	8	9	9	9	9	9	9	9	9	9
7	7	7	7	7	7	7	7	7	8	8	8	8	8	8	8	8	8	9	9	9	9	9	9	9	9	9
7	7	7	7	7	7	7	7	7	8	8	8	8	8	8	8	8	8	9	9	9	9	9	9	9	9	9
7	7	7	7	7	7	7	7	7	8	8	8	8	8	8	8	8	8	9	9	9	9	9	9	9	9	9
7	7	7	7	7	7	7	7	7	8	8	8	8	8	8	8	8	8	9	9	9	9	9	9	9	9	9
7	7	7	7	7	7	7	7	7	8	8	8	8	8	8	8	8	8	9	9	9	9	9	9	9	9	9
7	7	7	7	7	7	7	7	7	8	8	8	8	8	8	8	8	8	9	9	9	9	9	9	9	9	9

② 2단계의 두번째 표를 9번씩 반복하였다.

1	2	3	2	4	6	3	6	9	1	2	3	2	4	6	3	6	9	1	2	3	2	4	6	3	6	9
4	0	6	8	0	12	12	0	18	4	0	6	8	0	12	12	0	18	4	0	6	8	0	12	12	0	18
7	8	9	14	16	18	21	24	27	7	8	9	14	16	18	21	24	27	7	8	9	14	16	18	21	24	27
4	8	12	0	0	0	6	12	18	4	8	12	0	0	0	6	12	18	4	8	12	0	0	0	6	12	18
16	0	24	0	0	0	24	0	36	16	0	24	0	0	0	24	0	36	16	0	24	0	0	0	24	0	36
28	32	36	0	0	0	42	48	54	28	32	36	0	0	0	42	48	54	28	32	36	0	0	0	42	48	54
7	14	21	8	16	24	9	18	27	7	14	21	8	16	24	9	18	27	7	14	21	8	16	24	9	18	27
28	0	42	32	0	48	36	0	54	28	0	42	32	0	48	36	0	54	28	0	42	32	0	48	36	0	54
49	56	63	56	64	72	63	72	81	49	56	63	56	64	72	63	72	81	49	56	63	56	64	72	63	72	81
1	2	3	2	4	6	3	6	9	1	2	3	2	4	6	3	6	9	1	2	3	2	4	6	3	6	9
4	0	6	8	0	12	12	0	18	4	0	6	8	0	12	12	0	18	4	0	6	8	0	12	12	0	18
7	8	9	14	16	18	21	24	27	7	8	9	14	16	18	21	24	27	7	8	9	14	16	18	21	24	27
4	8	12	0	0	0	6	12	18	4	8	12	0	0	0	6	12	18	4	8	12	0	0	0	6	12	18
16	0	24	0	0	0	24	0	36	16	0	24	0	0	0	24	0	36	16	0	24	0	0	0	24	0	36
28	32	36	0	0	0	42	48	54	28	32	36	0	0	0	42	48	54	28	32	36	0	0	0	42	48	54
7	14	21	8	16	24	9	18	27	7	14	21	8	16	24	9	18	27	7	14	21	8	16	24	9	18	27
28	0	42	32	0	48	36	0	54	28	0	42	32	0	48	36	0	54	28	0	42	32	0	48	36	0	54
49	56	63	56	64	72	63	72	81	49	56	63	56	64	72	63	72	81	49	56	63	56	64	72	63	72	81
1	2	3	2	4	6	3	6	9	1	2	3	2	4	6	3	6	9	1	2	3	2	4	6	3	6	9
4	0	6	8	0	12	12	0	18	4	0	6	8	0	12	12	0	18	4	0	6	8	0	12	12	0	18
7	8	9	14	16	18	21	24	27	7	8	9	14	16	18	21	24	27	7	8	9	14	16	18	21	24	27
4	8	12	0	0	0	6	12	18	4	8	12	0	0	0	6	12	18	4	8	12	0	0	0	6	12	18
16	0	24	0	0	0	24	0	36	16	0	24	0	0	0	24	0	36	16	0	24	0	0	0	24	0	36
28	32	36	0	0	0	42	48	54	28	32	36	0	0	0	42	48	54	28	32	36	0	0	0	42	48	54
7	14	21	8	16	24	9	18	27	7	14	21	8	16	24	9	18	27	7	14	21	8	16	24	9	18	27
28	0	42	32	0	48	36	0	54	28	0	42	32	0	48	36	0	54	28	0	42	32	0	48	36	0	54
49	56	63	56	64	72	63	72	81	49	56	63	56	64	72	63	72	81	49	56	63	56	64	72	63	72	81

③ 두 표에 대응하는 셀의 곱을 구하여 3단계의 곱셈 프랙탈을 만들었다.

1	2	3	2	4	6	3	6	9	2	4	6	4	8	12	6	12	18	3	6	9	6	12	18	9	18	27
4	0	6	8	0	12	12	0	18	8	0	12	16	0	24	24	0	36	12	0	18	24	0	36	36	0	54
7	8	9	14	16	18	21	24	27	14	16	18	28	32	36	42	48	54	21	24	27	42	48	54	63	72	81
4	8	12	0	0	0	6	12	18	8	16	24	0	0	0	12	24	36	12	24	36	0	0	0	18	36	54
16	0	24	0	0	0	24	0	36	32	0	48	0	0	0	48	0	72	48	0	72	0	0	0	72	0	108
28	32	36	0	0	0	42	48	54	56	64	72	0	0	0	84	96	108	84	96	108	0	0	0	126	144	162
7	14	21	8	16	24	9	18	27	14	28	42	16	32	48	18	36	54	21	42	63	24	48	72	27	54	81
28	0	42	32	0	48	36	0	54	56	0	84	64	0	96	72	0	108	84	0	126	96	0	144	108	0	162
49	56	63	56	64	72	63	72	81	98	112	126	112	128	144	126	144	162	147	168	189	168	192	216	189	216	243
4	8	12	8	16	24	12	24	36	0	0	0	0	0	0	0	0	0	6	12	18	12	24	36	18	36	54
16	0	24	32	0	48	48	0	72	0	0	0	0	0	0	0	0	0	24	0	36	48	0	72	72	0	108
28	32	36	56	64	72	84	96	108	0	0	0	0	0	0	0	0	0	42	48	54	84	96	108	126	144	162
16	32	48	0	0	0	24	48	72	0	0	0	0	0	0	0	0	0	24	48	72	0	0	0	36	72	108
64	0	96	0	0	0	96	0	144	0	0	0	0	0	0	0	0	0	96	0	144	0	0	0	144	0	216
112	128	144	0	0	0	168	192	216	0	0	0	0	0	0	0	0	0	168	192	216	0	0	0	252	288	324
28	56	84	32	64	96	36	72	108	0	0	0	0	0	0	0	0	0	42	84	126	48	96	144	54	108	162
112	0	168	128	0	192	144	0	216	0	0	0	0	0	0	0	0	0	168	0	252	192	0	288	216	0	324
196	224	252	224	256	288	252	288	324	0	0	0	0	0	0	0	0	0	294	336	378	336	384	432	378	432	486
7	14	21	14	28	42	21	42	63	8	16	24	16	32	48	24	48	72	9	18	27	18	36	54	27	54	81
28	0	42	56	0	84	84	0	126	32	0	48	64	0	96	96	0	144	36	0	54	72	0	108	108	0	162
49	56	63	98	112	126	147	168	189	56	64	72	112	128	144	168	192	216	63	72	81	126	144	162	189	216	243
28	56	84	0	0	0	42	84	126	32	64	96	0	0	0	48	96	144	36	72	108	0	0	0	54	108	162
112	0	168	0	0	0	168	0	252	128	0	192	0	0	0	192	0	288	144	0	216	0	0	0	216	0	324
196	224	252	0	0	0	294	336	378	224	256	288	0	0	0	336	384	432	252	288	324	0	0	0	378	432	486
49	98	147	56	112	168	63	126	189	56	112	168	64	128	192	72	144	216	63	126	189	72	144	216	81	162	243
196	0	294	224	0	336	252	0	378	224	0	336	256	0	384	288	0	432	252	0	378	288	0	432	324	0	486
343	392	441	392	448	504	441	504	567	392	448	504	448	512	576	504	576	648	441	504	567	504	576	648	567	648	729

(4) 곱셈 프랙탈 간단히 만들기

① 1단계의 프랙탈이 다음과 같이 주어져 있다.

1	1	1
1	0	1
1	1	1

② 2단계의 프랙탈을 만들어 보자. 왼쪽은 1단계 각 셀을 9번씩 반복하였다. 오른쪽은 9개 셀 전체를 9번 반복하였다.

1	1	1	1	1	1	1	1	1
1	1	1	1	1	1	1	1	1
1	1	1	1	1	1	1	1	1
1	1	1	0	0	0	1	1	1
1	1	1	0	0	0	1	1	1
1	1	1	0	0	0	1	1	1
1	1	1	1	1	1	1	1	1
1	1	1	1	1	1	1	1	1
1	1	1	1	1	1	1	1	1

1	1	1	1	1	1	1	1	1
1	0	1	1	0	1	1	0	1
1	1	1	1	1	1	1	1	1
1	1	1	1	1	1	1	1	1
1	0	1	1	0	1	1	0	1
1	1	1	1	1	1	1	1	1
1	1	1	1	1	1	1	1	1
1	0	1	1	0	1	1	0	1
1	1	1	1	1	1	1	1	1

③ 같은 위치에 있는 두 수의 곱을 구한다. 곱한 결과 1인 셀에 색을 칠한다.

1	1	1	1	1	1	1	1	1
1	0	1	1	0	1	1	0	1
1	1	1	1	1	1	1	1	1
1	1	1	0	0	0	1	1	1
1	0	1	0	0	0	1	0	1
1	1	1	0	0	0	1	1	1
1	1	1	1	1	1	1	1	1
1	0	1	1	0	1	1	0	1
1	1	1	1	1	1	1	1	1

1	1	1	1	1	1	1	1	1
1	0	1	1	0	1	1	0	1
1	1	1	1	1	1	1	1	1
1	1	1	0	0	0	1	1	1
1	0	1	0	0	0	1	0	1
1	1	1	0	0	0	1	1	1
1	1	1	1	1	1	1	1	1
1	0	1	1	0	1	1	0	1
1	1	1	1	1	1	1	1	1

④ 1단계의 각 셀을 81개 반복한다.

1	1	1	1	1	1	1	1	1	1	1	1	1	1	1	1	1	1	1	1	1	1	1	1	1	1	1
1	1	1	1	1	1	1	1	1	1	1	1	1	1	1	1	1	1	1	1	1	1	1	1	1	1	1
1	1	1	1	1	1	1	1	1	1	1	1	1	1	1	1	1	1	1	1	1	1	1	1	1	1	1
1	1	1	1	1	1	1	1	1	1	1	1	1	1	1	1	1	1	1	1	1	1	1	1	1	1	1
1	1	1	1	1	1	1	1	1	1	1	1	1	1	1	1	1	1	1	1	1	1	1	1	1	1	1
1	1	1	1	1	1	1	1	1	1	1	1	1	1	1	1	1	1	1	1	1	1	1	1	1	1	1
1	1	1	1	1	1	1	1	1	1	1	1	1	1	1	1	1	1	1	1	1	1	1	1	1	1	1
1	1	1	1	1	1	1	1	1	1	1	1	1	1	1	1	1	1	1	1	1	1	1	1	1	1	1
1	1	1	1	1	1	1	1	1	1	1	1	1	1	1	1	1	1	1	1	1	1	1	1	1	1	1
1	1	1	1	1	1	1	1	1	0	0	0	0	0	0	0	0	0	1	1	1	1	1	1	1	1	1
1	1	1	1	1	1	1	1	1	0	0	0	0	0	0	0	0	0	1	1	1	1	1	1	1	1	1
1	1	1	1	1	1	1	1	1	0	0	0	0	0	0	0	0	0	1	1	1	1	1	1	1	1	1
1	1	1	1	1	1	1	1	1	0	0	0	0	0	0	0	0	0	1	1	1	1	1	1	1	1	1
1	1	1	1	1	1	1	1	1	0	0	0	0	0	0	0	0	0	1	1	1	1	1	1	1	1	1
1	1	1	1	1	1	1	1	1	0	0	0	0	0	0	0	0	0	1	1	1	1	1	1	1	1	1
1	1	1	1	1	1	1	1	1	0	0	0	0	0	0	0	0	0	1	1	1	1	1	1	1	1	1
1	1	1	1	1	1	1	1	1	0	0	0	0	0	0	0	0	0	1	1	1	1	1	1	1	1	1
1	1	1	1	1	1	1	1	1	0	0	0	0	0	0	0	0	0	1	1	1	1	1	1	1	1	1
1	1	1	1	1	1	1	1	1	1	1	1	1	1	1	1	1	1	1	1	1	1	1	1	1	1	1
1	1	1	1	1	1	1	1	1	1	1	1	1	1	1	1	1	1	1	1	1	1	1	1	1	1	1
1	1	1	1	1	1	1	1	1	1	1	1	1	1	1	1	1	1	1	1	1	1	1	1	1	1	1
1	1	1	1	1	1	1	1	1	1	1	1	1	1	1	1	1	1	1	1	1	1	1	1	1	1	1
1	1	1	1	1	1	1	1	1	1	1	1	1	1	1	1	1	1	1	1	1	1	1	1	1	1	1
1	1	1	1	1	1	1	1	1	1	1	1	1	1	1	1	1	1	1	1	1	1	1	1	1	1	1
1	1	1	1	1	1	1	1	1	1	1	1	1	1	1	1	1	1	1	1	1	1	1	1	1	1	1
1	1	1	1	1	1	1	1	1	1	1	1	1	1	1	1	1	1	1	1	1	1	1	1	1	1	1
1	1	1	1	1	1	1	1	1	1	1	1	1	1	1	1	1	1	1	1	1	1	1	1	1	1	1

⑤ 3단계의 곱셈 프랙탈을 만들기 위해 2단계의 프랙탈을 9번 반복하여 입력하자.

1	1	1	1	1	1	1	1	1	1	1	1	1	1	1	1	1	1	1	1	1	1	1	1	1	1	1
1	0	1	1	0	1	1	0	1	1	0	1	1	0	1	1	0	1	1	0	1	1	0	1	1	0	1
1	1	1	1	1	1	1	1	1	1	1	1	1	1	1	1	1	1	1	1	1	1	1	1	1	1	1
1	1	1	0	0	0	1	1	1	1	1	1	0	0	0	1	1	1	1	1	1	0	0	0	1	1	1
1	0	1	0	0	0	1	0	1	1	0	1	0	0	0	1	0	1	1	0	1	0	0	0	1	0	1
1	1	1	0	0	0	1	1	1	1	1	1	0	0	0	1	1	1	1	1	1	0	0	0	1	1	1
1	1	1	1	1	1	1	1	1	1	1	1	1	1	1	1	1	1	1	1	1	1	1	1	1	1	1
1	0	1	1	0	1	1	0	1	1	0	1	1	0	1	1	0	1	1	0	1	1	0	1	1	0	1
1	1	1	1	1	1	1	1	1	1	1	1	1	1	1	1	1	1	1	1	1	1	1	1	1	1	1
1	1	1	1	1	1	1	1	1	1	1	1	1	1	1	1	1	1	1	1	1	1	1	1	1	1	1
1	0	1	1	0	1	1	0	1	1	0	1	1	0	1	1	0	1	1	0	1	1	0	1	1	0	1
1	1	1	1	1	1	1	1	1	1	1	1	1	1	1	1	1	1	1	1	1	1	1	1	1	1	1
1	1	1	0	0	0	1	1	1	1	1	1	0	0	0	1	1	1	1	1	1	0	0	0	1	1	1
1	0	1	0	0	0	1	0	1	1	0	1	0	0	0	1	0	1	1	0	1	0	0	0	1	0	1
1	1	1	0	0	0	1	1	1	1	1	1	0	0	0	1	1	1	1	1	1	0	0	0	1	1	1
1	1	1	1	1	1	1	1	1	1	1	1	1	1	1	1	1	1	1	1	1	1	1	1	1	1	1
1	0	1	1	0	1	1	0	1	1	0	1	1	0	1	1	0	1	1	0	1	1	0	1	1	0	1
1	1	1	1	1	1	1	1	1	1	1	1	1	1	1	1	1	1	1	1	1	1	1	1	1	1	1
1	1	1	1	1	1	1	1	1	1	1	1	1	1	1	1	1	1	1	1	1	1	1	1	1	1	1
1	0	1	1	0	1	1	0	1	1	0	1	1	0	1	1	0	1	1	0	1	1	0	1	1	0	1
1	1	1	1	1	1	1	1	1	1	1	1	1	1	1	1	1	1	1	1	1	1	1	1	1	1	1
1	1	1	0	0	0	1	1	1	1	1	1	0	0	0	1	1	1	1	1	1	0	0	0	1	1	1
1	0	1	0	0	0	1	0	1	1	0	1	0	0	0	1	0	1	1	0	1	0	0	0	1	0	1
1	1	1	0	0	0	1	1	1	1	1	1	0	0	0	1	1	1	1	1	1	0	0	0	1	1	1
1	1	1	1	1	1	1	1	1	1	1	1	1	1	1	1	1	1	1	1	1	1	1	1	1	1	1
1	0	1	1	0	1	1	0	1	1	0	1	1	0	1	1	0	1	1	0	1	1	0	1	1	0	1
1	1	1	1	1	1	1	1	1	1	1	1	1	1	1	1	1	1	1	1	1	1	1	1	1	1	1

⑥ 같은 위치에 있는 셀의 값을 곱해 보자.

1	1	1	1	1	1	1	1	1	1	1	1	1	1	1	1	1	1	1	1	1	1	1	1	1	1	1
1	0	1	1	0	1	1	0	1	1	0	1	1	0	1	1	0	1	1	0	1	1	0	1	1	0	1
1	1	1	1	1	1	1	1	1	1	1	1	1	1	1	1	1	1	1	1	1	1	1	1	1	1	1
1	1	1	0	0	0	1	1	1	1	1	1	0	0	0	1	1	1	1	1	1	0	0	0	1	1	1
1	0	1	0	0	0	1	0	1	1	0	1	0	0	0	1	0	1	1	0	1	0	0	0	1	0	1
1	1	1	0	0	0	1	1	1	1	1	1	0	0	0	1	1	1	1	1	1	0	0	0	1	1	1
1	1	1	1	1	1	1	1	1	1	1	1	1	1	1	1	1	1	1	1	1	1	1	1	1	1	1
1	0	1	1	0	1	1	0	1	1	0	1	1	0	1	1	0	1	1	0	1	1	0	1	1	0	1
1	1	1	1	1	1	1	1	1	1	1	1	1	1	1	1	1	1	1	1	1	1	1	1	1	1	1
1	1	1	1	1	1	1	1	1	0	0	0	0	0	0	0	0	0	1	1	1	1	1	1	1	1	1
1	0	1	1	0	1	1	0	1	0	0	0	0	0	0	0	0	0	1	0	1	1	0	1	1	0	1
1	1	1	1	1	1	1	1	1	0	0	0	0	0	0	0	0	0	1	1	1	1	1	1	1	1	1
1	1	1	0	0	0	1	1	1	0	0	0	0	0	0	0	0	0	1	1	1	0	0	0	1	1	1
1	0	1	0	0	0	1	0	1	0	0	0	0	0	0	0	0	0	1	0	1	0	0	0	1	0	1
1	1	1	0	0	0	1	1	1	0	0	0	0	0	0	0	0	0	1	1	1	0	0	0	1	1	1
1	1	1	1	1	1	1	1	1	0	0	0	0	0	0	0	0	0	1	1	1	1	1	1	1	1	1
1	0	1	1	0	1	1	0	1	0	0	0	0	0	0	0	0	0	1	0	1	1	0	1	1	0	1
1	1	1	1	1	1	1	1	1	0	0	0	0	0	0	0	0	0	1	1	1	1	1	1	1	1	1
1	1	1	1	1	1	1	1	1	1	1	1	1	1	1	1	1	1	1	1	1	1	1	1	1	1	1
1	0	1	1	0	1	1	0	1	1	0	1	1	0	1	1	0	1	1	0	1	1	0	1	1	0	1
1	1	1	1	1	1	1	1	1	1	1	1	1	1	1	1	1	1	1	1	1	1	1	1	1	1	1
1	1	1	0	0	0	1	1	1	1	1	1	0	0	0	1	1	1	1	1	1	0	0	0	1	1	1
1	0	1	0	0	0	1	0	1	1	0	1	0	0	0	1	0	1	1	0	1	0	0	0	1	0	1
1	1	1	0	0	0	1	1	1	1	1	1	0	0	0	1	1	1	1	1	1	0	0	0	1	1	1
1	1	1	1	1	1	1	1	1	1	1	1	1	1	1	1	1	1	1	1	1	1	1	1	1	1	1
1	0	1	1	0	1	1	0	1	1	0	1	1	0	1	1	0	1	1	0	1	1	0	1	1	0	1
1	1	1	1	1	1	1	1	1	1	1	1	1	1	1	1	1	1	1	1	1	1	1	1	1	1	1

⑦ 계산 결과가 1인 셀에 색을 칠해 보자. 3단계의 프랙탈이 만들수 있다.

1	1	1	1	1	1	1	1	1	1	1	1	1	1	1	1	1	1	1	1	1	1	1	1	1	1	1
1	0	1	1	0	1	1	0	1	1	0	1	1	0	1	1	0	1	1	0	1	1	0	1	1	0	1
1	1	1	1	1	1	1	1	1	1	1	1	1	1	1	1	1	1	1	1	1	1	1	1	1	1	1
1	1	1	0	0	0	1	1	1	1	1	1	0	0	0	1	1	1	1	1	1	0	0	0	1	1	1
1	0	1	0	0	0	1	0	1	1	0	1	0	0	0	1	0	1	1	0	1	0	0	0	1	0	1
1	1	1	0	0	0	1	1	1	1	1	1	0	0	0	1	1	1	1	1	1	0	0	0	1	1	1
1	1	1	1	1	1	1	1	1	1	1	1	1	1	1	1	1	1	1	1	1	1	1	1	1	1	1
1	0	1	1	0	1	1	0	1	1	0	1	1	0	1	1	0	1	1	0	1	1	0	1	1	0	1
1	1	1	1	1	1	1	1	1	1	1	1	1	1	1	1	1	1	1	1	1	1	1	1	1	1	1
1	1	1	1	1	1	1	1	1	0	0	0	0	0	0	0	0	0	1	1	1	1	1	1	1	1	1
1	0	1	1	0	1	1	0	1	0	0	0	0	0	0	0	0	0	1	0	1	1	0	1	1	0	1
1	1	1	1	1	1	1	1	1	0	0	0	0	0	0	0	0	0	1	1	1	1	1	1	1	1	1
1	1	1	0	0	0	1	1	1	0	0	0	0	0	0	0	0	0	1	1	1	0	0	0	1	1	1
1	0	1	0	0	0	1	0	1	0	0	0	0	0	0	0	0	0	1	0	1	0	0	0	1	0	1
1	1	1	0	0	0	1	1	1	0	0	0	0	0	0	0	0	0	1	1	1	0	0	0	1	1	1
1	1	1	1	1	1	1	1	1	0	0	0	0	0	0	0	0	0	1	1	1	1	1	1	1	1	1
1	0	1	1	0	1	1	0	1	0	0	0	0	0	0	0	0	0	1	0	1	1	0	1	1	0	1
1	1	1	1	1	1	1	1	1	0	0	0	0	0	0	0	0	0	1	1	1	1	1	1	1	1	1
1	1	1	1	1	1	1	1	1	1	1	1	1	1	1	1	1	1	1	1	1	1	1	1	1	1	1
1	0	1	1	0	1	1	0	1	1	0	1	1	0	1	1	0	1	1	0	1	1	0	1	1	0	1
1	1	1	1	1	1	1	1	1	1	1	1	1	1	1	1	1	1	1	1	1	1	1	1	1	1	1
1	1	1	0	0	0	1	1	1	1	1	1	0	0	0	1	1	1	1	1	1	0	0	0	1	1	1
1	0	1	0	0	0	1	0	1	1	0	1	0	0	0	1	0	1	1	0	1	0	0	0	1	0	1
1	1	1	0	0	0	1	1	1	1	1	1	0	0	0	1	1	1	1	1	1	0	0	0	1	1	1
1	1	1	1	1	1	1	1	1	1	1	1	1	1	1	1	1	1	1	1	1	1	1	1	1	1	1
1	0	1	1	0	1	1	0	1	1	0	1	1	0	1	1	0	1	1	0	1	1	0	1	1	0	1
1	1	1	1	1	1	1	1	1	1	1	1	1	1	1	1	1	1	1	1	1	1	1	1	1	1	1

(5) 엑셀을 이용한 곱셈-곱셈 프랙탈

① 엑셀에서 2단계 곱셈 프랙탈, 3단계 곱셈 프랙탈을 만들어본 결과이다.

1	1	1
1	0	1
1	1	1

1	1	1	1	1	1	1	1	1
1	0	1	1	0	1	1	0	1
1	1	1	1	1	1	1	1	1
1	1	1	0	0	0	1	1	1
1	0	1	0	0	0	1	0	1
1	1	1	0	0	0	1	1	1
1	1	1	1	1	1	1	1	1
1	0	1	1	0	1	1	0	1
1	1	1	1	1	1	1	1	1

1	1	1	1	1	1	1	1	1	1	1	1	1	1	1	1	1	1	1	1	1	1	1	1	1	1	1
1	0	1	1	0	1	1	0	1	1	0	1	1	0	1	1	0	1	1	0	1	1	0	1	1	0	1
1	1	1	1	1	1	1	1	1	1	1	1	1	1	1	1	1	1	1	1	1	1	1	1	1	1	1
1	1	1	0	0	0	1	1	1	1	1	1	0	0	0	1	1	1	1	1	1	0	0	0	1	1	1
1	0	1	0	0	0	1	0	1	1	0	1	0	0	0	1	0	1	1	0	1	0	0	0	1	0	1
1	1	1	0	0	0	1	1	1	1	1	1	0	0	0	1	1	1	1	1	1	0	0	0	1	1	1
1	1	1	1	1	1	1	1	1	1	1	1	1	1	1	1	1	1	1	1	1	1	1	1	1	1	1
1	0	1	1	0	1	1	0	1	1	0	1	1	0	1	1	0	1	1	0	1	1	0	1	1	0	1
1	1	1	1	1	1	1	1	1	1	1	1	1	1	1	1	1	1	1	1	1	1	1	1	1	1	1
1	1	1	1	1	1	1	1	1	0	0	0	0	0	0	0	0	0	1	1	1	1	1	1	1	1	1
1	0	1	1	0	1	1	0	1	0	0	0	0	0	0	0	0	0	1	0	1	1	0	1	1	0	1
1	1	1	1	1	1	1	1	1	0	0	0	0	0	0	0	0	0	1	1	1	1	1	1	1	1	1
1	1	1	0	0	0	1	1	1	0	0	0	0	0	0	0	0	0	1	1	1	0	0	0	1	1	1
1	0	1	0	0	0	1	0	1	0	0	0	0	0	0	0	0	0	1	0	1	0	0	0	1	0	1
1	1	1	0	0	0	1	1	1	0	0	0	0	0	0	0	0	0	1	1	1	0	0	0	1	1	1
1	1	1	1	1	1	1	1	1	0	0	0	0	0	0	0	0	0	1	1	1	1	1	1	1	1	1
1	0	1	1	0	1	1	0	1	0	0	0	0	0	0	0	0	0	1	0	1	1	0	1	1	0	1
1	1	1	1	1	1	1	1	1	0	0	0	0	0	0	0	0	0	1	1	1	1	1	1	1	1	1
1	1	1	1	1	1	1	1	1	1	1	1	1	1	1	1	1	1	1	1	1	1	1	1	1	1	1
1	0	1	1	0	1	1	0	1	1	0	1	1	0	1	1	0	1	1	0	1	1	0	1	1	0	1
1	1	1	1	1	1	1	1	1	1	1	1	1	1	1	1	1	1	1	1	1	1	1	1	1	1	1
1	1	1	0	0	0	1	1	1	1	1	1	0	0	0	1	1	1	1	1	1	0	0	0	1	1	1
1	0	1	0	0	0	1	0	1	1	0	1	0	0	0	1	0	1	1	0	1	0	0	0	1	0	1
1	1	1	0	0	0	1	1	1	1	1	1	0	0	0	1	1	1	1	1	1	0	0	0	1	1	1
1	1	1	1	1	1	1	1	1	1	1	1	1	1	1	1	1	1	1	1	1	1	1	1	1	1	1
1	0	1	1	0	1	1	0	1	1	0	1	1	0	1	1	0	1	1	0	1	1	0	1	1	0	1
1	1	1	1	1	1	1	1	1	1	1	1	1	1	1	1	1	1	1	1	1	1	1	1	1	1	1

② 2단계 곱셈 프랙탈에 다음과 같이 입력하자.

1	1	1
1	0	1
1	1	1

=$B$2*B2	=$B$2*C2	=$B$2*D2	=$C$2*B2	=$C$2*C2	=$C$2*D2	=$D$2*B2	=$D$2*C2	=$D$2*D2
=$B$2*B3	=$B$2*C3	=$B$2*D3	=$C$2*B3	=$C$2*C3	=$C$2*D3	=$D$2*B3	=$D$2*C3	=$D$2*D3
=$B$2*B4	=$B$2*C4	=$B$2*D4	=$C$2*B4	=$C$2*C4	=$C$2*D4	=$D$2*B4	=$D$2*C4	=$D$2*D4
=$B$3*B2	=$B$3*C2	=$B$3*D2	=$C$3*B2	=$C$3*C2	=$C$3*D2	=$D$3*B2	=$D$3*C2	=$D$3*D2
=$B$3*B3	=$B$3*C3	=$B$3*D3	=$C$3*B3	=$C$3*C3	=$C$3*D3	=$D$3*B3	=$D$3*C3	=$D$3*D3
=$B$3*B4	=$B$3*C4	=$B$3*D4	=$C$3*B4	=$C$3*C4	=$C$3*D4	=$D$3*B4	=$D$3*C4	=$D$3*D4
=$B$4*B2	=$B$4*C2	=$B$4*D2	=$C$4*B2	=$C$4*C2	=$C$4*D2	=$D$4*B2	=$D$4*C2	=$D$4*D2
=$B$4*B3	=$B$4*C3	=$B$4*D3	=$C$4*B3	=$C$4*C3	=$C$4*D3	=$D$4*B3	=$D$4*C3	=$D$4*D3
=$B$4*B4	=$B$4*C4	=$B$4*D4	=$C$4*B4	=$C$4*C4	=$C$4*D4	=$D$4*B4	=$D$4*C4	=$D$4*D4

③ ②와 같이 입력하기 위해서는 먼저 입력할 부분을 영역을 지정한다.

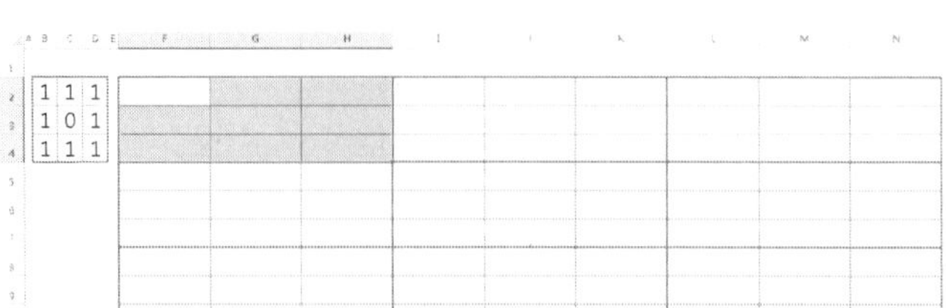

④ F2셀에 '=$B$2*B2'를 입력하자.

	A	B	C	D	E	F	G	H	I	J	K
1											
2		1	1	1		=$B$2*B2					
3		1	0	1							
4		1	1	1							
5											
6											
7											

⑤ Ctrl를 누른 상태에서 Enter↵를 누른다. 아래와 같이 입력한다. 앞 부분은 절대셀로 고정한다. 뒤쪽은 상대셀을 이용한다.

	A	B	C	D	E	F	G	H	I	J	K
1											
2		1	1	1		=$B$2*B2	=$B$2*C2	=$B$2*D2			
3		1	0	1		=$B$2*B3	=$B$2*C3	=$B$2*D3			
4		1	1	1		=$B$2*B4	=$B$2*C4	=$B$2*D4			
5											
6											
7											

⑥ 다른 셀에 대해서도 같은 방법으로 2단계 곱셈 프랙탈을 채워보자.

⑦ 3단계 곱셈 프랙탈도 2단계와 같은 방법으로 입력해 보자.

	A	B	C	D	E	F	G	H	I	J	K	L	M	N	O	P	Q	R	S	T
1																				
2		1	1	1		1	1	1	1	1	1	1	1	1		=$B$2*F2	=$B$2*G2	=$B$2*H2	=$B$2*I2	=$B$2*J2
3		1	0	1		1	0	1	1	0	1	1	0	1		=$B$2*F3	=$B$2*G3	=$B$2*H3	=$B$2*I3	=$B$2*J3
4		1	1	1		1	1	1	1	1	1	1	1	1		=$B$2*F4	=$B$2*G4	=$B$2*H4	=$B$2*I4	=$B$2*J4
5						1	1	1	0	0	0	1	1	1		=$B$2*F5	=$B$2*G5	=$B$2*H5	=$B$2*I5	=$B$2*J5
6						1	0	1	0	0	0	1	0	1		=$B$2*F6	=$B$2*G6	=$B$2*H6	=$B$2*I6	=$B$2*J6
7						1	1	1	0	0	0	1	1	1		=$B$2*F7	=$B$2*G7	=$B$2*H7	=$B$2*I7	=$B$2*J7
8						1	1	1	1	1	1	1	1	1		=$B$2*F8	=$B$2*G8	=$B$2*H8	=$B$2*I8	=$B$2*J8
9						1	0	1	1	0	1	1	0	1		=$B$2*F9	=$B$2*G9	=$B$2*H9	=$B$2*I9	=$B$2*J9
10						1	1	1	1	1	1	1	1	1		=$B$2*F10	=$B$2*G10	=$B$2*H10	=$B$2*I10	=$B$2*J10
11																=$B$3*F2	=$B$3*G2	=$B$3*H2	=$B$3*I2	=$B$3*J2
12																=$B$3*F3	=$B$3*G3	=$B$3*H3	=$B$3*I3	=$B$3*J3
13																=$B$3*F4	=$B$3*G4	=$B$3*H4	=$B$3*I4	=$B$3*J4
14																=$B$3*F5	=$B$3*G5	=$B$3*H5	=$B$3*I5	=$B$3*J5
15																=$B$3*F6	=$B$3*G6	=$B$3*H6	=$B$3*I6	=$B$3*J6
16																=$B$3*F7	=$B$3*G7	=$B$3*H7	=$B$3*I7	=$B$3*J7
17																=$B$3*F8	=$B$3*G8	=$B$3*H8	=$B$3*I8	=$B$3*J8
18																=$B$3*F9	=$B$3*G9	=$B$3*H9	=$B$3*I9	=$B$3*J9
19																=$B$3*F10	=$B$3*G10	=$B$3*H10	=$B$3*I10	=$B$3*J10

(6) 엑셀을 이용한 곱셈-곱셈 프랙탈 조건부 서식

① 엑셀 메뉴의 [파일][옵션][고급]에서 [0값이 있는 셀에 0표시] 체크를 하지 않는다.

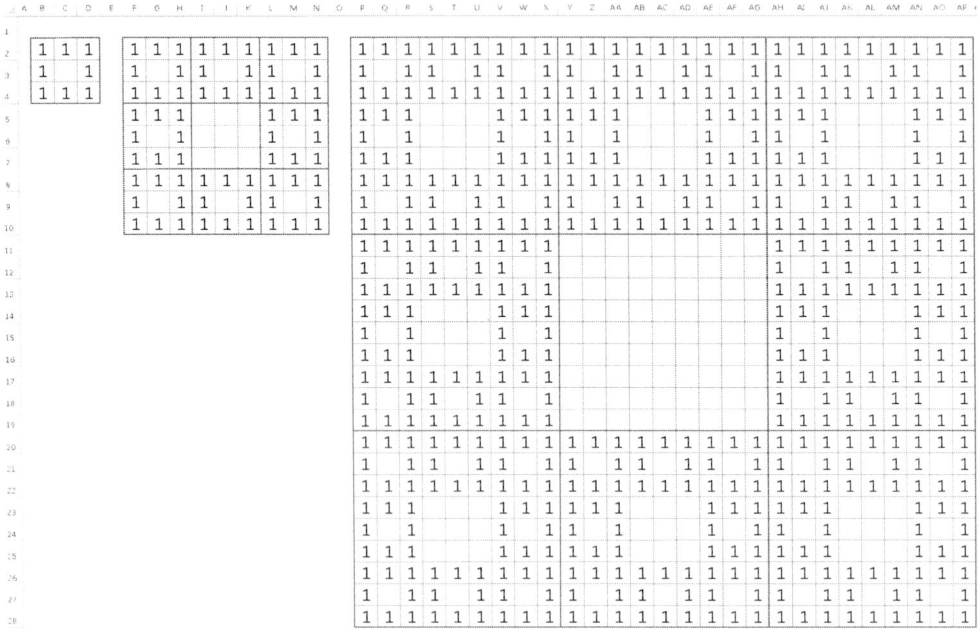

② 엑셀 메뉴의 [홈] [조건부 서식] [셀 강조 규칙]에서 [보다 큼]에서 0보다 큼을 선택한다.

③ 사용자 지정 서식에서 원하는 색으로 채워보자.

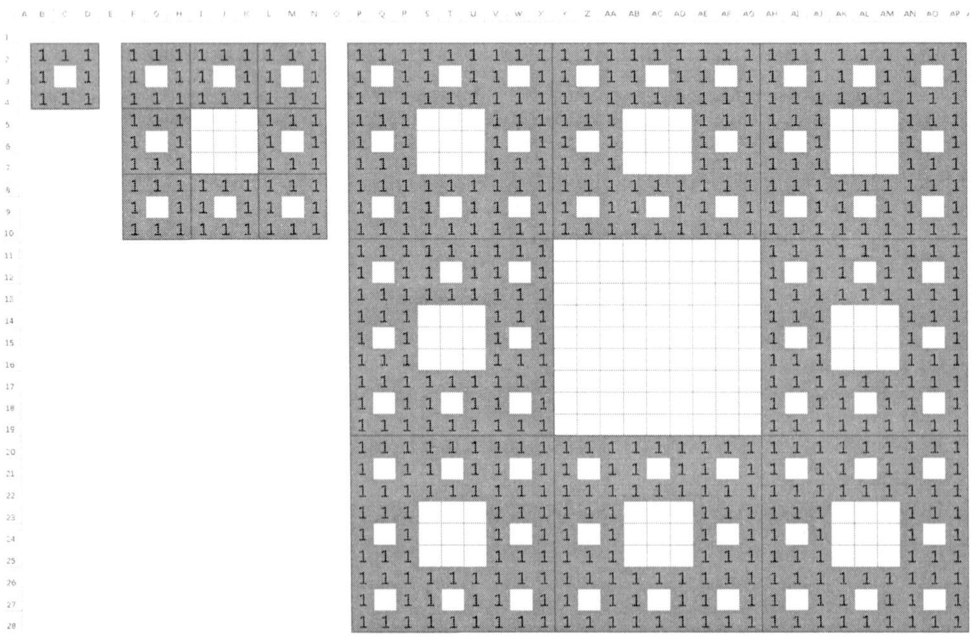

2 3×3 곱셈-곱셈 프랙탈

(1) 1단계 4개

① $\log_3 4 = 1.262$

1	0	1
0	0	0
1	0	1

② $\log_9 16 = 1.262$

1	0	1	0	0	0	1	0	1
0	0	0	0	0	0	0	0	0
1	0	1	0	0	0	1	0	1
0	0	0	0	0	0	0	0	0
0	0	0	0	0	0	0	0	0
0	0	0	0	0	0	0	0	0
1	0	1	0	0	0	1	0	1
0	0	0	0	0	0	0	0	0
1	0	1	0	0	0	1	0	1

③ $\log_{27} 64 = 1.262$

1	0	1	0	0	0	1	0	1	0	0	0	0	0	0	0	0	0	1	0	1	0	0	0	1	0	1
0	0	0	0	0	0	0	0	0	0	0	0	0	0	0	0	0	0	0	0	0	0	0	0	0	0	0
1	0	1	0	0	0	1	0	1	0	0	0	0	0	0	0	0	0	1	0	1	0	0	0	1	0	1
0	0	0	0	0	0	0	0	0	0	0	0	0	0	0	0	0	0	0	0	0	0	0	0	0	0	0
0	0	0	0	0	0	0	0	0	0	0	0	0	0	0	0	0	0	0	0	0	0	0	0	0	0	0
0	0	0	0	0	0	0	0	0	0	0	0	0	0	0	0	0	0	0	0	0	0	0	0	0	0	0
1	0	1	0	0	0	1	0	1	0	0	0	0	0	0	0	0	0	1	0	1	0	0	0	1	0	1
0	0	0	0	0	0	0	0	0	0	0	0	0	0	0	0	0	0	0	0	0	0	0	0	0	0	0
1	0	1	0	0	0	1	0	1	0	0	0	0	0	0	0	0	0	1	0	1	0	0	0	1	0	1
0	0	0	0	0	0	0	0	0	0	0	0	0	0	0	0	0	0	0	0	0	0	0	0	0	0	0
0	0	0	0	0	0	0	0	0	0	0	0	0	0	0	0	0	0	0	0	0	0	0	0	0	0	0
0	0	0	0	0	0	0	0	0	0	0	0	0	0	0	0	0	0	0	0	0	0	0	0	0	0	0
0	0	0	0	0	0	0	0	0	0	0	0	0	0	0	0	0	0	0	0	0	0	0	0	0	0	0
0	0	0	0	0	0	0	0	0	0	0	0	0	0	0	0	0	0	0	0	0	0	0	0	0	0	0
0	0	0	0	0	0	0	0	0	0	0	0	0	0	0	0	0	0	0	0	0	0	0	0	0	0	0
0	0	0	0	0	0	0	0	0	0	0	0	0	0	0	0	0	0	0	0	0	0	0	0	0	0	0
0	0	0	0	0	0	0	0	0	0	0	0	0	0	0	0	0	0	0	0	0	0	0	0	0	0	0
0	0	0	0	0	0	0	0	0	0	0	0	0	0	0	0	0	0	0	0	0	0	0	0	0	0	0
1	0	1	0	0	0	1	0	1	0	0	0	0	0	0	0	0	0	1	0	1	0	0	0	1	0	1
0	0	0	0	0	0	0	0	0	0	0	0	0	0	0	0	0	0	0	0	0	0	0	0	0	0	0
1	0	1	0	0	0	1	0	1	0	0	0	0	0	0	0	0	0	1	0	1	0	0	0	1	0	1
0	0	0	0	0	0	0	0	0	0	0	0	0	0	0	0	0	0	0	0	0	0	0	0	0	0	0
0	0	0	0	0	0	0	0	0	0	0	0	0	0	0	0	0	0	0	0	0	0	0	0	0	0	0
0	0	0	0	0	0	0	0	0	0	0	0	0	0	0	0	0	0	0	0	0	0	0	0	0	0	0
1	0	1	0	0	0	1	0	1	0	0	0	0	0	0	0	0	0	1	0	1	0	0	0	1	0	1
0	0	0	0	0	0	0	0	0	0	0	0	0	0	0	0	0	0	0	0	0	0	0	0	0	0	0
1	0	1	0	0	0	1	0	1	0	0	0	0	0	0	0	0	0	1	0	1	0	0	0	1	0	1

위의 그림에서 0 부분을 제거한 것이 아래 그림이다.

1		1
1		1

1		1				1		1
1		1				1		1
1		1				1		1
1		1				1		1

1		1				1		1										1		1				1		1
1		1				1		1										1		1				1		1
1		1				1		1										1		1				1		1
1		1				1		1										1		1				1		1
1		1				1		1										1		1				1		1
1		1				1		1										1		1				1		1
1		1				1		1										1		1				1		1
1		1				1		1										1		1				1		1

1, 2, 3 단계에서 양수만 표시하였다.

① $\log_3 4 = 1.262$

② $\log_9 16 = 1.262$

③ $\log_{27} 64 = 1.262$

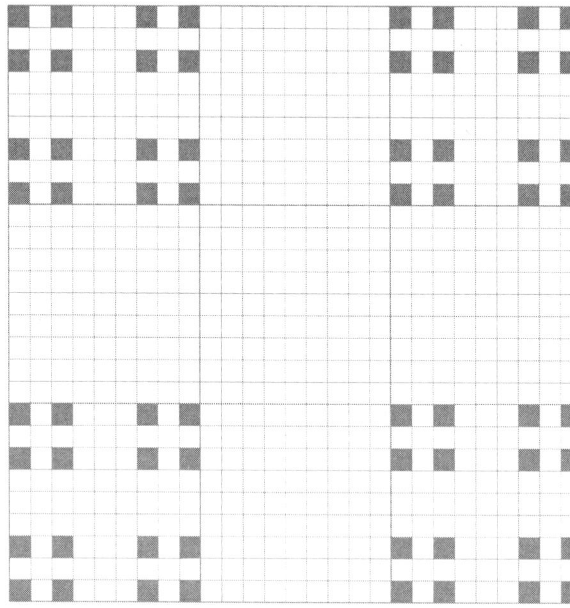

① $\log_3 4 = 1.262$	② $\log_9 16 = 1.262$	③ $\log_{27} 64 = 1.262$
		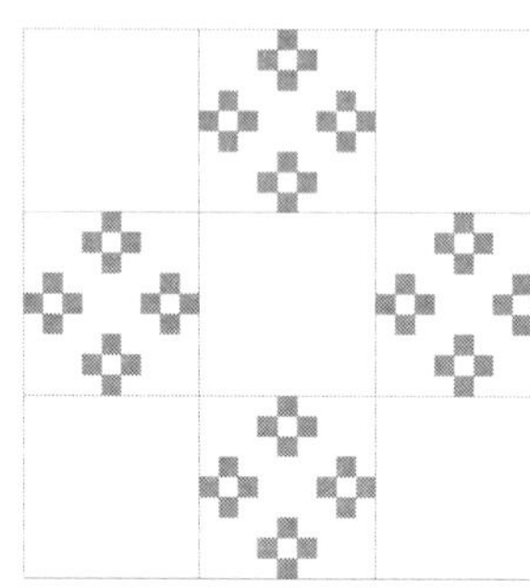
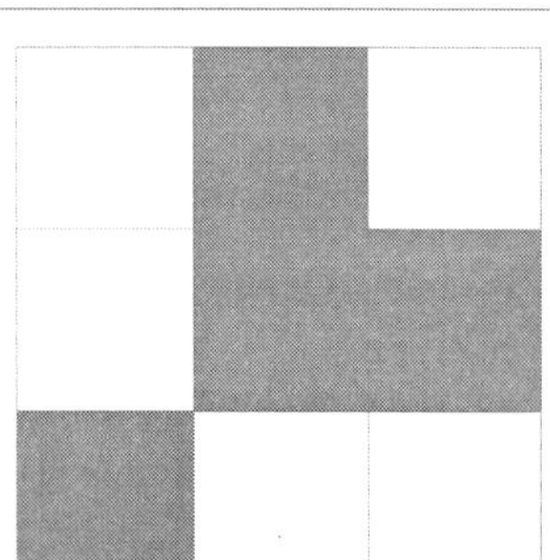	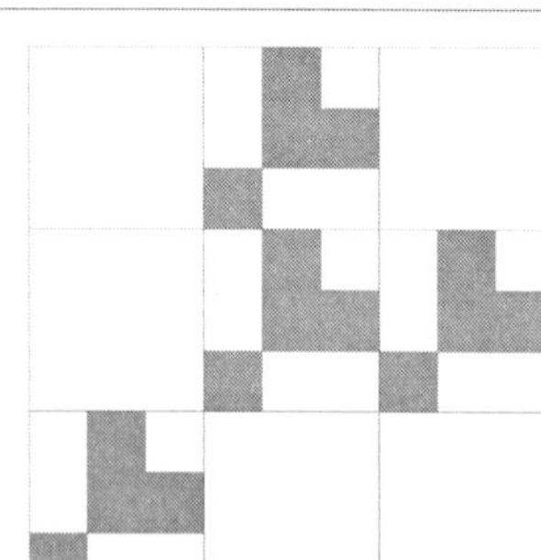	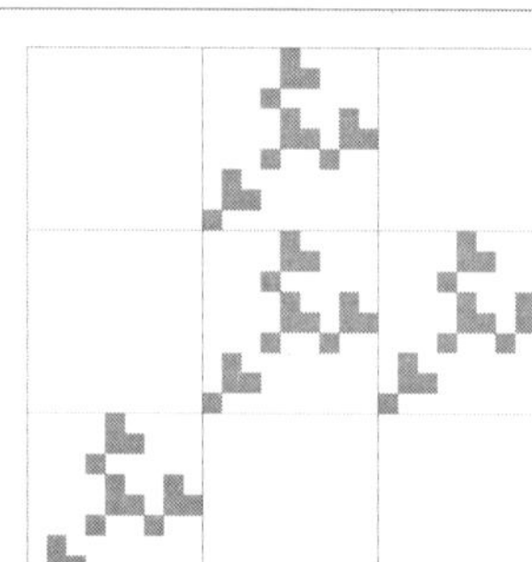

(2) 1단계 5개

① $\log_3 5 = 1.465$	② $\log_9 25 = 1.465$	③ $\log_{27} 125 = 1.465$

(3) 1단계 6개

① $\log_3 6 = 1.631$	② $\log_9 36 = 1.631$	③ $\log_{27} 216 = 1.631$

① $\log_3 6 = 1.631$	② $\log_9 36 = 1.631$	③ $\log_{27} 216 = 1.631$
		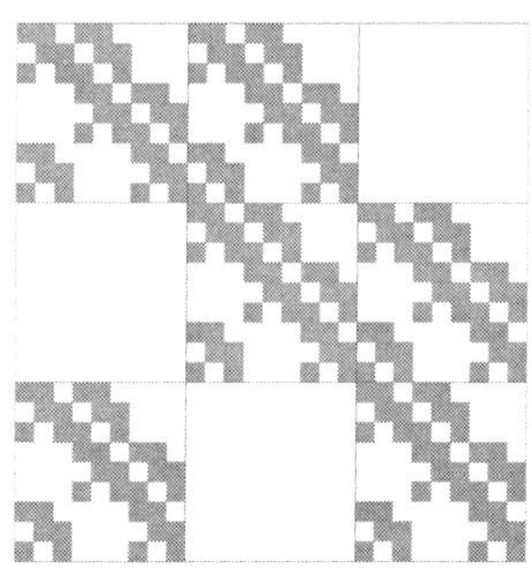

(4) 1단계 7개

① $\log_3 7 = 1.771$	② $\log_9 49 = 1.771$	③ $\log_{27} 343 = 1.771$
	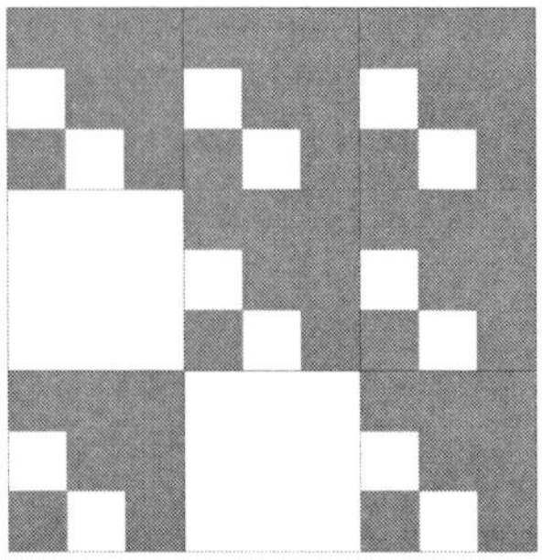	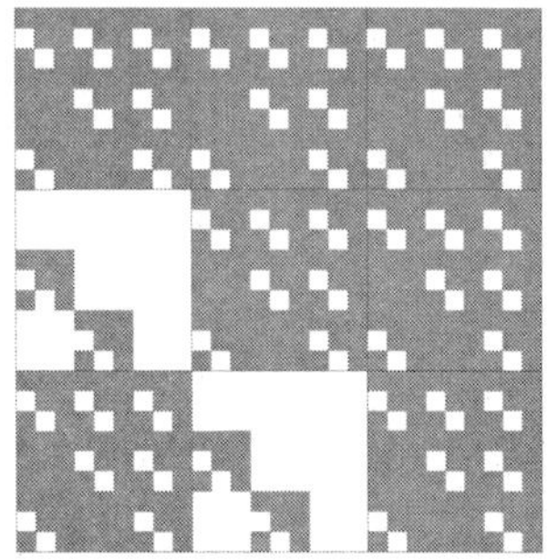

① $\log_3 7 = 1.771$	② $\log_9 49 = 1.771$	③ $\log_{27} 343 = 1.771$
	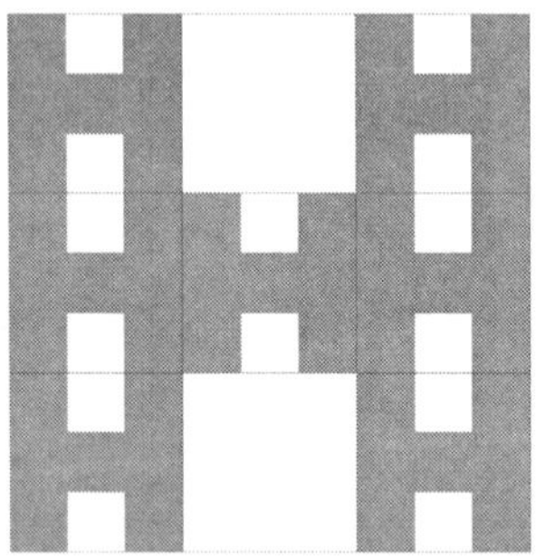	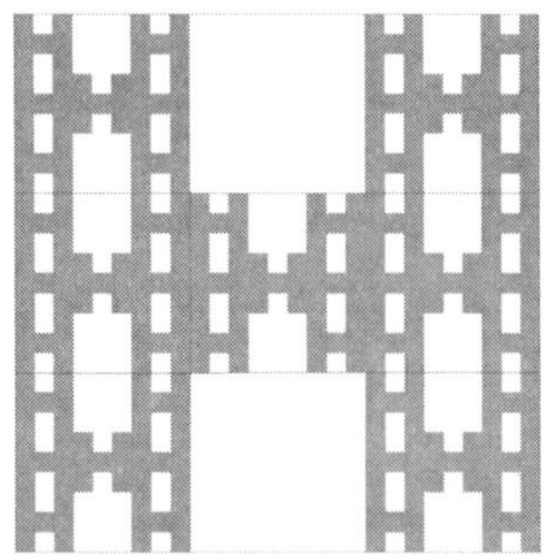

(5) 1단계 8개

① $\log_3 8 = 1.893$	② $\log_9 64 = 1.893$	③ $\log_{27} 512 = 1.893$
	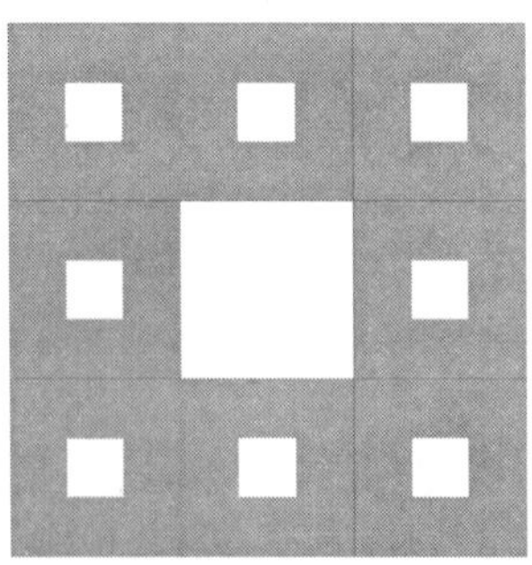	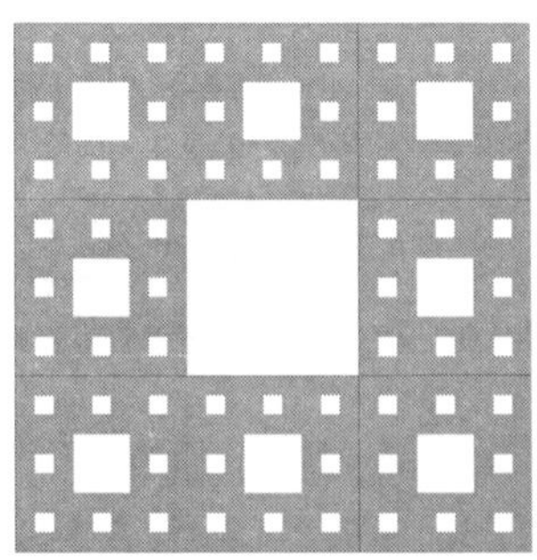

3 4×4 곱셈-곱셈 프랙탈

(1) 1단계 4개

① $\log_4 4 = 1$	② $\log_{16} 16 = 1$	③ $\log_{64} 64 = 1$
	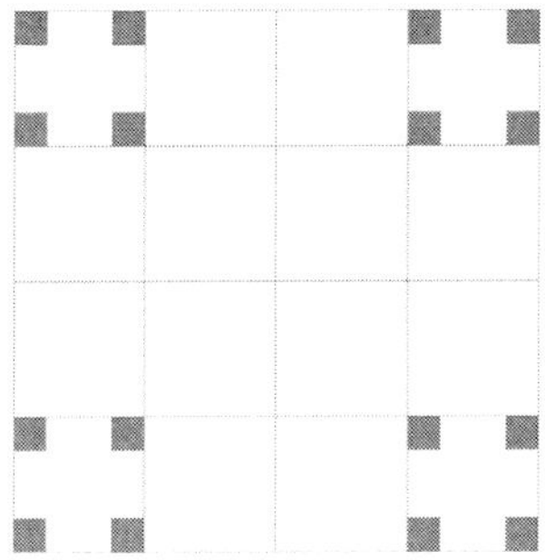	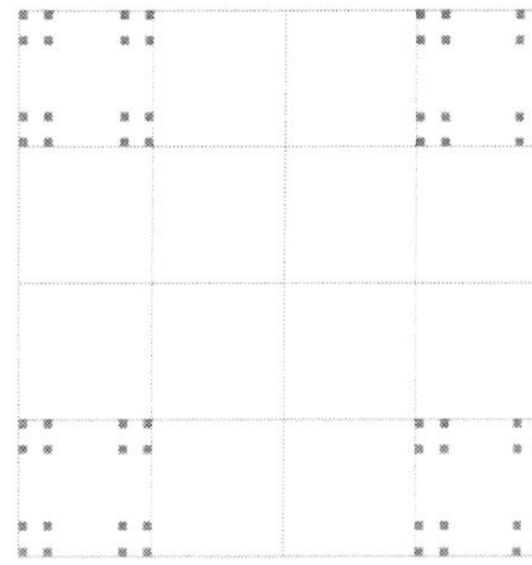

(2) 1단계 5개

① $\log_4 5 = 1.161$	② $\log_{16} 25 = 1.161$	③ $\log_{64} 125 = 1.161$
	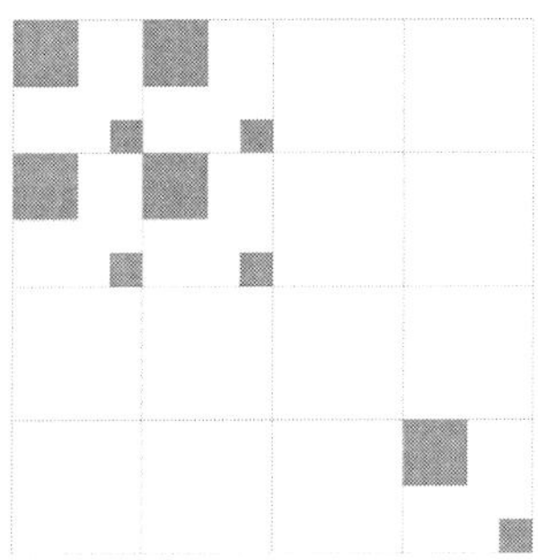	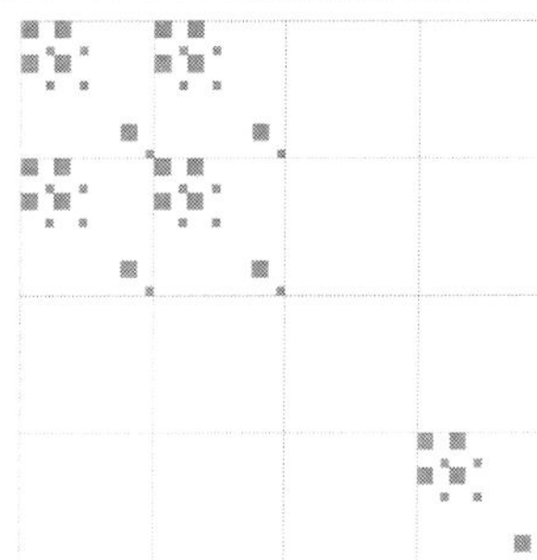

(3) 1단계 6개

① $\log_4 6 = 1.292$	② $\log_{16} 36 = 1.292$	③ $\log_{64} 216 = 1.292$
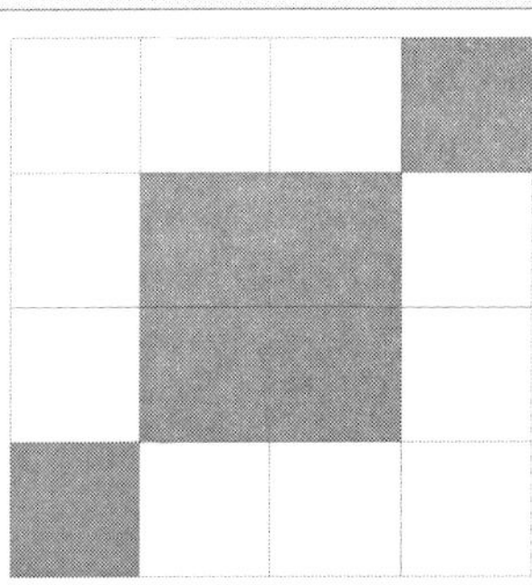	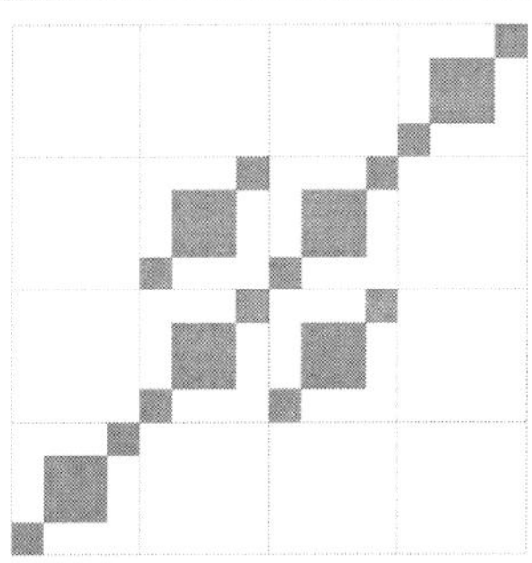	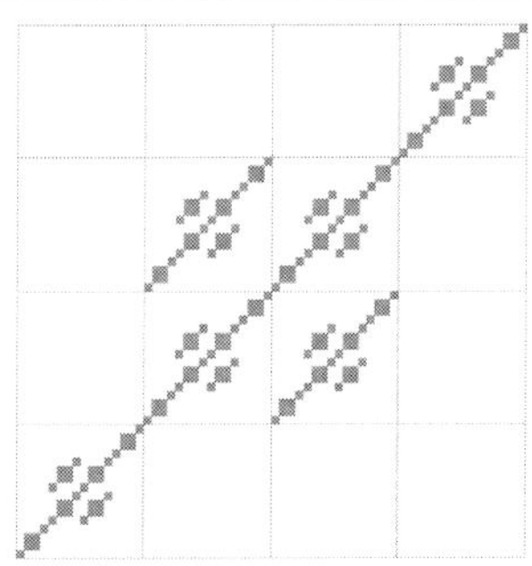

(4) 1단계 7개

① $\log_4 7 = 1.404$	② $\log_{16} 49 = 1.404$	③ $\log_{64} 343 = 1.404$
	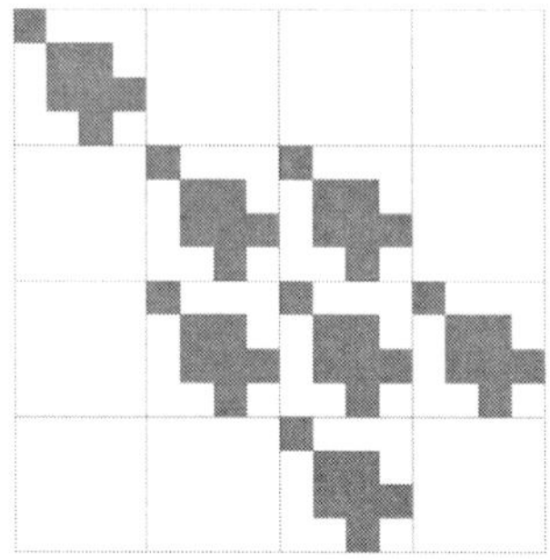	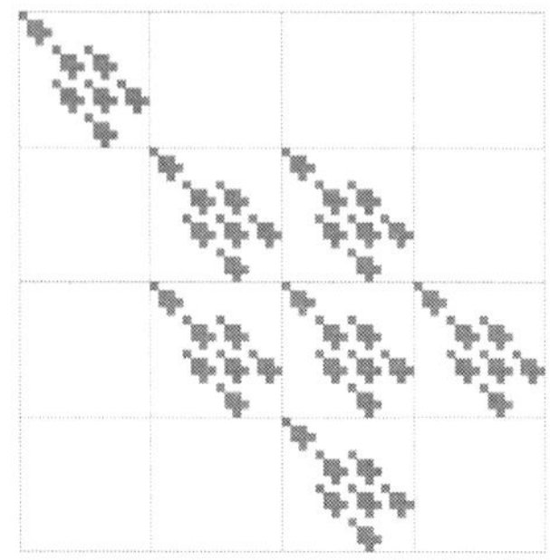

(5) 1단계 8개

① $\log_4 8 = 1.5$	② $\log_{16} 64 = 1.5$	③ $\log_{64} 512 = 1.5$
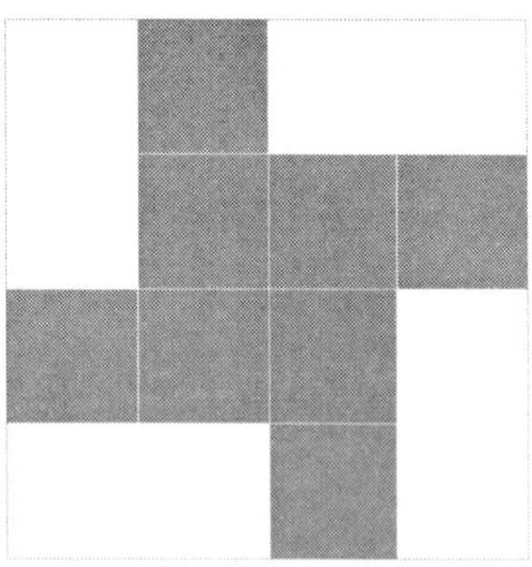	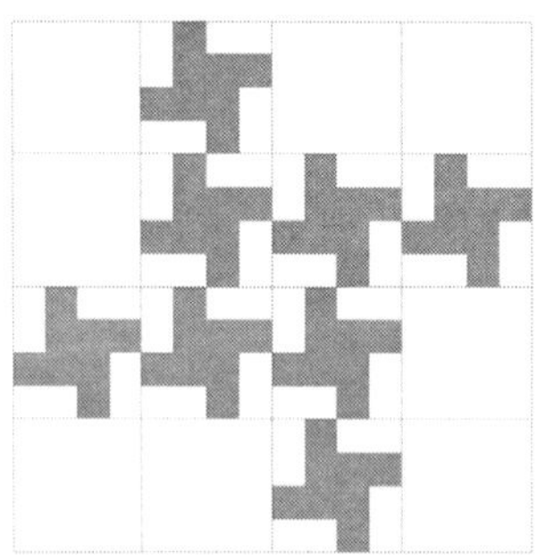	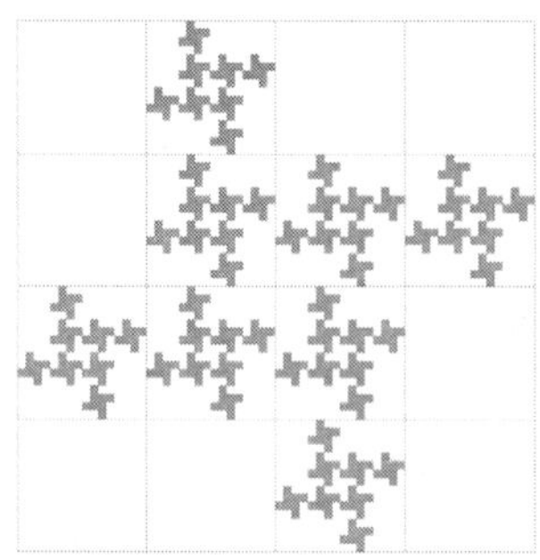

(6) 1단계 12개

① $\log_4 125 = 1.792$	② $\log_{16} 144 = 1.792$	③ $\log_{64} 1728 = 1.792$
	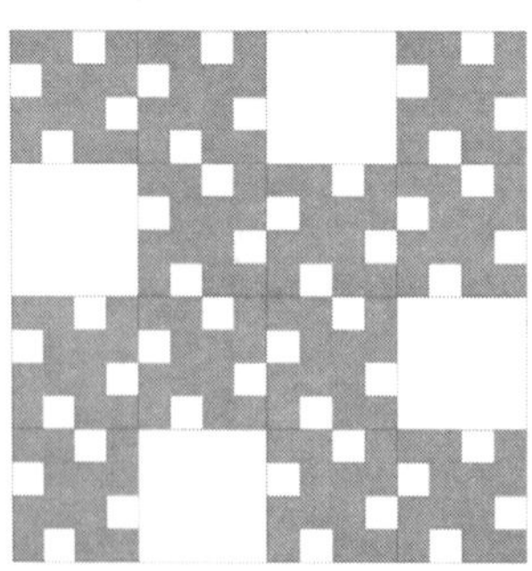	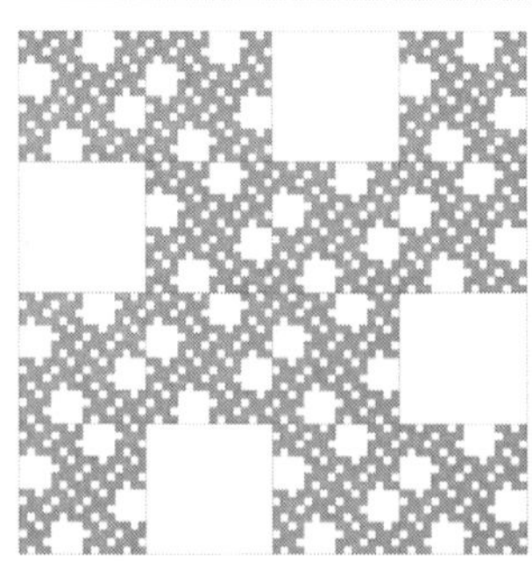

제 2 장

곱셈-덧셈 프랙탈 디자인

1 3×3 곱셈-덧셈 프랙탈

곱셈-덧셈 프랙탈은 2단계에서는 곱셈을 사용하고, 3단계는 덧셈을 이용해 보자.

(1) 1단계 1개

① $\log_3 1 = 0$

0	0	0
0	1	0
0	0	0

② $\log_9 1 = 0$

0	0	0	0	0	0	0	0	0
0	0	0	0	0	0	0	0	0
0	0	0	0	0	0	0	0	0
0	0	0	0	0	0	0	0	0
0	0	0	0	1	0	0	0	0
0	0	0	0	0	0	0	0	0
0	0	0	0	0	0	0	0	0
0	0	0	0	0	0	0	0	0
0	0	0	0	0	0	0	0	0

③ $\log_{27} 89 = 1.362$

0	0	0	0	0	0	0	0	0	0	0	0	0	0	0	0	0	0	0	0	0	0	0	0	0	0	0
0	0	0	0	0	0	0	0	0	0	0	0	0	0	0	0	0	0	0	0	0	0	0	0	0	0	0
0	0	0	0	0	0	0	0	0	0	0	0	0	0	0	0	0	0	0	0	0	0	0	0	0	0	0
0	0	0	0	0	0	0	0	0	0	0	0	0	0	0	0	0	0	0	0	0	0	0	0	0	0	0
0	0	0	0	1	0	0	0	0	0	0	0	0	1	0	0	0	0	0	0	0	0	1	0	0	0	0
0	0	0	0	0	0	0	0	0	0	0	0	0	0	0	0	0	0	0	0	0	0	0	0	0	0	0
0	0	0	0	0	0	0	0	0	0	0	0	0	0	0	0	0	0	0	0	0	0	0	0	0	0	0
0	0	0	0	0	0	0	0	0	0	0	0	0	0	0	0	0	0	0	0	0	0	0	0	0	0	0
0	0	0	0	0	0	0	0	0	0	0	0	0	0	0	0	0	0	0	0	0	0	0	0	0	0	0
0	0	0	0	0	0	0	0	0	1	1	1	1	1	1	1	1	1	0	0	0	0	0	0	0	0	0
0	0	0	0	0	0	0	0	0	1	1	1	1	1	1	1	1	1	0	0	0	0	0	0	0	0	0
0	0	0	0	0	0	0	0	0	1	1	1	1	1	1	1	1	1	0	0	0	0	0	0	0	0	0
0	0	0	0	0	0	0	0	0	1	1	1	1	1	1	1	1	1	0	0	0	0	0	0	0	0	0
0	0	0	0	1	0	0	0	0	1	1	1	1	2	1	1	1	1	0	0	0	0	1	0	0	0	0
0	0	0	0	0	0	0	0	0	1	1	1	1	1	1	1	1	1	0	0	0	0	0	0	0	0	0
0	0	0	0	0	0	0	0	0	1	1	1	1	1	1	1	1	1	0	0	0	0	0	0	0	0	0
0	0	0	0	0	0	0	0	0	1	1	1	1	1	1	1	1	1	0	0	0	0	0	0	0	0	0
0	0	0	0	0	0	0	0	0	1	1	1	1	1	1	1	1	1	0	0	0	0	0	0	0	0	0
0	0	0	0	0	0	0	0	0	0	0	0	0	0	0	0	0	0	0	0	0	0	0	0	0	0	0
0	0	0	0	0	0	0	0	0	0	0	0	0	0	0	0	0	0	0	0	0	0	0	0	0	0	0
0	0	0	0	0	0	0	0	0	0	0	0	0	0	0	0	0	0	0	0	0	0	0	0	0	0	0
0	0	0	0	0	0	0	0	0	0	0	0	0	0	0	0	0	0	0	0	0	0	0	0	0	0	0
0	0	0	0	1	0	0	0	0	0	0	0	0	1	0	0	0	0	0	0	0	0	1	0	0	0	0
0	0	0	0	0	0	0	0	0	0	0	0	0	0	0	0	0	0	0	0	0	0	0	0	0	0	0
0	0	0	0	0	0	0	0	0	0	0	0	0	0	0	0	0	0	0	0	0	0	0	0	0	0	0
0	0	0	0	0	0	0	0	0	0	0	0	0	0	0	0	0	0	0	0	0	0	0	0	0	0	0
0	0	0	0	0	0	0	0	0	0	0	0	0	0	0	0	0	0	0	0	0	0	0	0	0	0	0

위의 그림에서 0 부분을 제거한 것이 아래 그림이다.

	1	

				1				

				1									1									1				
									1	1	1	1	1	1	1	1	1									
									1	1	1	1	1	1	1	1	1									
									1	1	1	1	1	1	1	1	1									
									1	1	1	1	1	1	1	1	1									
				1					1	1	1	1	2	1	1	1	1					1				
									1	1	1	1	1	1	1	1	1									
									1	1	1	1	1	1	1	1	1									
									1	1	1	1	1	1	1	1	1									
									1	1	1	1	1	1	1	1	1									
				1									1									1				

조건부 서식을 이용하여 1, 2, 3 단계에서 0보다 큰 수에 색칠해 보자.

① $\log_3 1 = 0$

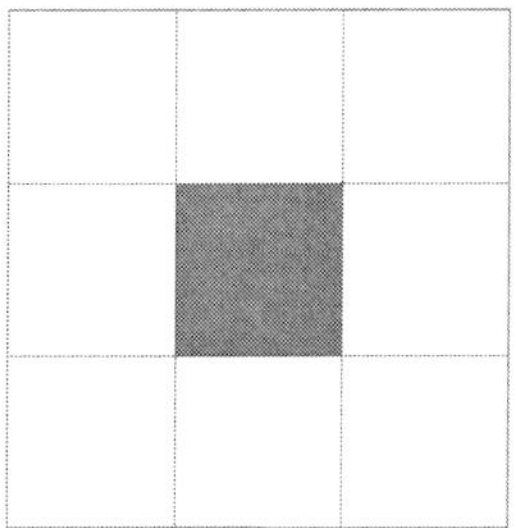

② $\log_9 1 = 0$

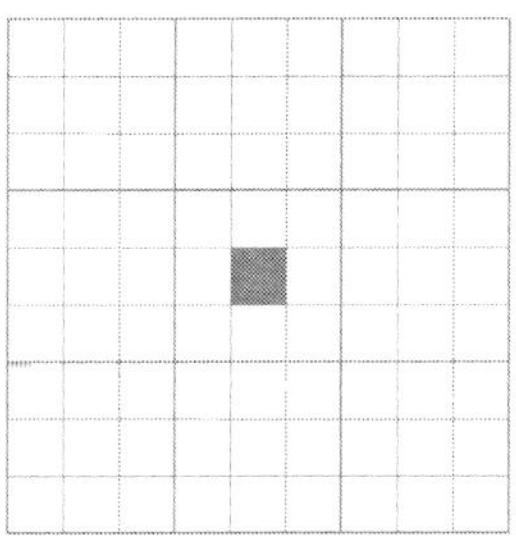

③ $\log_{27} 89 = 1.362$

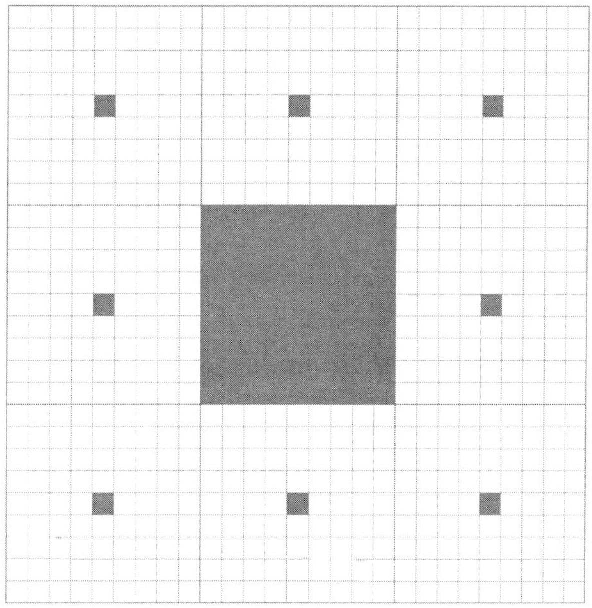

① $\log_3 1 = 0$

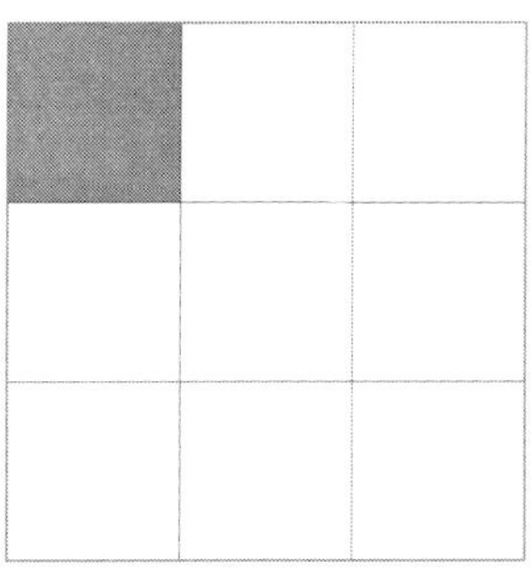

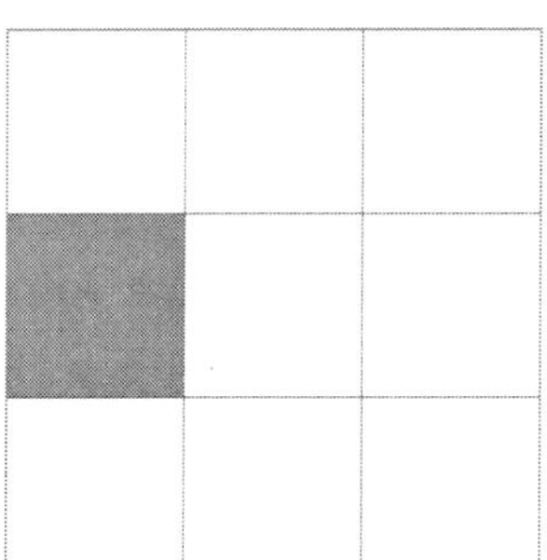

② $\log_9 1 = 0$

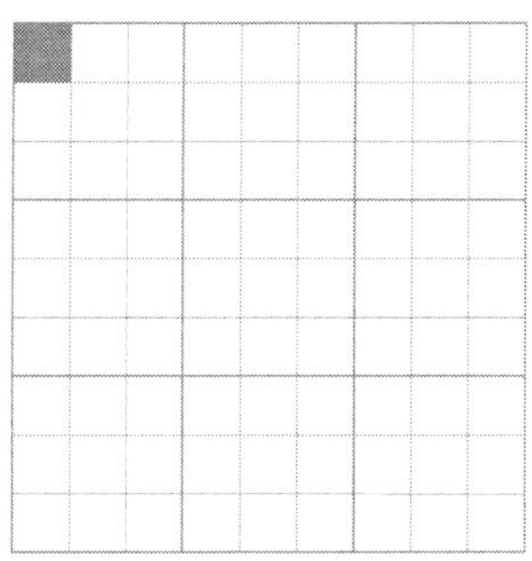

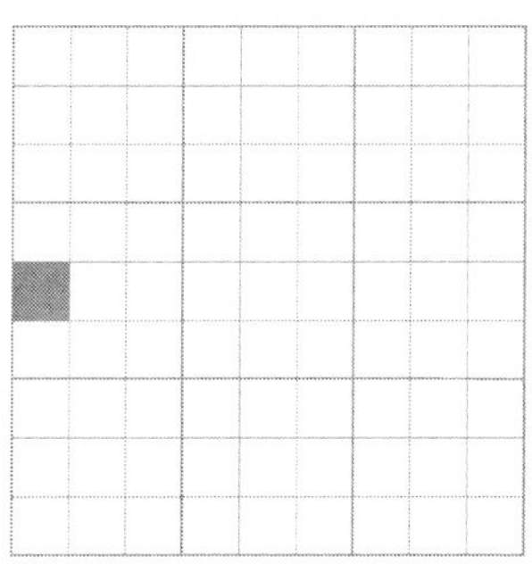

③ $\log_{27} 89 = 1.362$

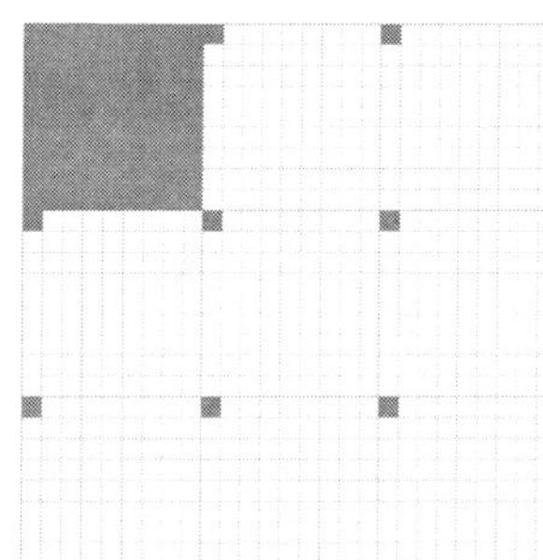

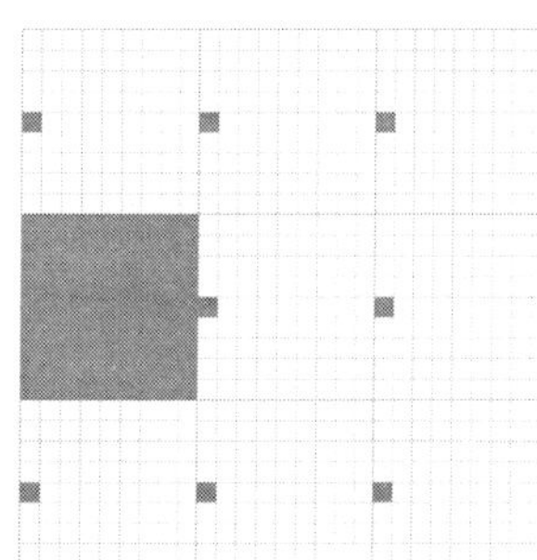

(2) 1단계 2개

① $\log_3 2 = 0.631$	② $\log_9 14 = 0.631$	③ $\log_{27} 190 = 1.592$
	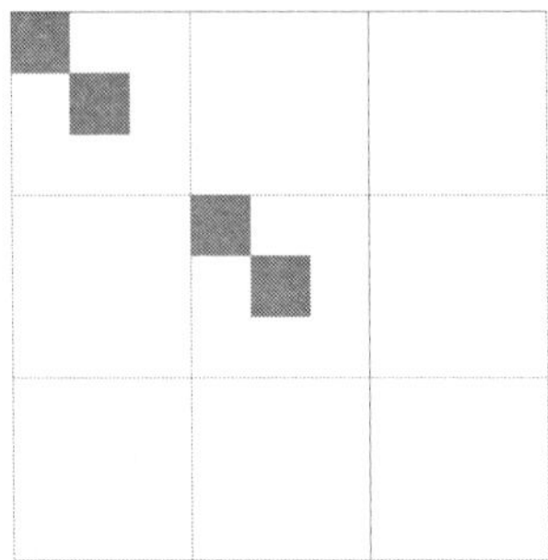	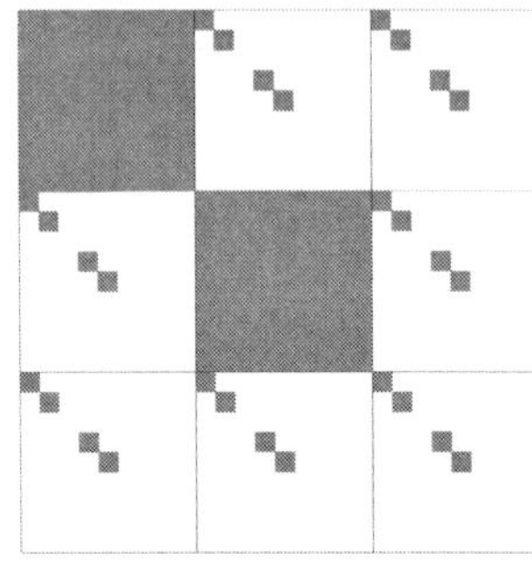

(3) 1단계 3개

① $\log_3 3 = 1$	② $\log_9 9 = 1$	③ $\log_{27} 297 = 1.728$
	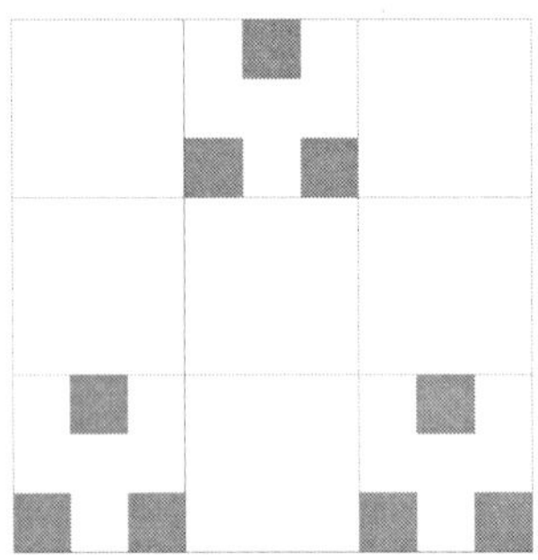	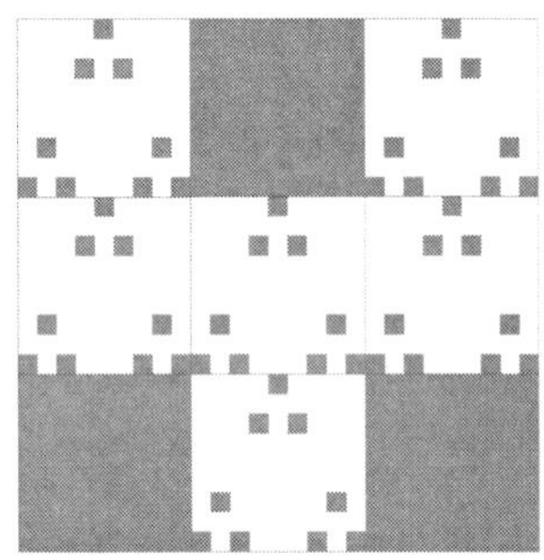

① $\log_3 3 = 1$	② $\log_9 9 = 1$	③ $\log_{27} 297 = 1.728$
	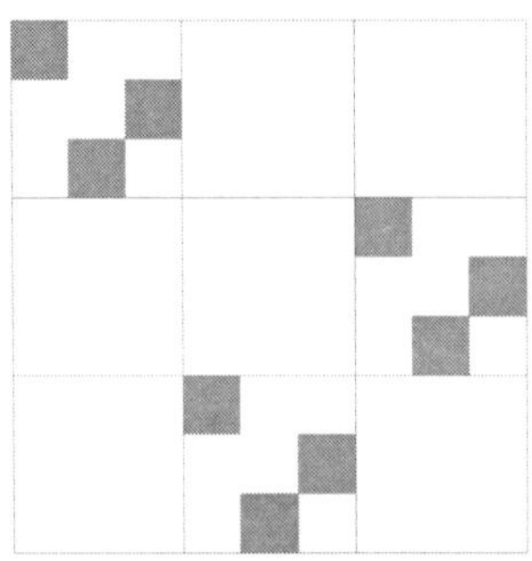	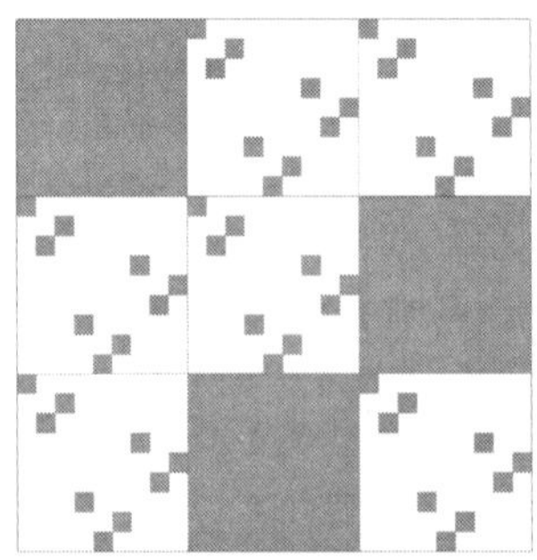

(4) 1단계 4개

① $\log_3 4 = 1.262$	② $\log_9 16 = 1.262$	③ $\log_{27} 404 = 1.821$
	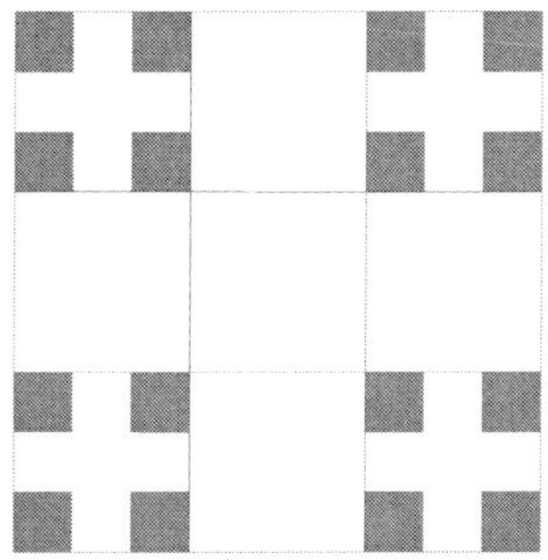	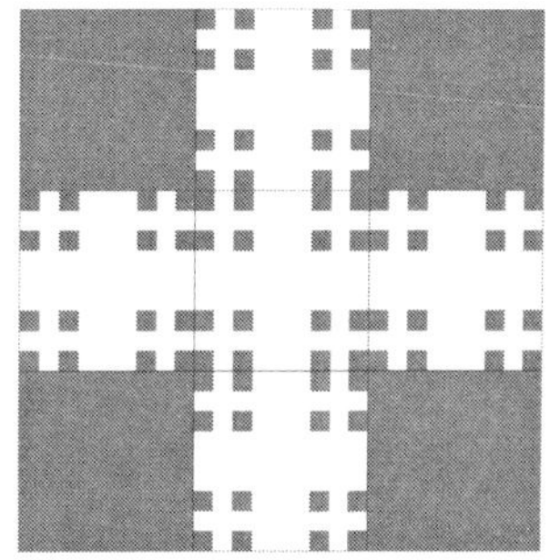
	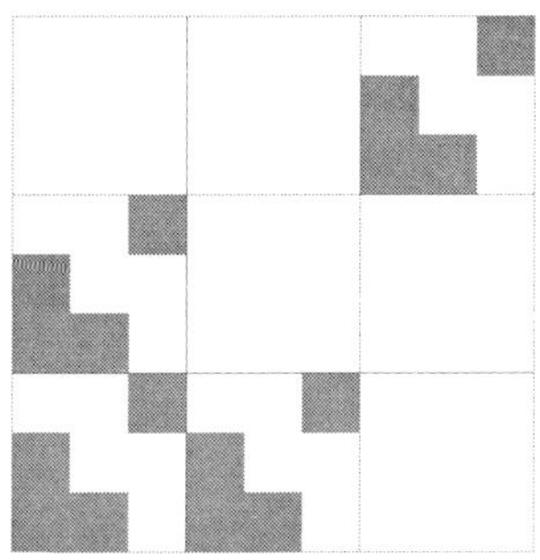	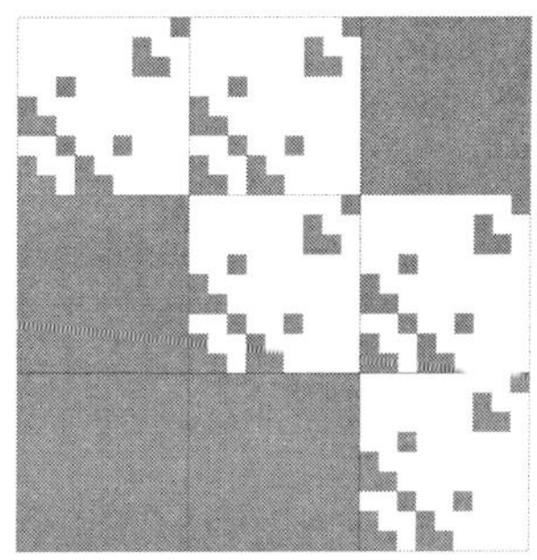
	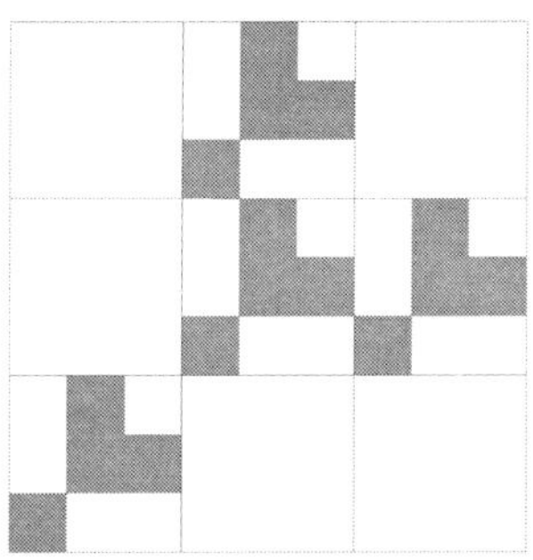	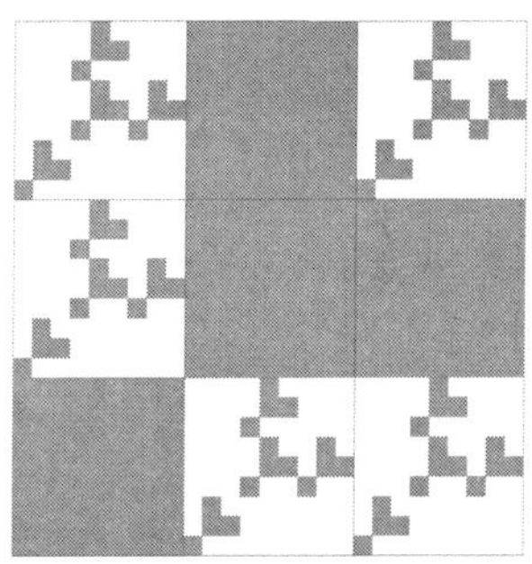
	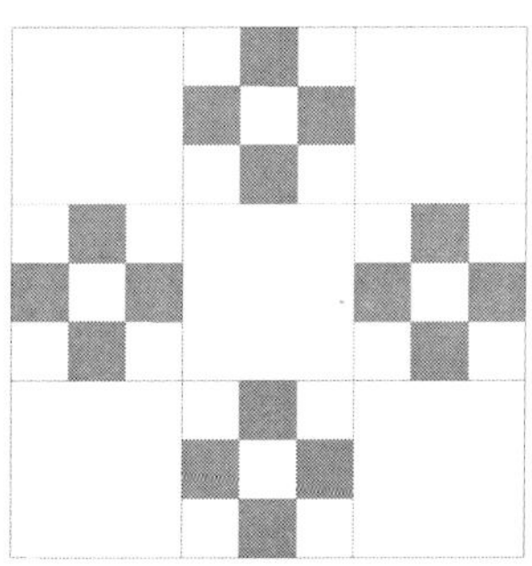	

(5) 1단계 5개

① $\log_3 5 = 1.465$	② $\log_9 25 = 1.465$	③ $\log_{27} 505 = 1.889$

	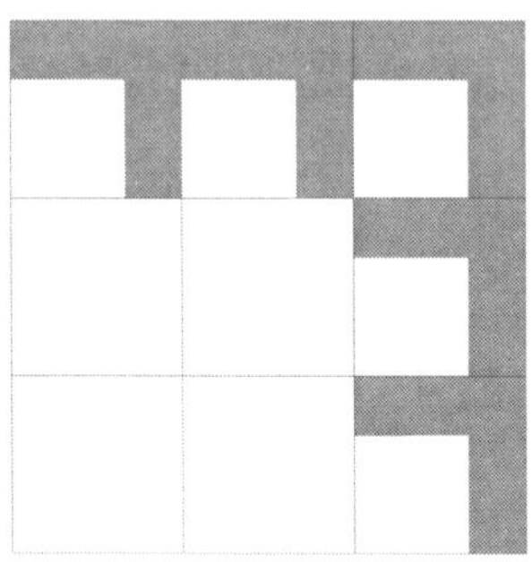	
	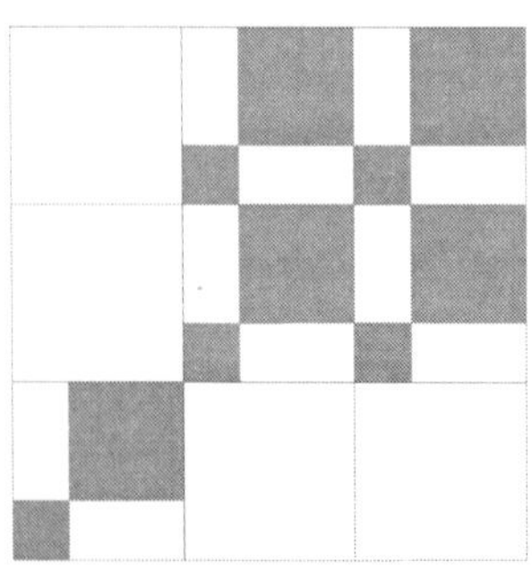	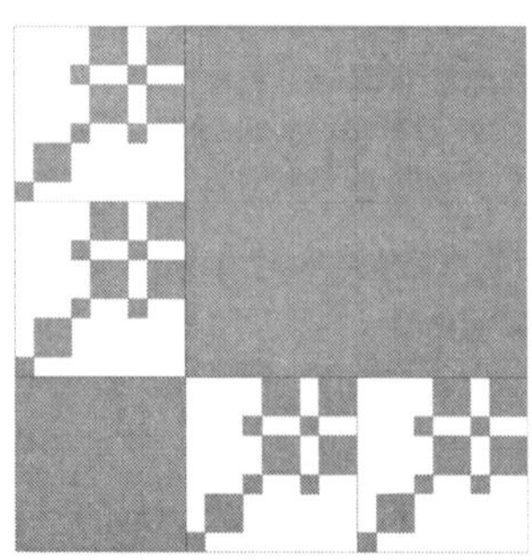

(6) 1단계 6개

① $\log_3 6 = 1.631$	② $\log_9 268 = 1.631$	③ $\log_{27} 432 = 1.841$
	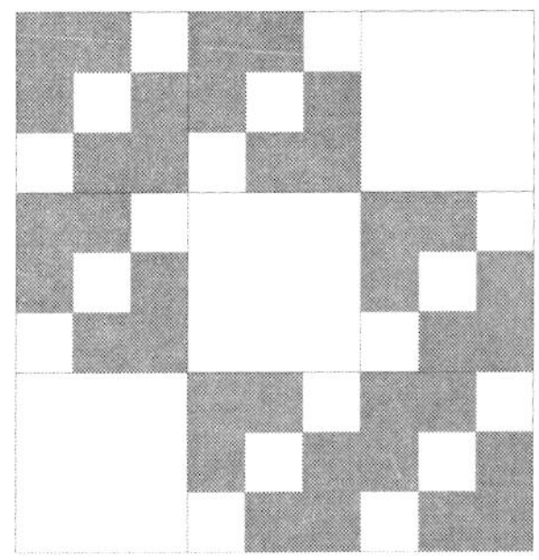	

		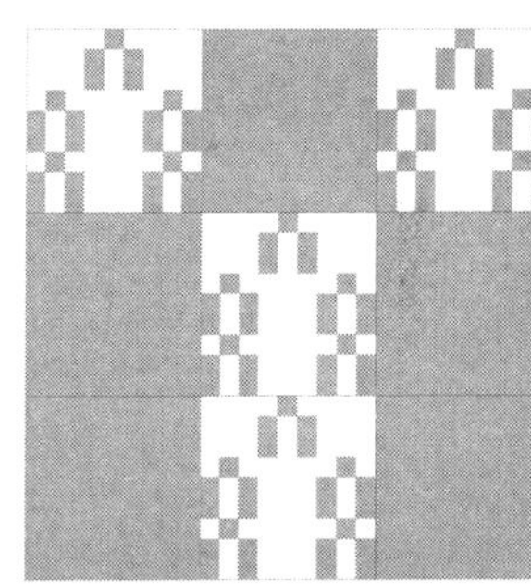
		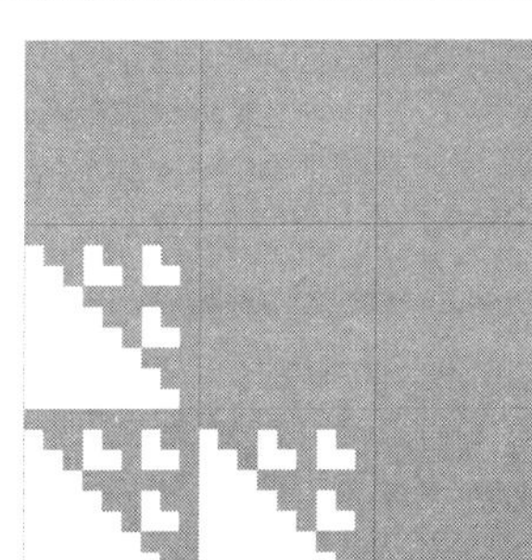

2 4×4 곱셈-덧셈 프랙탈

(1) 1단계 1개

① $\log_4 1 = 0$	② $\log_{16} 1 = 0$	③ $\log_{64} 271 = 1.347$
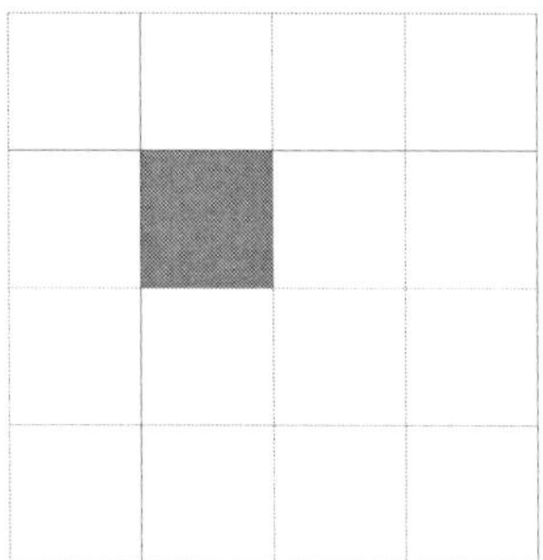	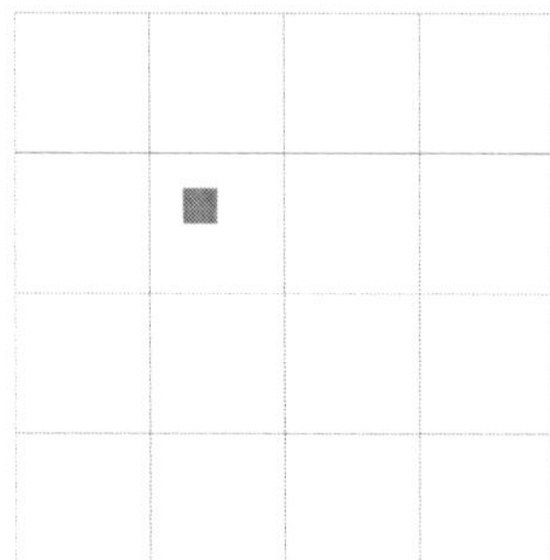	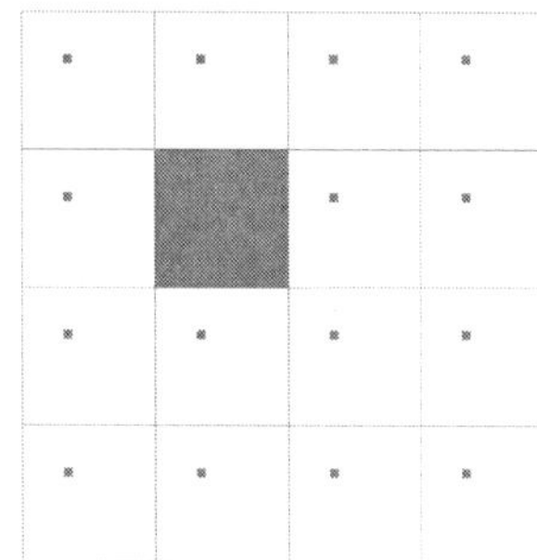

(2) 1단계 2개

① $\log_4 2 = 0.5$	② $\log_{16} 4 = 0.5$	③ $\log_{64} 568 = 1.525$
	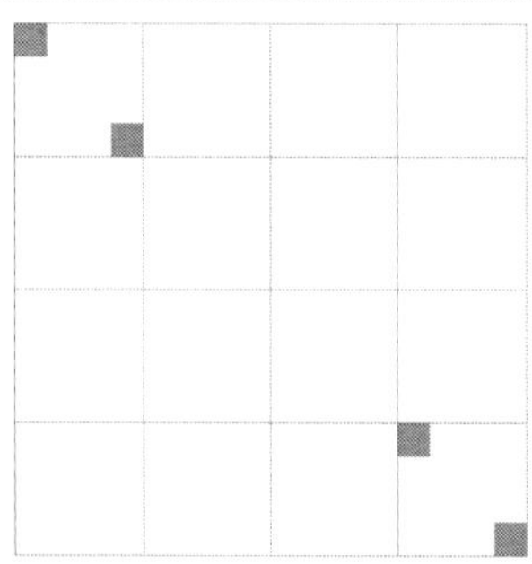	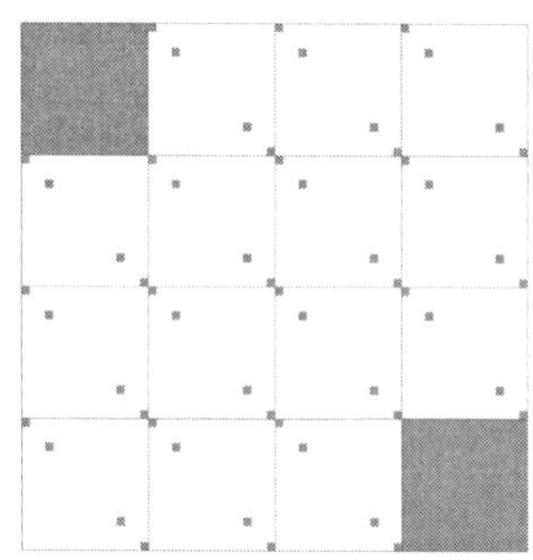

(3) 1단계 3개

① $\log_4 3 = 0.792$	② $\log_{16} 9 = 0.792$	③ $\log_{64} 885 = 1.632$
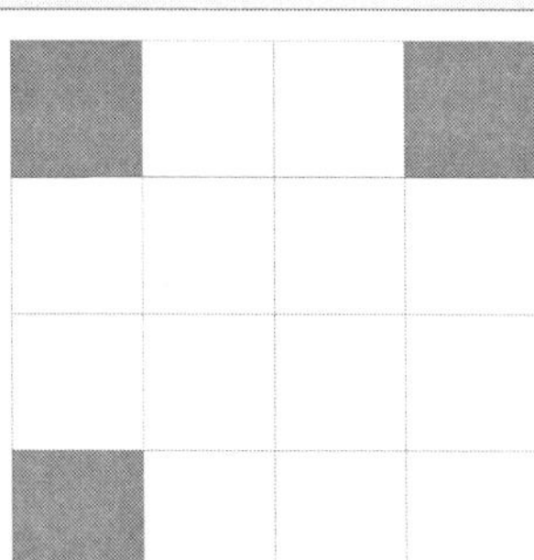	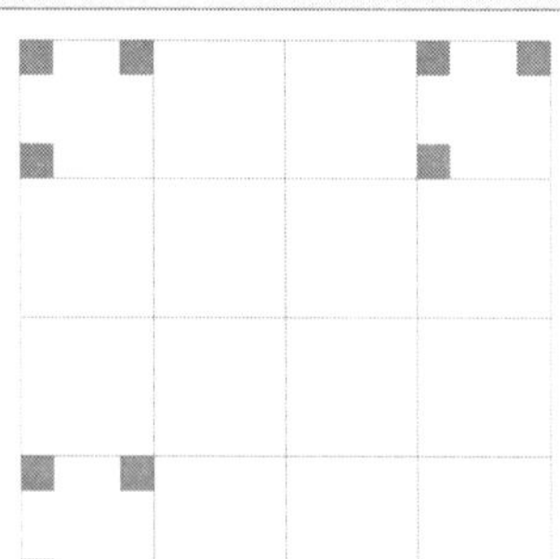	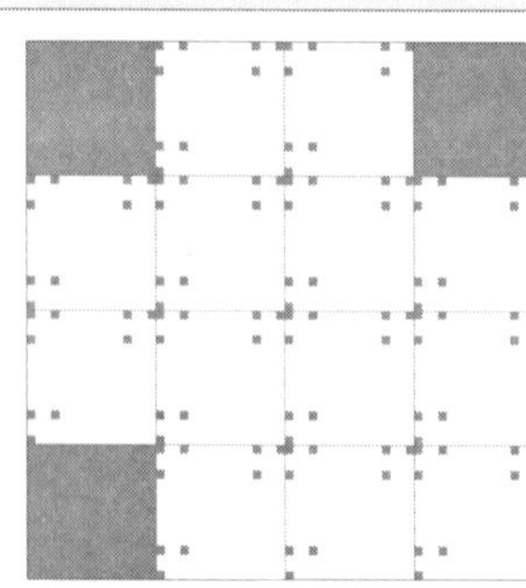

(4) 1단계 4개

① $\log_4 4 = 1$	② $\log_{16} 16 = 1$	③ $\log_{64} 1216 = 1.708$
	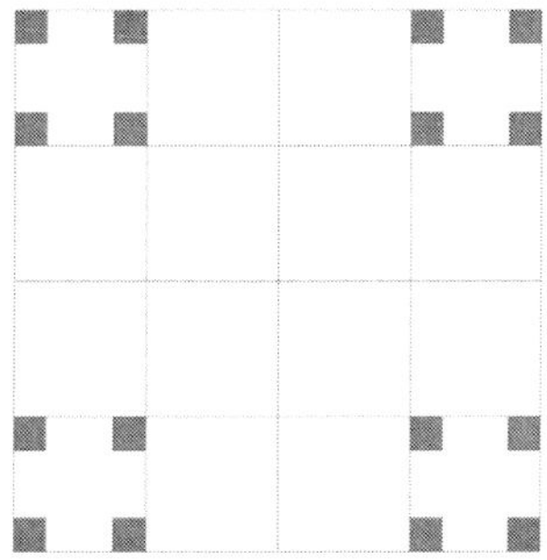	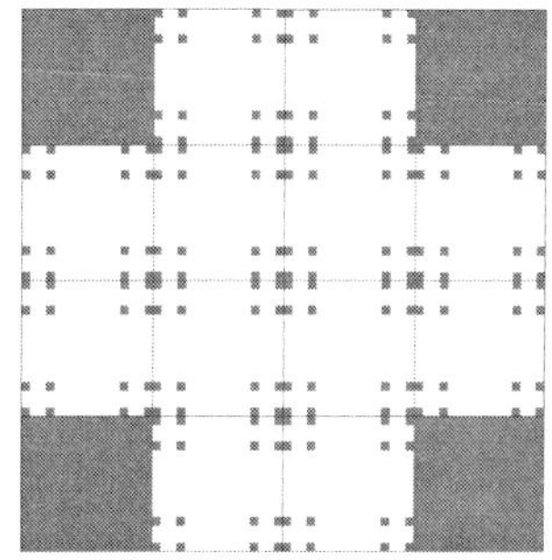
	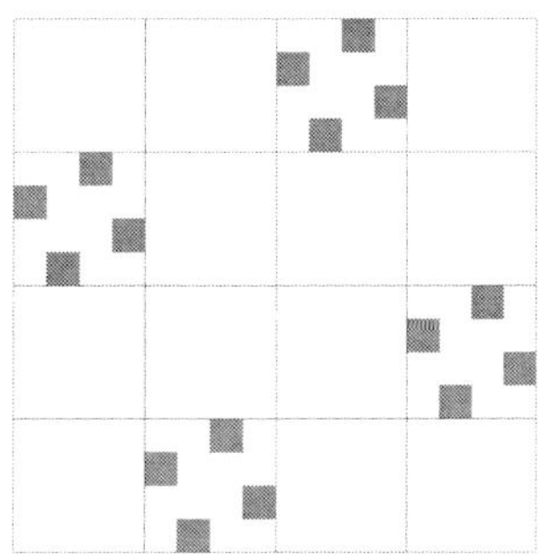	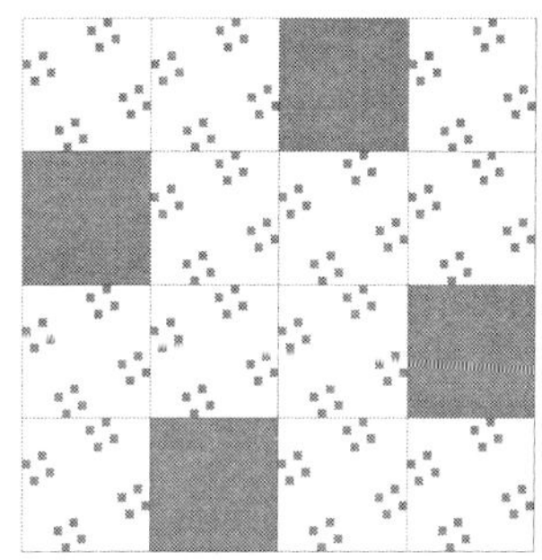
	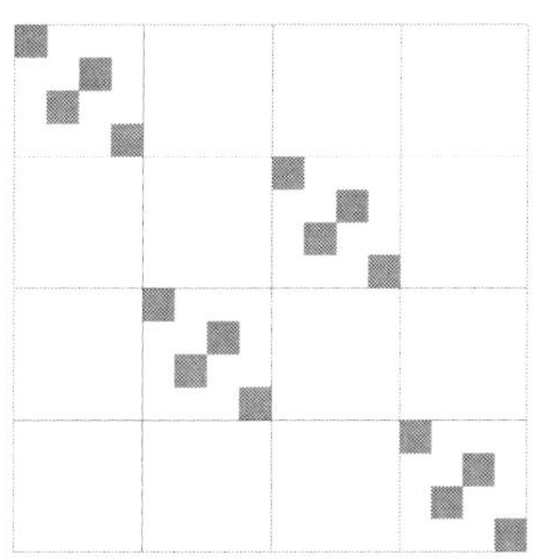	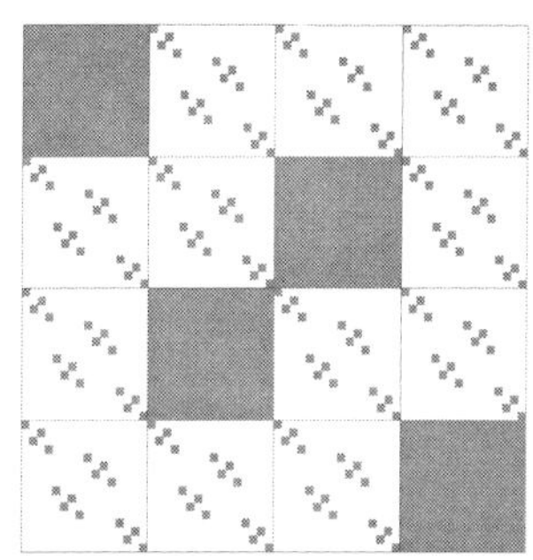
	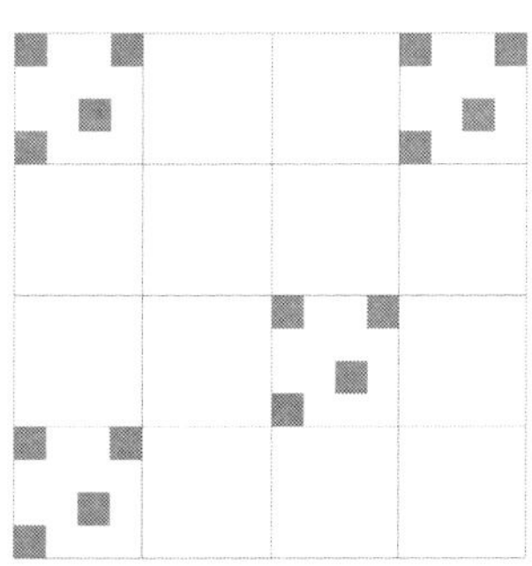	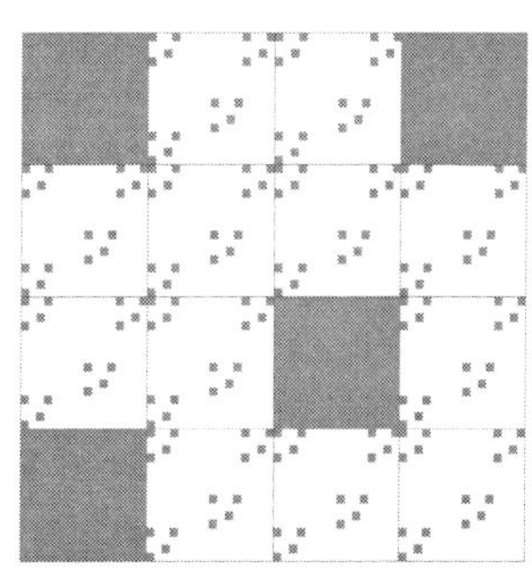

(5) 1단계 5개

① $\log_4 5 = 0.161$	② $\log_{16} 25 = 1.161$	③ $\log_{64} 1555 = 1.767$
	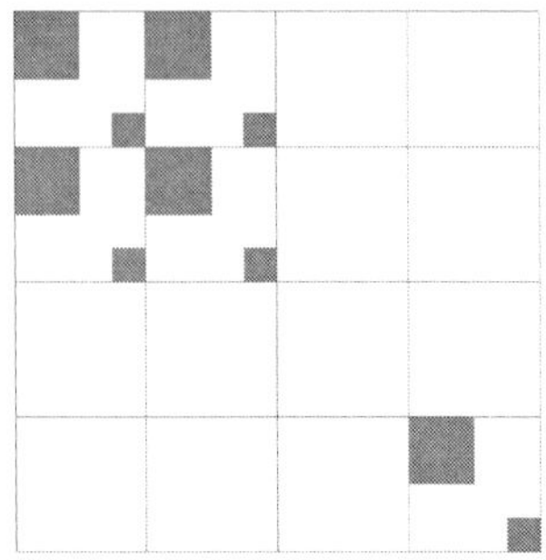	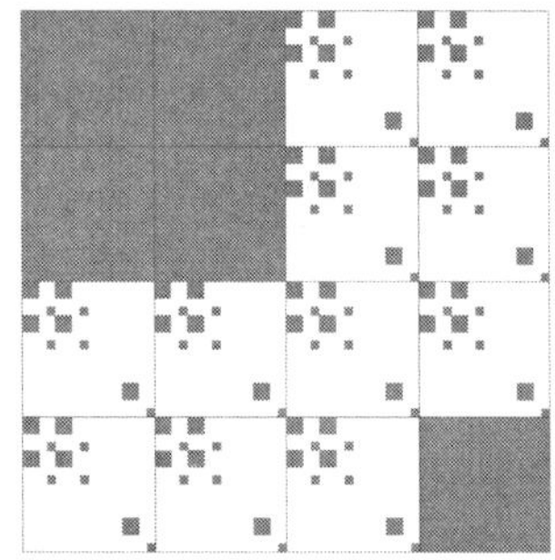
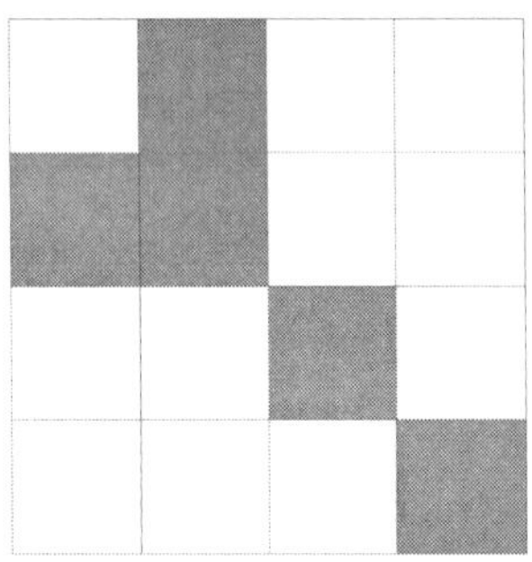	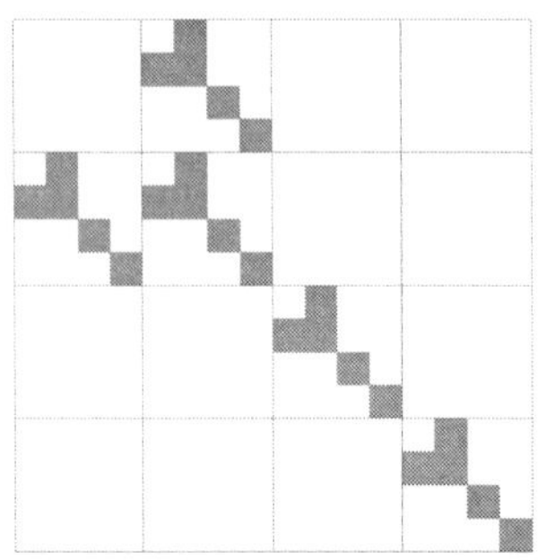	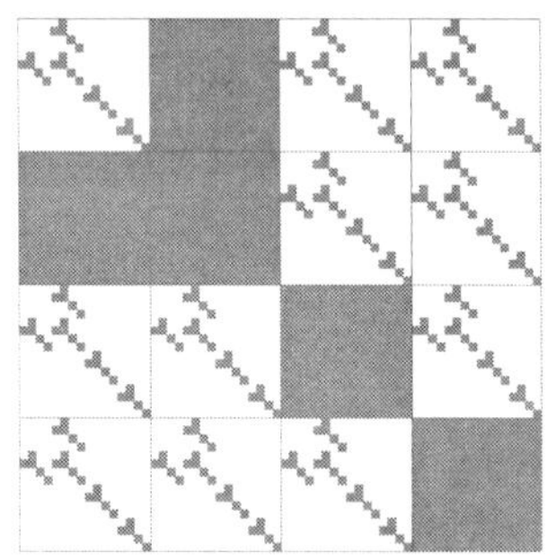
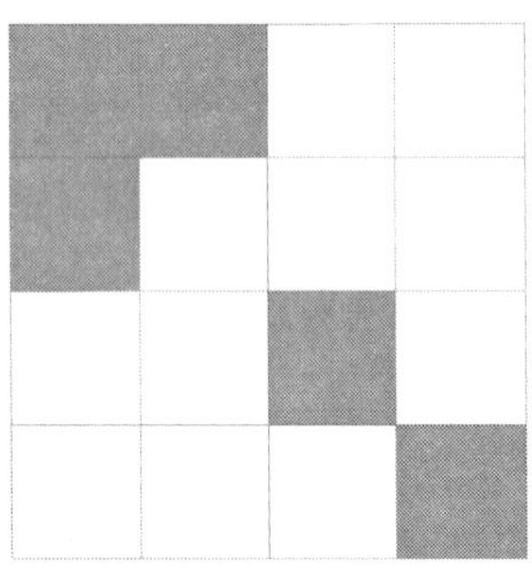	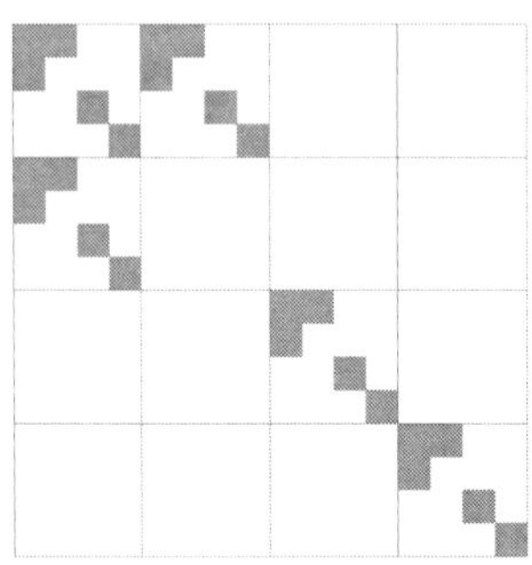	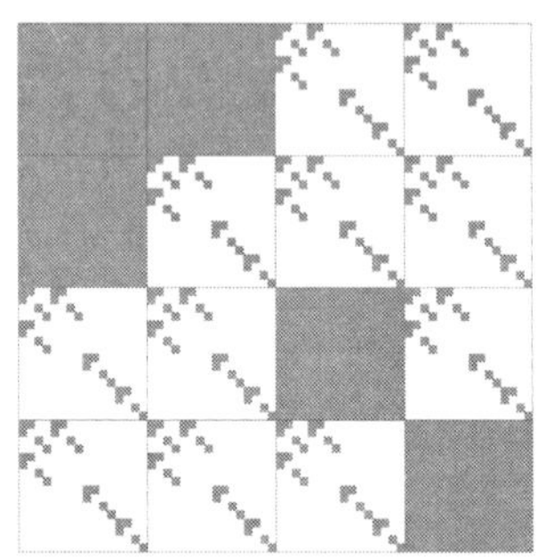
	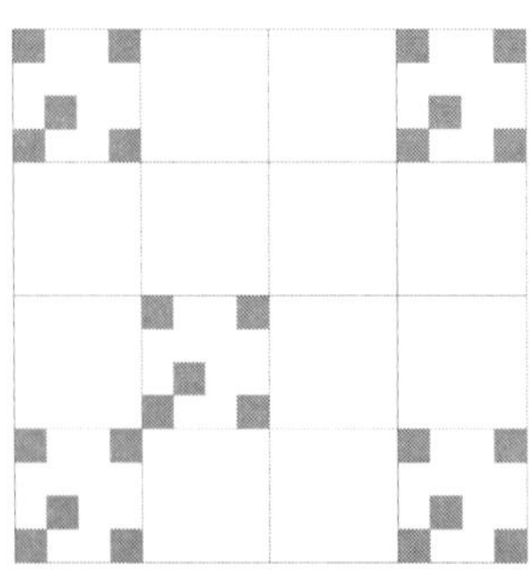	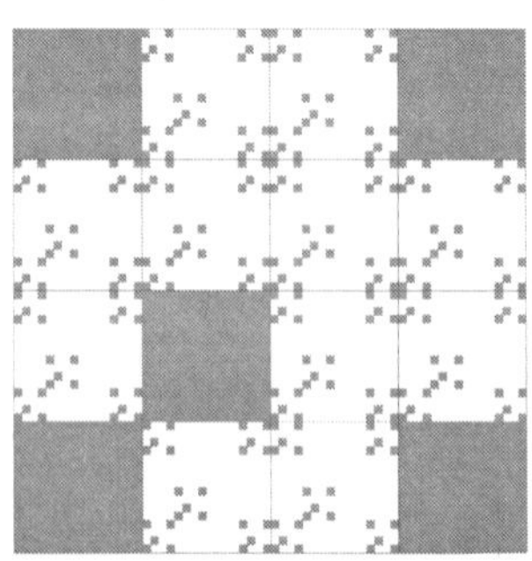

(6) 1단계 6개

① $\log_4 6 = 1.292$	② $\log_4 36 = 1.292$	③ $\log_{64} 1896 = 1.815$
	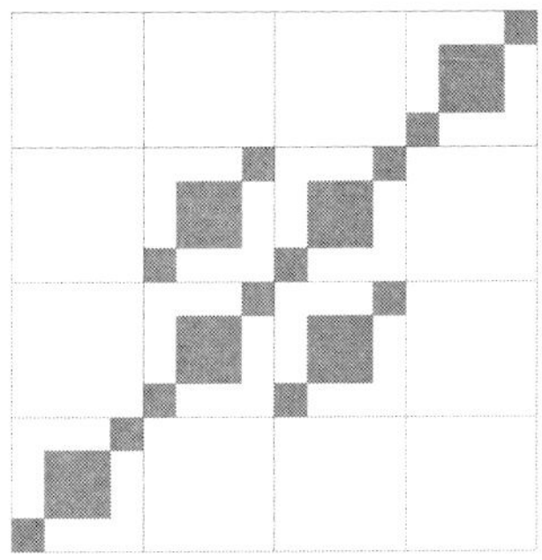	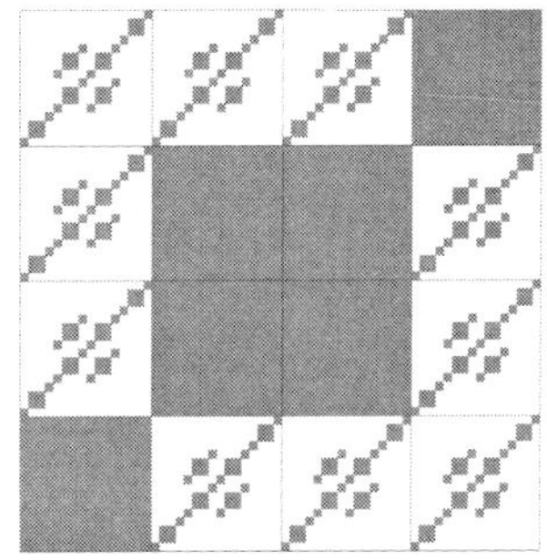
	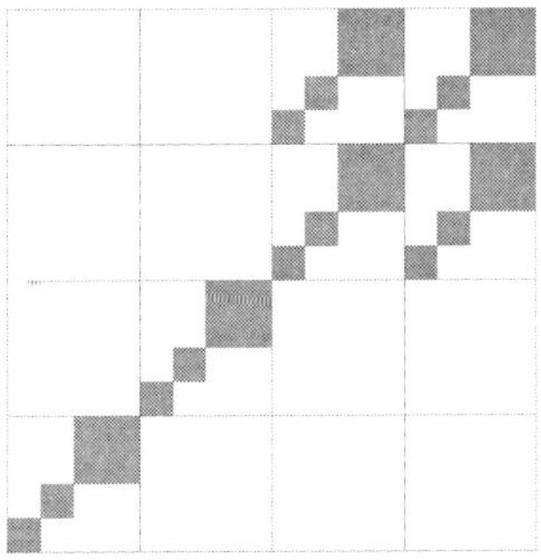	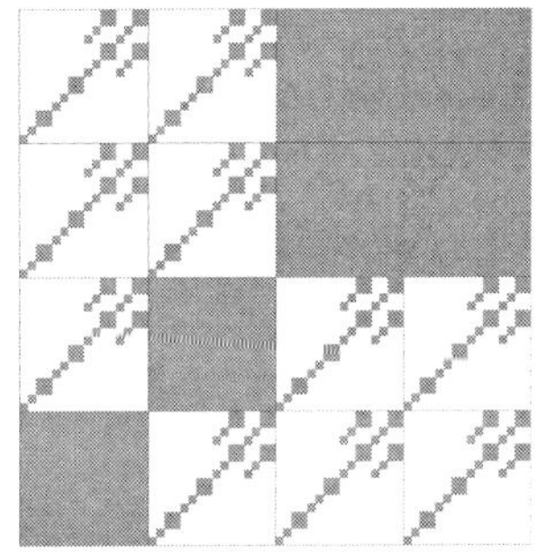
	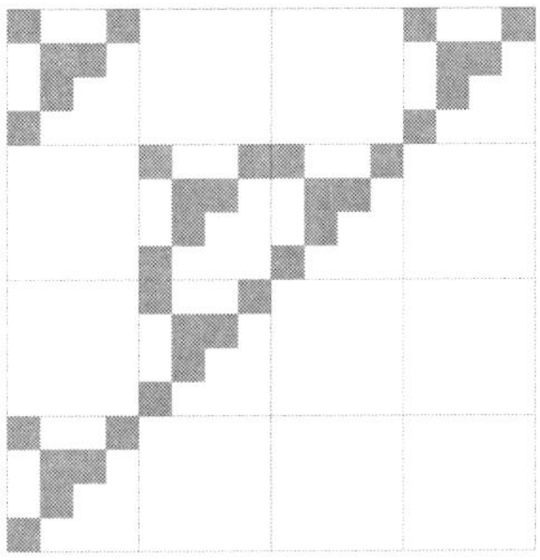	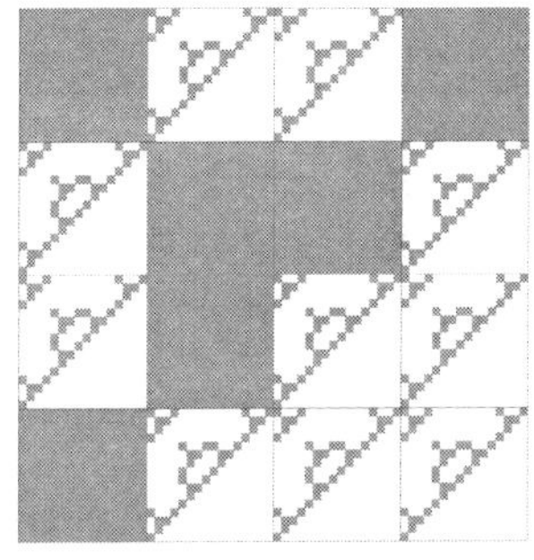
	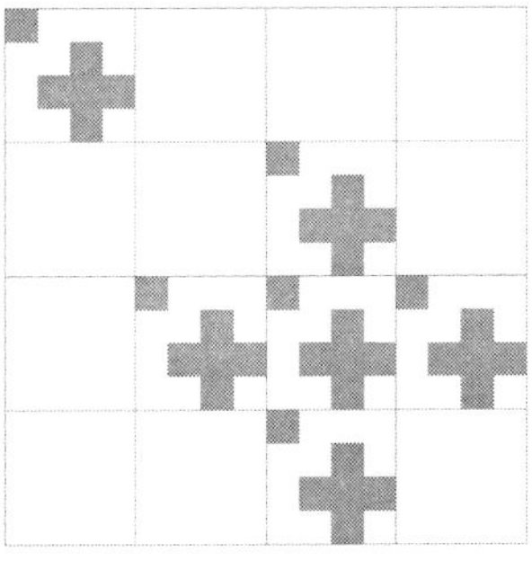	

(7) 1단계 7개

① $\log_4 7 = 1.404$	② $\log_{16} 49 = 1.404$	③ $\log_{64} 2233 = 1.854$
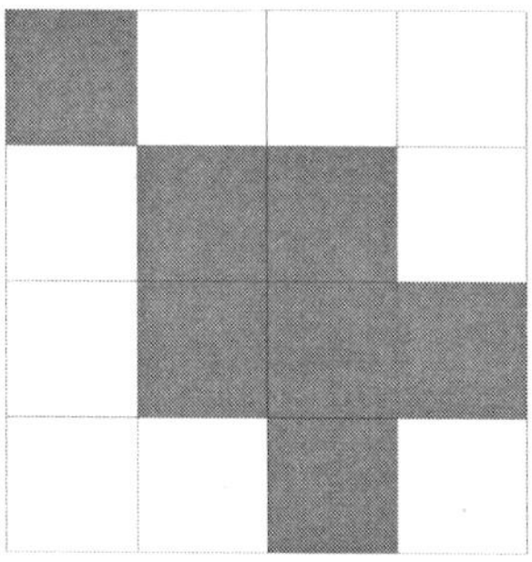	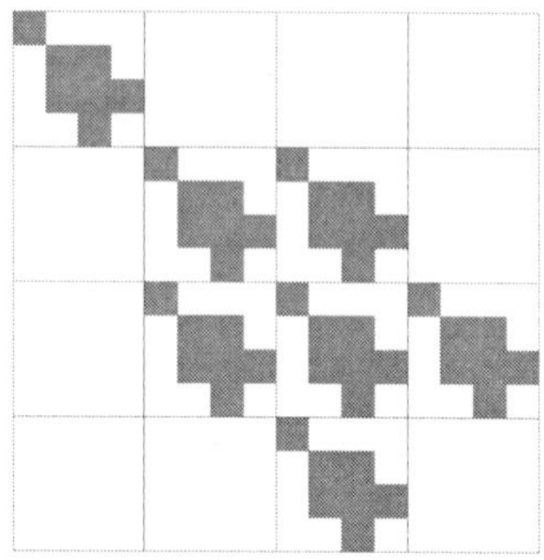	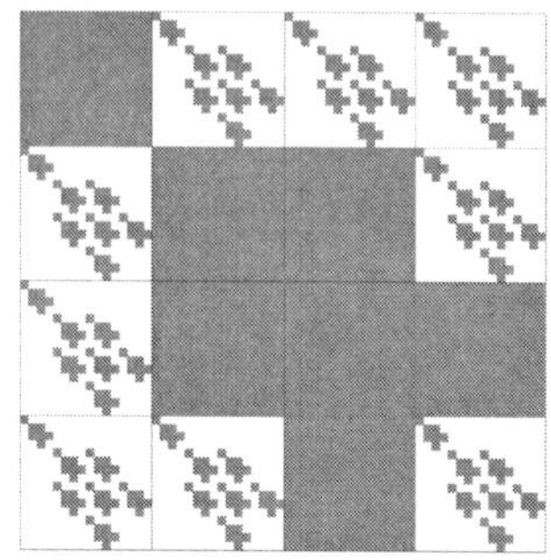
	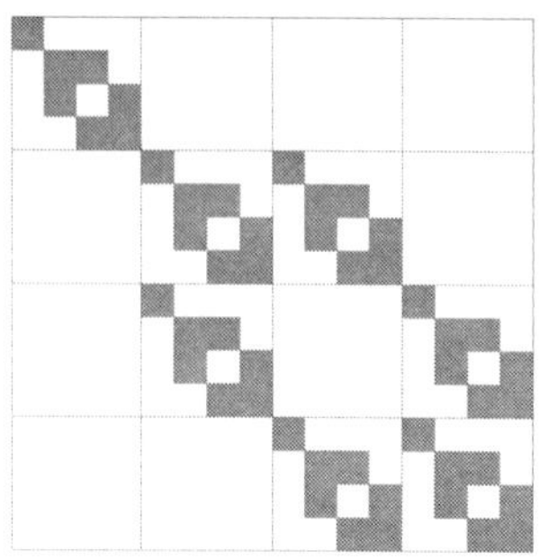	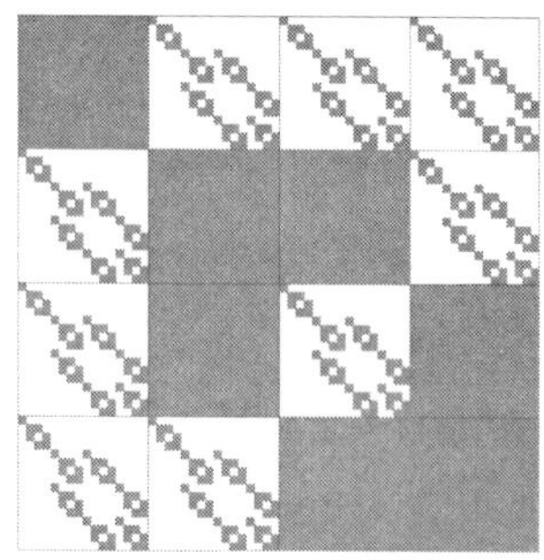
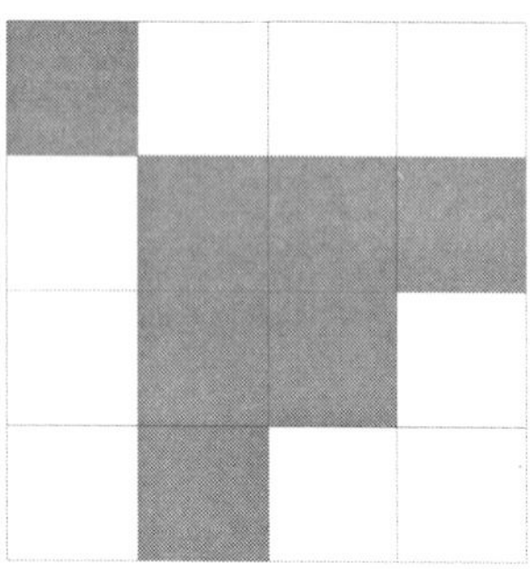	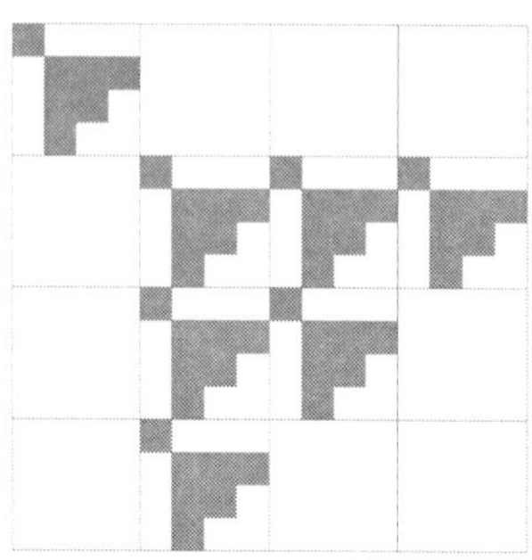	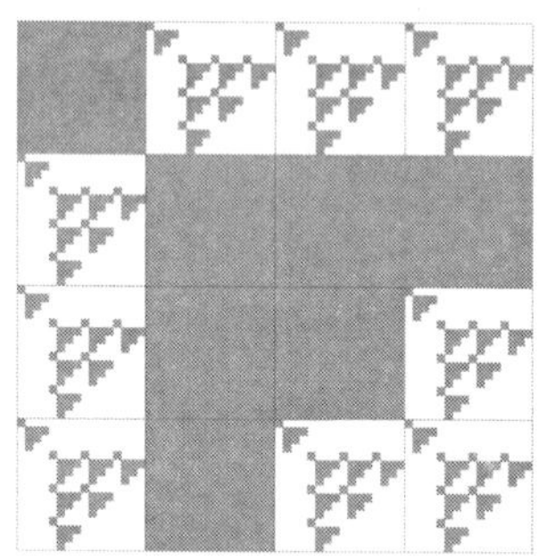
	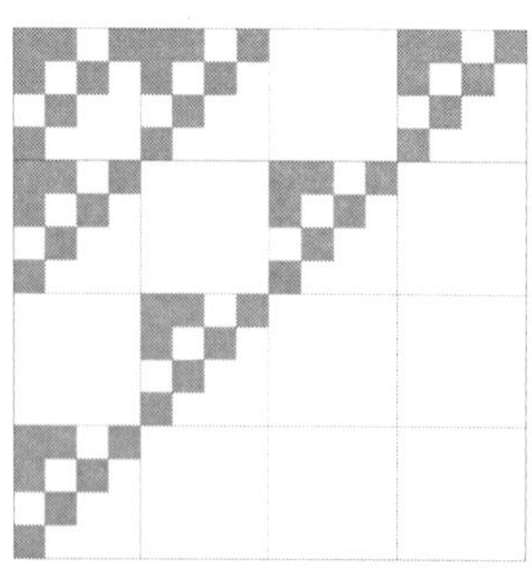	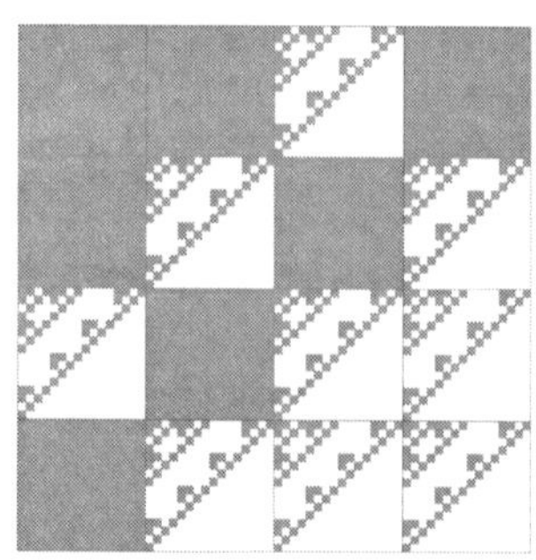

(8) 1단계 8개

① $\log_4 8 = 1.5$	② $\log_{16} 64 = 1.5$	③ $\log_{64} 2560 = 1.887$
	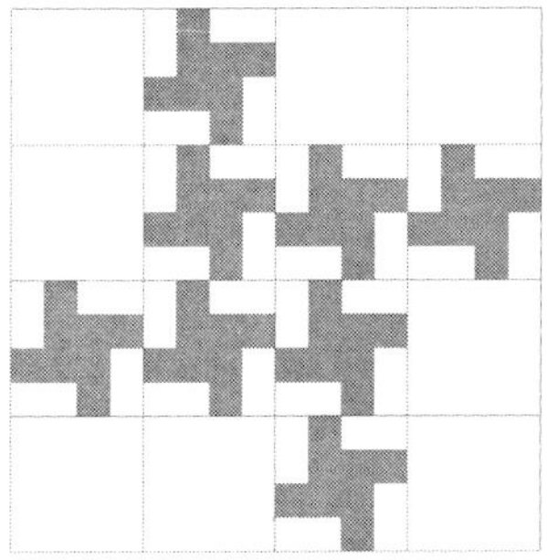	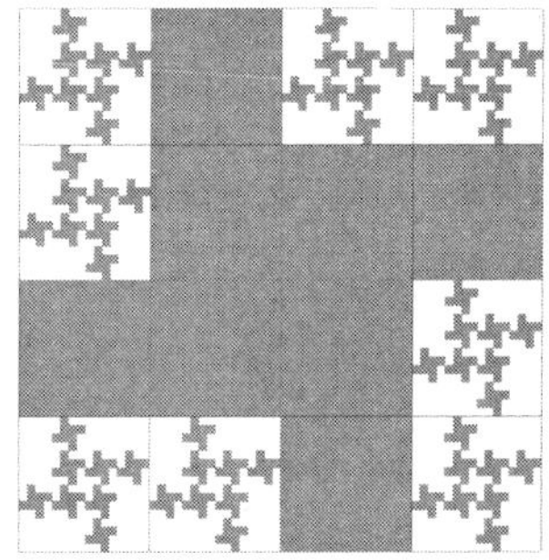
	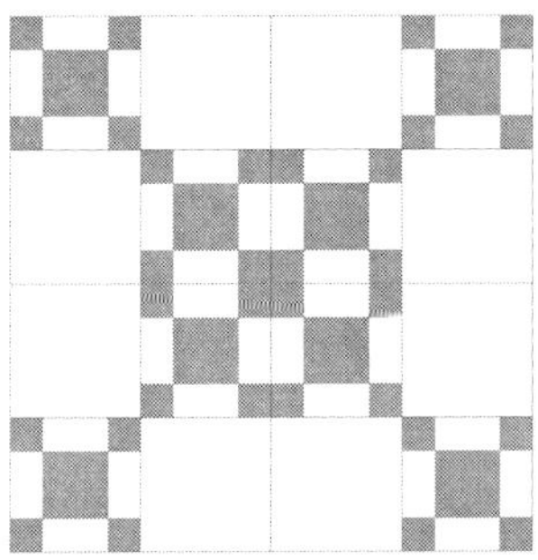	
		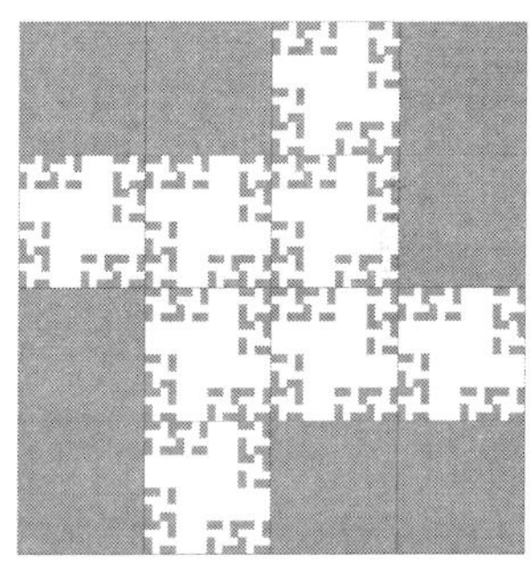
	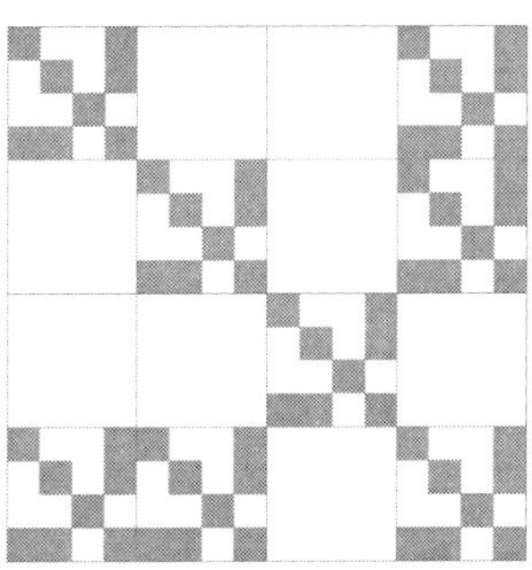	

3 5×5 곱셈-덧셈 프랙탈

(1) 1단계 5개

① $\log_5 5 = 1$

② $\log_{25} 25 = 1$

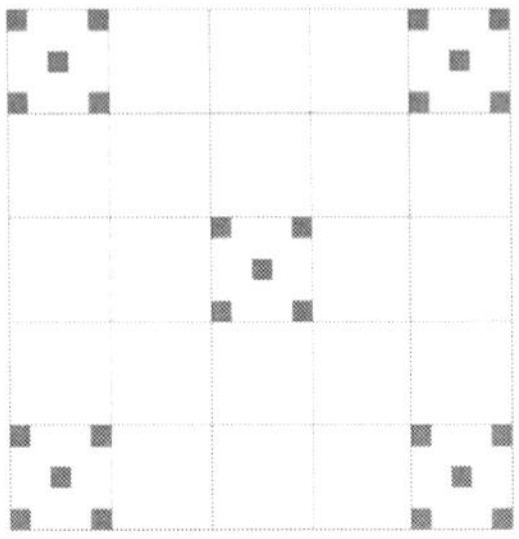

③ $\log_{125} 3625 = 1.697$

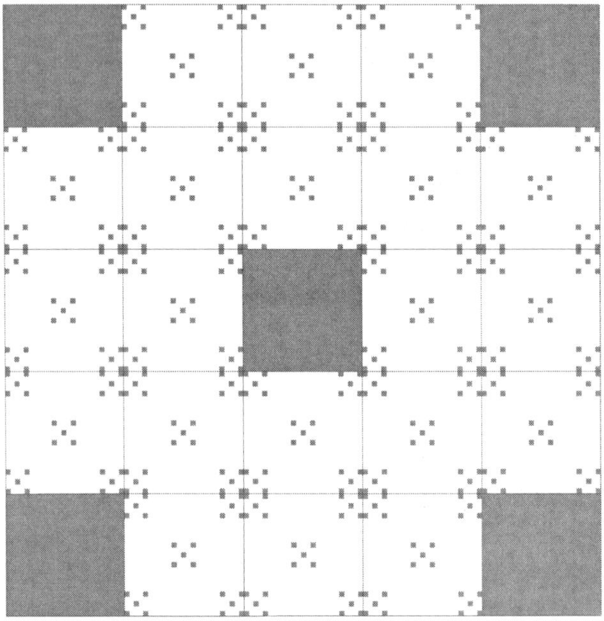

① $\log_5 5 = 1$

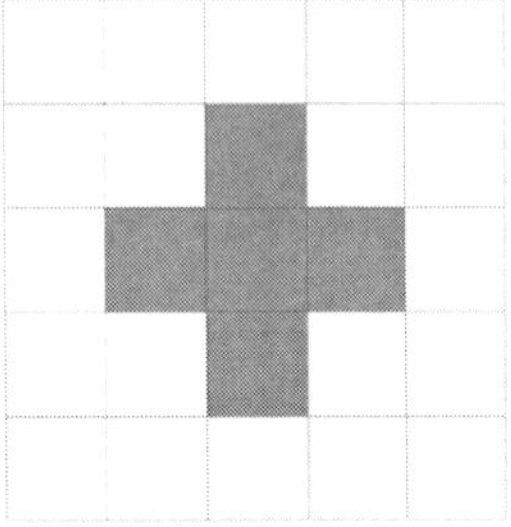

② $\log_{25} 25 = 1$

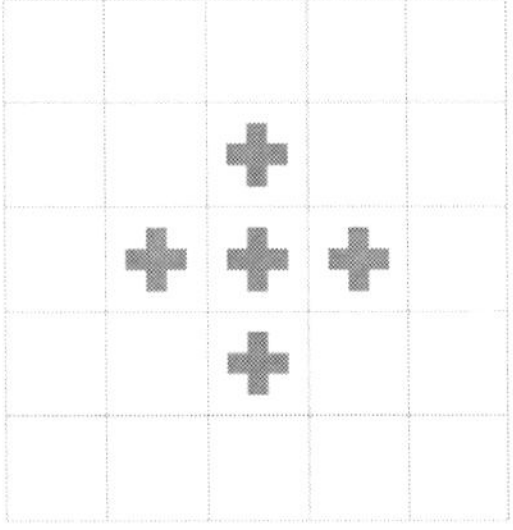

③ $\log_{125} 3625 = 1.697$

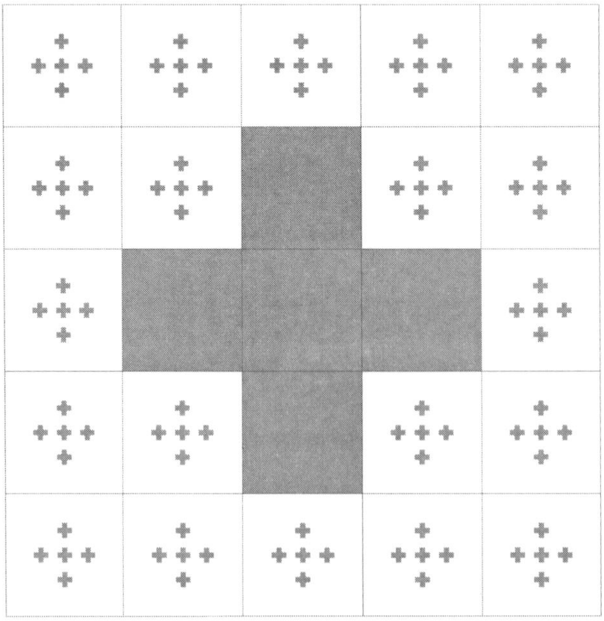

① $\log_{5}5 = 1$

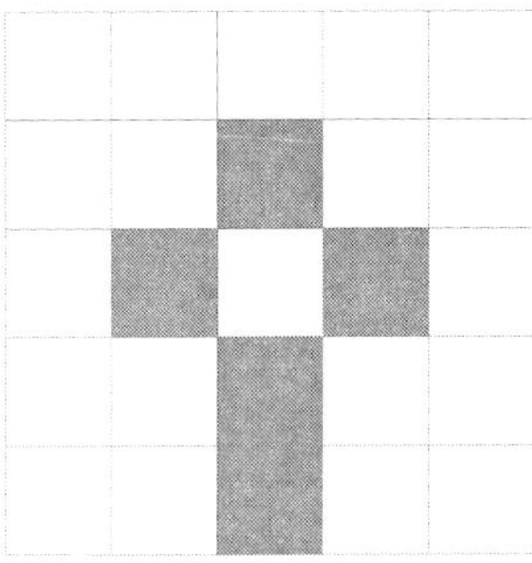

② $\log_{25}25 = 1$

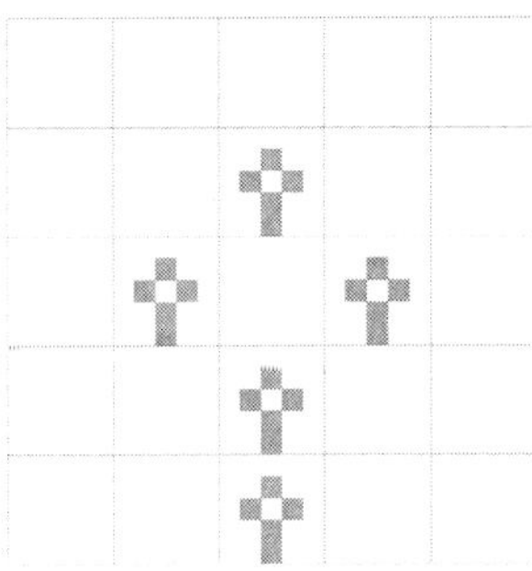

③ $\log_{125}3625 = 1.697$

① $\log_{5}5 = 1$

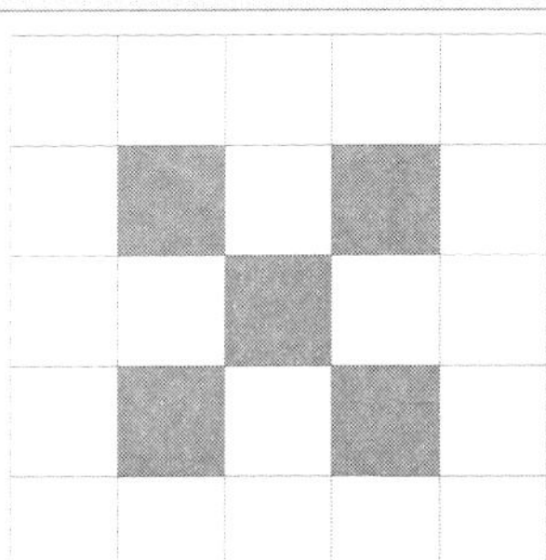

② $\log_{25}25 = 1$

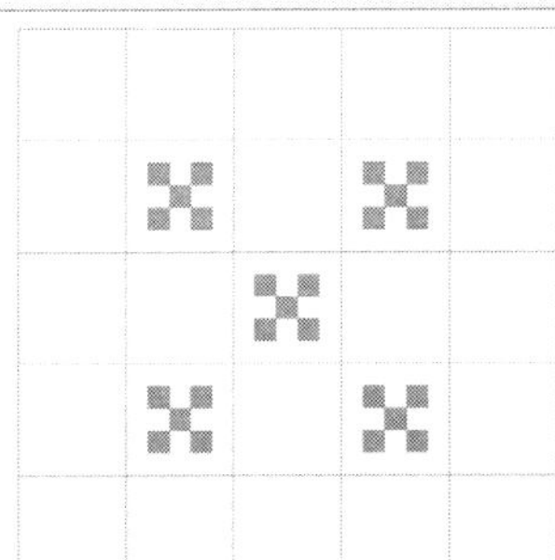

③ $\log_{125}3625 = 1.697$

(2) 1단계 7개

① $\log_5 7 = 1.209$

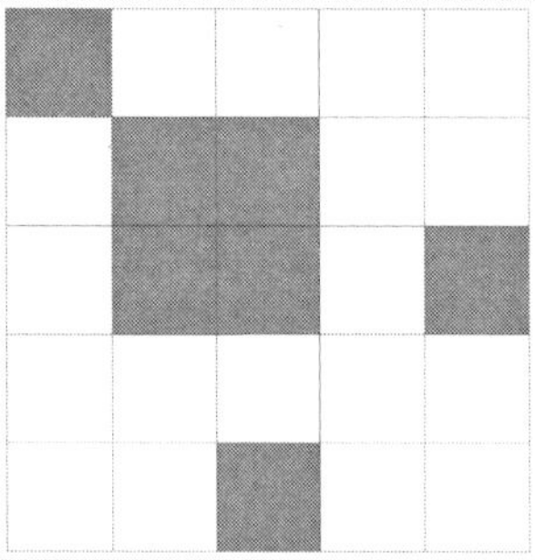

② $\log_{25} 49 = 1.209$

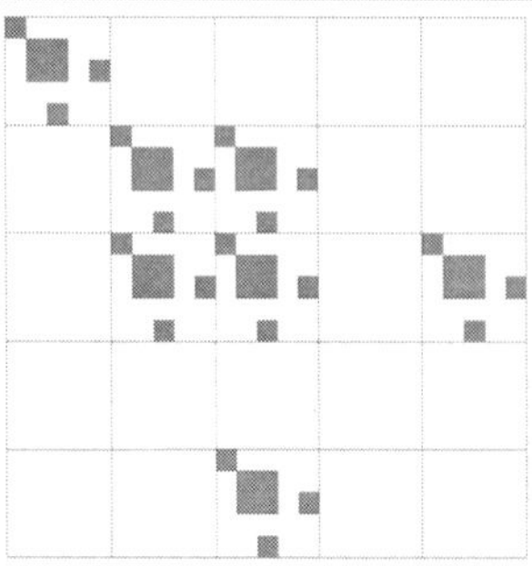

③ $\log_{125} 5257 = 1.774$

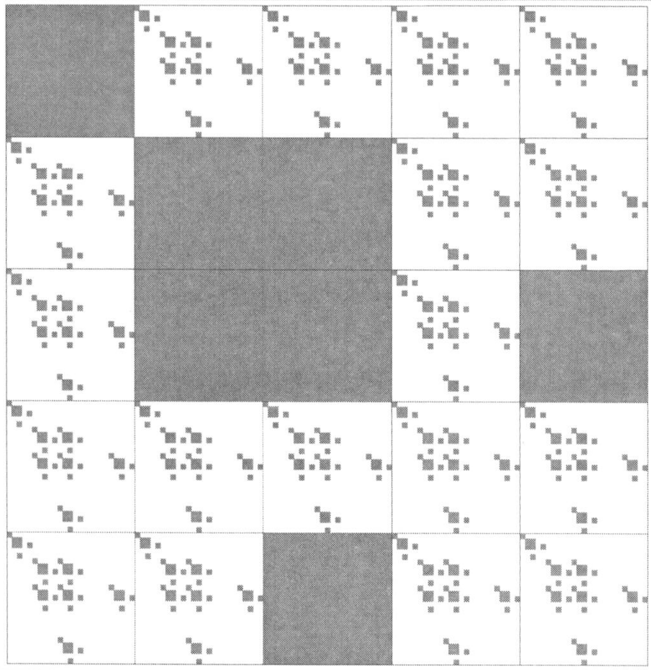

① $\log_5 7 = 1.21$

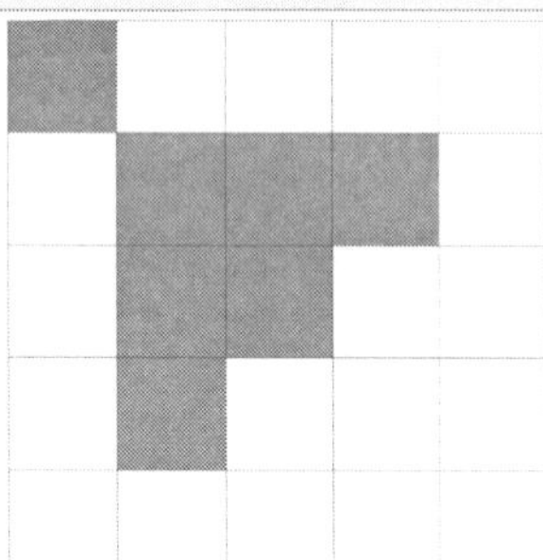

② $\log_{25} 49 = 1.209$

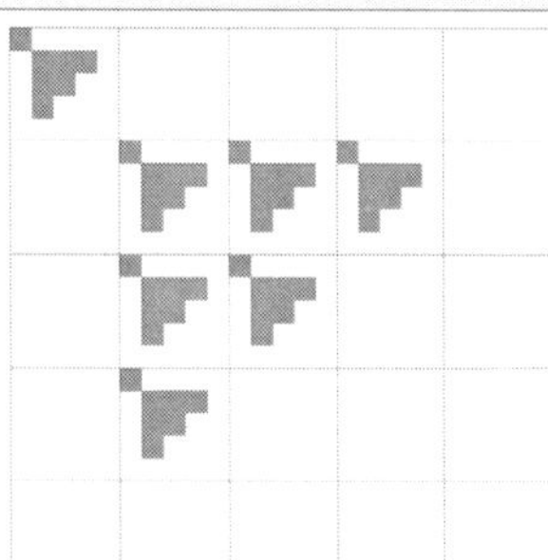

③ $\log_{125} 5257 = 1.774$

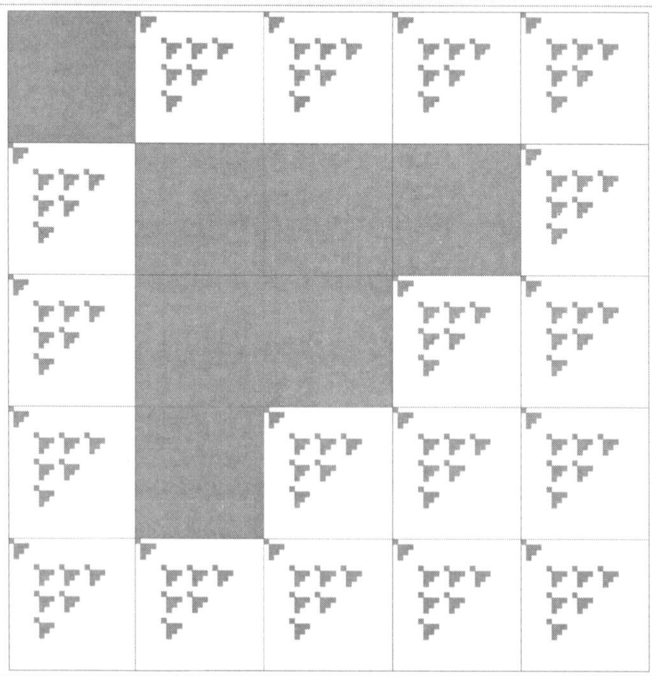

(3) 1단계 8개

① $\log_5 8 = 1.292$

② $\log_{25} 64 = 1.292$

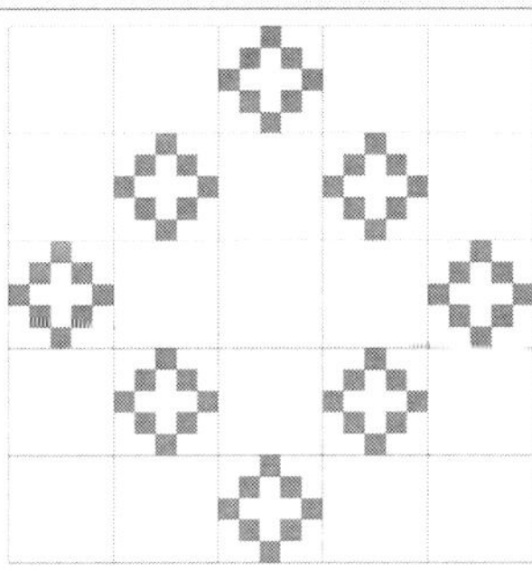

③ $\log_{125} 6088 = 1.805$

① $\log_5 8 = 1.292$

② $\log_{25} 64 = 1.292$

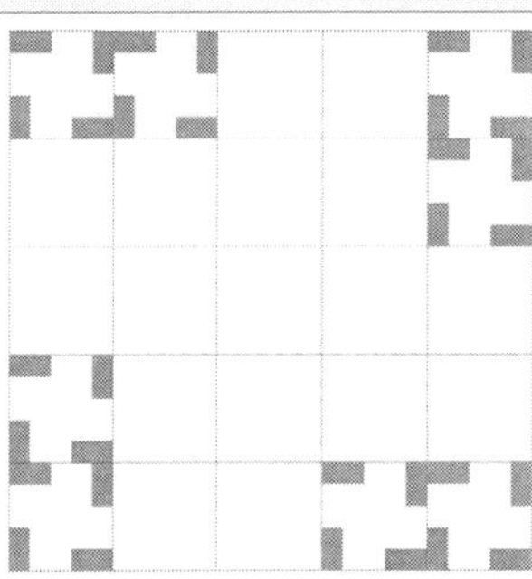

③ $\log_{125} 6088 = 1.805$

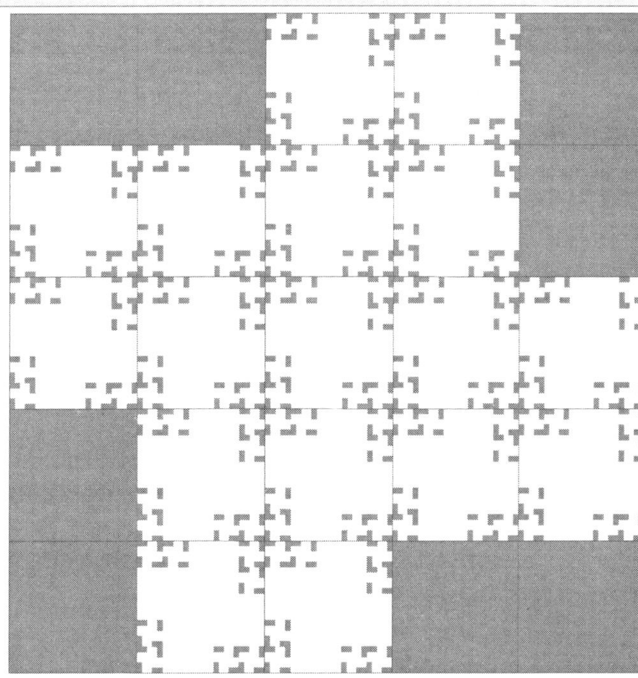

① $\log_5 8 = 1.292$

② $\log_{25} 64 = 1.292$

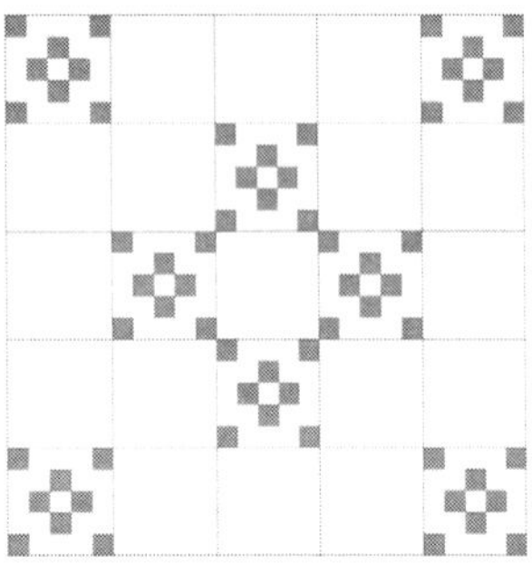

③ $\log_{125} 6088 = 1.805$

① $\log_5 8 = 1.292$

② $\log_{25} 64 = 1.292$

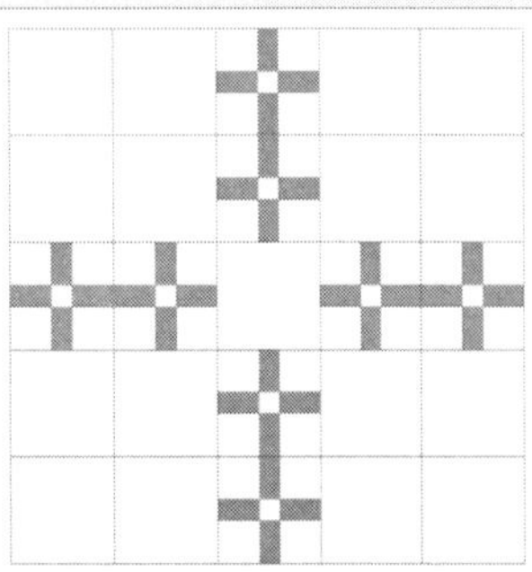

③ $\log_{125} 6088 = 1.805$

(4) 1단계 9개

① $\log_5 9 = 1.365$

② $\log_{25} 81 = 1.365$

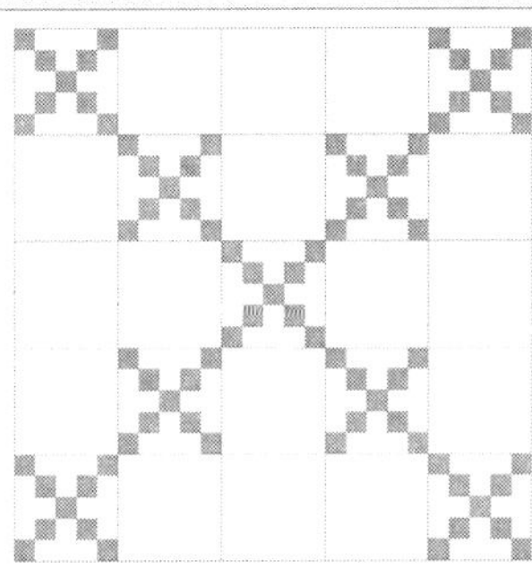

③ $\log_{125} 6921 = 1.831$

① $\log_5 9 = 1.365$

② $\log_{25} 81 = 1.365$

③ $\log_{125} 6921 = 1.831$

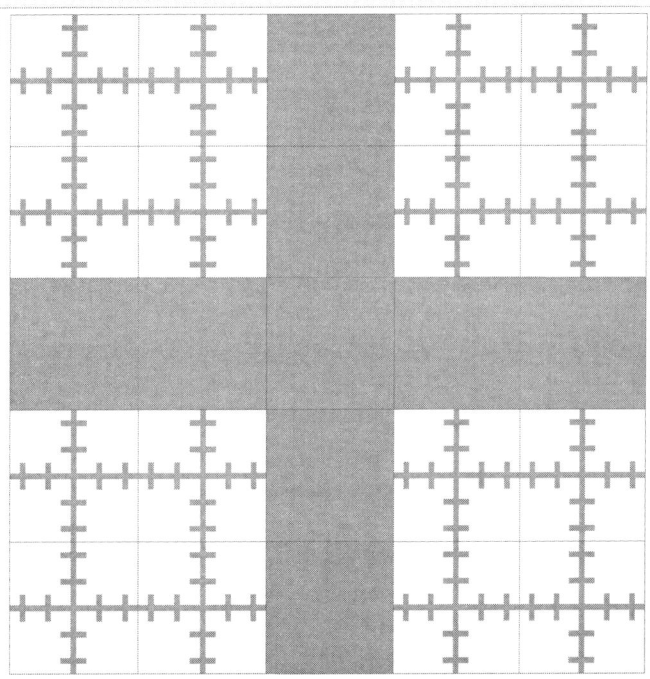

① $\log_5 9 = 1.365$

② $\log_{25} 81 = 1.365$

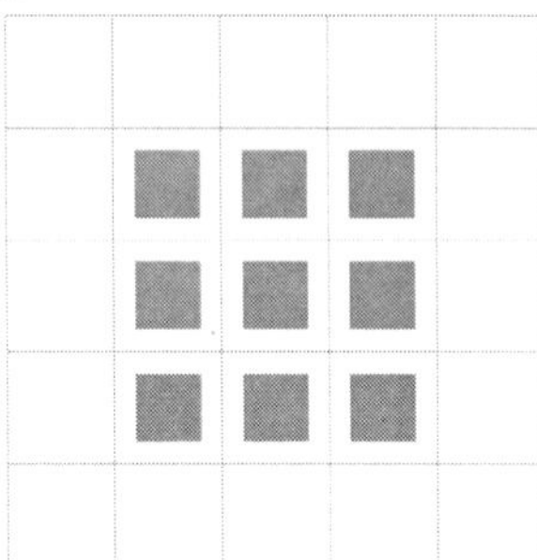

③ $\log_{125} 6921 = 1.831$

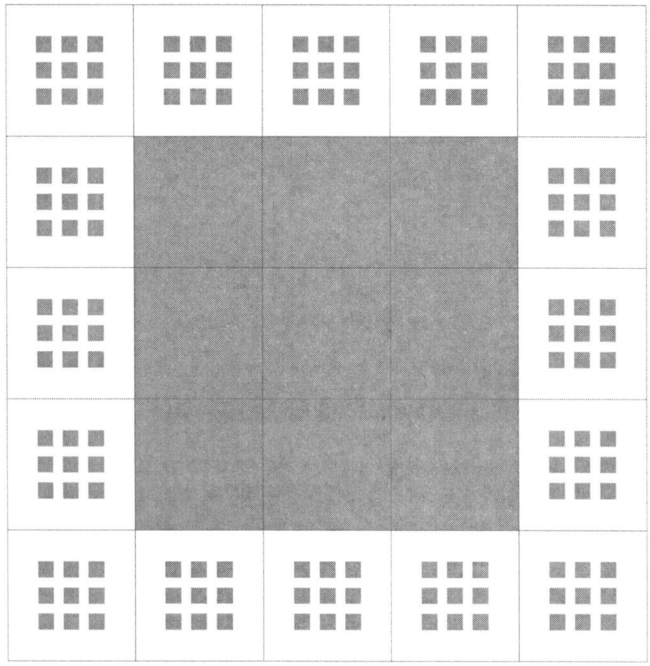

① $\log_5 9 = 1.365$

② $\log_{25} 81 = 1.365$

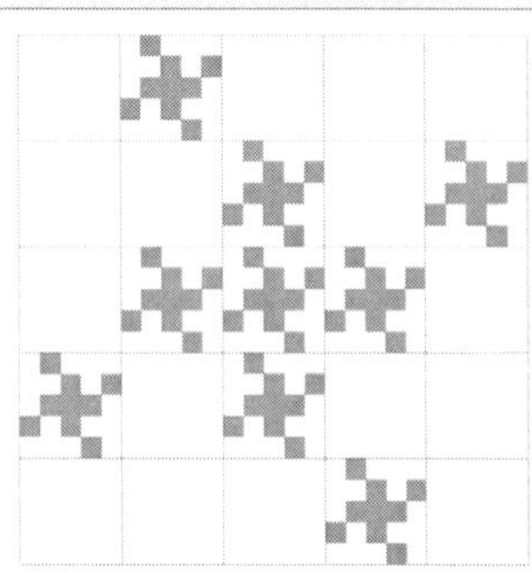

③ $\log_{125} 6921 = 1.831$

(5) 1단계 10개

① $\log_5 10 = 1.431$

② $\log_{25} 100 = 1.431$

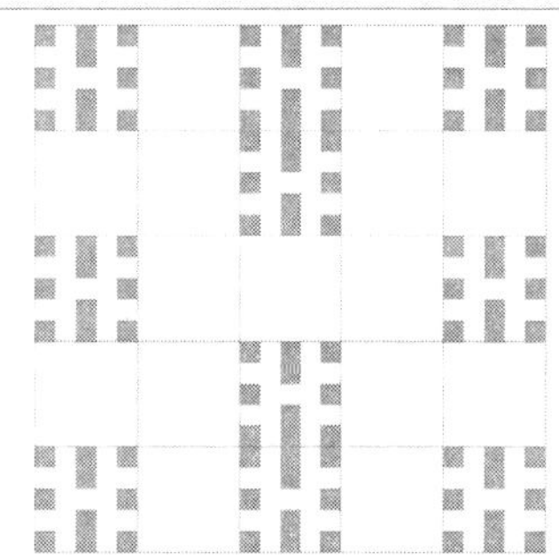

③ $\log_{125} 7750 = 1.855$

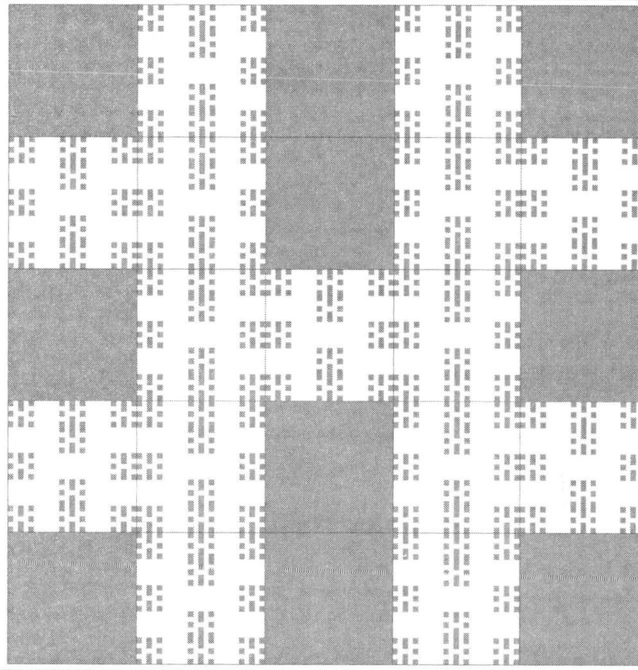

① $\log_5 10 = 1.431$

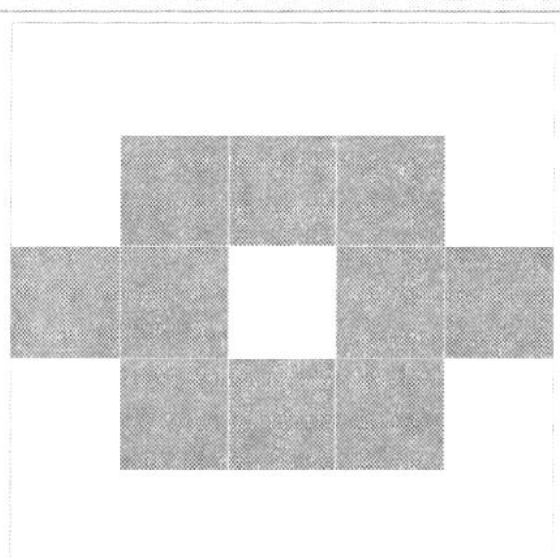

② $\log_{25} 100 = 1.431$

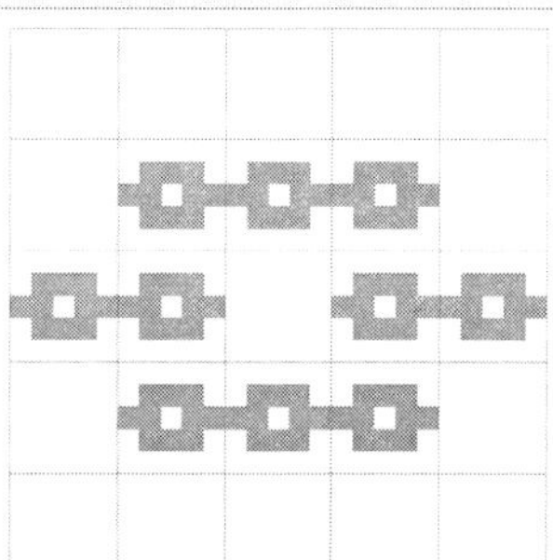

③ $\log_{125} 7750 = 1.855$

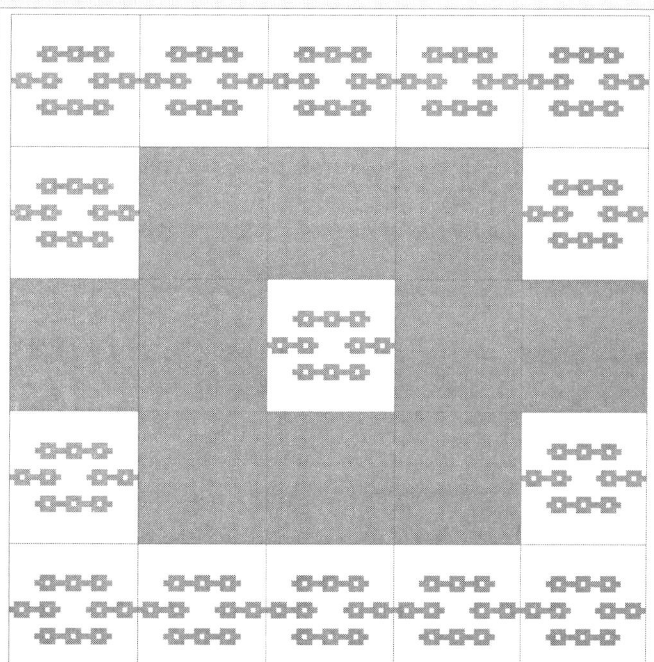

(6) 1단계 12개

① $\log_{5}12 = 1.544$

② $\log_{25}144 = 1.544$

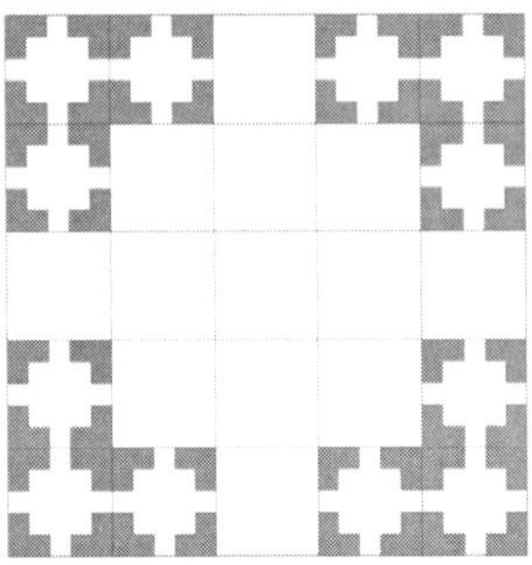

③ $\log_{125}9372 = 1.894$

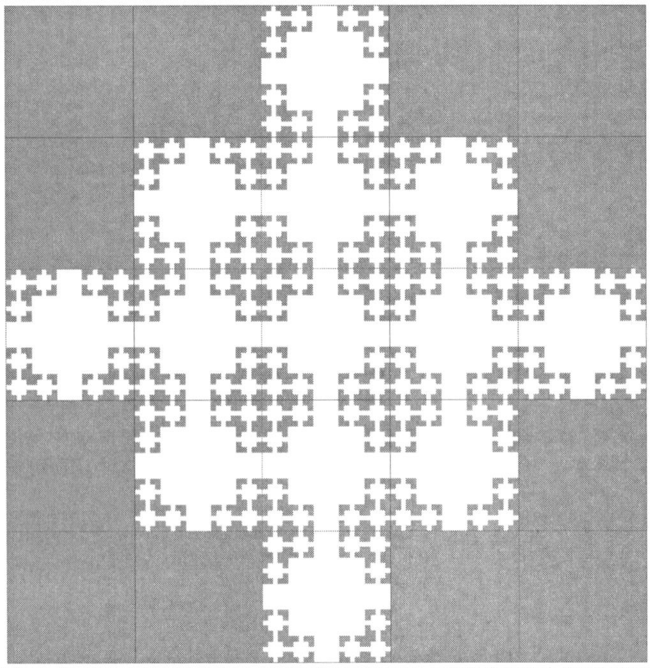

① $\log_{5}12 = 1.544$

② $\log_{25}144 = 1.544$

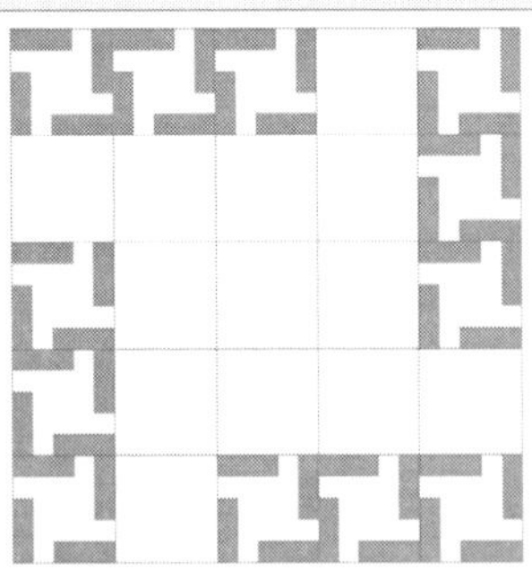

③ $\log_{125}9372 = 1.894$

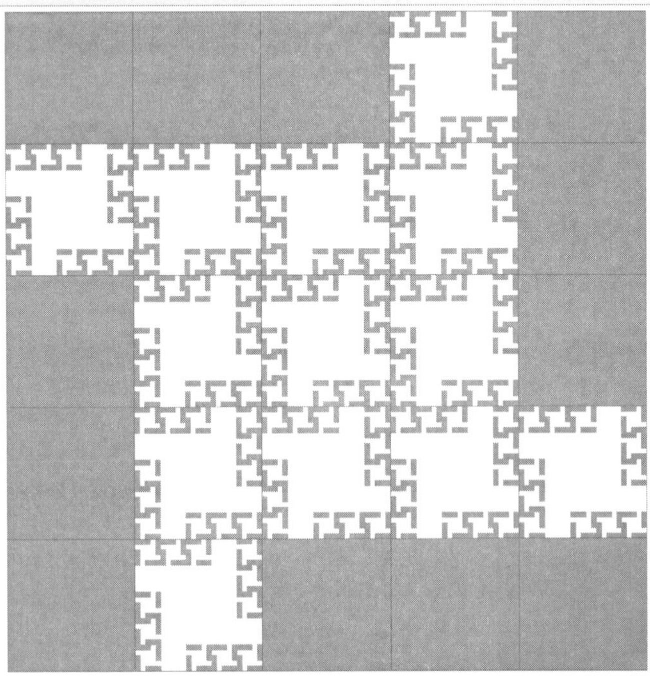

① $\log_5 12 = 1.544$

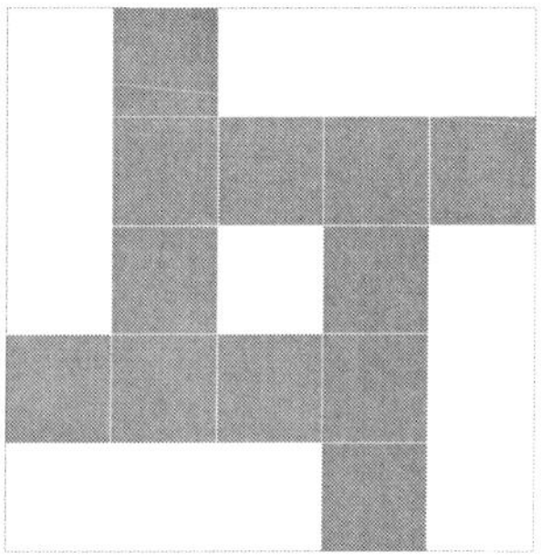

② $\log_{25} 144 = 1.544$

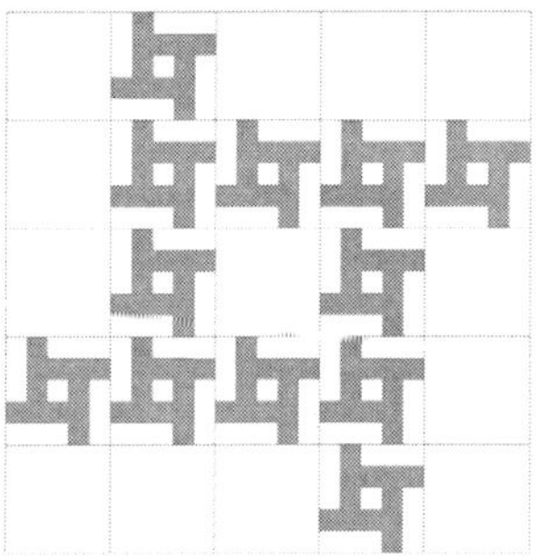

③ $\log_{125} 9372 = 1.894$

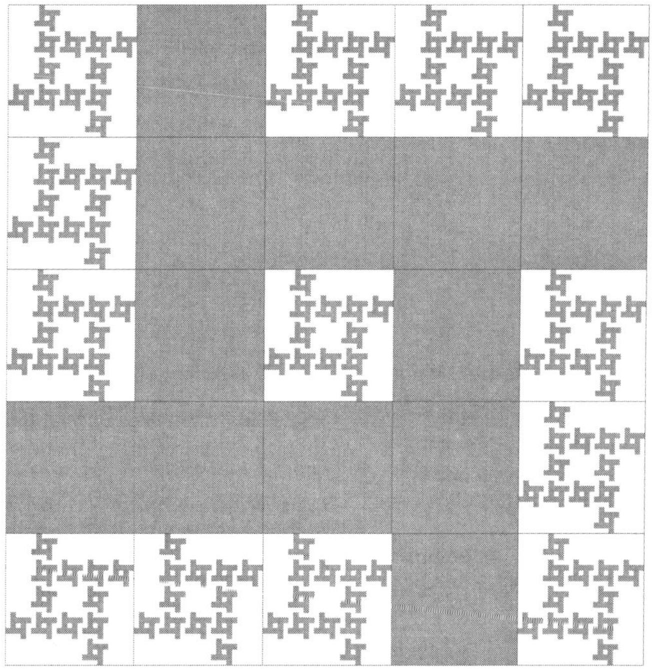

① $\log_5 12 = 1.544$

② $\log_{25} 144 = 1.544$

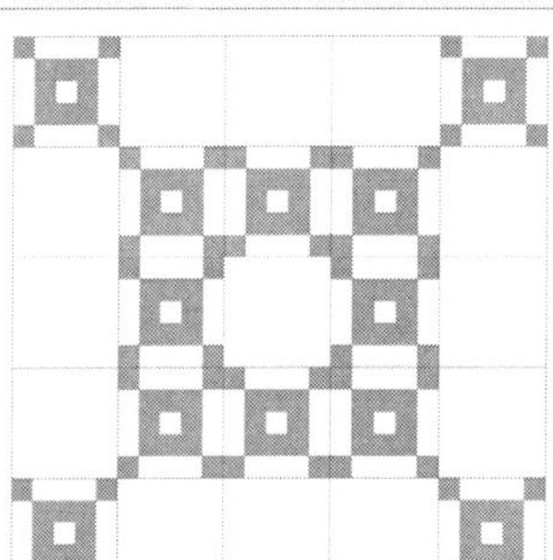

③ $\log_{125} 9372 = 1.894$

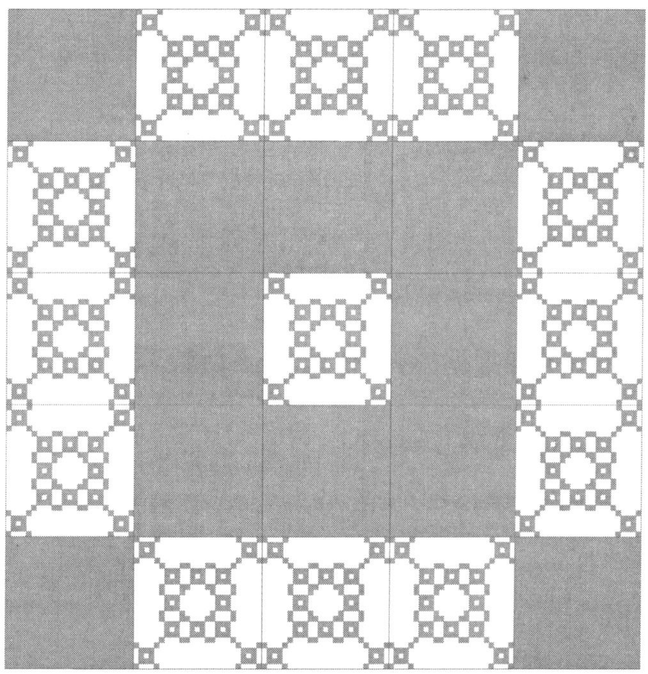

① $\log_5 12 = 1.544$

② $\log_{25} 144 = 1.544$

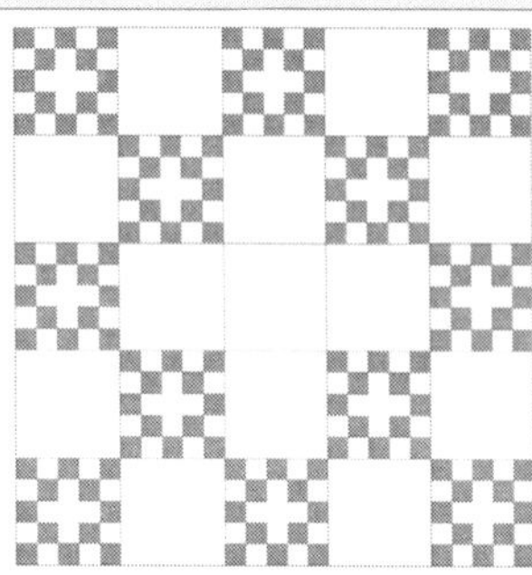

③ $\log_{125} 9372 = 1.894$

① $\log_5 12 = 1.544$

② $\log_{25} 144 = 1.544$

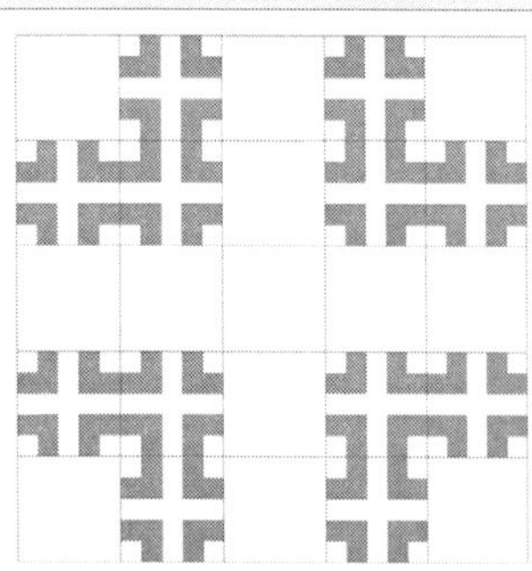

③ $\log_{125} 9372 = 1.894$

(7) 1단계 13개

① $\log_5 13 = 1.594$

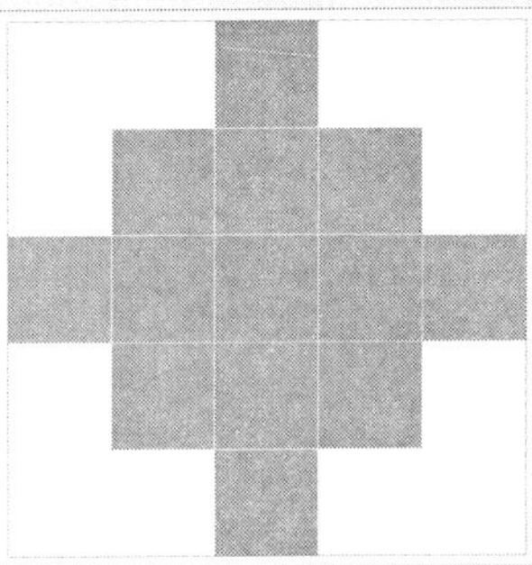

② $\log_{25} 169 = 1.594$

③ $\log_{125} 10153 = 1.911$

① $\log_5 13 = 1.594$

② $\log_{25} 169 = 1.594$

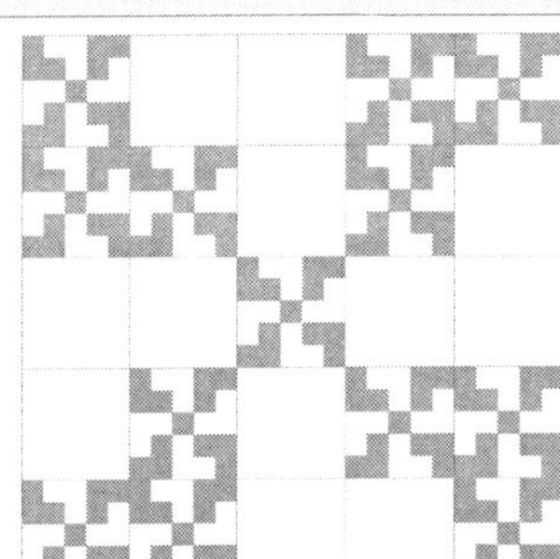

③ $\log_{125} 10153 = 1.911$

① $\log_5 13 = 1.594$

② $\log_{25} 169 = 1.594$

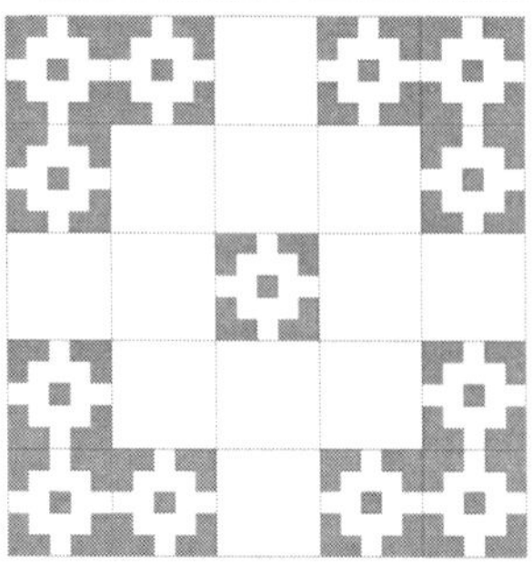

③ $\log_{125} 10153 = 1.911$

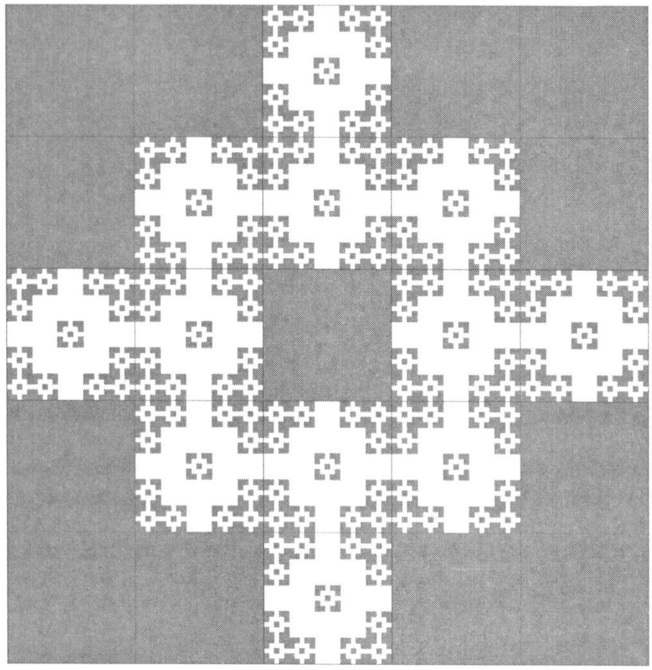

① $\log_5 13 = 1.594$

② $\log_{25} 169 = 1.594$

③ $\log_{125} 10153 = 1.911$

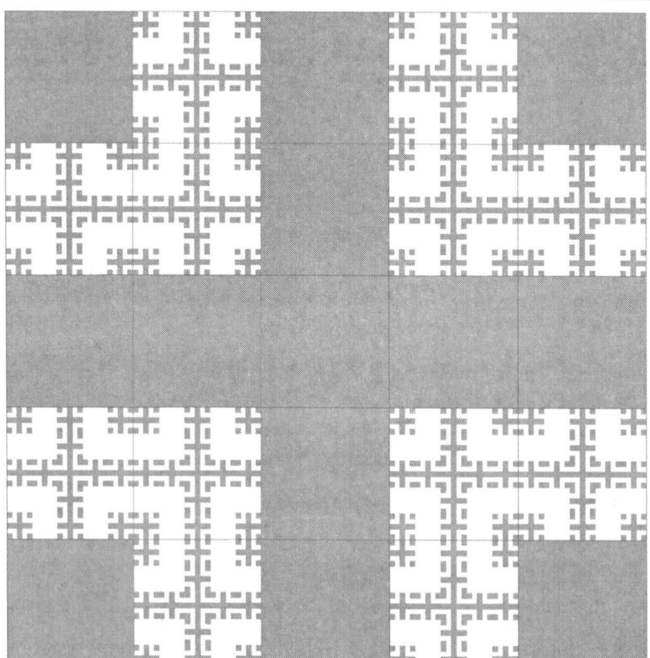

(8) 1단계 16개

① $\log_5 16 = 1.723$

② $\log_{25} 256 = 1.723$

③ $\log_{125} 12304 = 1.951$

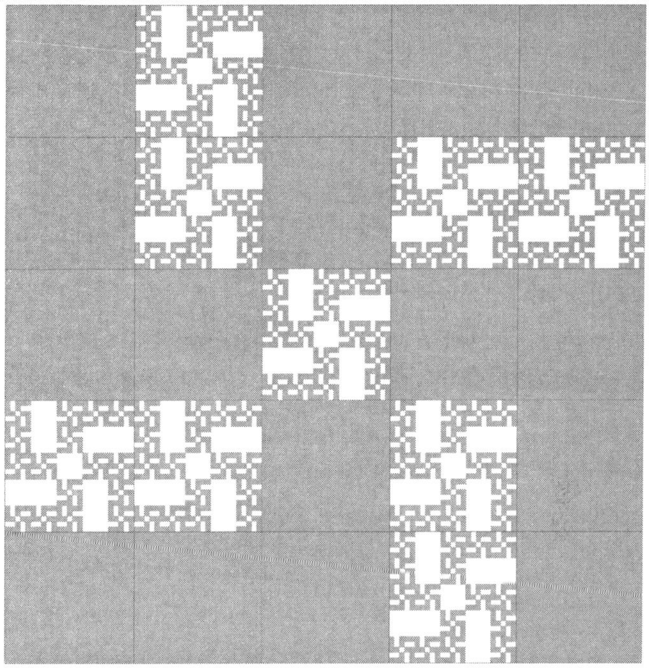

① $\log_5 16 = 1.723$

② $\log_{25} 256 = 1.723$

③ $\log_{125} 12304 = 1.951$

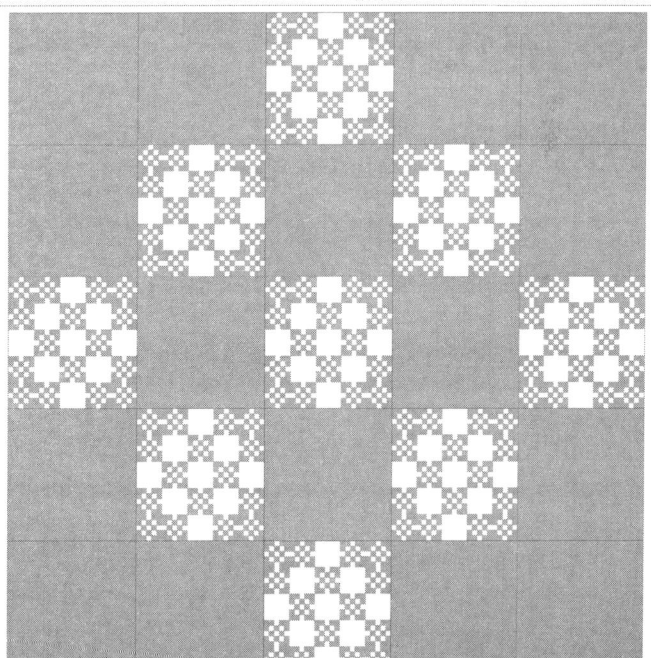

① $\log_5 16 = 1.723$

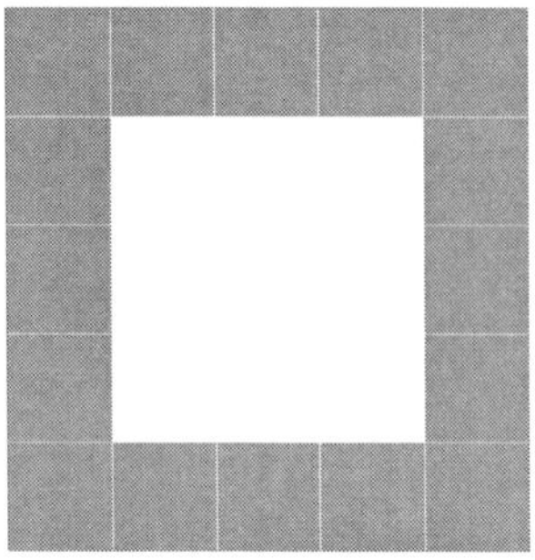

② $\log_{25} 256 = 1.723$

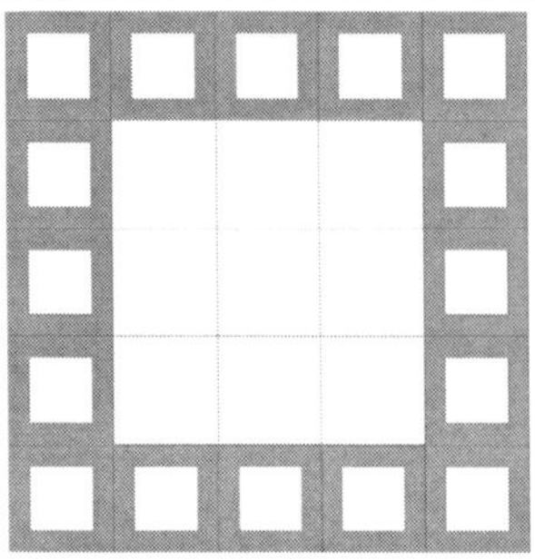

③ $\log_{125} 12304 = 1.951$

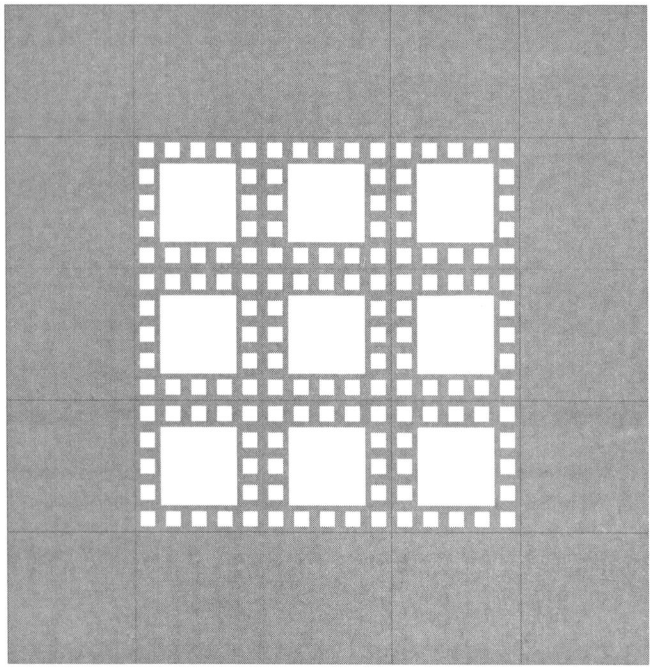

① $\log_5 16 = 1.723$

② $\log_{25} 256 = 1.723$

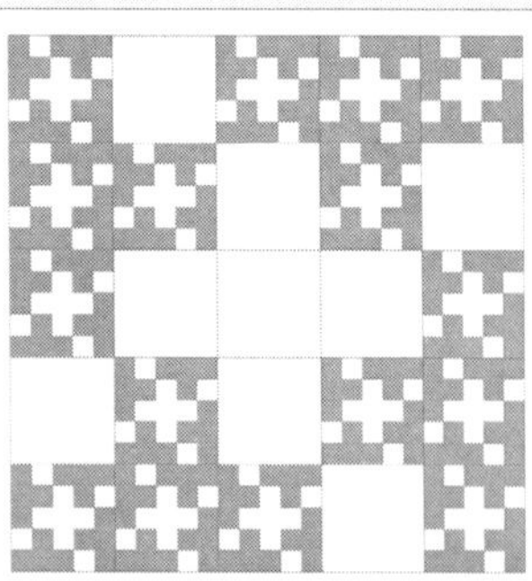

③ $\log_{125} 12304 = 1.951$

4 6×6 곱셈-덧셈 프랙탈

(1) 1단계 8개

① $\log_6 8 = 1.161$

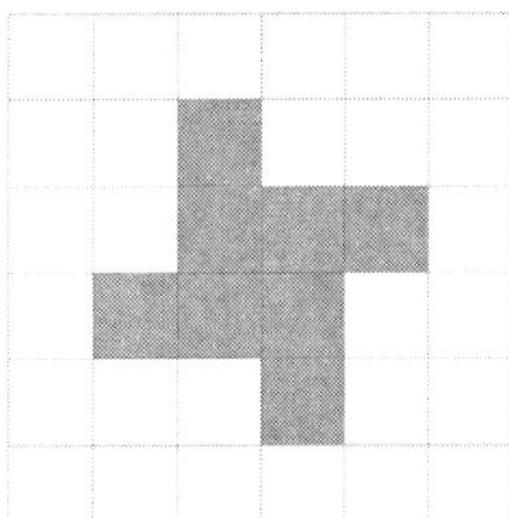

② $\log_{36} 64 = 1.161$

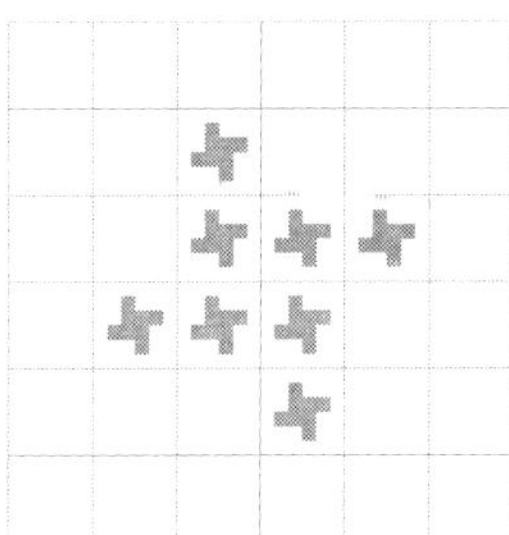

③ $\log_{216} 12160 = 1.75$

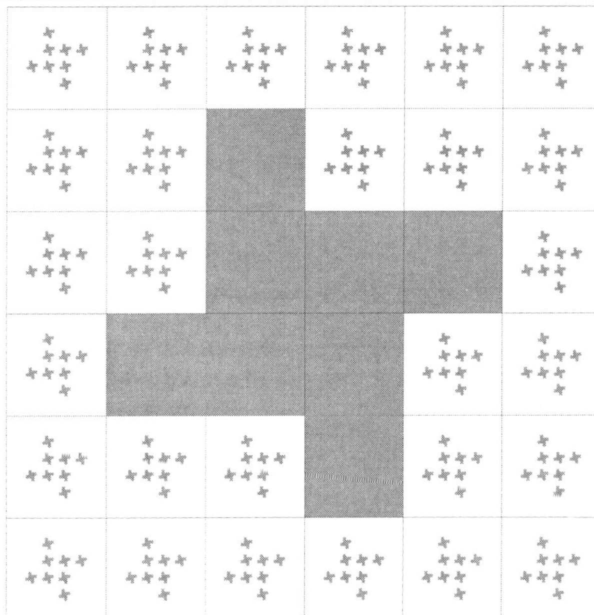

① $\log_6 8 = 1.161$

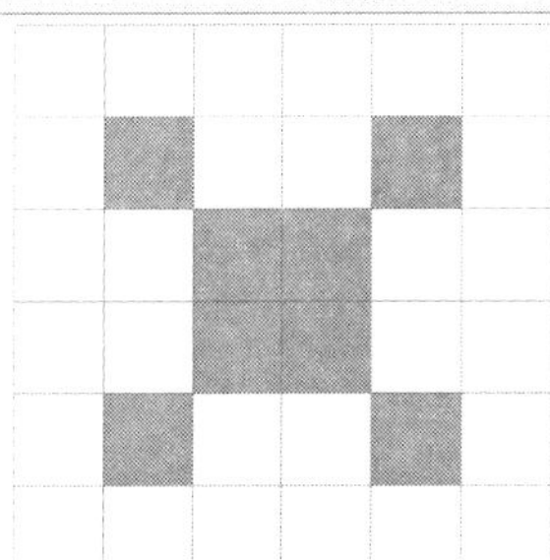

② $\log_{36} 64 = 1.161$

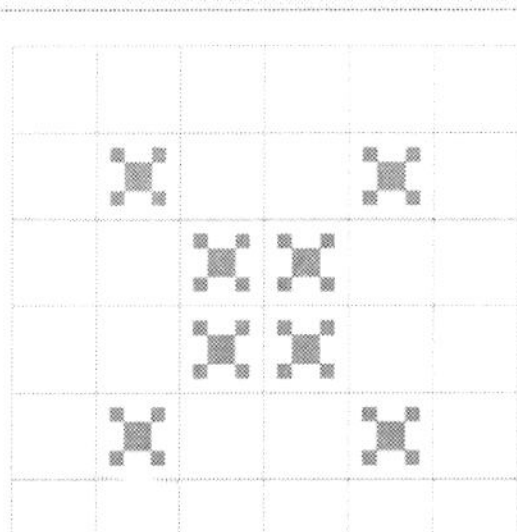

③ $\log_{216} 12160 = 1.75$

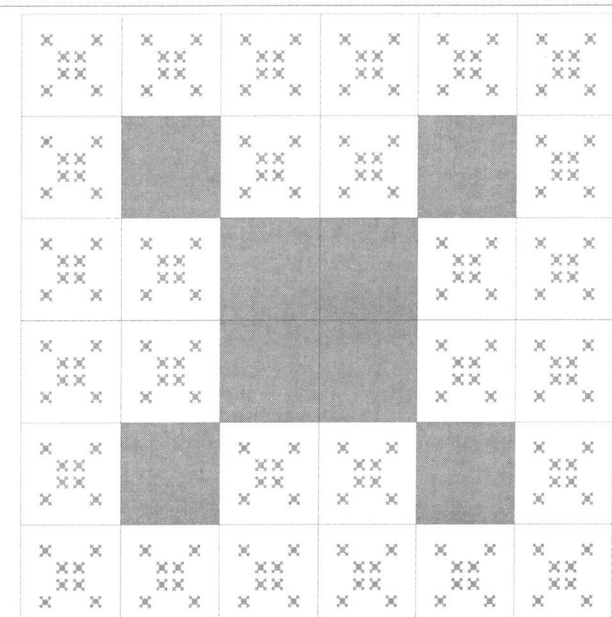

① $\log_6 8 = 1.161$

② $\log_{36} 64 = 1.161$

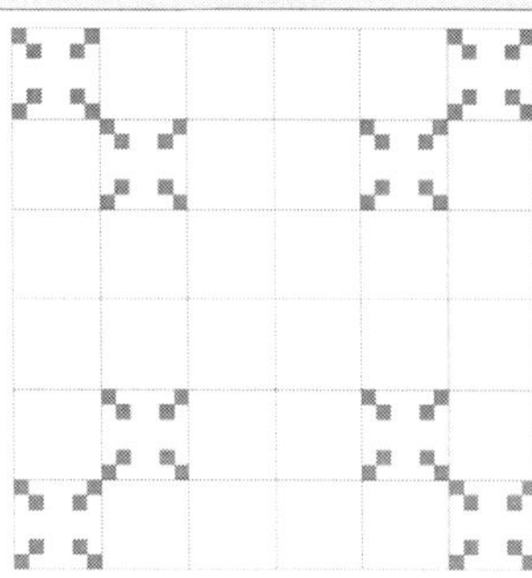

③ $\log_{216} 12160 = 1.75$

① $\log_6 8 = 1.161$

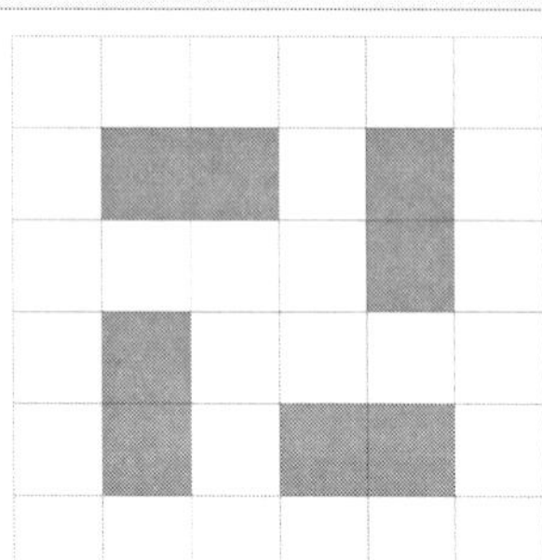

② $\log_{36} 64 = 1.161$

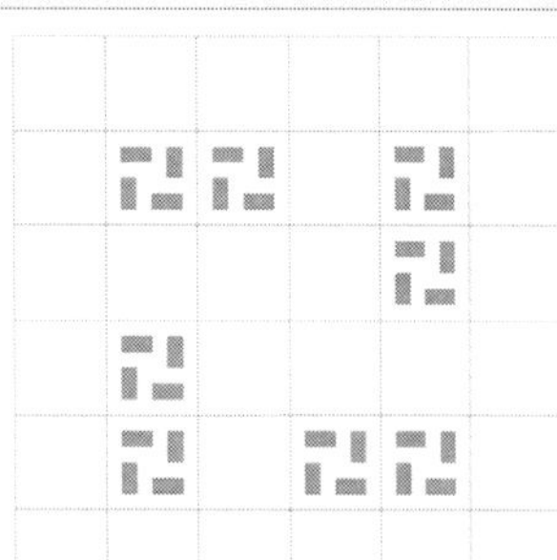

③ $\log_{216} 12160 = 1.75$

(2) 1단계 12개

① $\log_6 12 = 1.387$

② $\log_{36} 144 = 1.387$

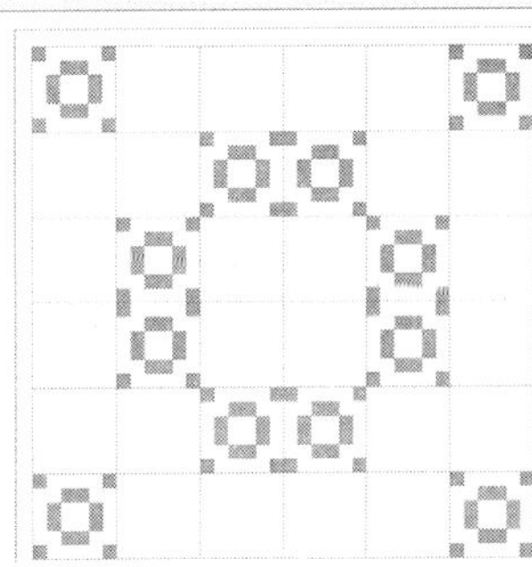

③ $\log_{216} 19008 = 1.833$

① $\log_6 12 = 1.387$

② $\log_{36} 144 = 1.387$

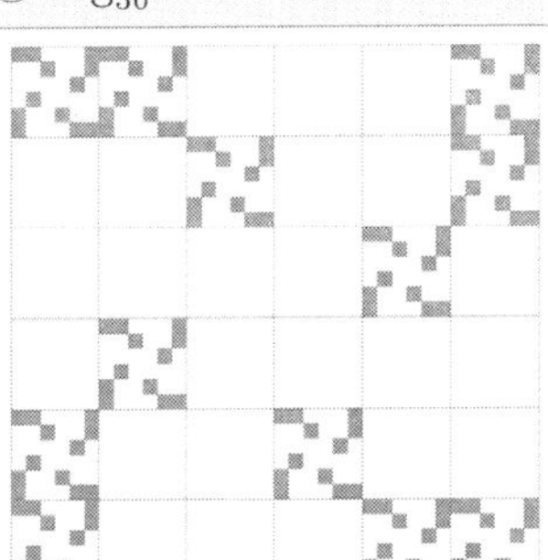

③ $\log_{216} 19008 = 1.833$

① $\log_{6}12 = 1.387$

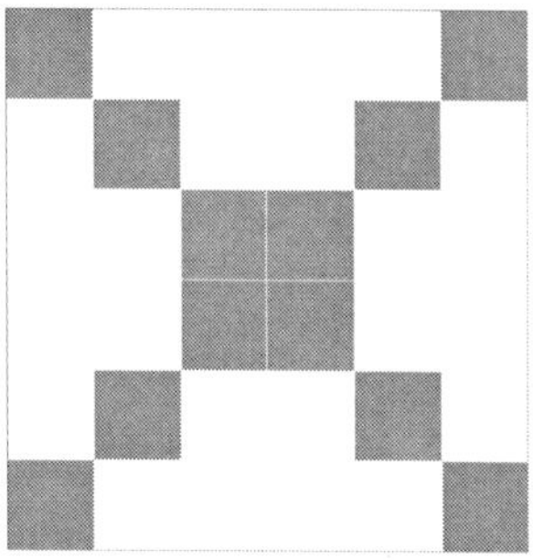

② $\log_{36}144 = 1.387$

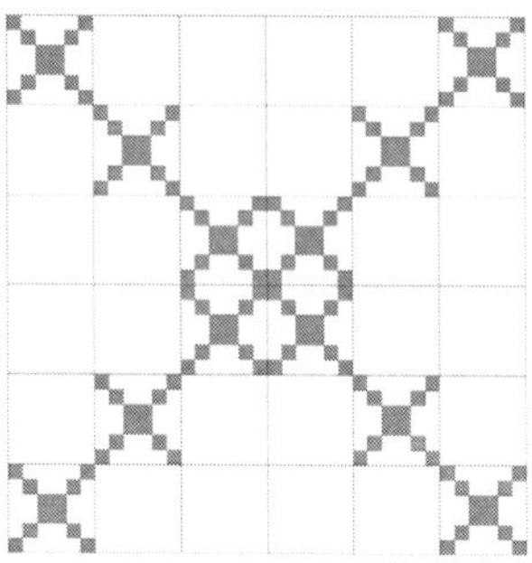

③ $\log_{216}19008 = 1.833$

① $\log_{6}12 = 1.387$

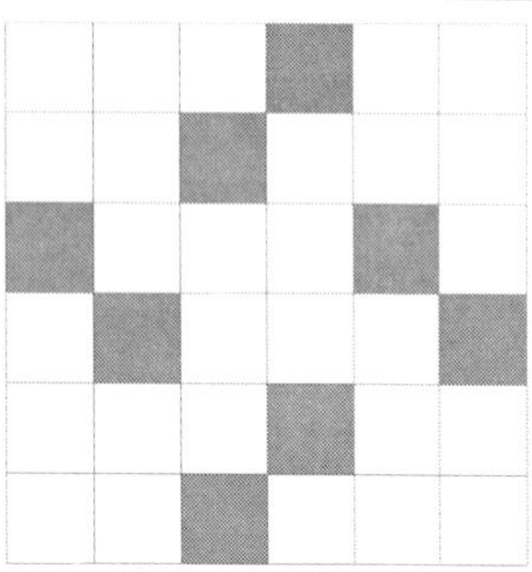

② $\log_{36}144 = 1.387$

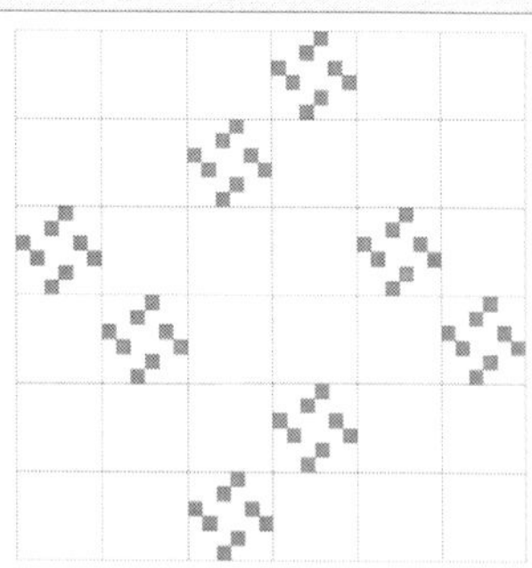

③ $\log_{216}19008 = 1.833$

(3) 1단계 16개

① $\log_6 16 = 1547$

② $\log_{36} 256 = 1.547$

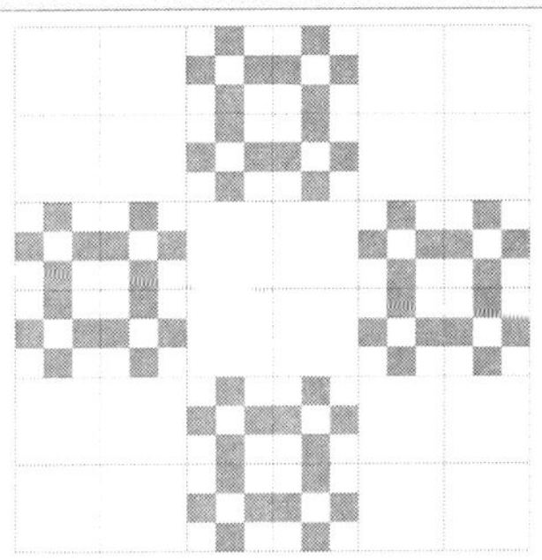

③ $\log_{216} 25826 = 1.89$

① $\log_6 16 = 1.547$

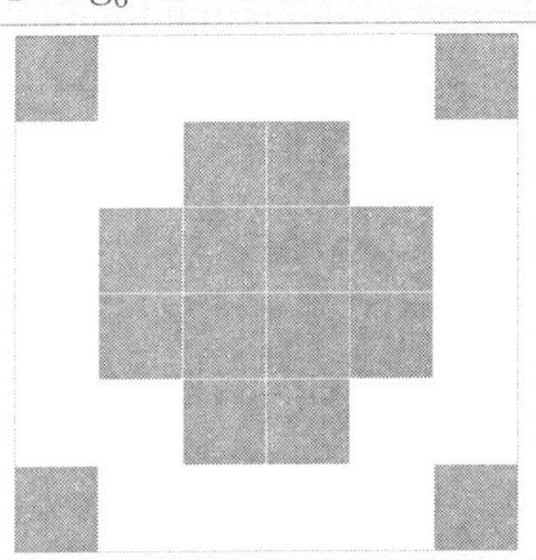

② $\log_{36} 256 = 1.547$

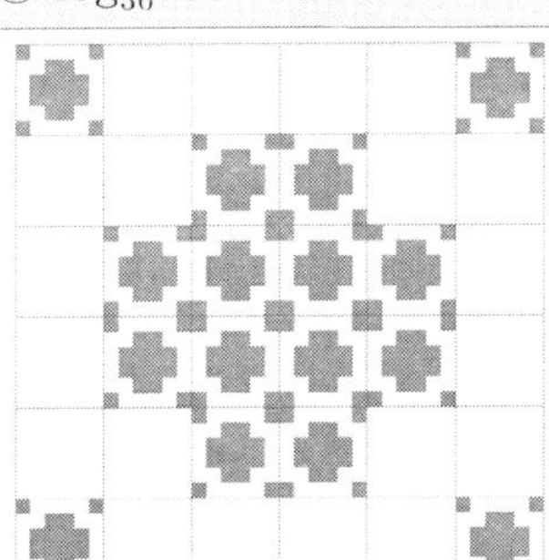

③ $\log_{216} 25826 = 1.89$

① $\log_6 16 = 1.547$

② $\log_{36} 256 = 1.547$

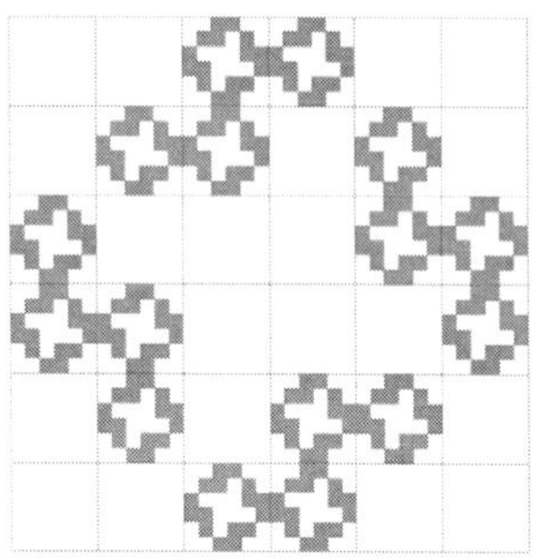

③ $\log_{216} 25826 = 1.89$

① $\log_6 16 = 1.547$

② $\log_{36} 256 = 1.547$

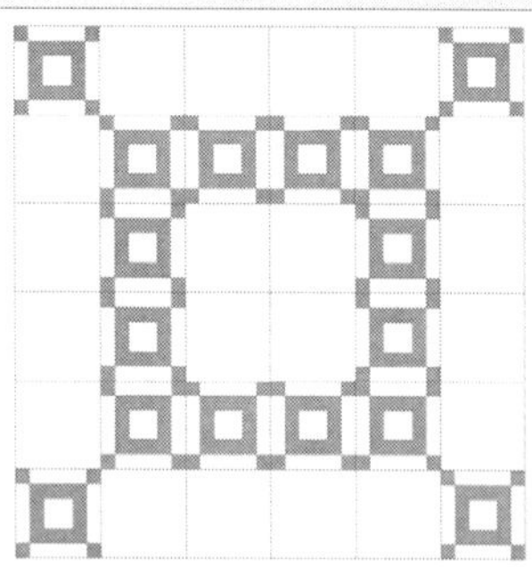

③ $\log_{216} 25826 = 1.89$

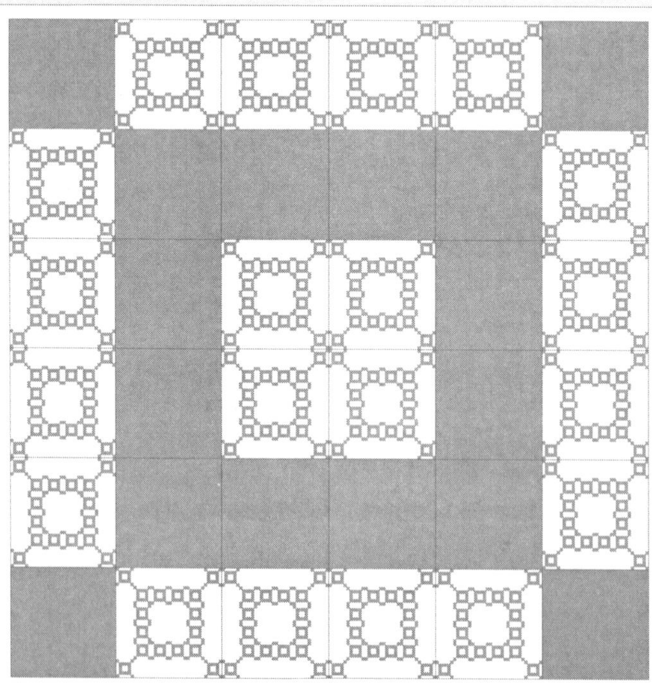

(4) 1단계 20개

① $\log_6 20 = 1.672$

② $\log_{36} 400 = 1.672$

③ $\log_{216} 32320 = 1.932$

① $\log_6 20 = 1.672$

② $\log_{36} 400 = 1.672$

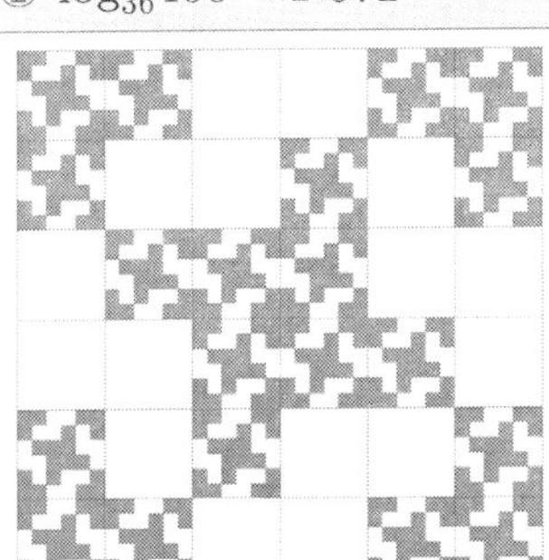

③ $\log_{216} 32320 = 1.932$

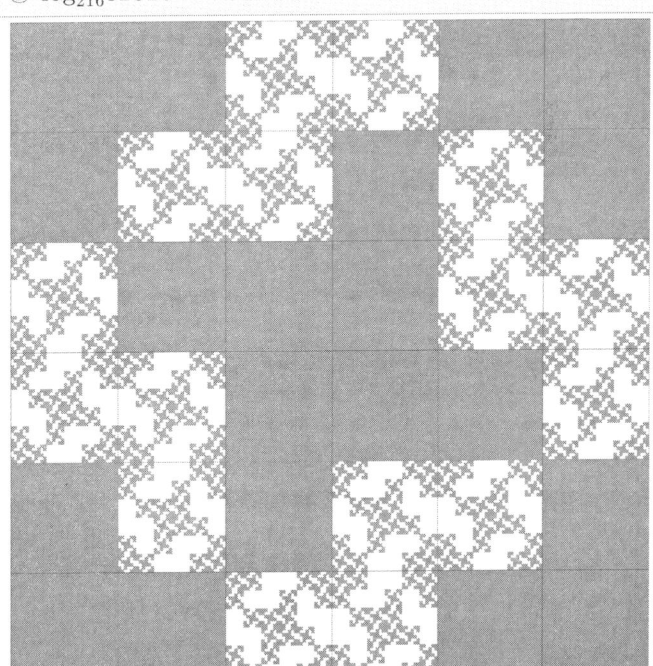

① $\log_{6}20 = 1.672$

② $\log_{36}400 = 1.672$

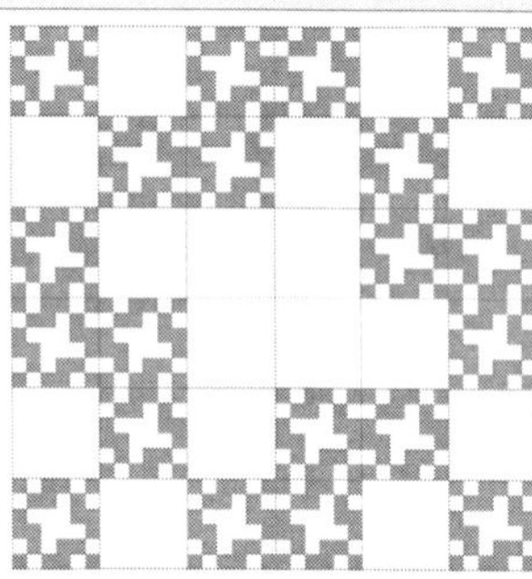

③ $\log_{216}32320 = 1.932$

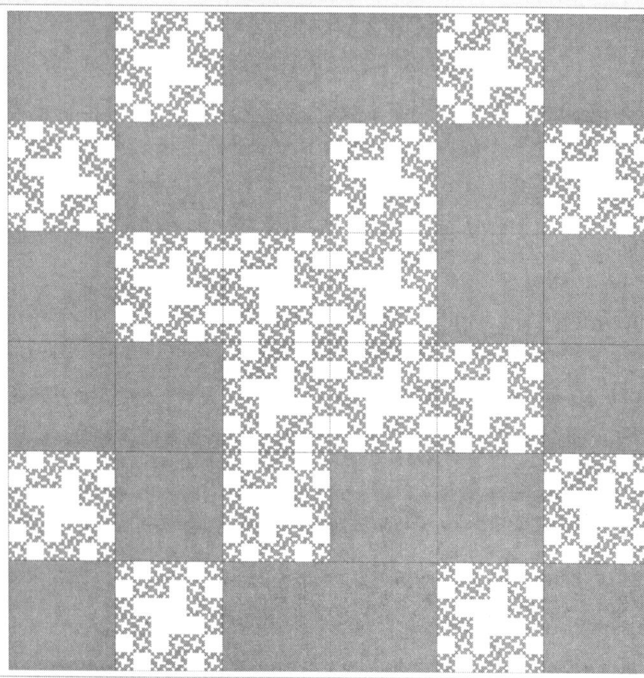

(5) 1단계 24개

① $\log_{6}24 = 1.774$

② $\log_{36}576 = 1.774$

③ $\log_{216}38016 = 1.962$

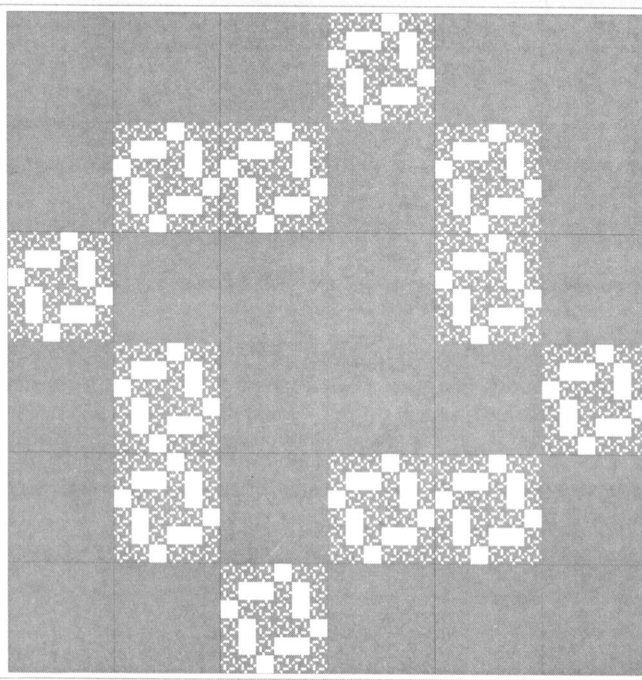

5 7×7 곱셈-덧셈 프랙탈

(1) 1단계 9개

① $\log_{7}9 = 1.129$

② $\log_{49}81 = 1.129$

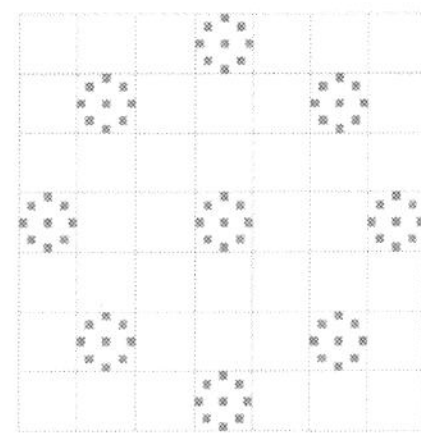

③ $\log_{243}24849 = 1.734$

① $\log_7 9 = 1.129$

② $\log_{49} 81 = 1.129$

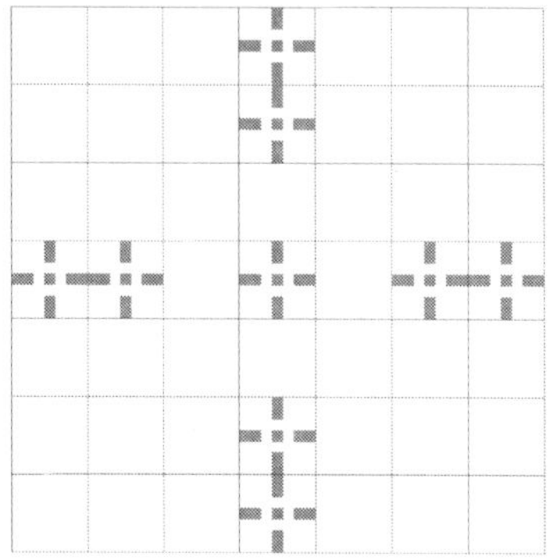

③ $\log_{243} 24849 = 1.734$

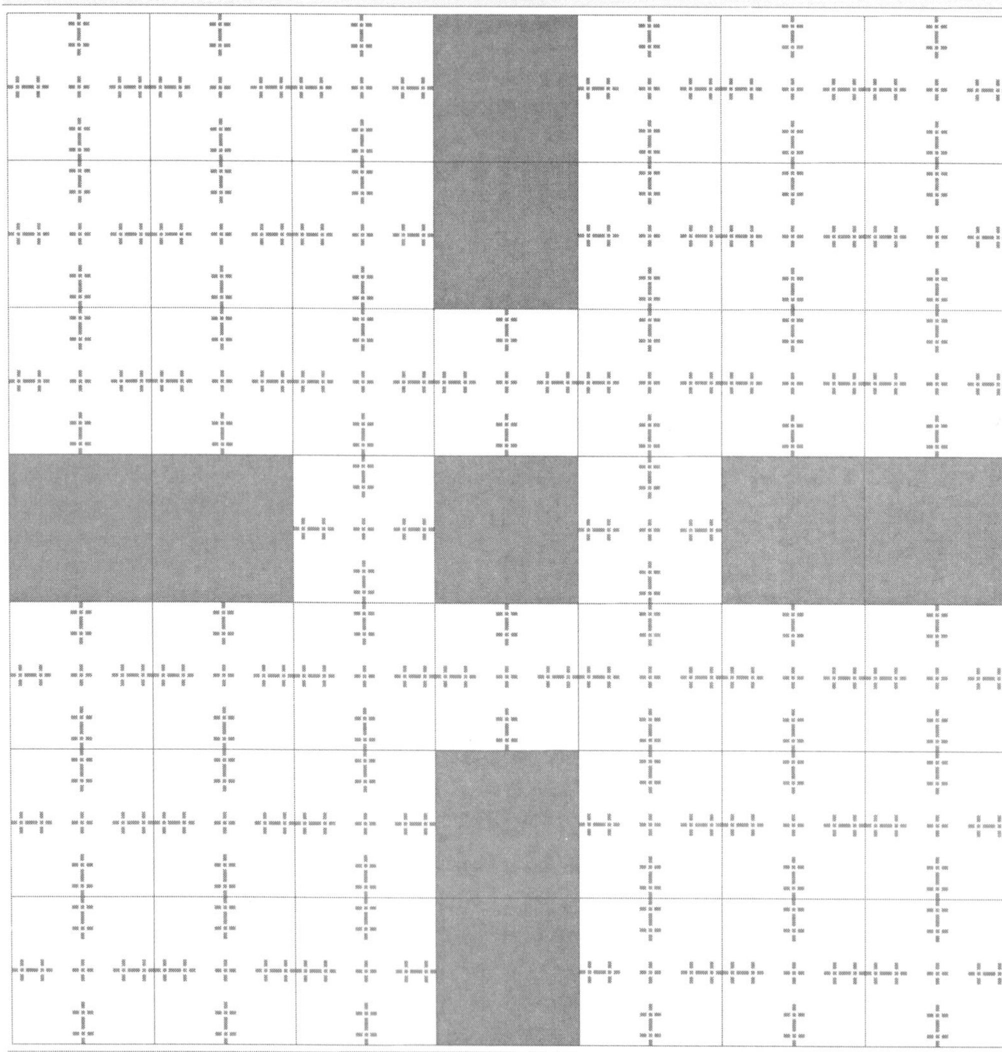

(2) 1단계 10개

① $\log_{7}10 = 1.183$

② $\log_{49}100 = 1.183$

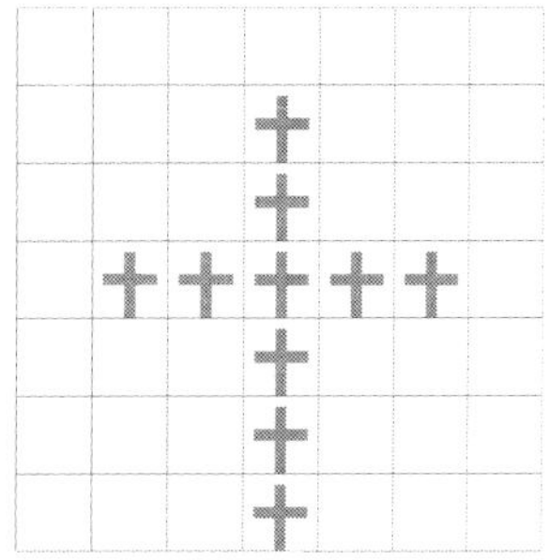

③ $\log_{243}27910 = 1.754$

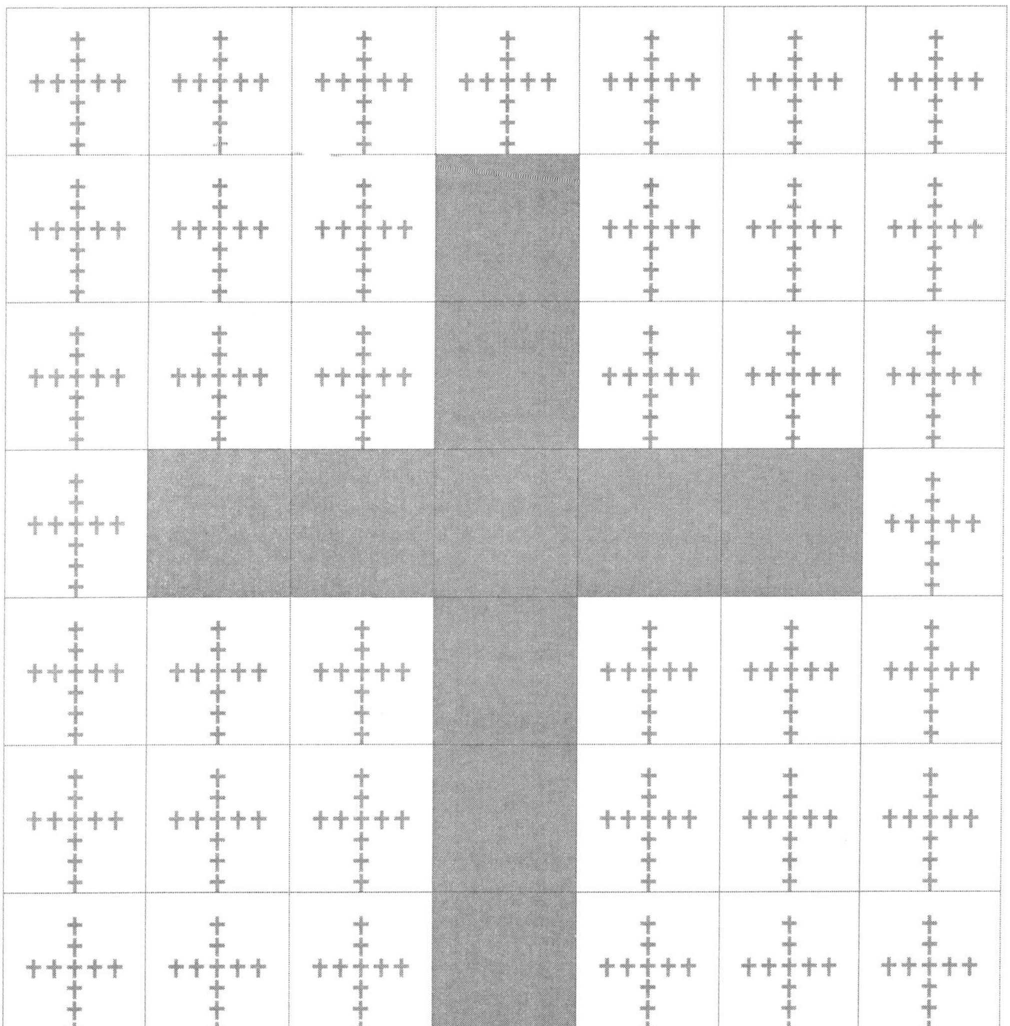

(3) 1단계 12개

① $\log_{7}12 = 1.277$

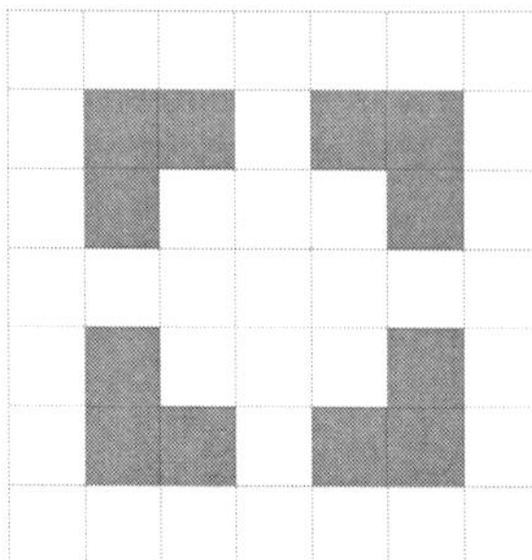

② $\log_{49}144 = 1.277$

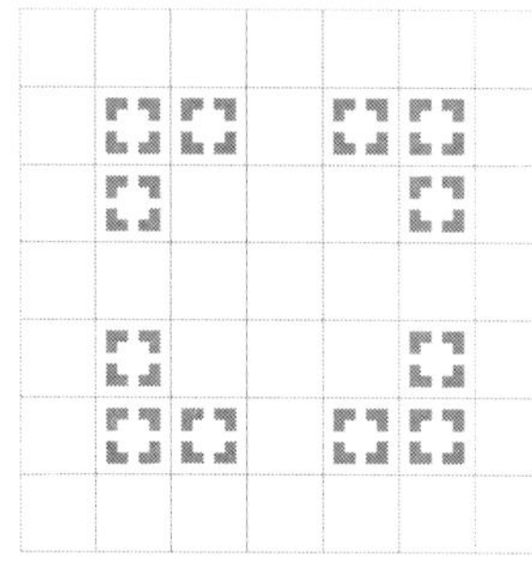

③ $\log_{243}34140 = 1.788$

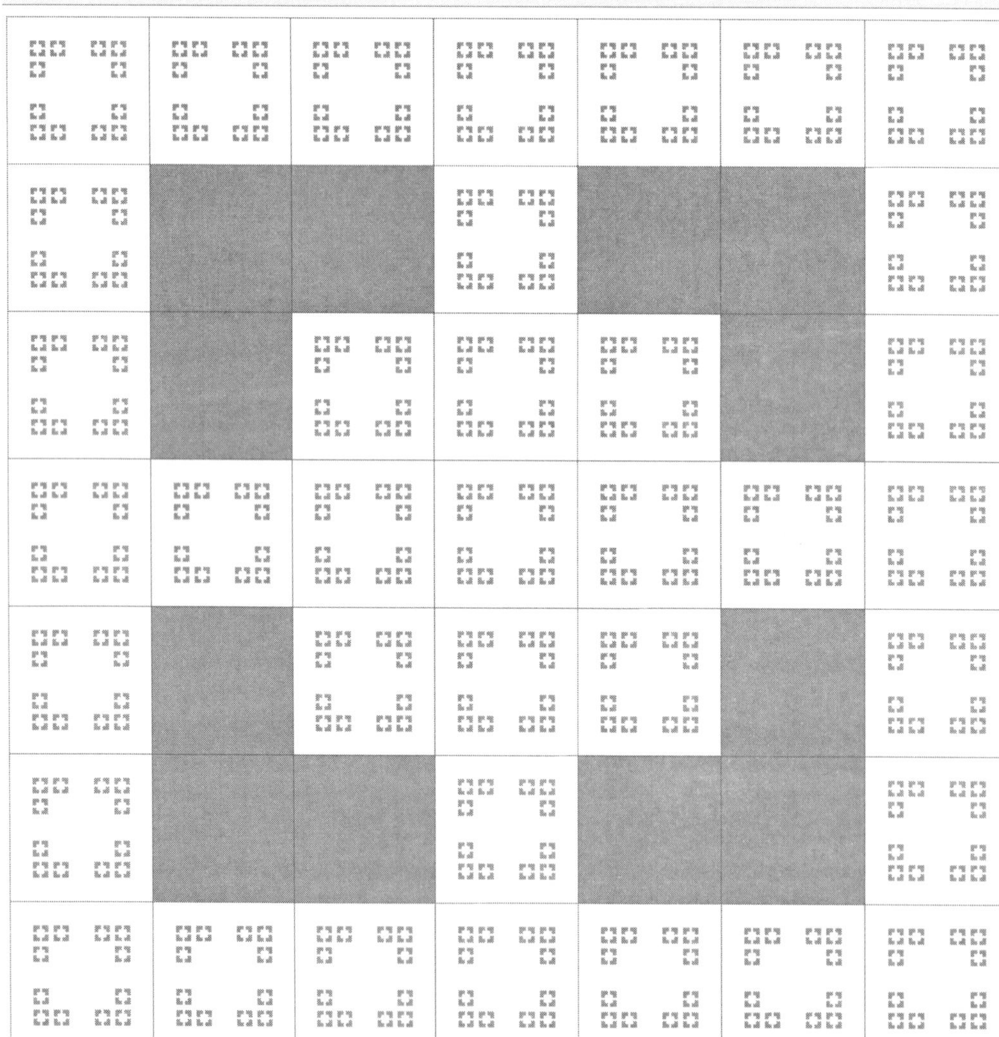

(4) 1단계 13개

① $\log_7 13 = 1.318$

② $\log_{49} 169 = 1.318$

③ $\log_{243} 37297 = 1.803$

(5) 1단계 16개

① $\log_{7}16 = 1.425$

② $\log_{49}256 = 1.425$

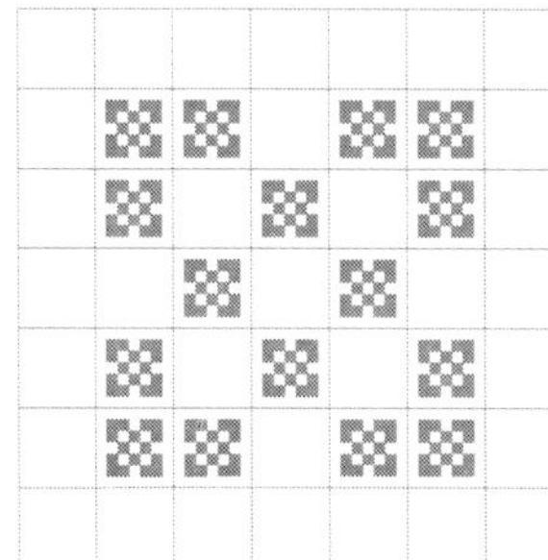

③ $\log_{243}46864 = 1.842$

① $\log_7 16 = 1.425$

② $\log_{49} 256 = 1.425$

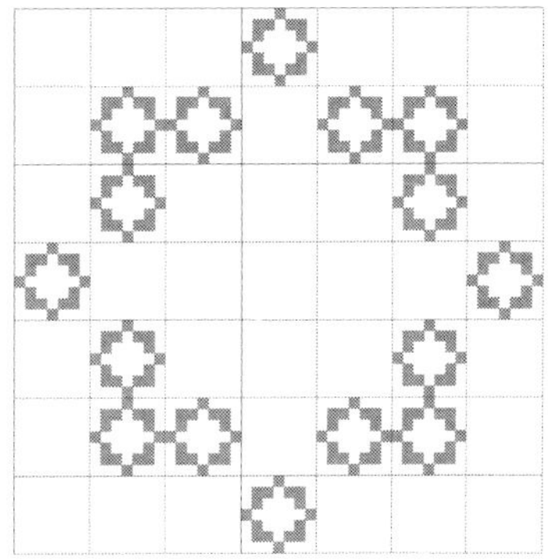

③ $\log_{243} 46864 = 1.842$

(6) 1단계 17개

① $\log_7 17 = 1.456$	② $\log_{49} 289 = 1.456$
	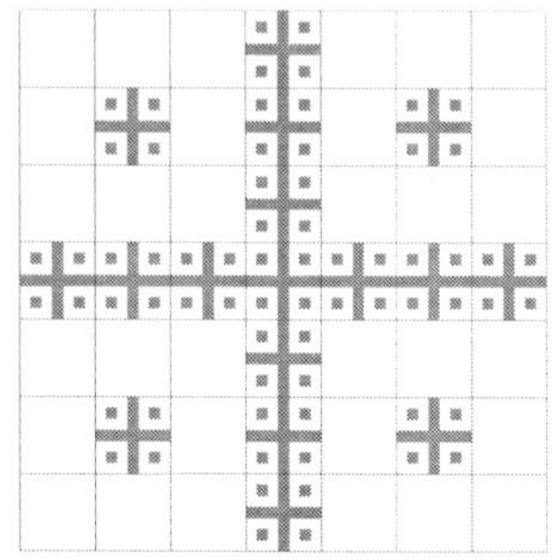

③ $\log_{243} 50065 = 1.854$

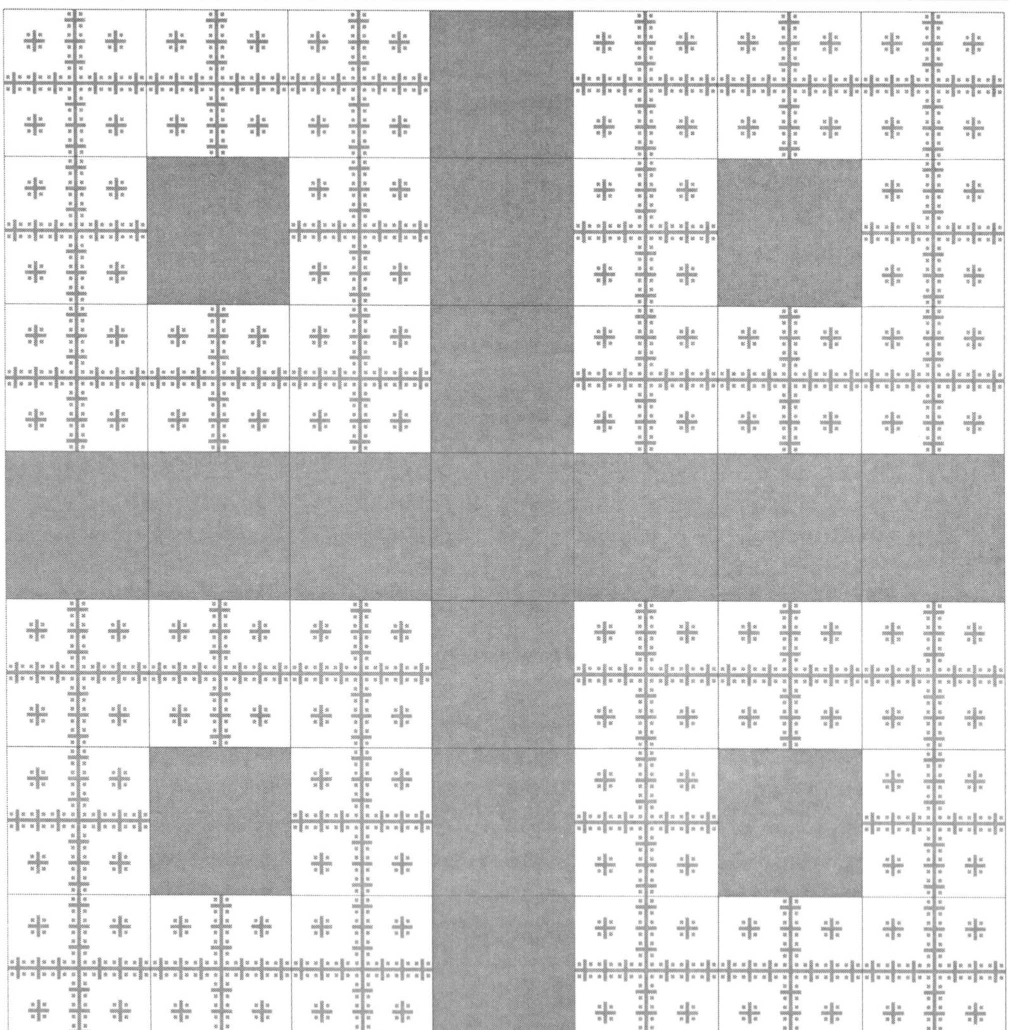

① $\log_7 17 = 1.456$

② $\log_{49} 289 = 1.456$

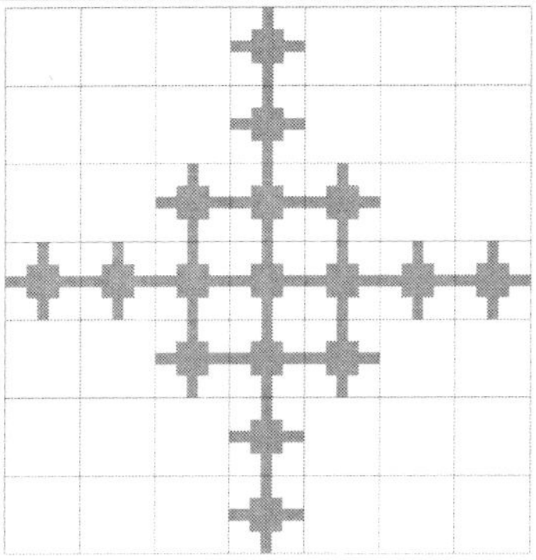

③ $\log_{243} 50065 = 1.854$

(7) 1단계 20개

① $\log_{7}20 = 1.54$

② $\log_{49}400 = 1.54$

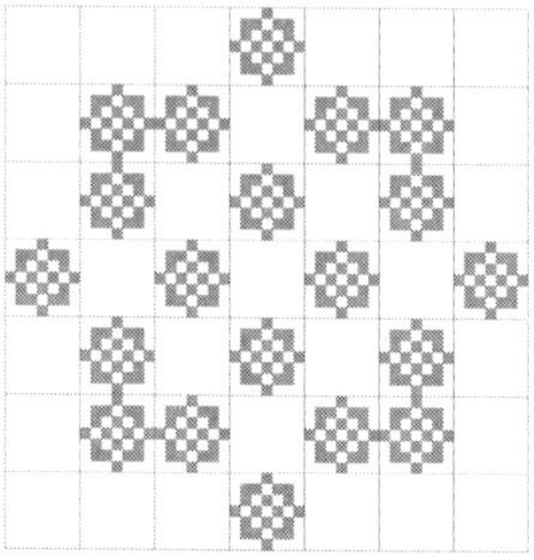

③ $\log_{243}59620 = 1.884$

① $\log_7 20 = 1.54$

② $\log_{49} 400 = 1.54$

③ $\log_{243} 59620 = 1.884$

① $\log_7 20 = 1.54$

② $\log_{49} 400 = 1.54$

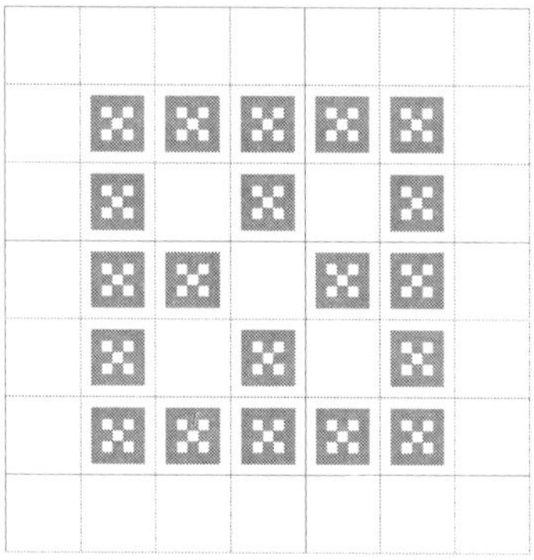

③ $\log_{243} 59620 = 1.884$

(8) 1단계 21개

① $\log_{7}21 = 1.565$

② $\log_{49}441 = 1.565$

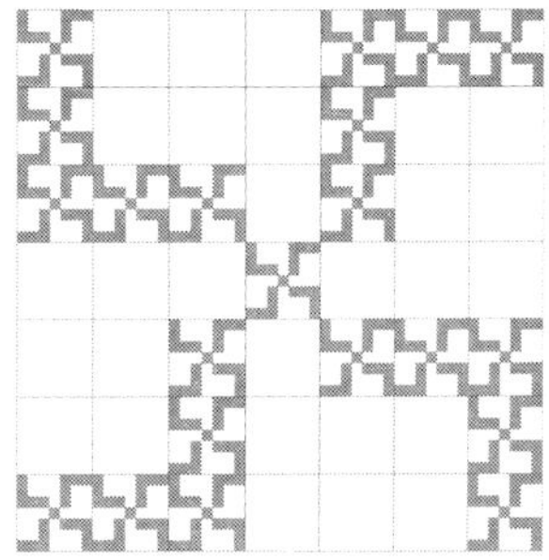

③ $\log_{243}62769 = 1.892$

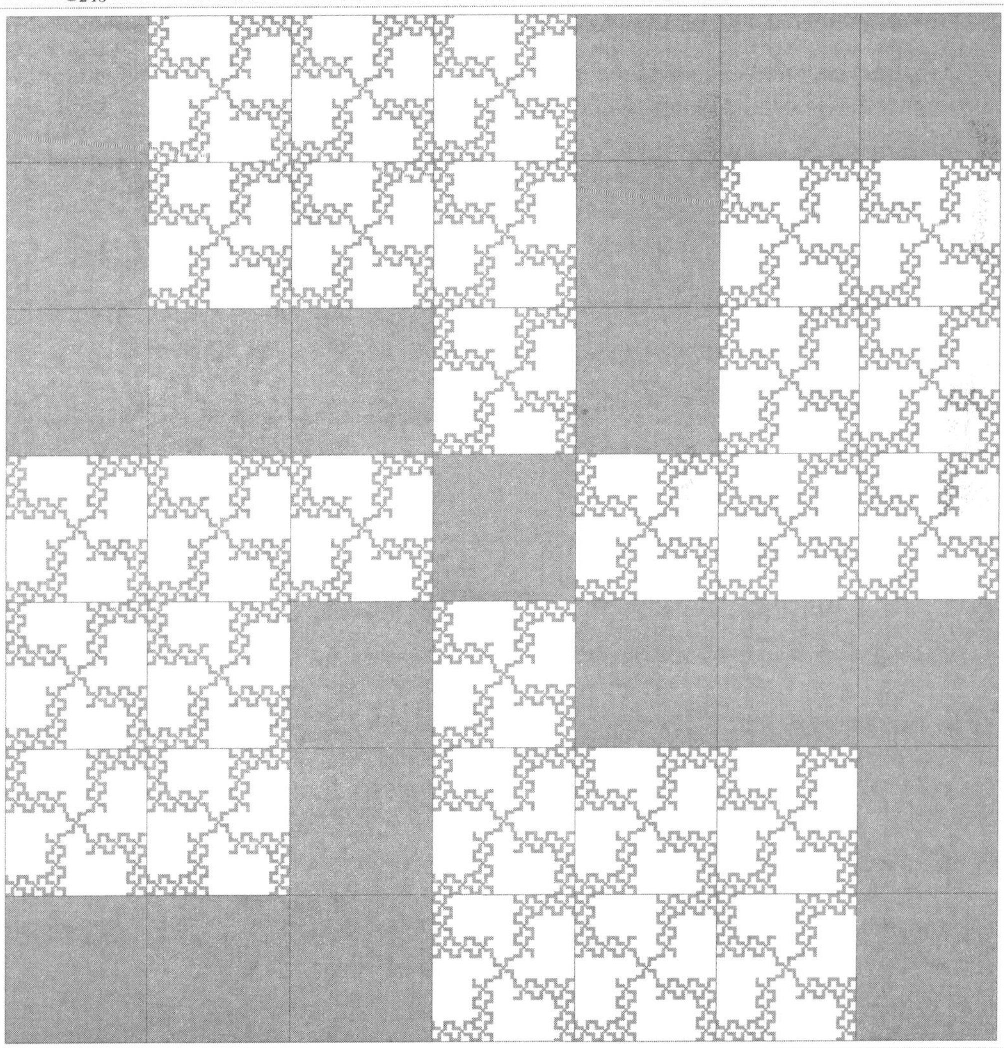

6 8×8 곱셈-덧셈 프랙탈

(1) 1단계 16개

① $\log_8 16 = 1.333$

② $\log_{64} 256 = 1.333$

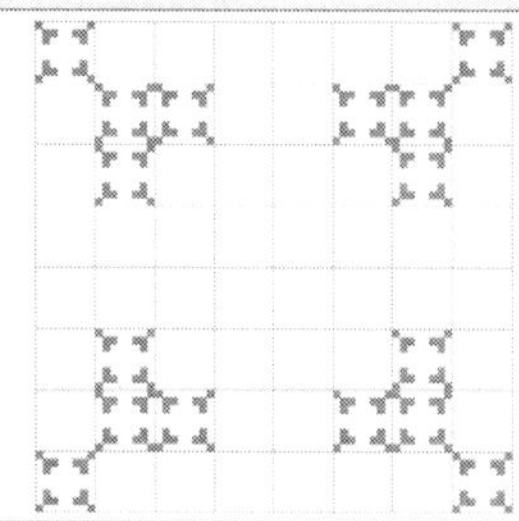

③ $\log_{512} 77824 = 1.805$

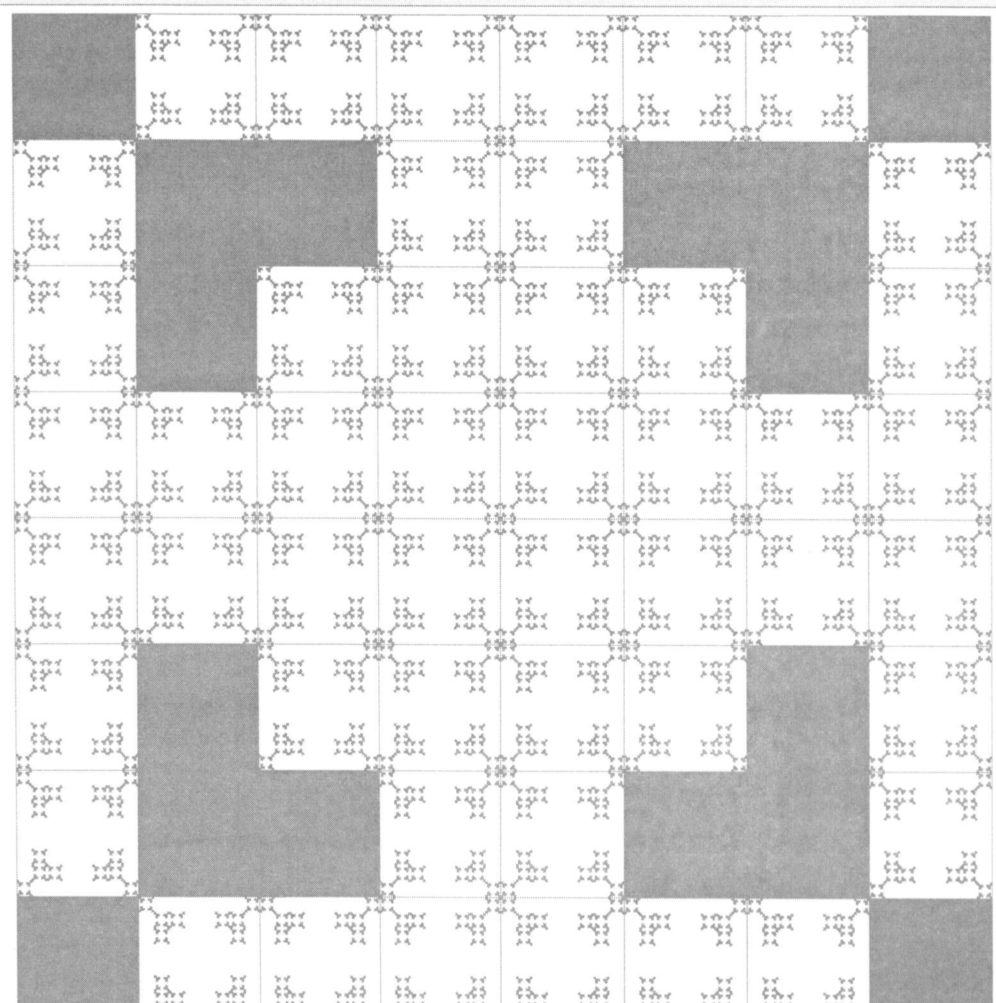

(2) 1단계 20개

① $\log_8 20 = 1.441$	② $\log_{64} 400 = 1.441$
	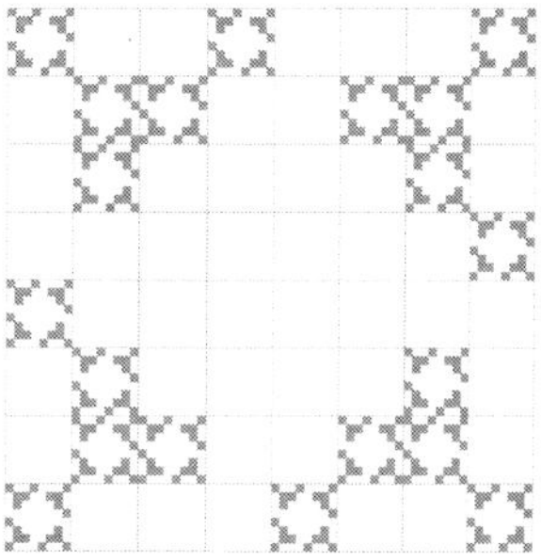

③ $\log_{512} 99520 = 1.845$

① $\log_8 20 = 1.441$

② $\log_{64} 400 = 1.441$

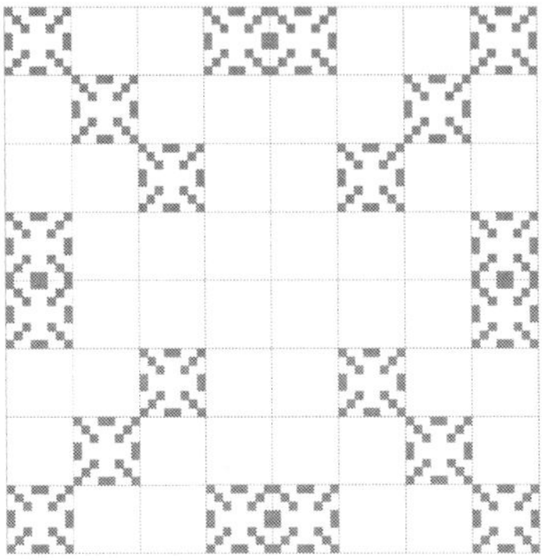

③ $\log_{512} 99520 = 1.845$

(3) 1단계 24개

① $\log_8 24 = 1.528$

② $\log_{64} 576 = 1.528$

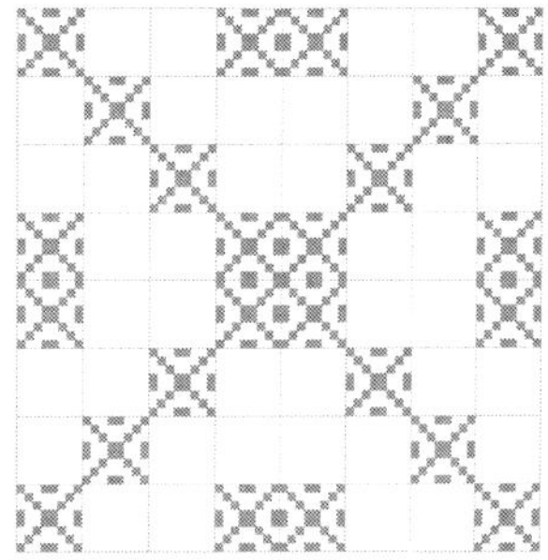

③ $\log_{512} 121344 = 1.877$

(4) 1단계 28개

① $\log_8 28 = 1.602$	② $\log_{64} 784 = 1.602$
	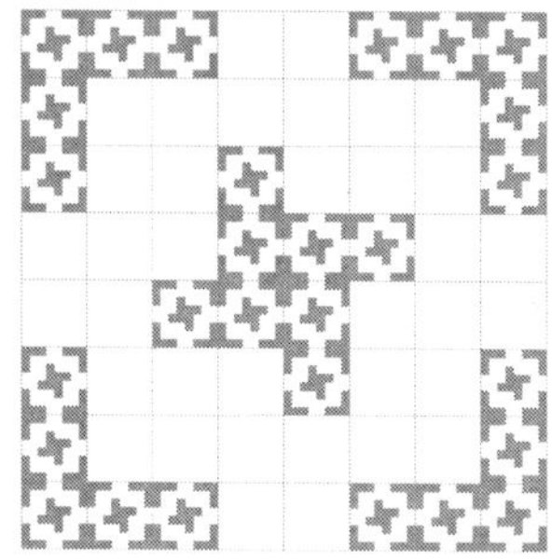

③ $\log_{512} 142912 = 1.903$

① $\log_8 28 = 1.602$

② $\log_{64} 784 = 1.602$

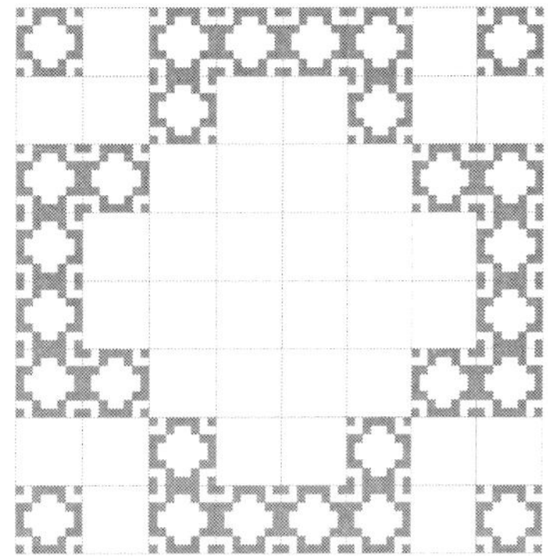

③ $\log_{512} 142912 = 1.903$

① $\log_{8}28 = 1.602$

② $\log_{64}784 = 1.602$

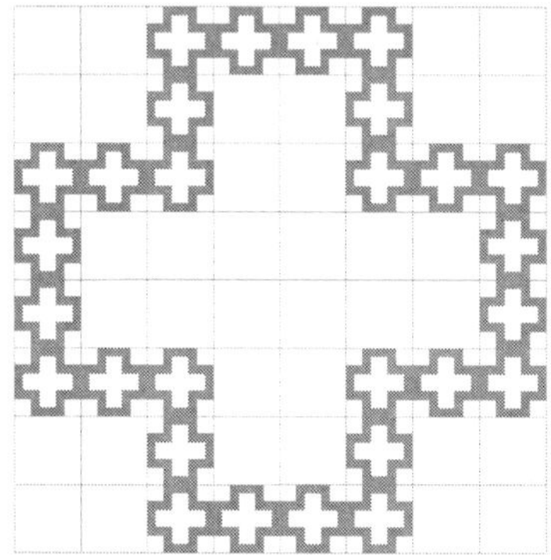

③ $\log_{512}142912 = 1.903$

(5) 1단계 32개

① $\log_8 32 = 1.667$	② $\log_{64} 1024 = 1.667$
	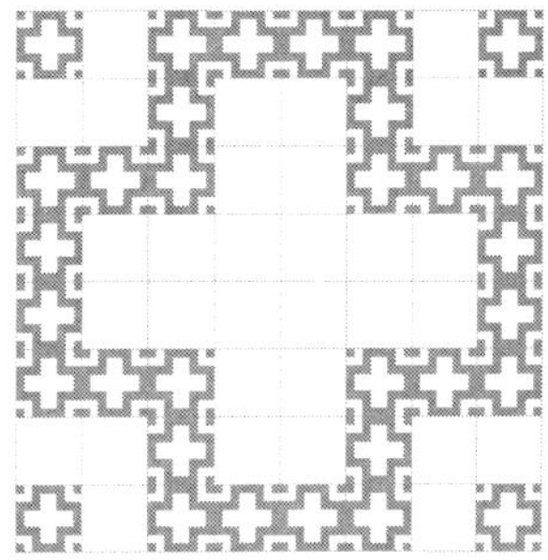

③ $\log_{512} 163840 = 1.925$

① $\log_8 32 = 1.667$

② $\log_{64} 1024 = 1.667$

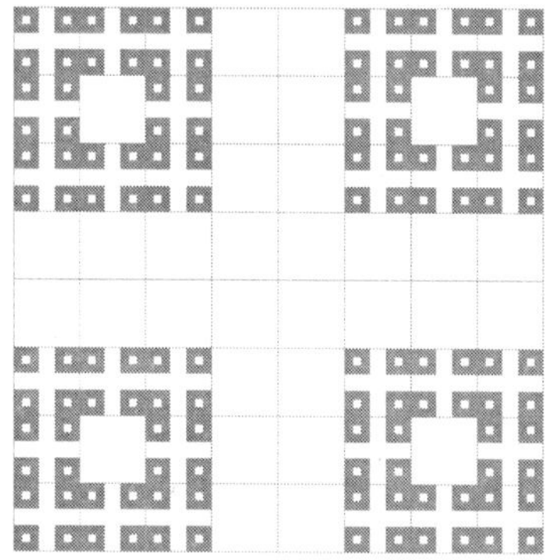

③ $\log_{512} 163840 = 1.925$

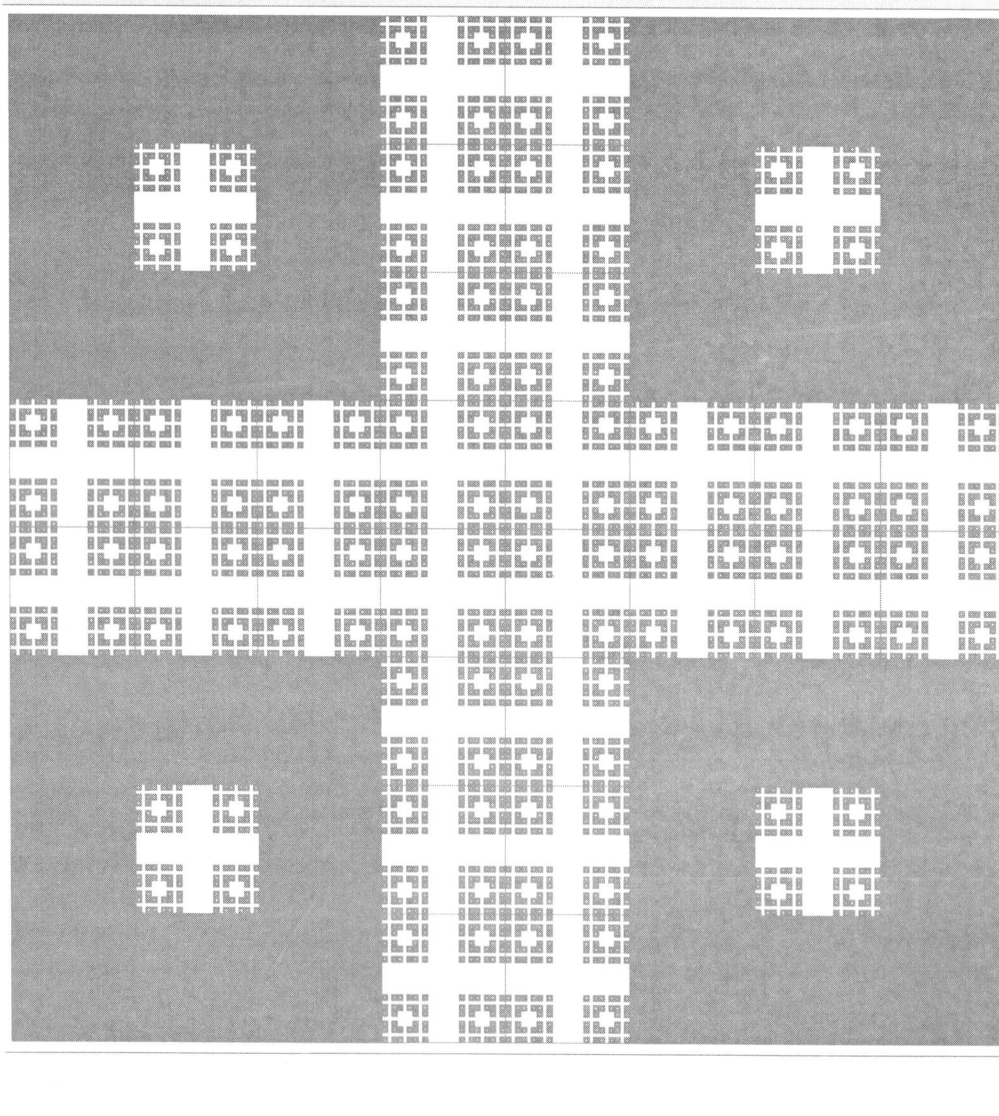

(6) 1단계 36개

① $\log_8 36 = 1.723$

② $\log_{64} 1296 = 1.723$

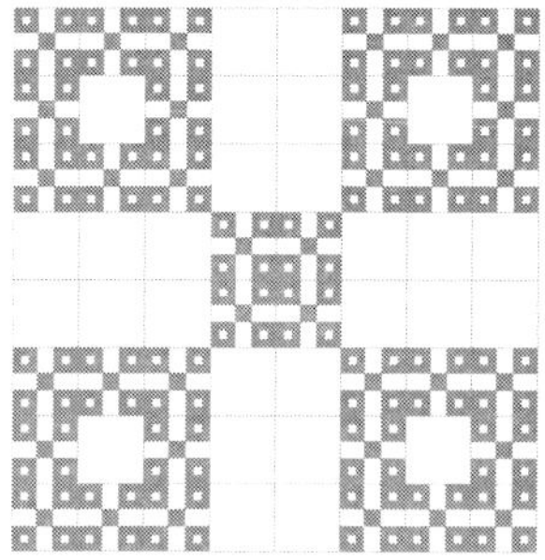

③ $\log_{512} 183744 = 1.943$

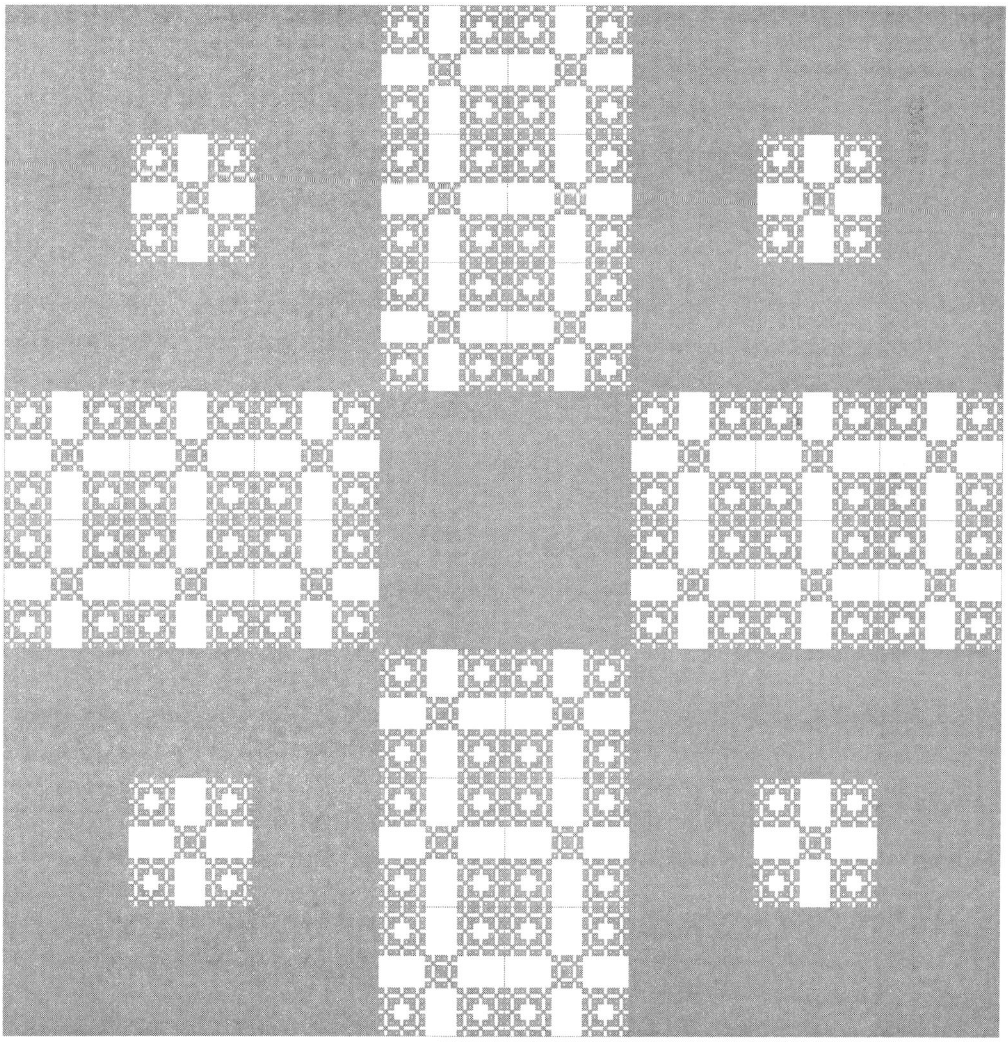

(7) 1단계 40개

① $\log_8 40 = 1.774$	② $\log_{64} 1600 = 1.774$
	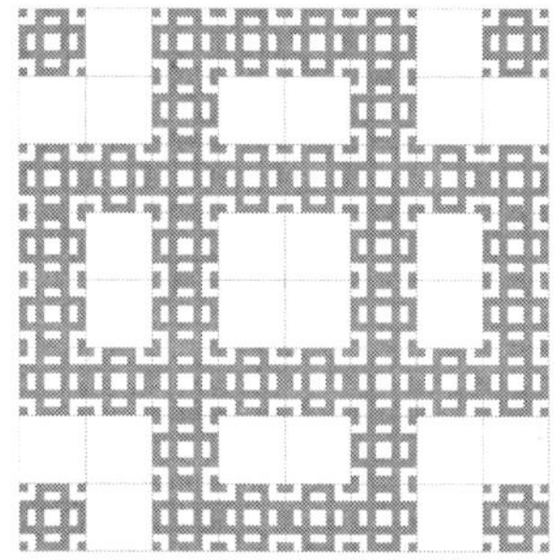

③ $\log_{512} 202240 = 1.958$

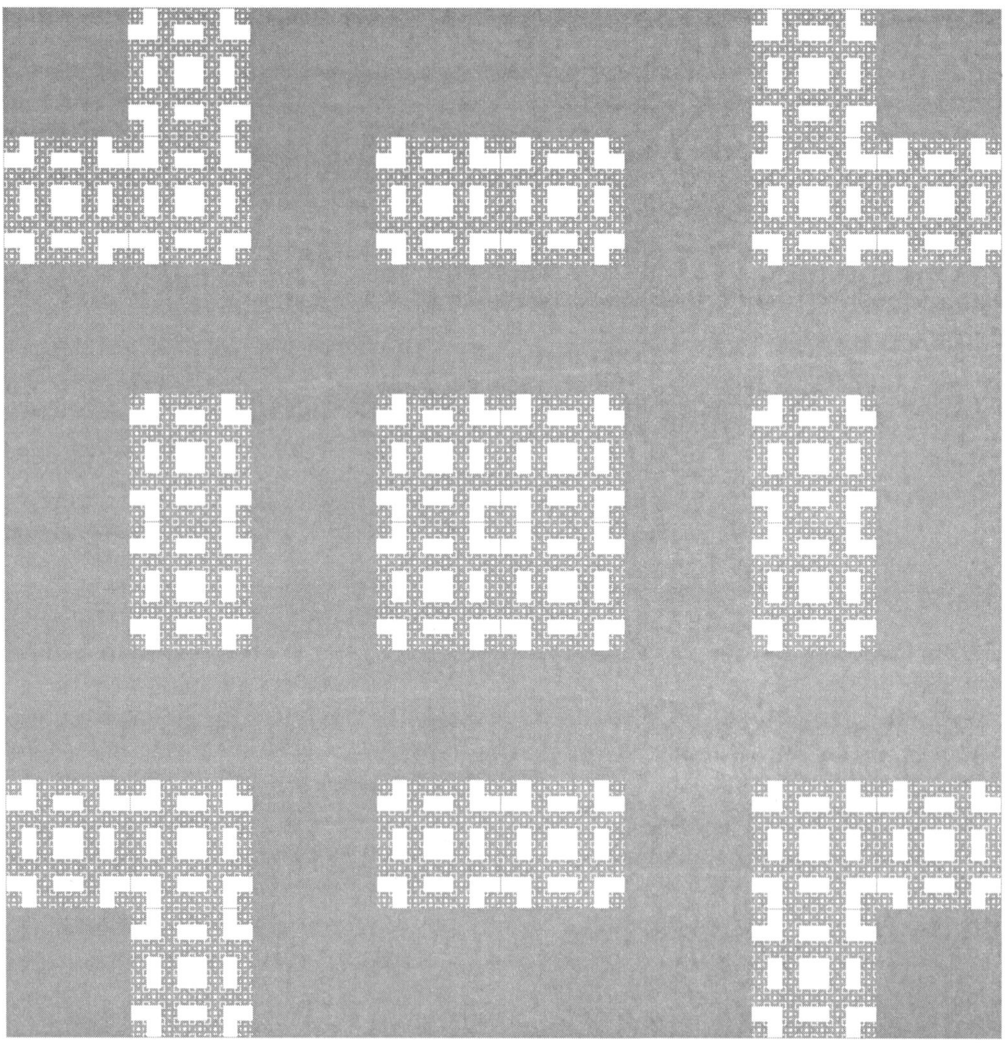

제 3 장

곱셈-뺄셈 프랙탈 디자인

1 3×3 곱셈-빼셈 프랙탈

곱셈-빼셈 프랙탈은 2단계에서는 곱셈을, 3단계 프랙탈은 빼셈을 이용한다.

(1) 1단계 1개

① $\log_3 1 = 0$

0	0	0
0	1	0
0	0	0

② $\log_9 16 = 1.262$

0	0	0	0	0	0	0	0	0
0	0	0	0	0	0	0	0	0
0	0	0	0	0	0	0	0	0
0	0	0	0	0	0	0	0	0
0	0	0	0	1	0	0	0	0
0	0	0	0	0	0	0	0	0
0	0	0	0	0	0	0	0	0
0	0	0	0	0	0	0	0	0
0	0	0	0	0	0	0	0	0

③ $\log_{27} 201 = 1.609$

0	0	0	0	0	0	0	0	0	0	0	0	0	0	0	0	0	0	0	0	0	0	0	0	0	0	0
0	0	0	0	0	0	0	0	0	0	0	0	0	0	0	0	0	0	0	0	0	0	0	0	0	0	0
0	0	0	0	0	0	0	0	0	0	0	0	0	0	0	0	0	0	0	0	0	0	0	0	0	0	0
0	0	0	0	0	0	0	0	0	0	0	0	0	0	0	0	0	0	0	0	0	0	0	0	0	0	0
0	0	0	0	-1	0	0	0	0	0	0	0	0	-1	0	0	0	0	0	0	0	0	-1	0	0	0	0
0	0	0	0	0	0	0	0	0	0	0	0	0	0	0	0	0	0	0	0	0	0	0	0	0	0	0
0	0	0	0	0	0	0	0	0	0	0	0	0	0	0	0	0	0	0	0	0	0	0	0	0	0	0
0	0	0	0	0	0	0	0	0	0	0	0	0	0	0	0	0	0	0	0	0	0	0	0	0	0	0
0	0	0	0	0	0	0	0	0	0	0	0	0	0	0	0	0	0	0	0	0	0	0	0	0	0	0
0	0	0	0	0	0	0	0	0	1	1	1	1	1	1	1	1	1	0	0	0	0	0	0	0	0	0
0	0	0	0	0	0	0	0	0	1	1	1	1	1	1	1	1	1	0	0	0	0	0	0	0	0	0
0	0	0	0	0	0	0	0	0	1	1	1	1	1	1	1	1	1	0	0	0	0	0	0	0	0	0
0	0	0	0	0	0	0	0	0	1	1	1	1	1	1	1	1	1	0	0	0	0	0	0	0	0	0
0	0	0	0	-1	0	0	0	0	1	1	1	1	0	1	1	1	1	0	0	0	0	-1	0	0	0	0
0	0	0	0	0	0	0	0	0	1	1	1	1	1	1	1	1	1	0	0	0	0	0	0	0	0	0
0	0	0	0	0	0	0	0	0	1	1	1	1	1	1	1	1	1	0	0	0	0	0	0	0	0	0
0	0	0	0	0	0	0	0	0	1	1	1	1	1	1	1	1	1	0	0	0	0	0	0	0	0	0
0	0	0	0	0	0	0	0	0	1	1	1	1	1	1	1	1	1	0	0	0	0	0	0	0	0	0
0	0	0	0	0	0	0	0	0	0	0	0	0	0	0	0	0	0	0	0	0	0	0	0	0	0	0
0	0	0	0	0	0	0	0	0	0	0	0	0	0	0	0	0	0	0	0	0	0	0	0	0	0	0
0	0	0	0	0	0	0	0	0	0	0	0	0	0	0	0	0	0	0	0	0	0	0	0	0	0	0
0	0	0	0	0	0	0	0	0	0	0	0	0	0	0	0	0	0	0	0	0	0	0	0	0	0	0
0	0	0	0	-1	0	0	0	0	0	0	0	0	-1	0	0	0	0	0	0	0	0	-1	0	0	0	0
0	0	0	0	0	0	0	0	0	0	0	0	0	0	0	0	0	0	0	0	0	0	0	0	0	0	0
0	0	0	0	0	0	0	0	0	0	0	0	0	0	0	0	0	0	0	0	0	0	0	0	0	0	0
0	0	0	0	0	0	0	0	0	0	0	0	0	0	0	0	0	0	0	0	0	0	0	0	0	0	0
0	0	0	0	0	0	0	0	0	0	0	0	0	0	0	0	0	0	0	0	0	0	0	0	0	0	0

위의 그림에서 0 부분을 제거한 것이 아래 그림이다.

	1	

				1				

				-1									-1									-1				
									1	1	1	1	1	1	1	1	1									
									1	1	1	1	1	1	1	1	1									
									1	1	1	1	1	1	1	1	1									
									1	1	1	1	1	1	1	1	1									
				-1					1	1	1	1		1	1	1	1					-1				
									1	1	1	1	1	1	1	1	1									
									1	1	1	1	1	1	1	1	1									
									1	1	1	1	1	1	1	1	1									
									1	1	1	1	1	1	1	1	1									
				-1									-1									-1				

1, 2, 3 단계에서 0보다 큰수만 나타내어 보자.

① $\log_3 1 = 0$

② $\log_9 1 = 0$

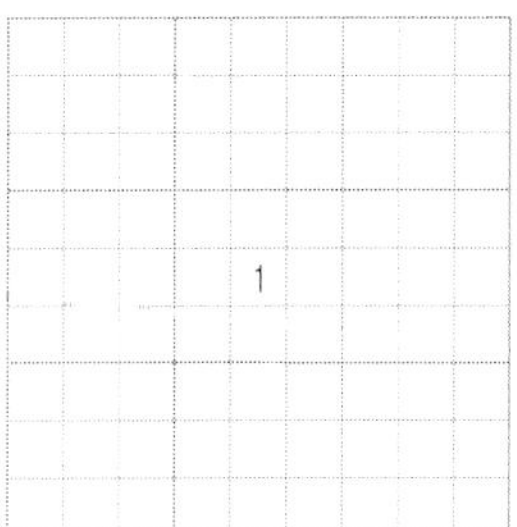

③ $\log_{27} 201 = 1.609$

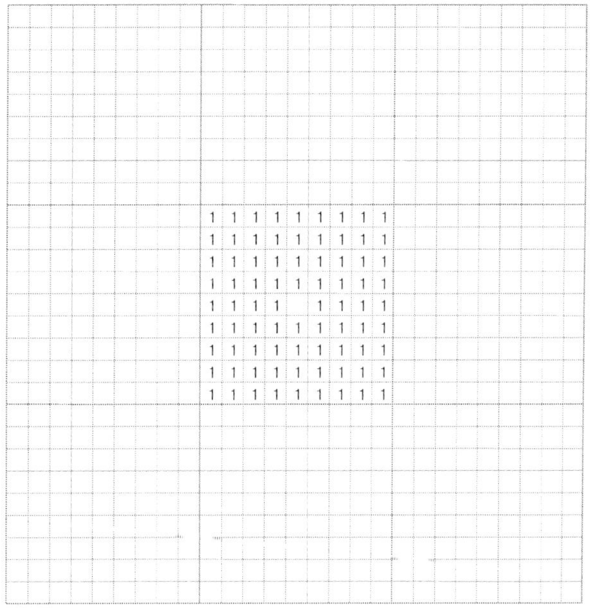

0보다 큰 수에 색칠해 보자.

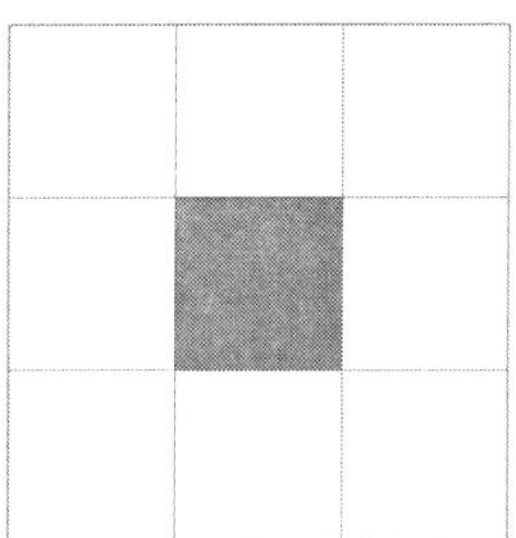

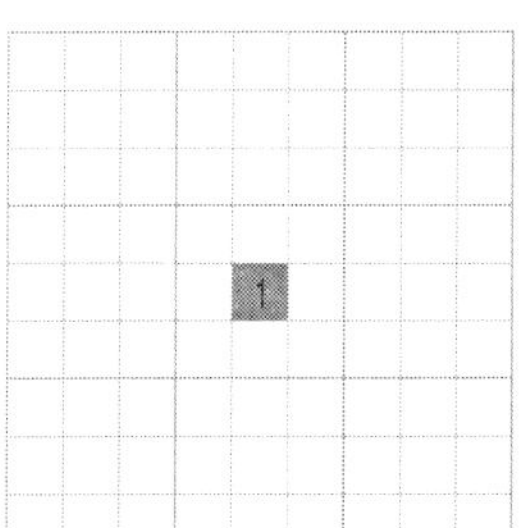

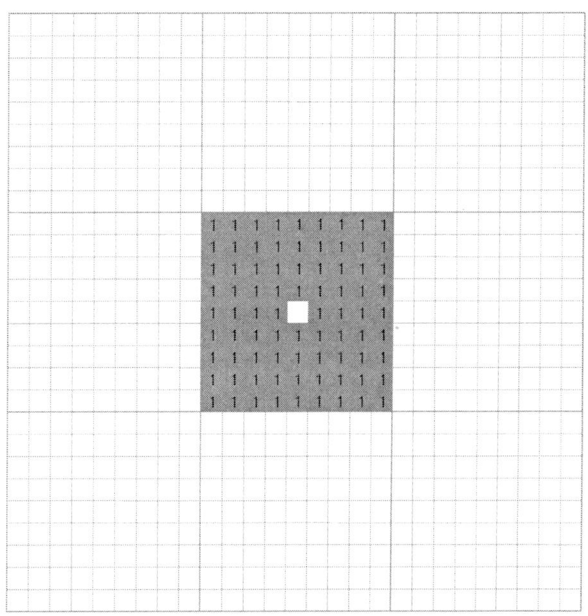

정리하면 다음과 같다.

① $\log_3 1 = 0$	② $\log_9 1 = 0$	③ $\log_{27} 80 = 1.33$
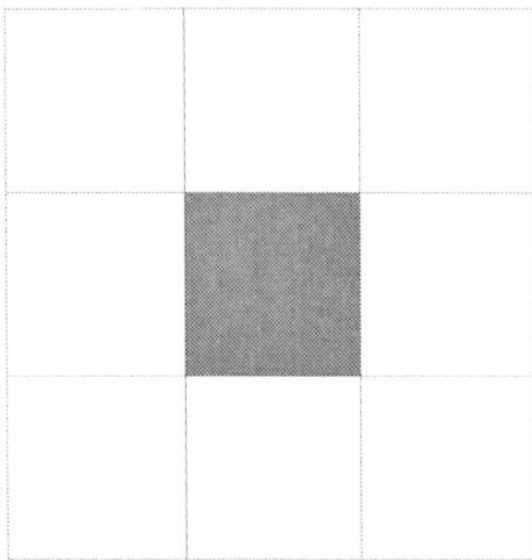		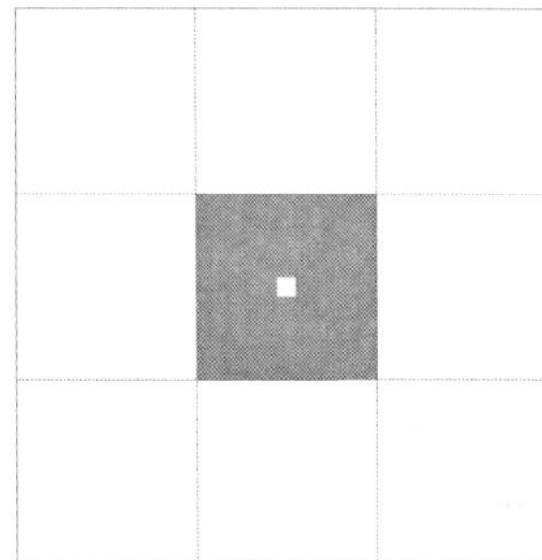

(2) 1단계 2개

① $\log_3 2 = 0.631$	② $\log_9 4 = 0.631$	③ $\log_{27} 154 = 1.528$
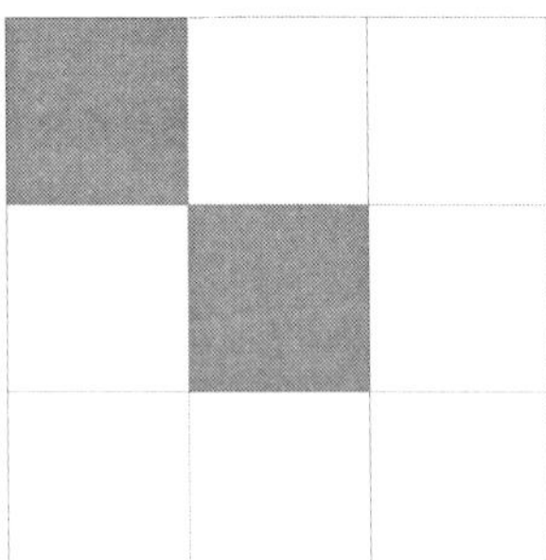	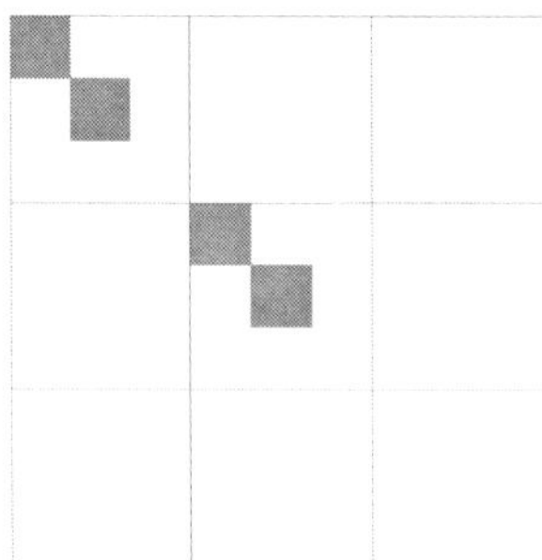	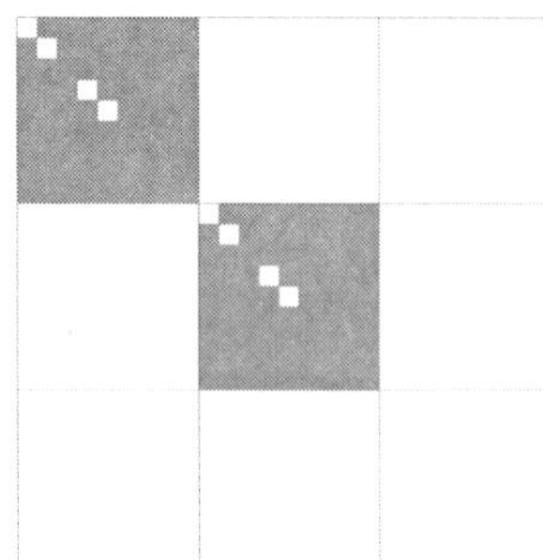

① $\log_3 2 = 0.631$	② $\log_9 4 = 0.631$	③ $\log_{27} 154 = 1.528$
	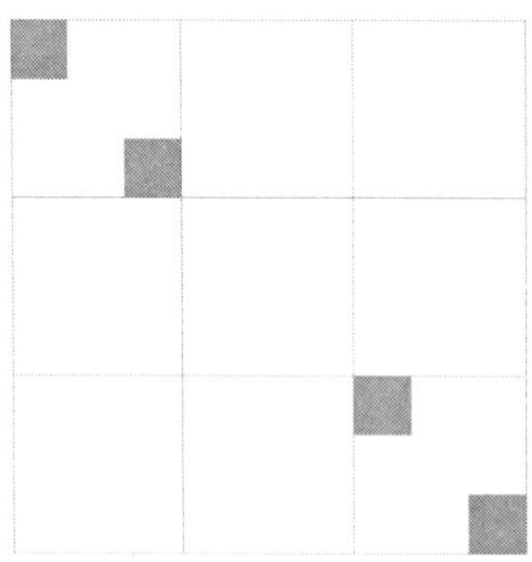	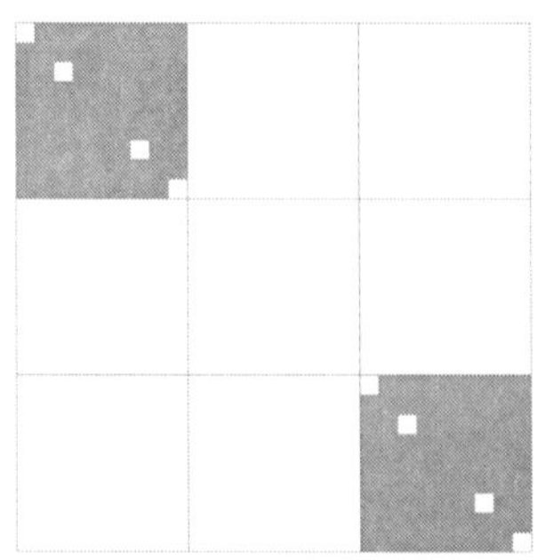

(3) 1단계 3개

① $\log_3 3 = 1$	② $\log_9 9 = 1$	③ $\log_{27} 216 = 1.631$
	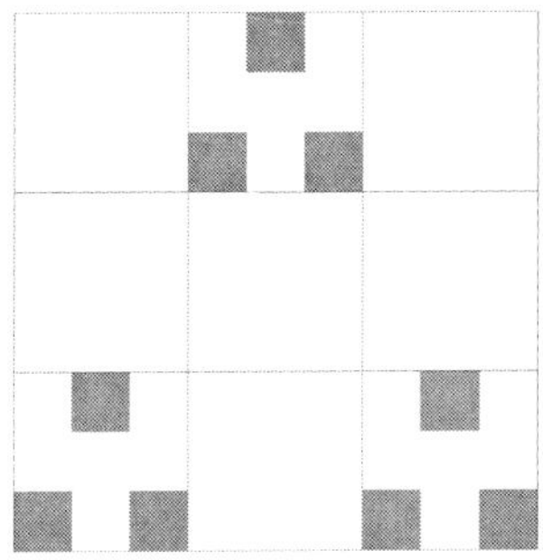	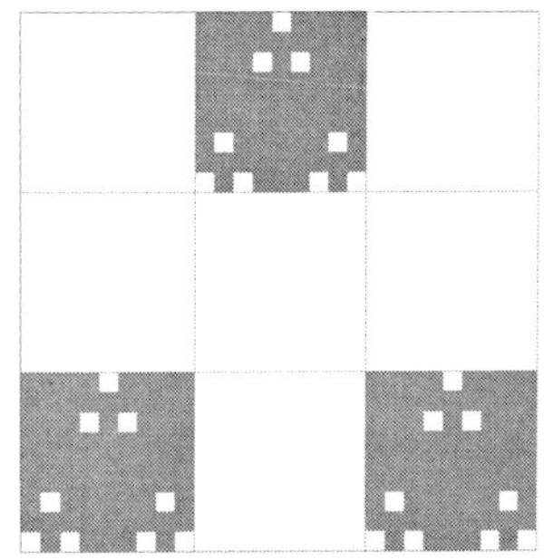
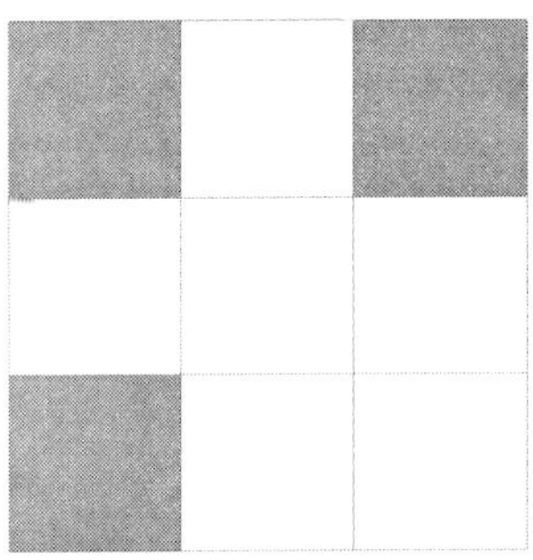	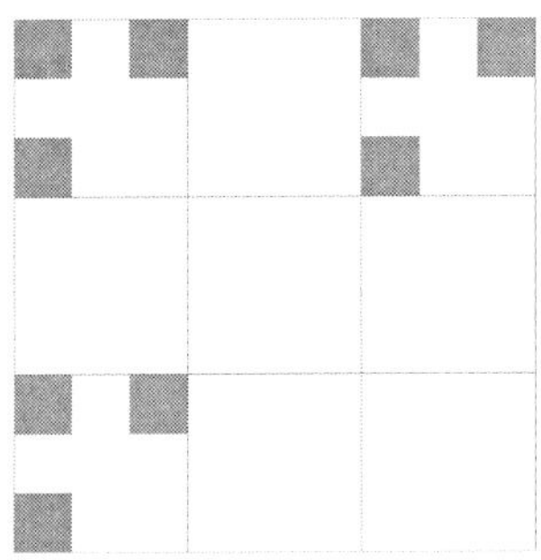	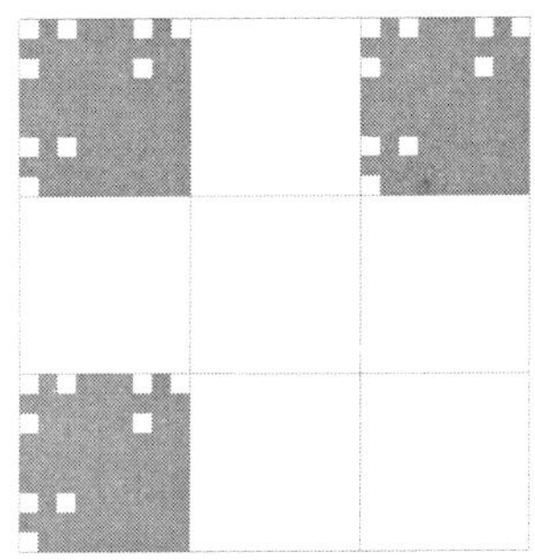
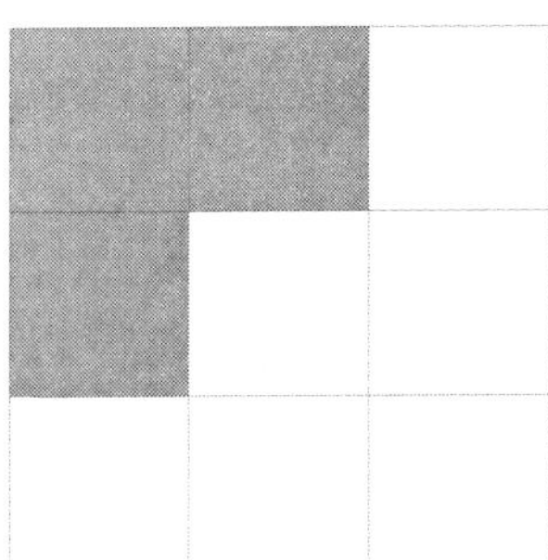	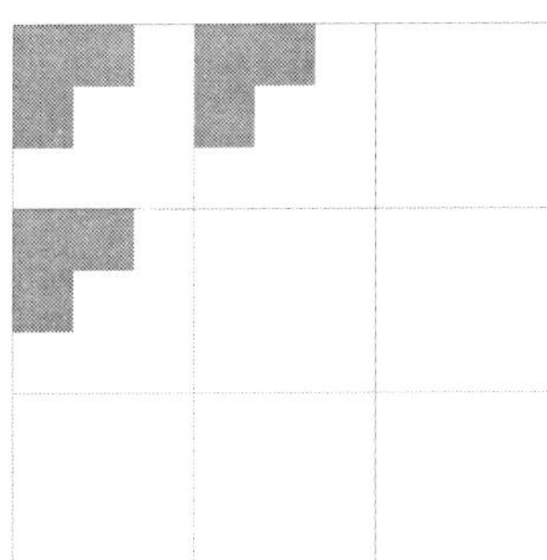	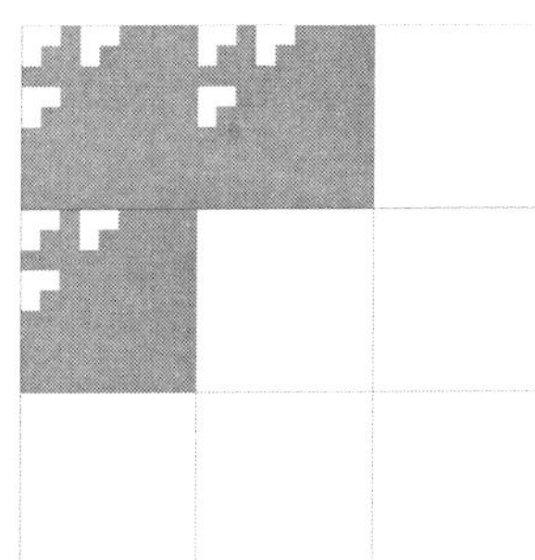
	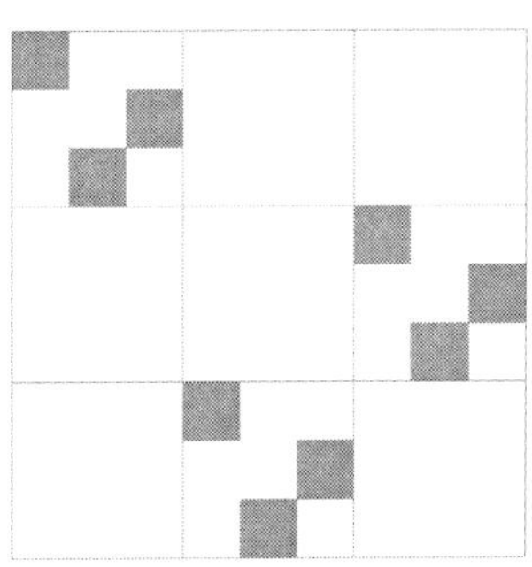	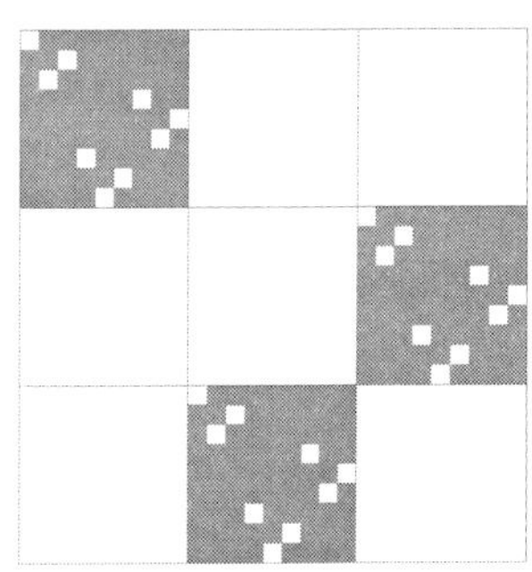

(4) 1단계 4개

① $\log_3 4 = 1.262$	② $\log_9 16 = 1.262$	③ $\log_{27} 260 = 1.687$

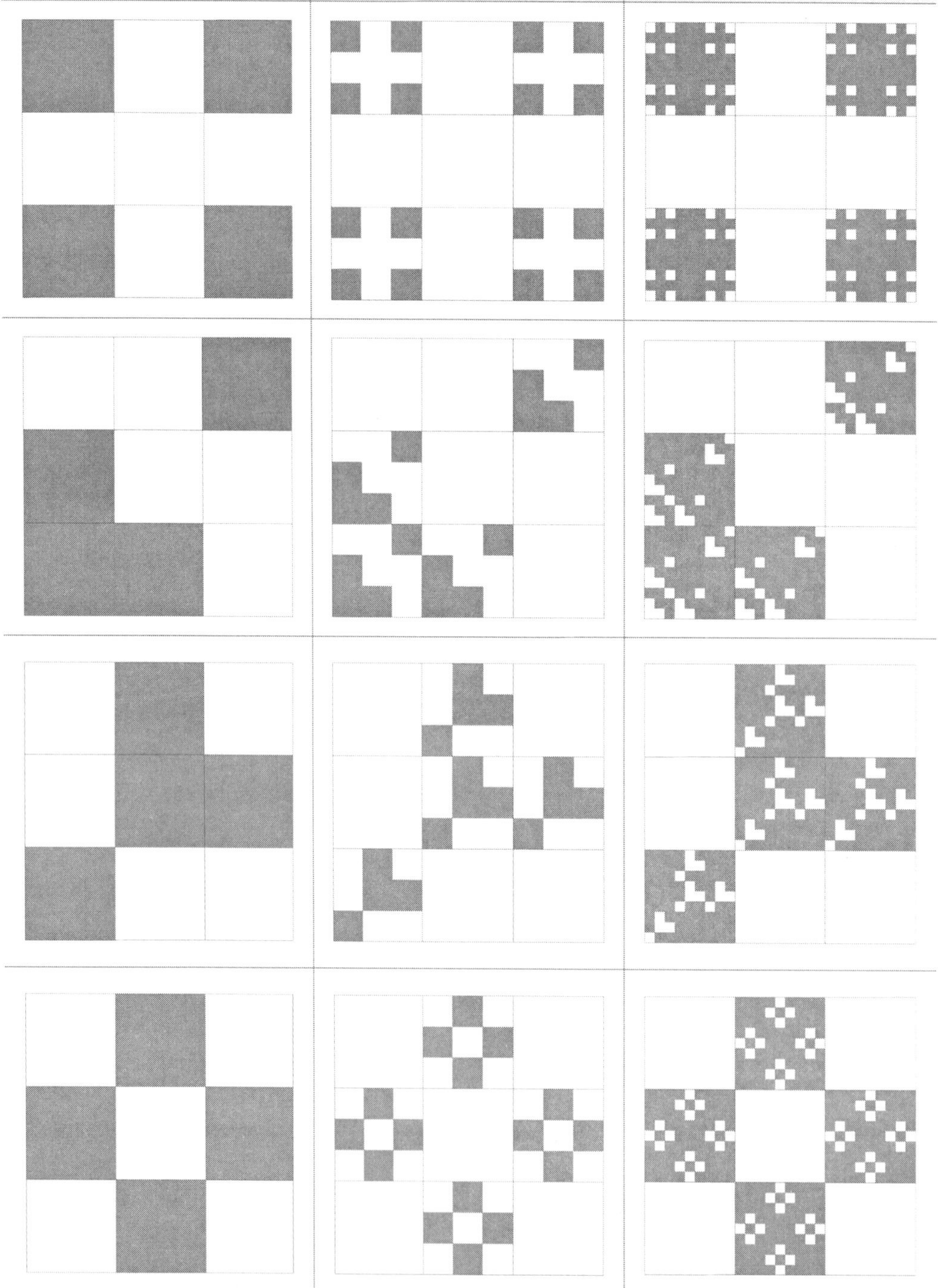

(5) 1단계 5개

① $\log_3 5 = 1.465$	② $\log_9 25 = 1.465$	③ $\log_{27} 280 = 1.71$

	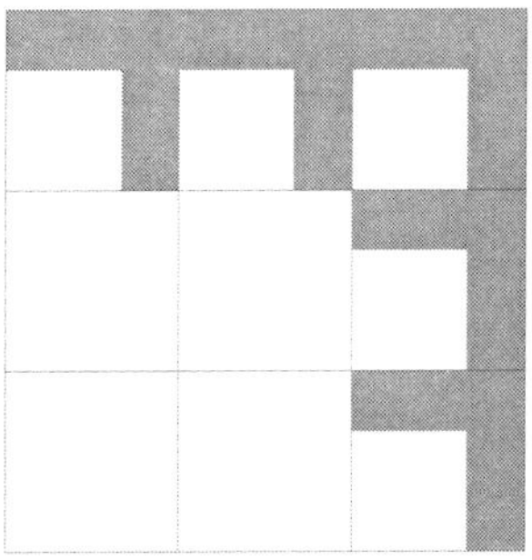	
	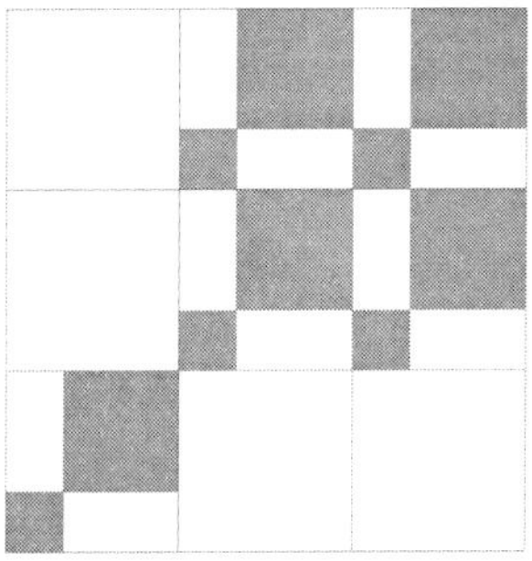	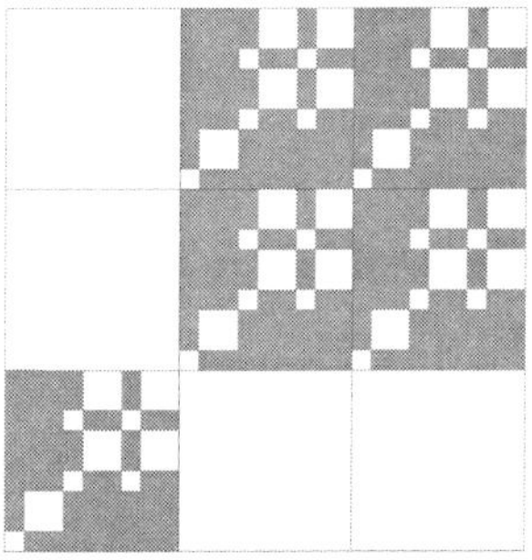

(6) 1단계 6개

① $\log_3 6 = 1.631$	② $\log_9 18 = 1.631$	③ $\log_{27} 270 = 1.699$
	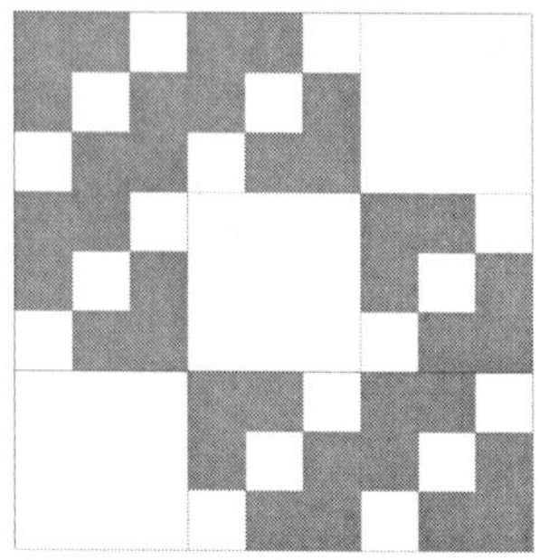	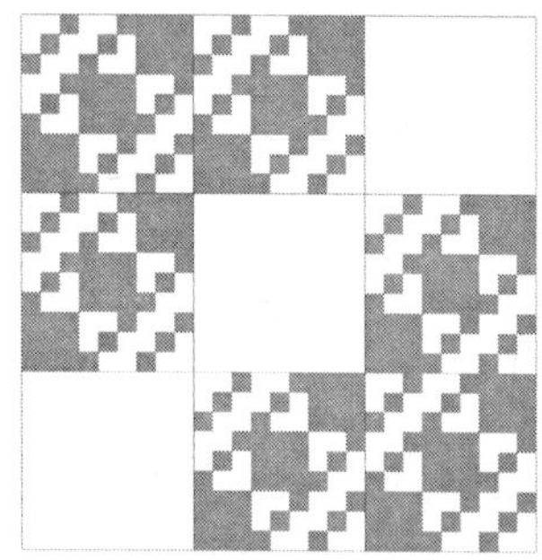
		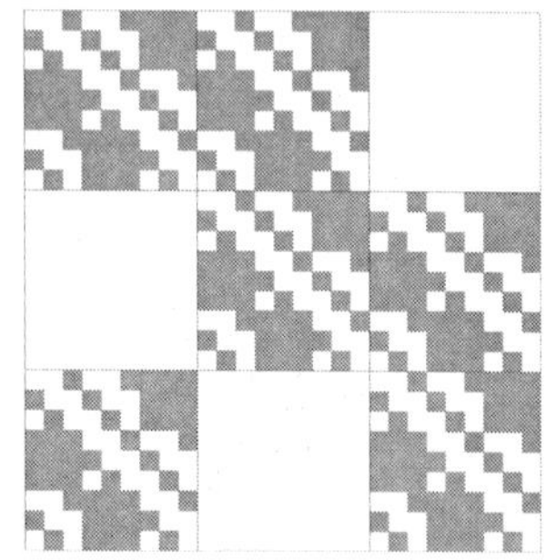
		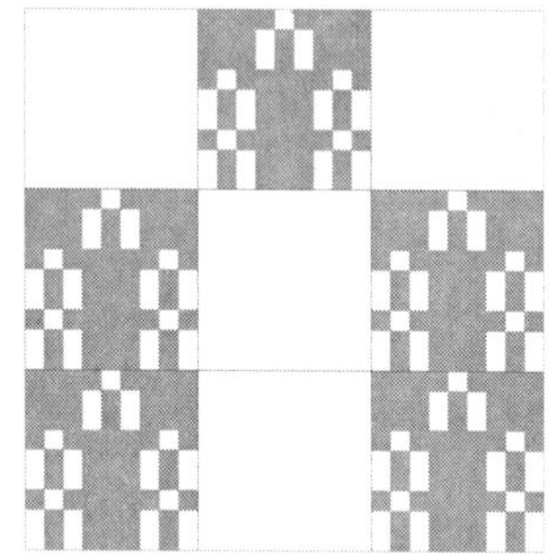

(7) 1단계 7개

① $\log_3 7 = 1.771$	② $\log_9 49 = 1.771$	③ $\log_{27} 224 = 1.642$
	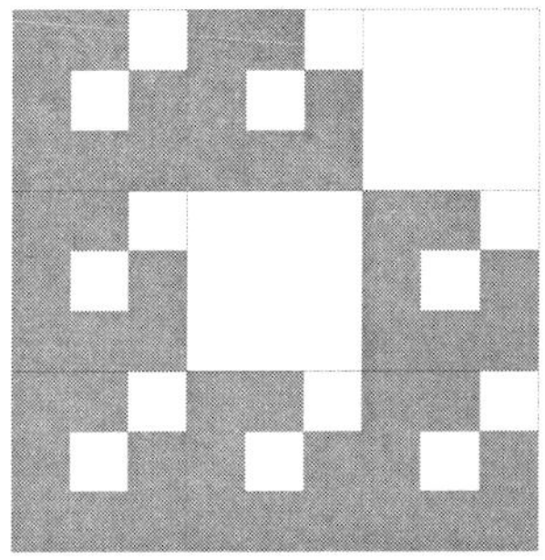	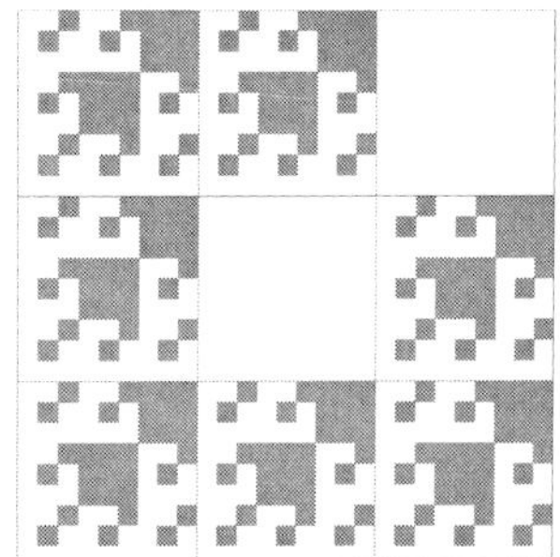

		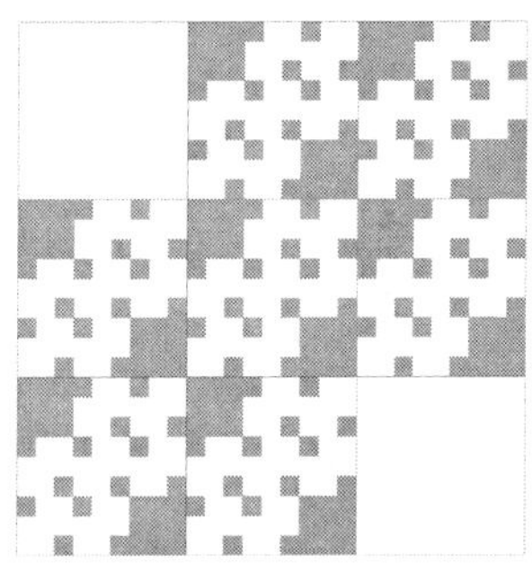
		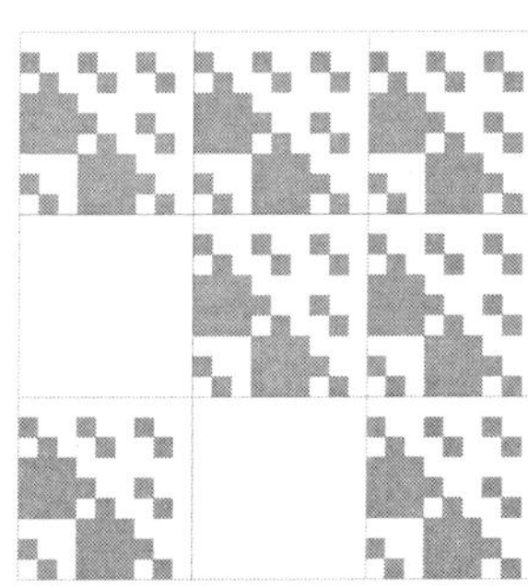

① $\log_3 7 = 1.771$	② $\log_9 49 = 1.771$	③ $\log_{27} 224 = 1.642$
		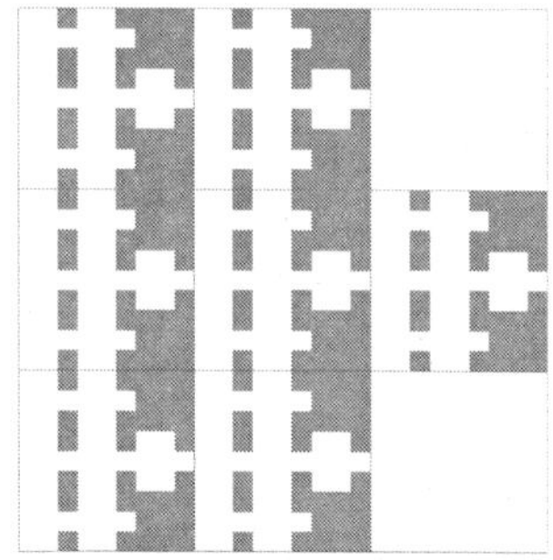
	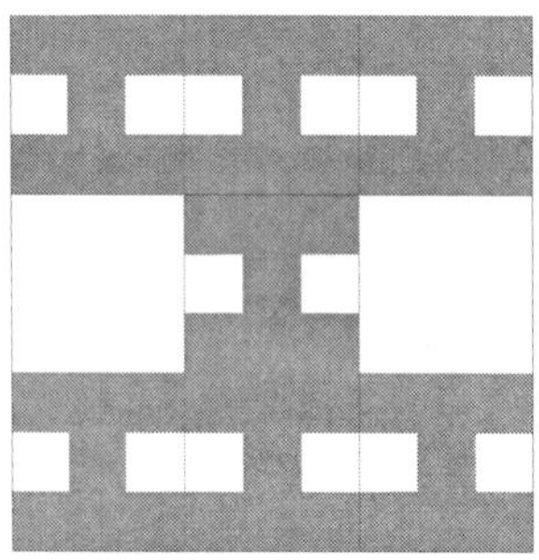	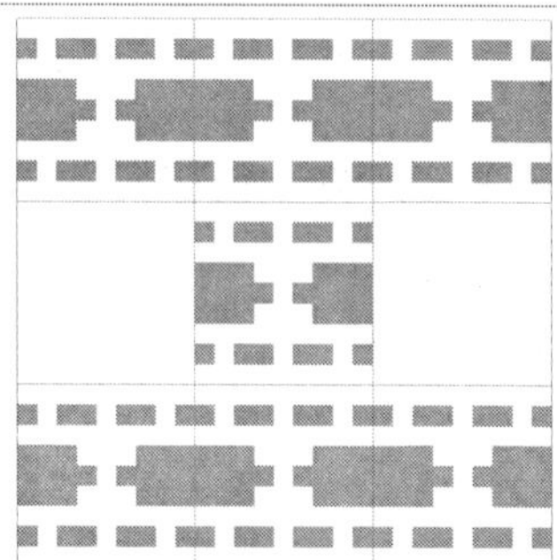

(8) 1단계 8개

① $\log_3 8 = 1.893$	② $\log_9 64 = 1.893$	③ $\log_{27} 136 = 1.491$
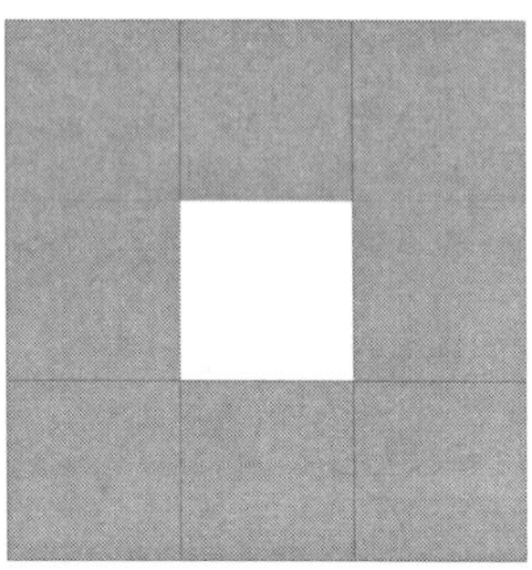	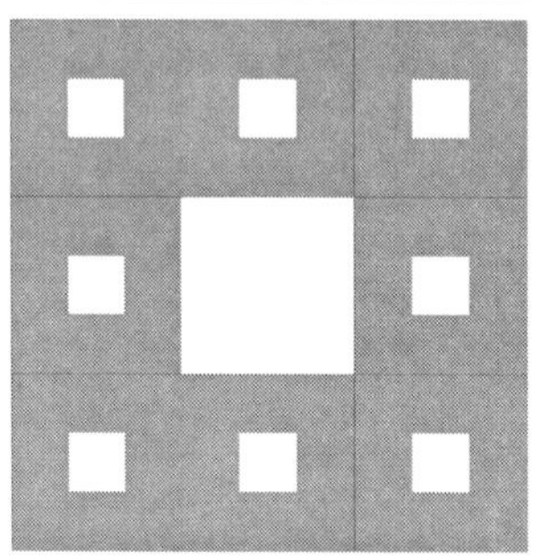	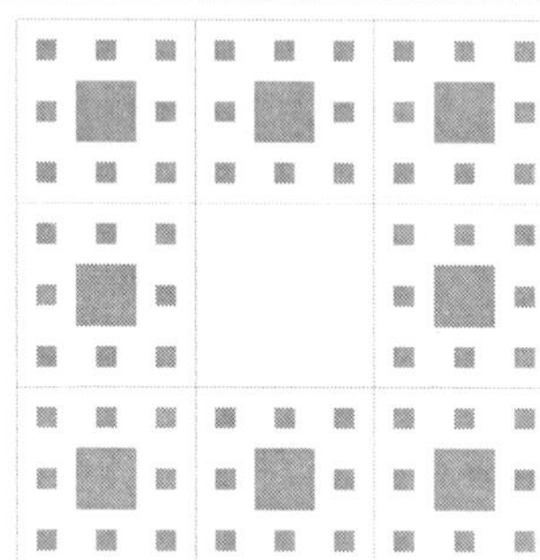
		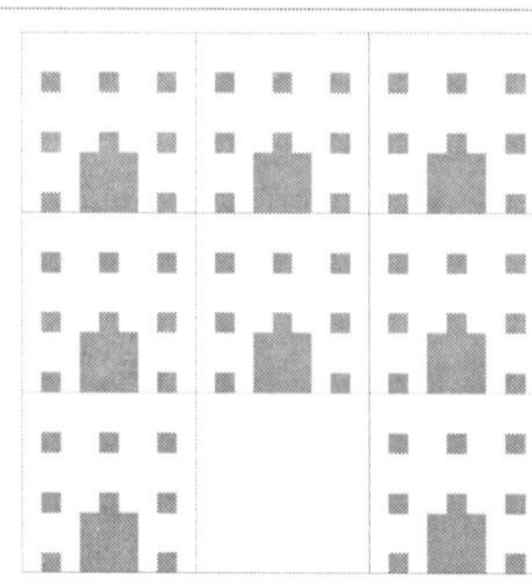

2 4×4 곱셈-뺄셈 프랙탈

(1) 1단계 3개

① $\log_4 3 = 0.792$	② $\log_{16} 9 = 0.792$	③ $\log_{64} 741 = 1.589$
	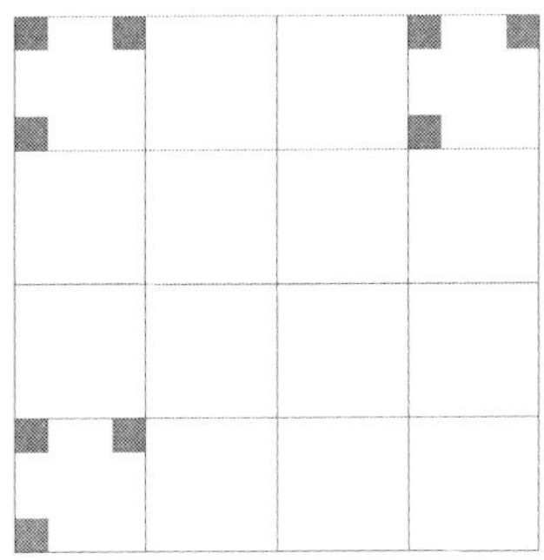	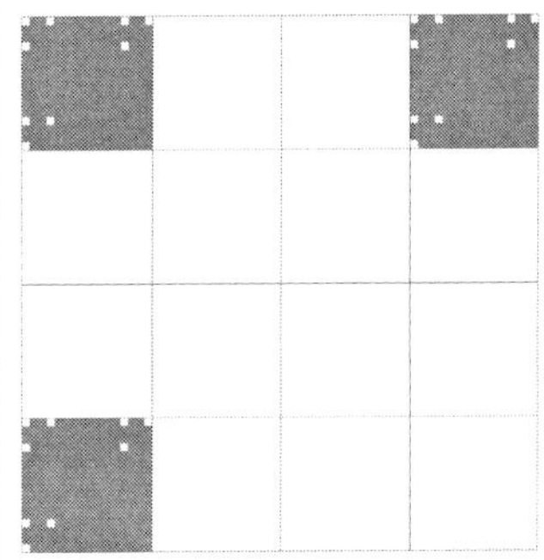

(2) 1단계 4개

① $\log_4 4 = 1$	② $\log_{16} 16 = 1$	③ $\log_{64} 960 = 1.651$
	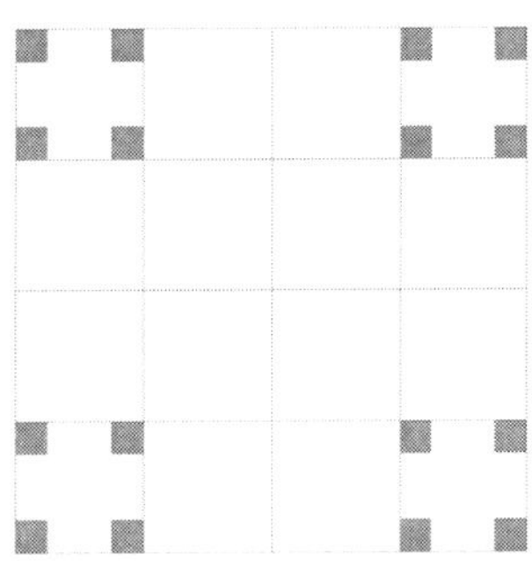	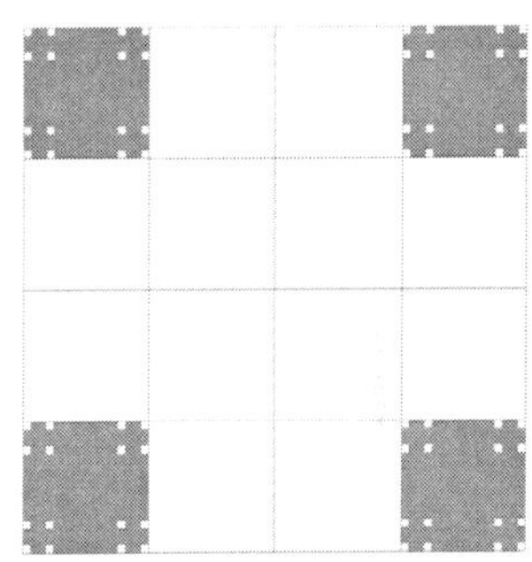

① $\log_4 4 = 1$	② $\log_{16} 16 = 1$	③ $\log_{64} 960 = 1.651$
	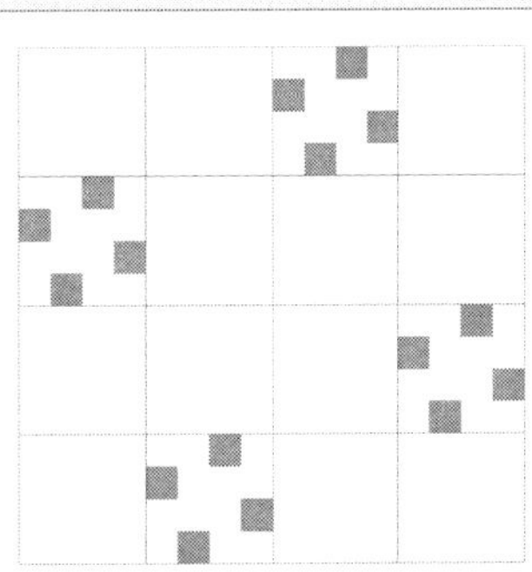	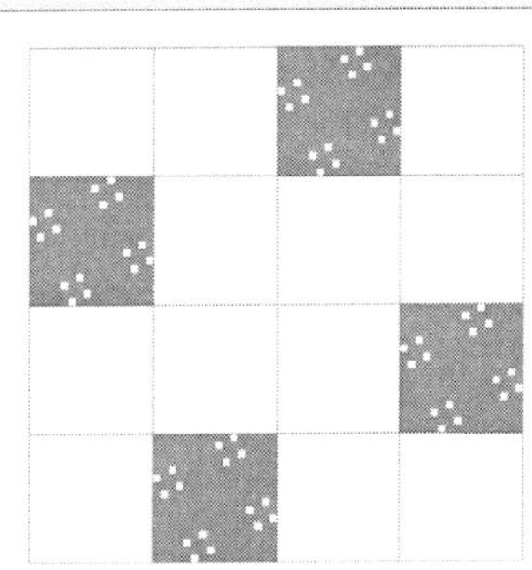

(3) 1단계 5개

① $\log_4 5 = 0.161$	② $\log_{16} 25 = 1.161$	③ $\log_{64} 1155 = 1.696$
	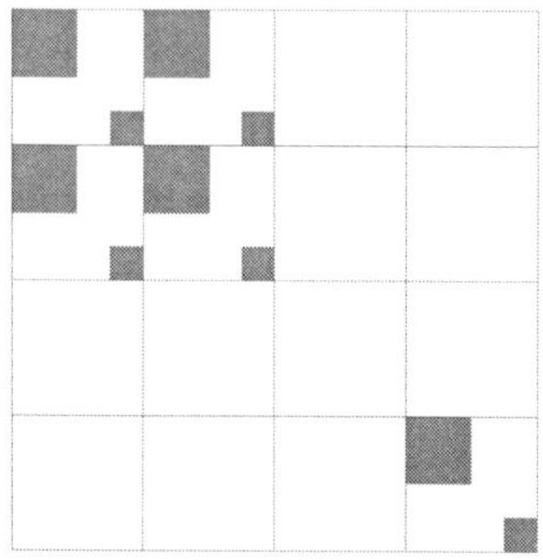	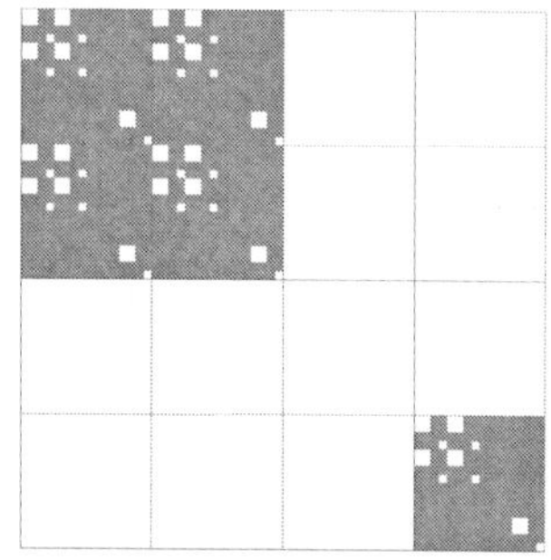
	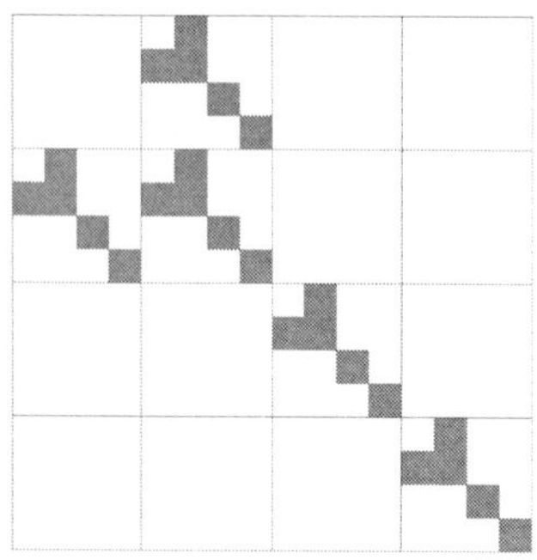	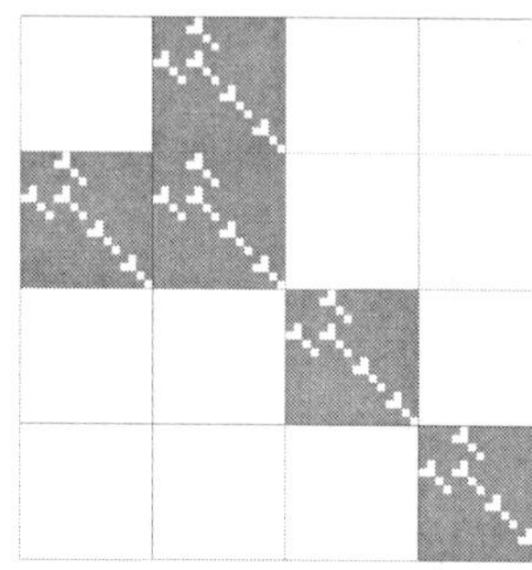
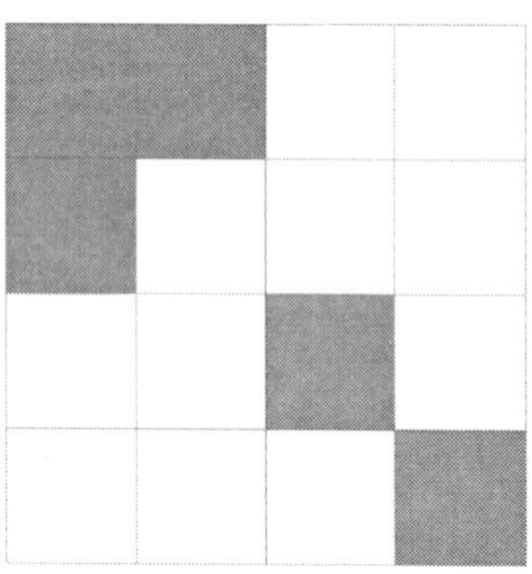	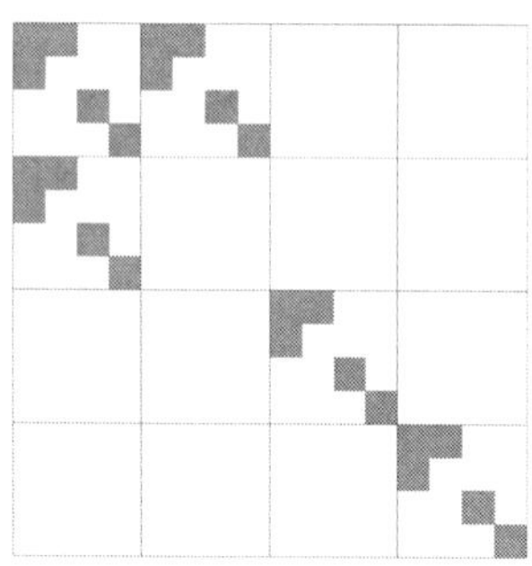	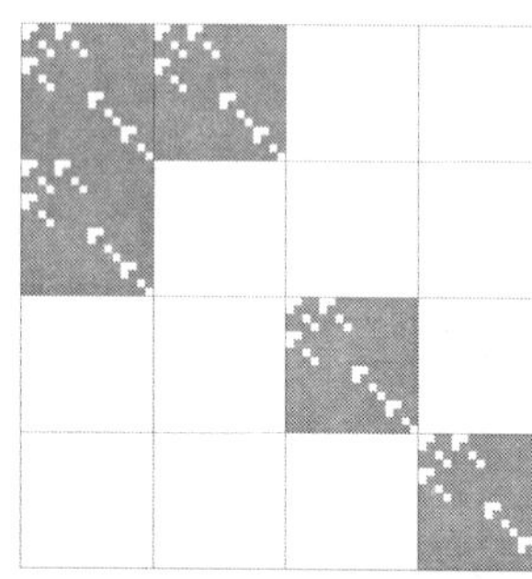
	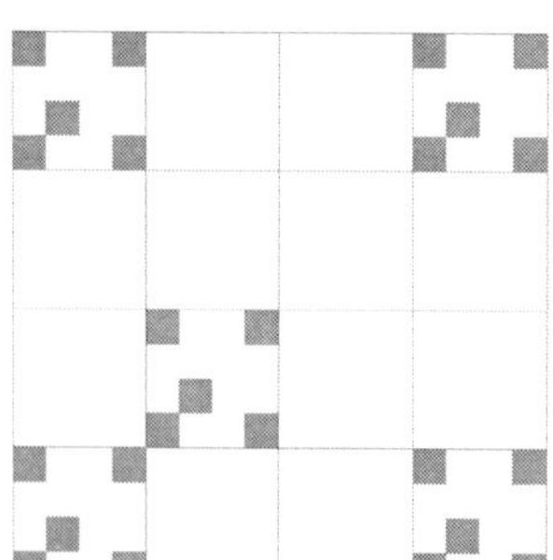	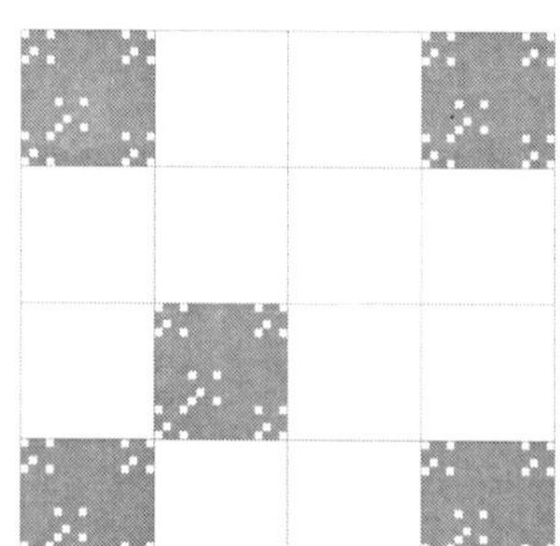

(4) 1단계 6개

① $\log_4 6 = 1.292$	② $\log_4 36 = 1.292$	③ $\log_{64} 1320 = 1.728$
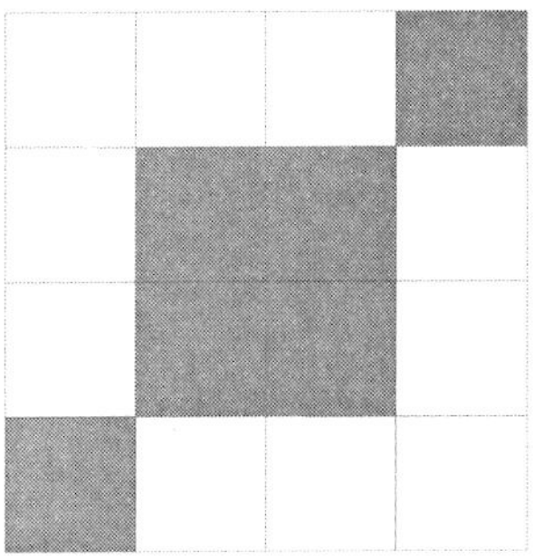	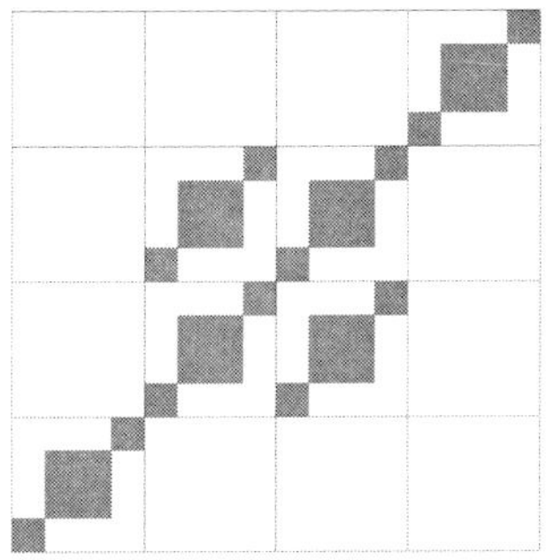	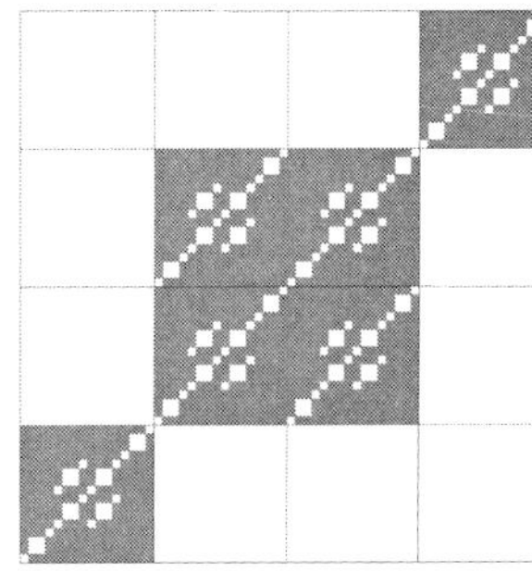
	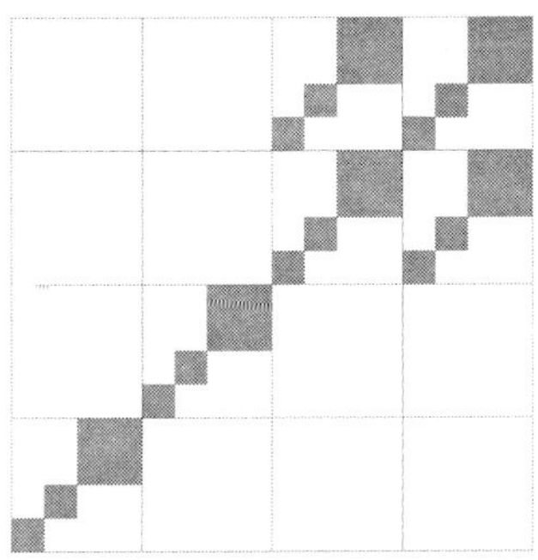	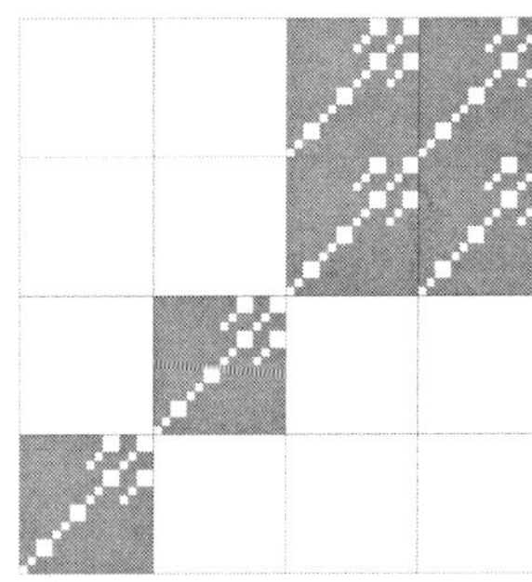
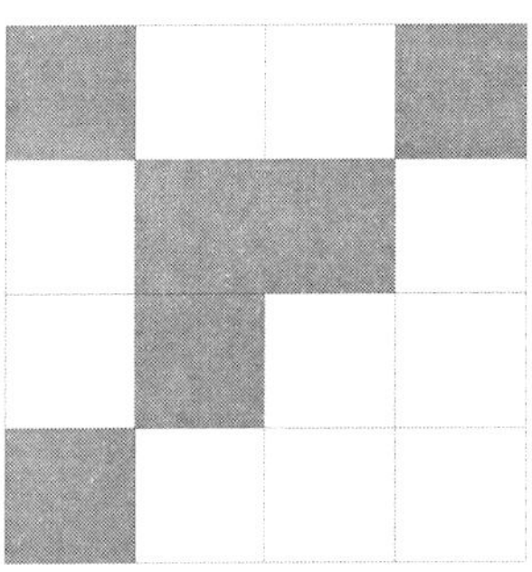	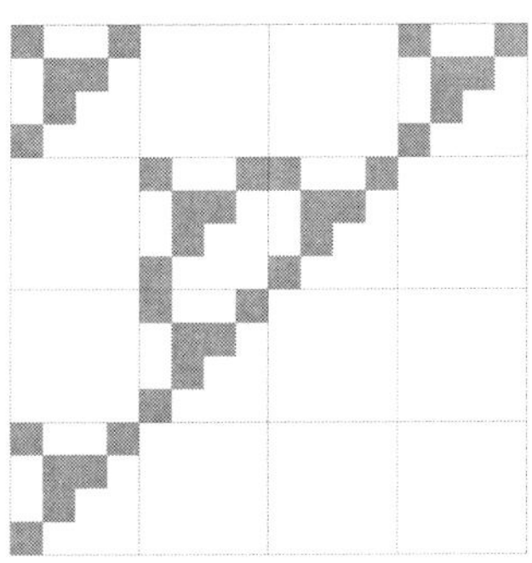	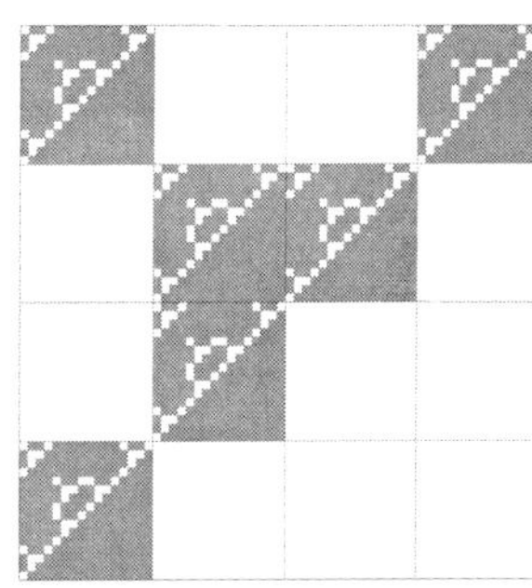
	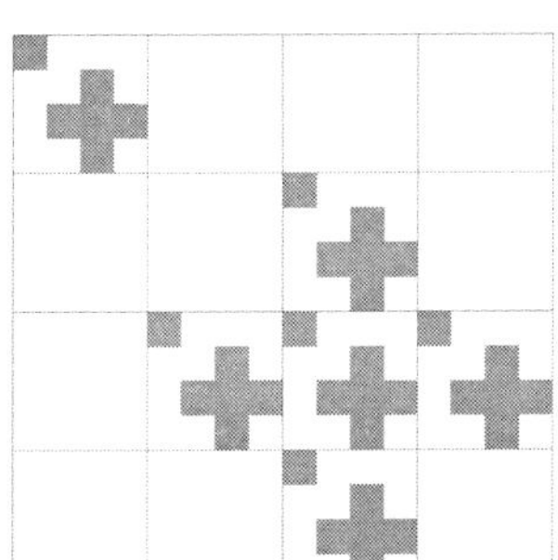	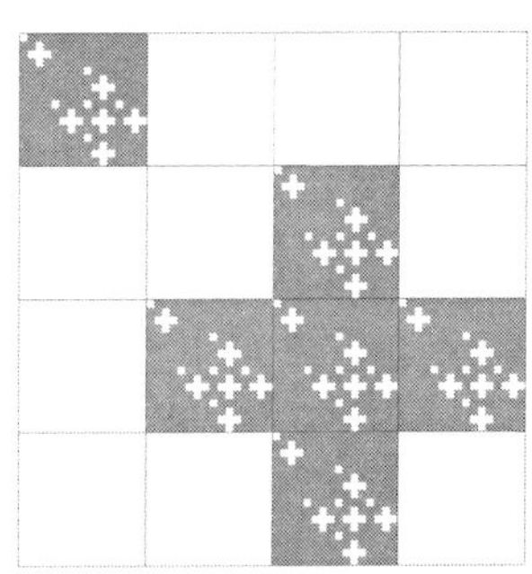

(5) 1단계 7개

① $\log_4 7 = 1.404$	② $\log_{16} 49 = 1.404$	③ $\log_{64} 1449 = 1.75$

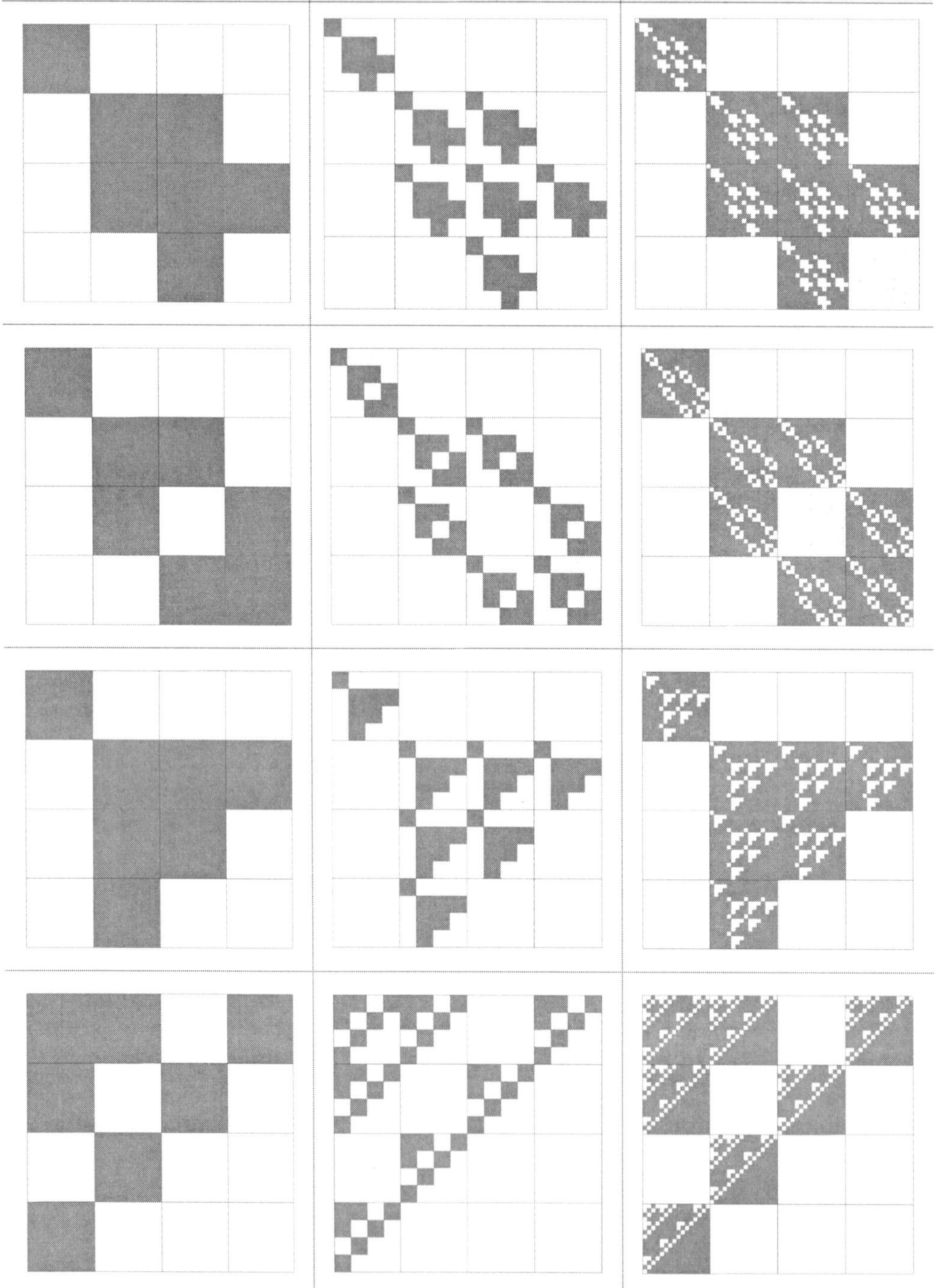

(6) 1단계 8개

① $\log_4 8 = 1.5$	② $\log_{16} 64 = 1.5$	③ $\log_{64} 1536 = 1.764$
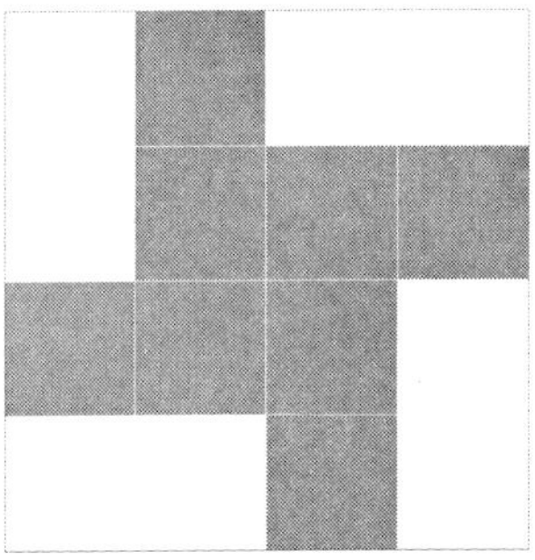	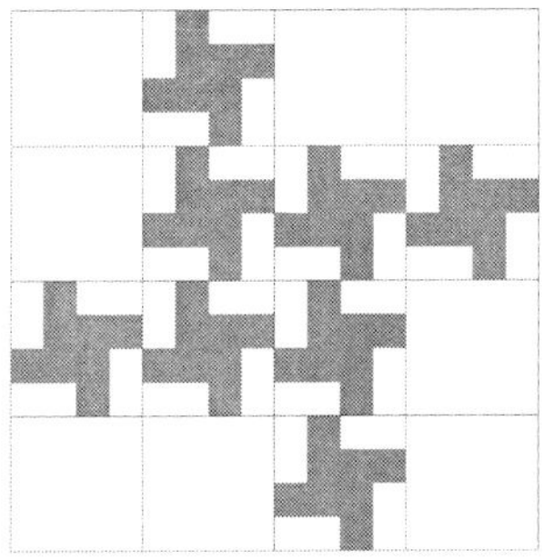	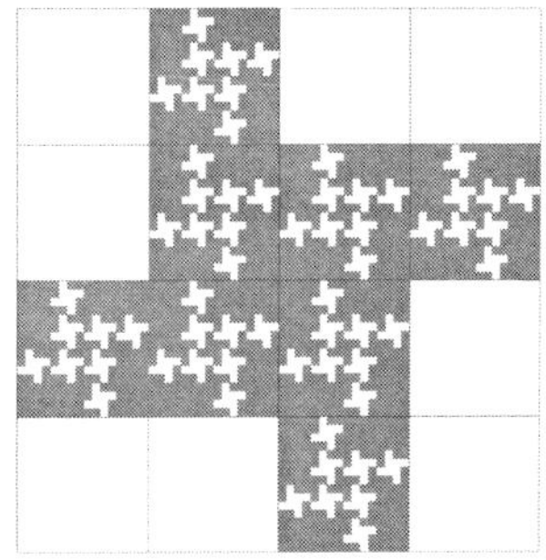
	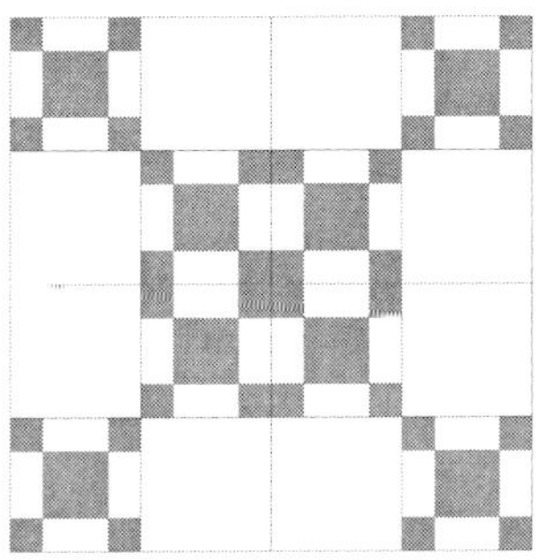	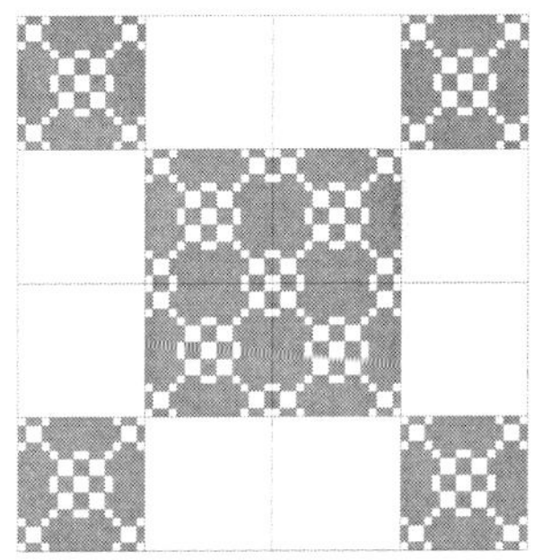
		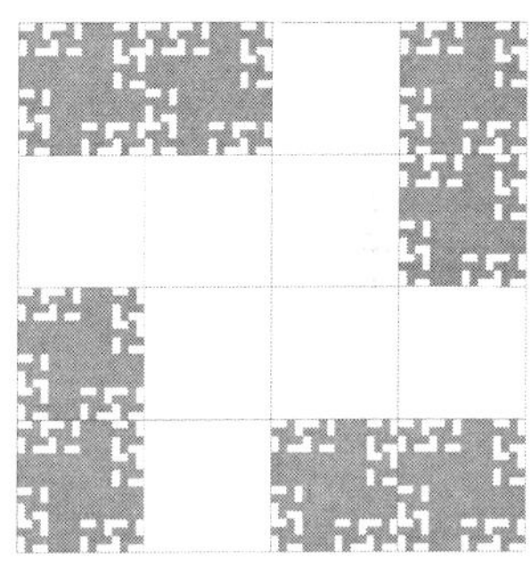
	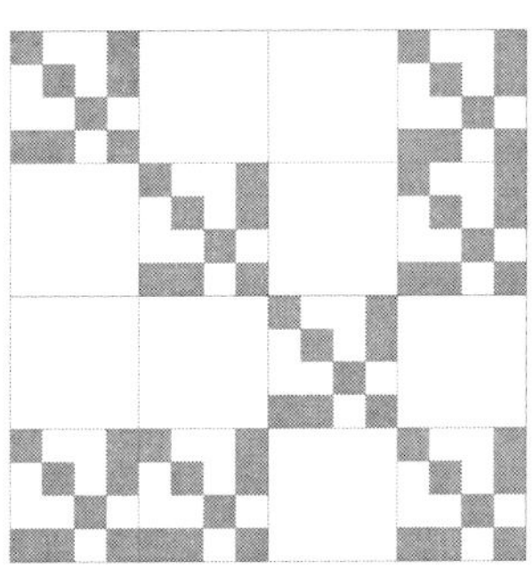	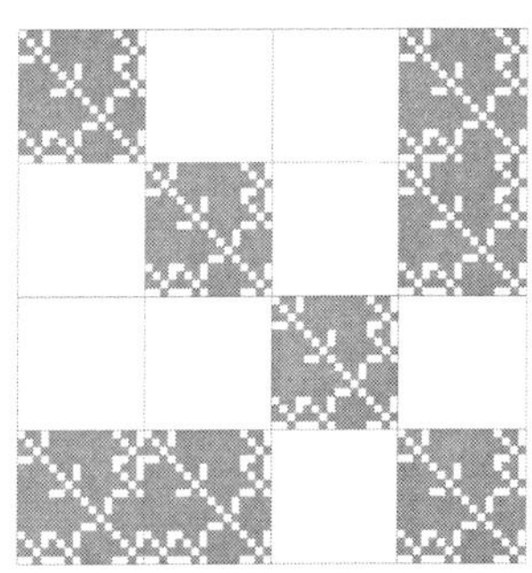

(7) 1단계 12개

① $\log_4 12 = 1.792$	② $\log_{16} 144 = 1.792$	③ $\log_{64} 1344 = 1.732$
	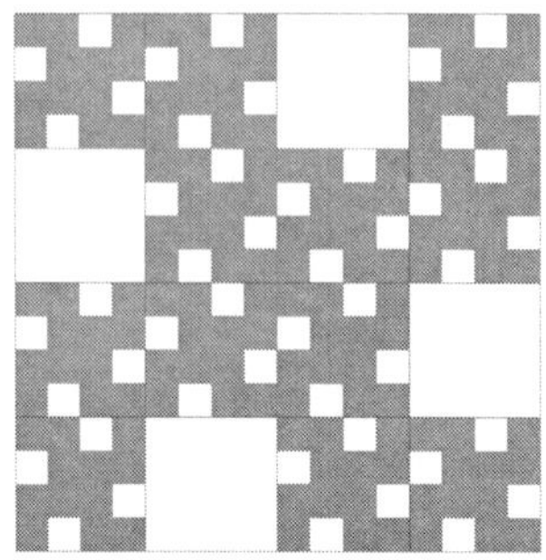	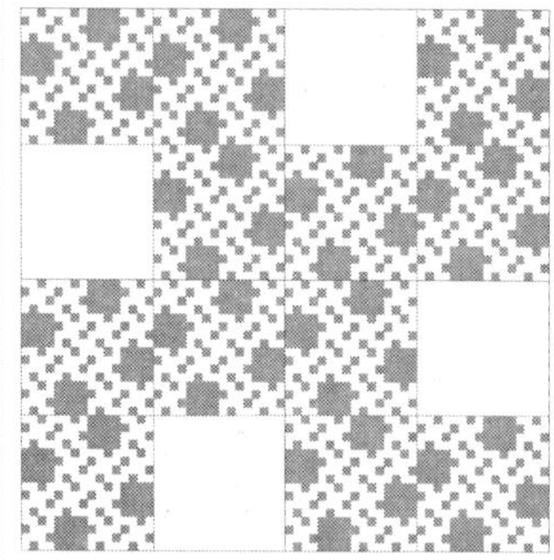
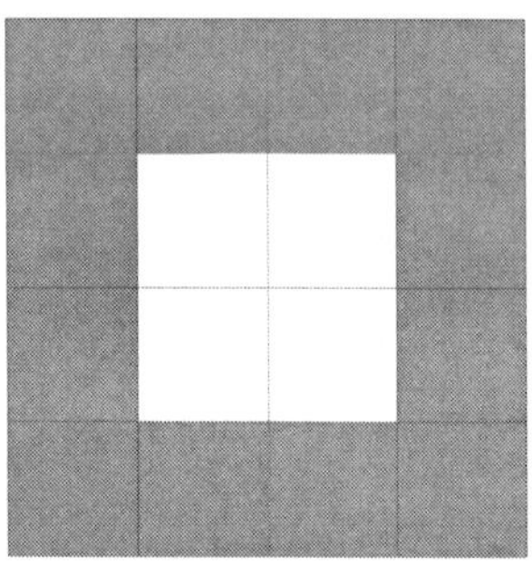	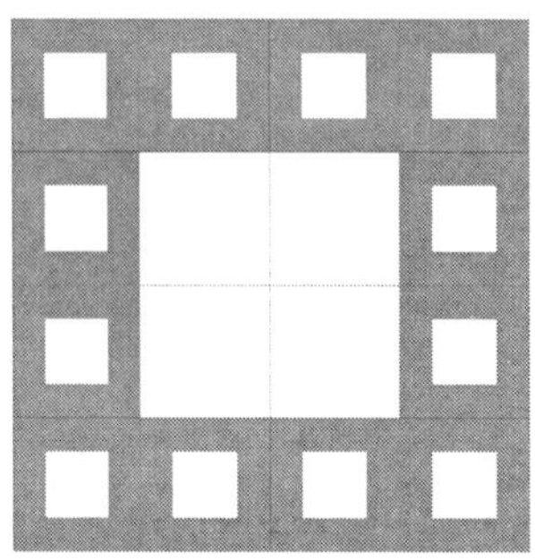	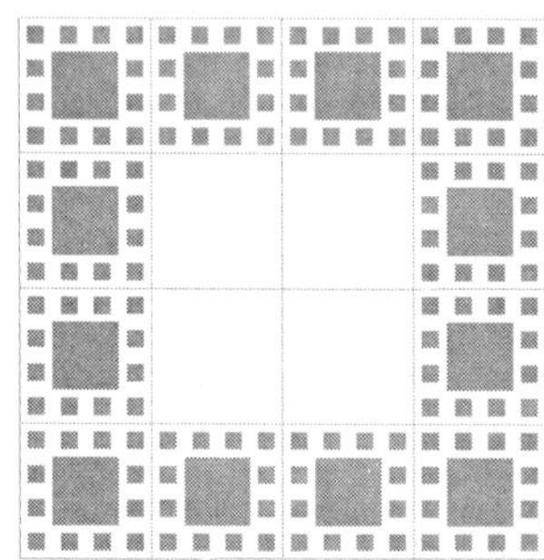
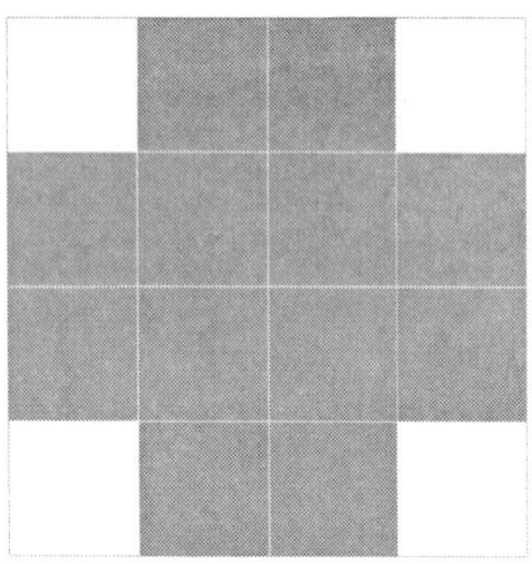	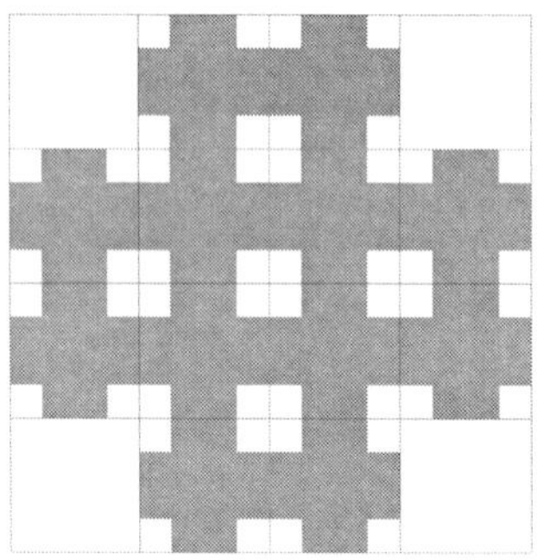	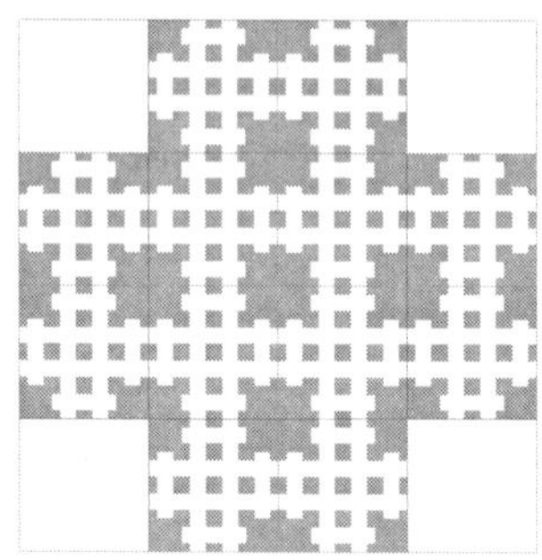
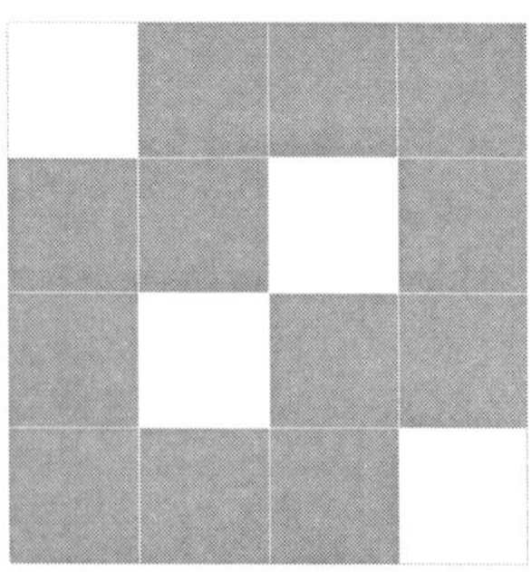	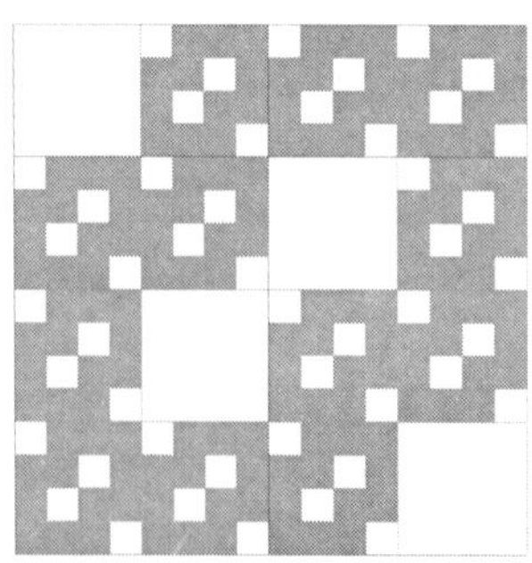	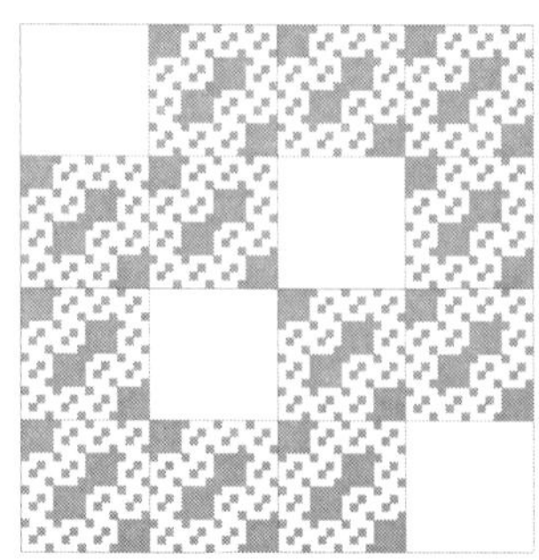

3 5×5 곱셈-뺄셈 프랙탈

(1) 1단계 5개

① $\log_5 5 = 1$

② $\log_{25} 25 = 1$

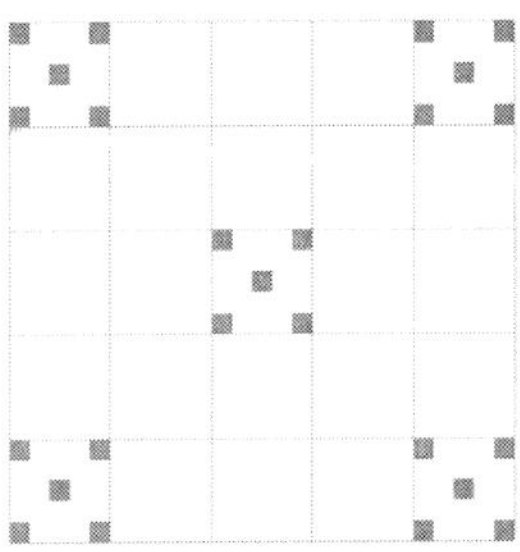

③ $\log_{125} 3000 = 1.658$

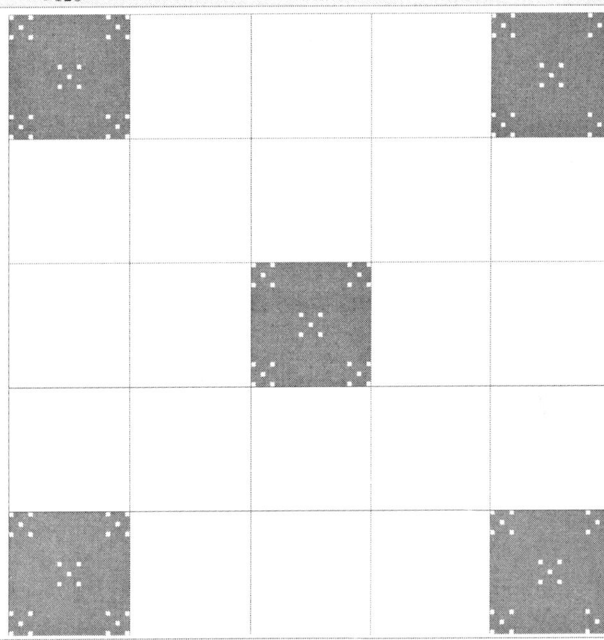

① $\log_5 5 = 1$

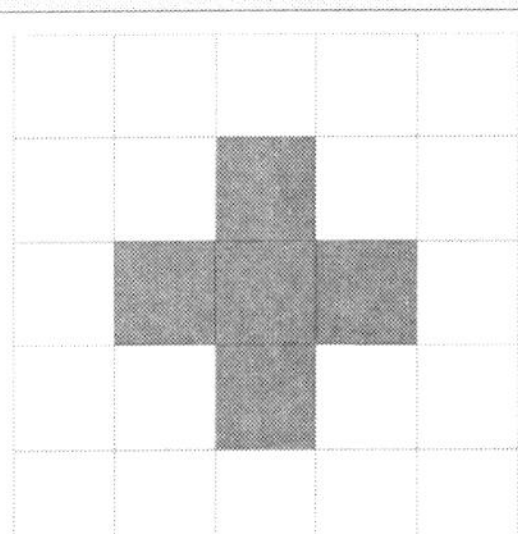

② $\log_{25} 25 = 1$

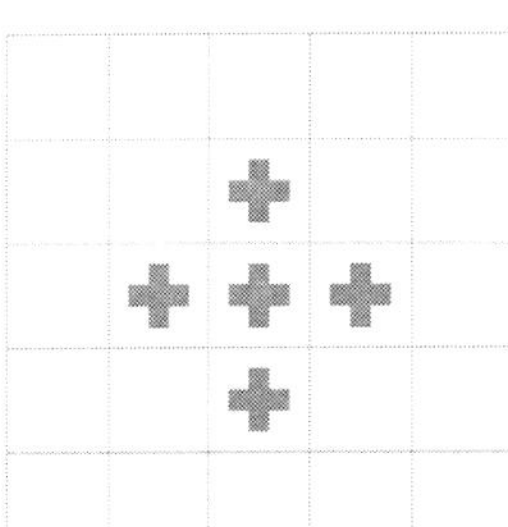

③ $\log_{125} 3000 = 1.658$

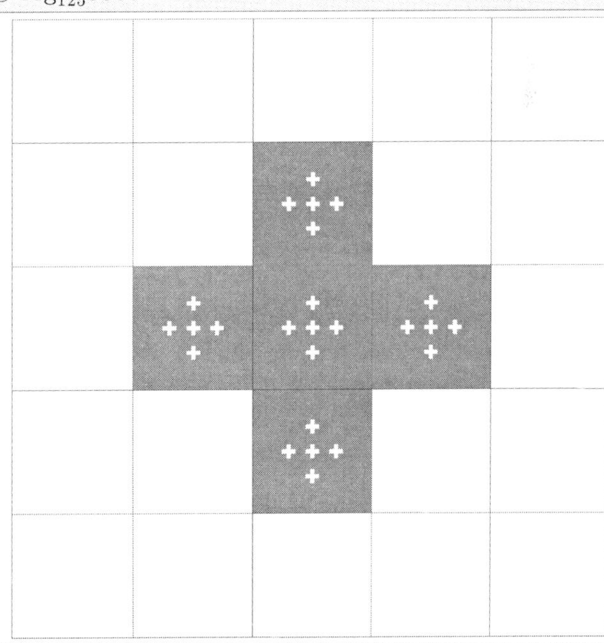

① $\log_5 5 = 1$

② $\log_{25} 25 = 1$

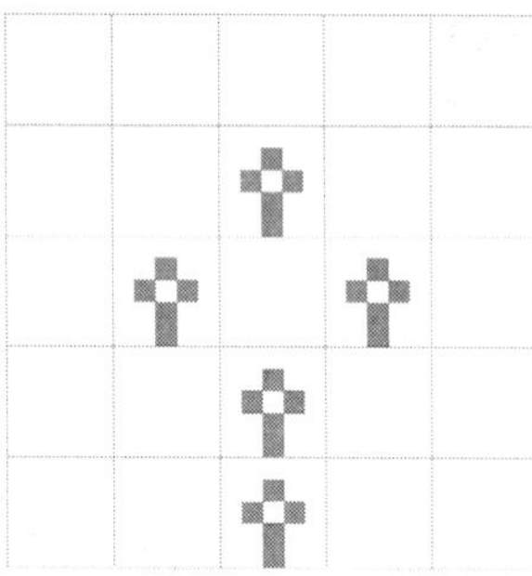

③ $\log_{125} 3000 = 1.658$

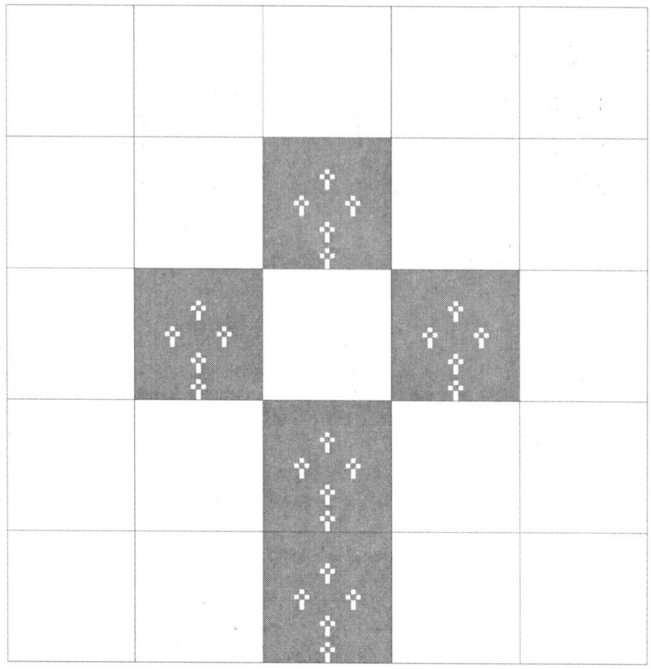

① $\log_5 5 = 1$

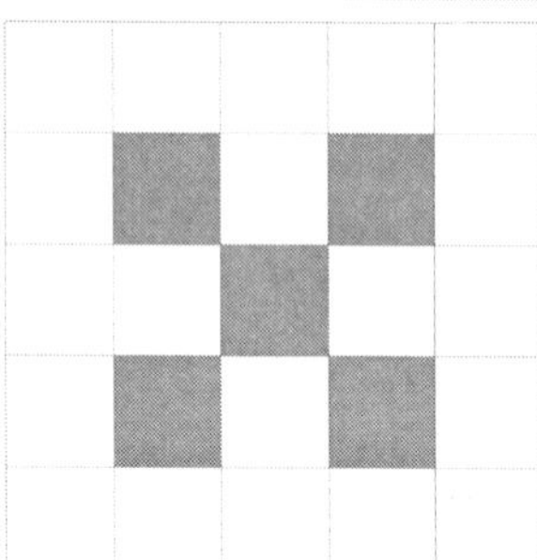

② $\log_{25} 25 = 1$

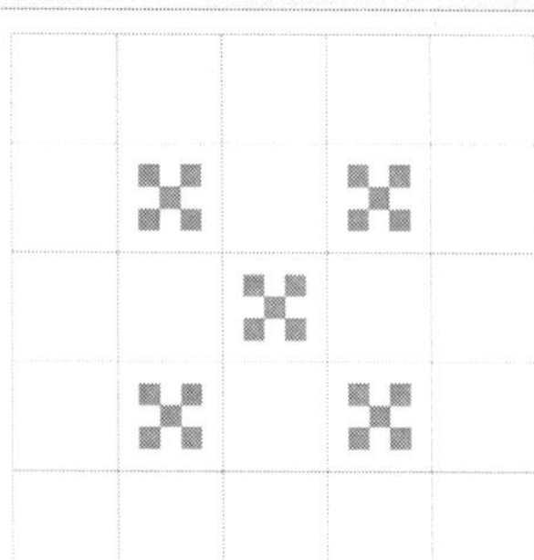

③ $\log_{125} 3000 = 1.658$

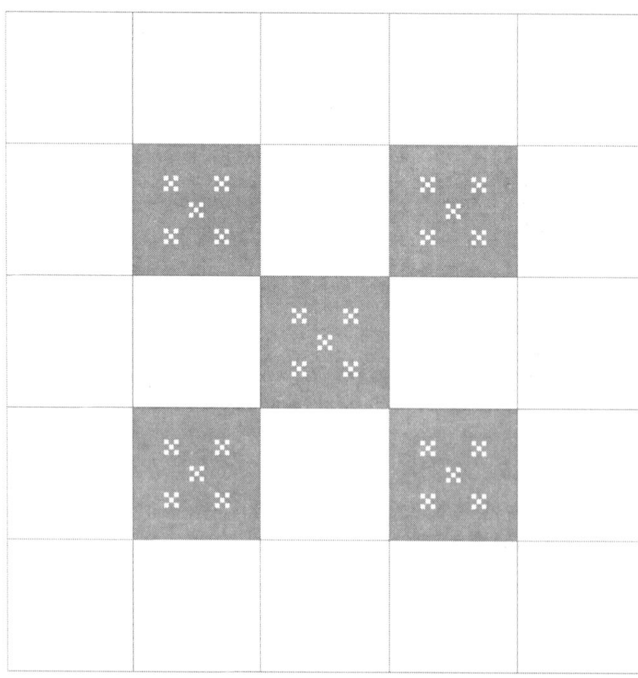

(2) 1단계 7개

① $\log_5 7 = 1.21$

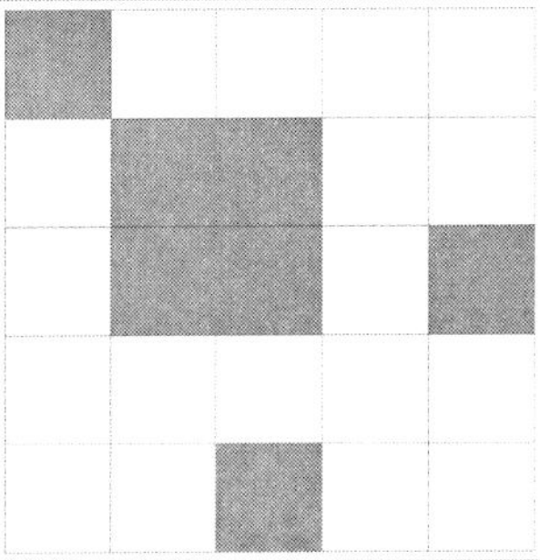

② $\log_{25} 49 = 1.21$

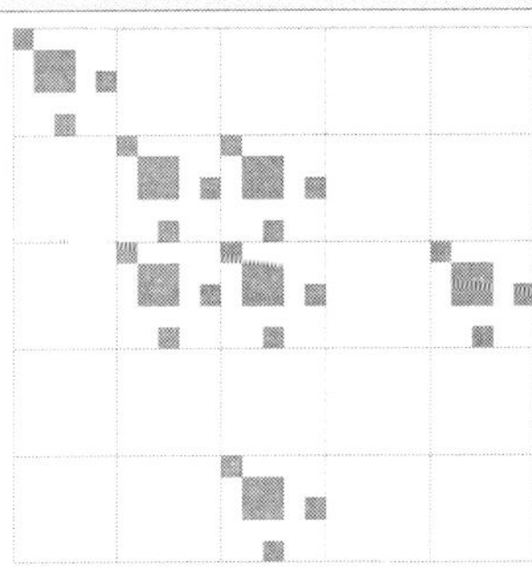

③ $\log_{125} 4032 = 1.719$

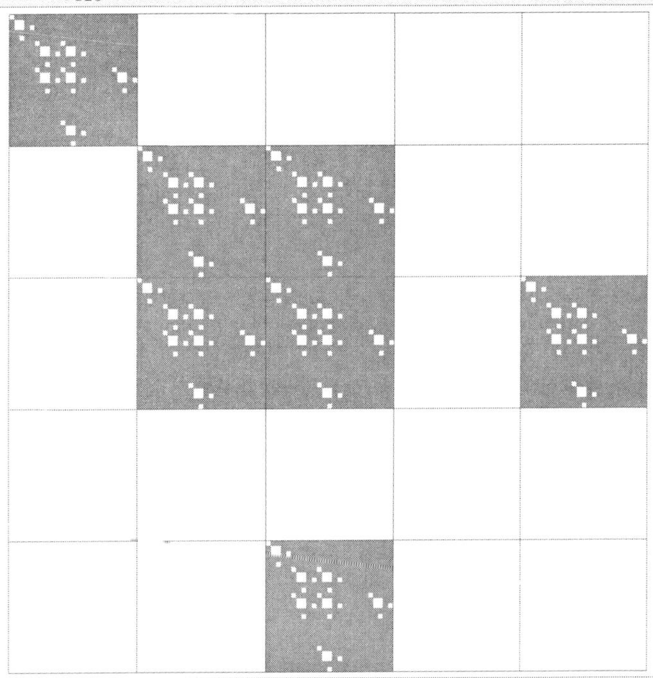

① $\log_5 7 = 1.209$

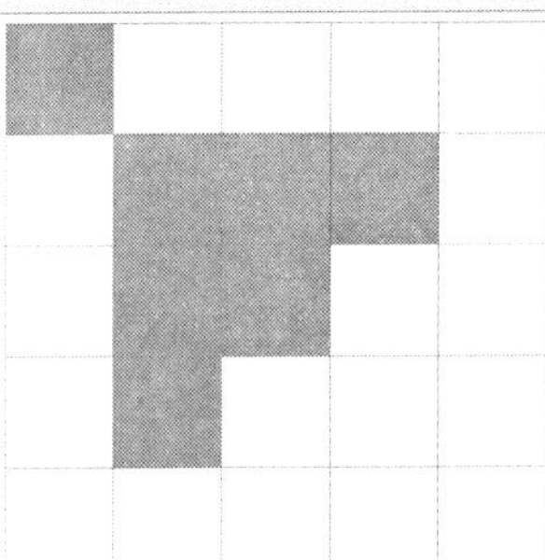

② $\log_{25} 49 = 1.21$

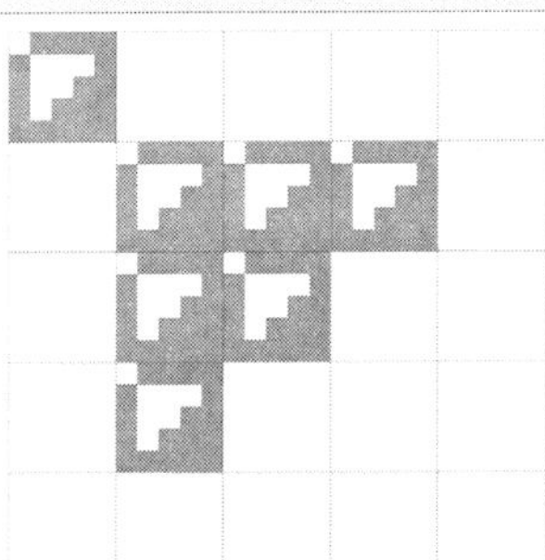

③ $\log_{125} 4032 = 1.719$

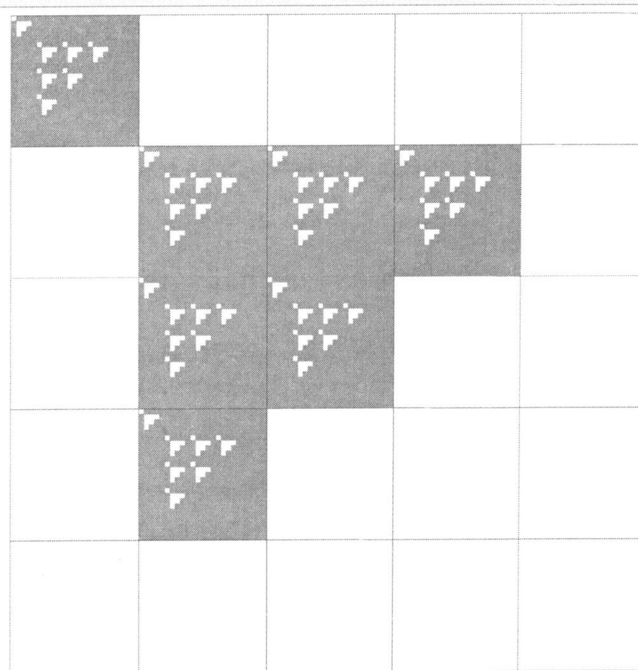

(3) 1단계 8개

① $\log_5 8 = 1.292$

② $\log_{25} 64 = 1.292$

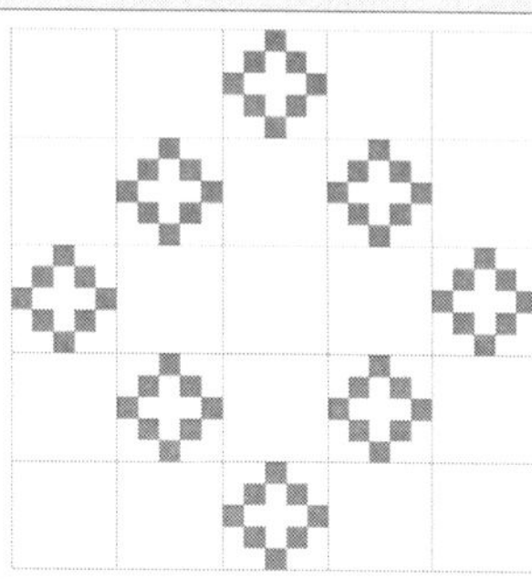

③ $\log_{125} 4488 = 1.742$

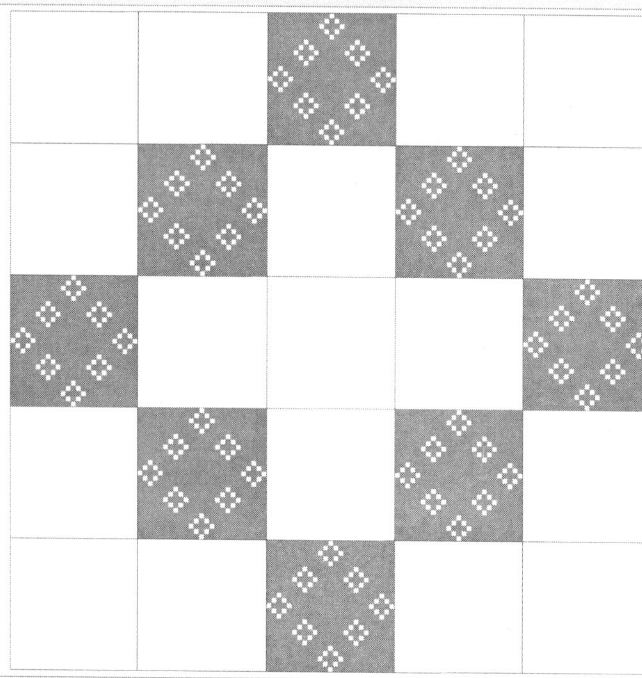

① $\log_5 8 = 1.292$

② $\log_{25} 64 = 1.292$

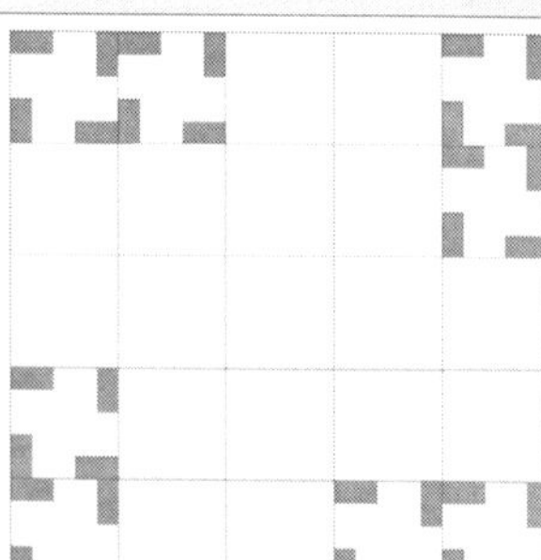

③ $\log_{125} 4488 = 1.742$

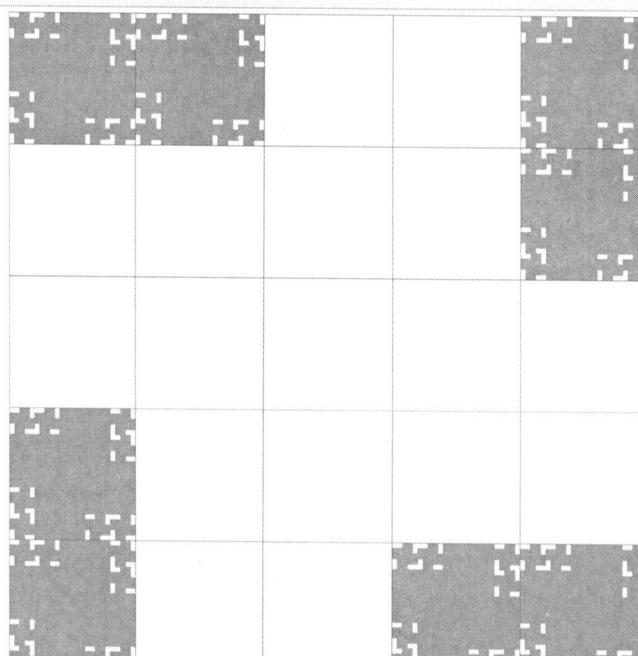

① $\log_5 8 = 1.292$

② $\log_{25} 64 = 1.292$

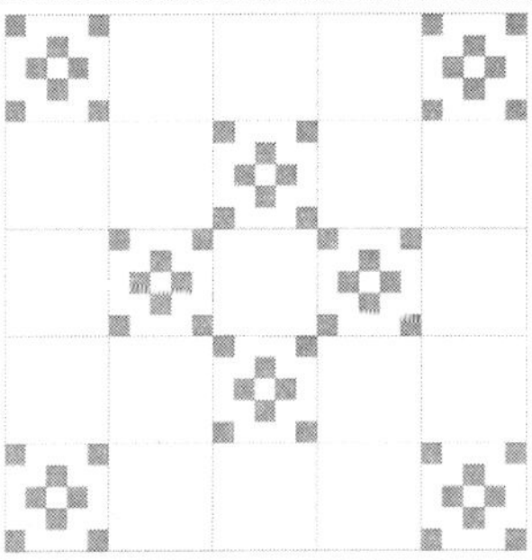

③ $\log_{125} 4488 = 1.742$

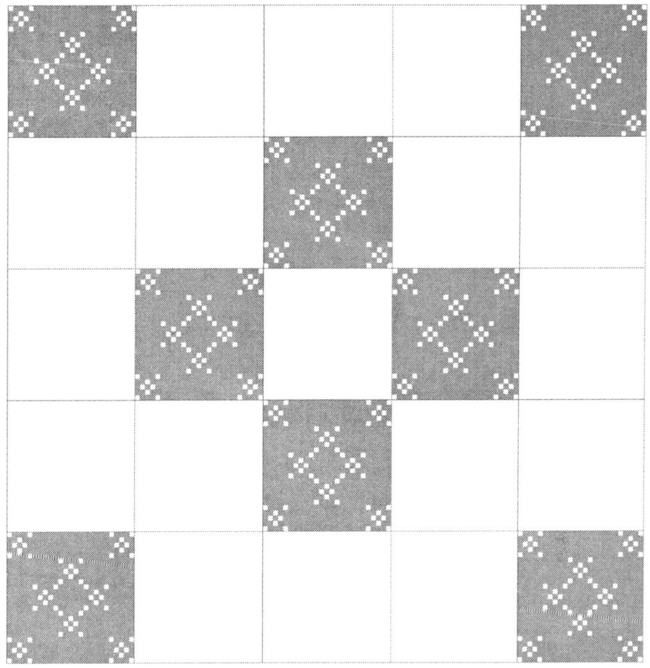

① $\log_5 8 = 1.292$

② $\log_{25} 64 = 1.292$

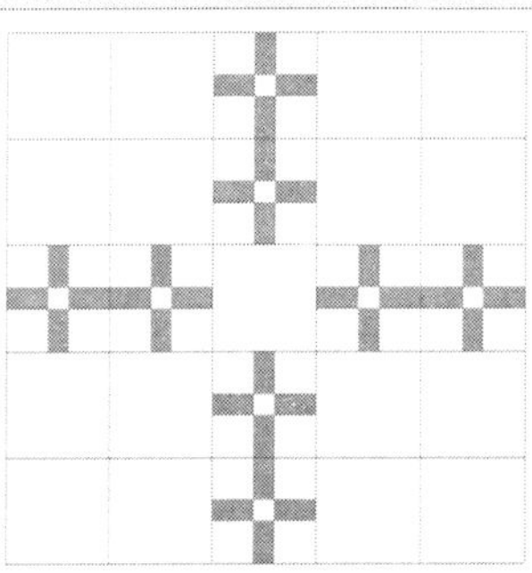

③ $\log_{125} 4488 = 1.742$

(4) 1단계 9개

① $\log_5 9 = 1.365$

② $\log_{25} 81 = 1.365$

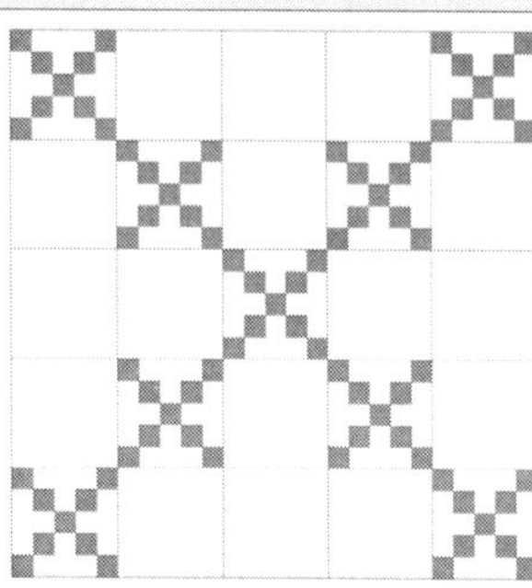

③ $\log_{125} 4896 = 1.759$

① $\log_5 9 = 1.365$

② $\log_{25} 81 = 1.365$

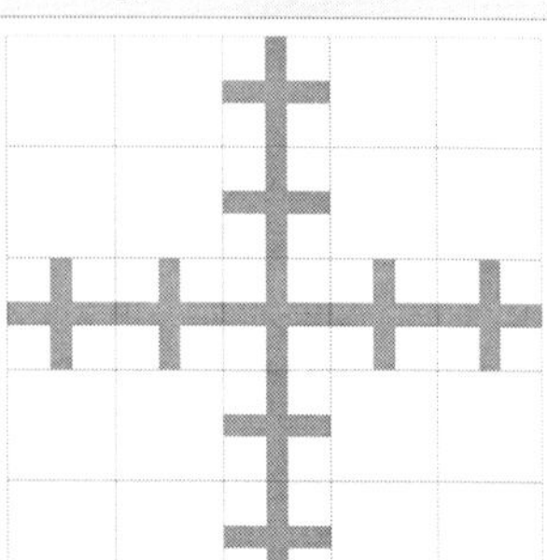

③ $\log_{125} 4896 = 1.759$

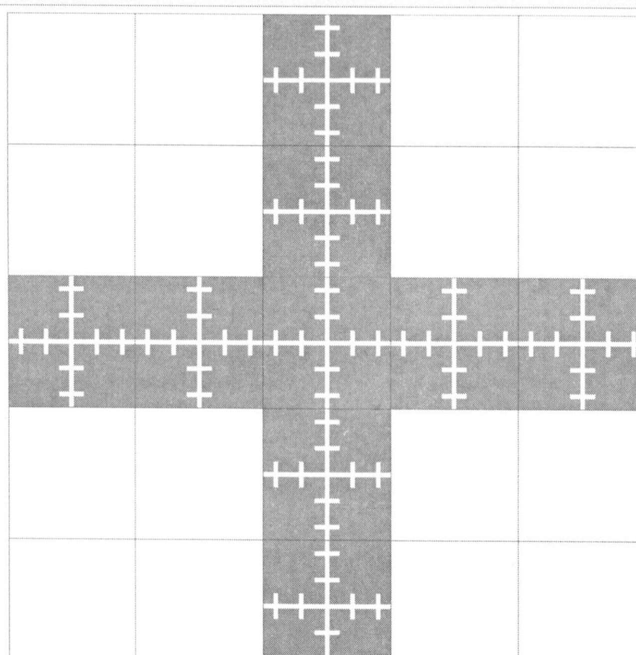

① $\log_5 9 = 1.365$

② $\log_{25} 81 = 1.365$

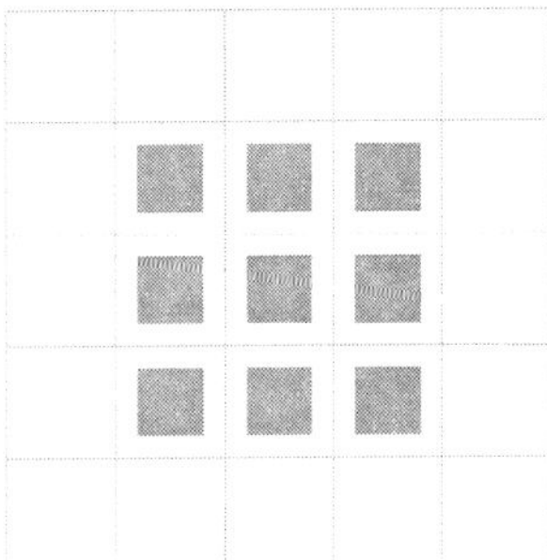

③ $\log_{125} 4896 = 1.759$

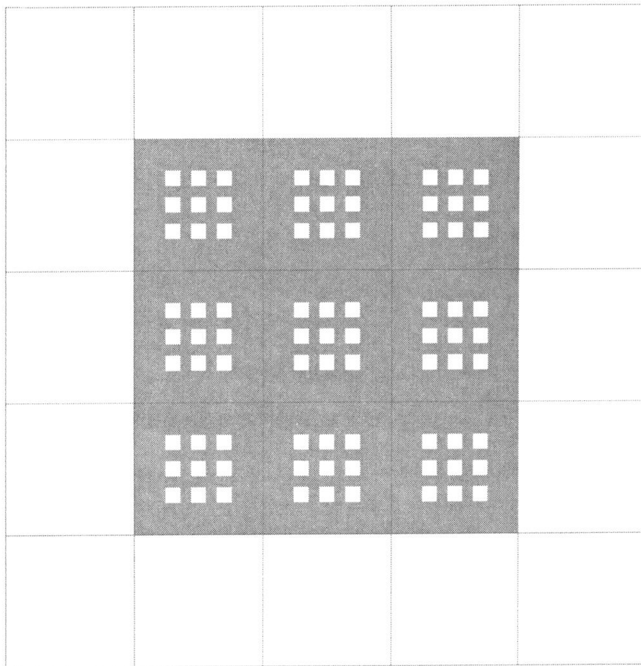

① $\log_5 9 = 1.365$

② $\log_{25} 81 = 1.365$

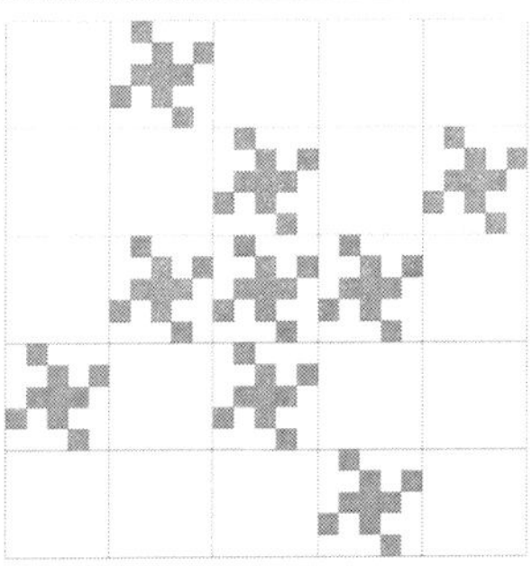

③ $\log_{125} 4896 = 1.759$

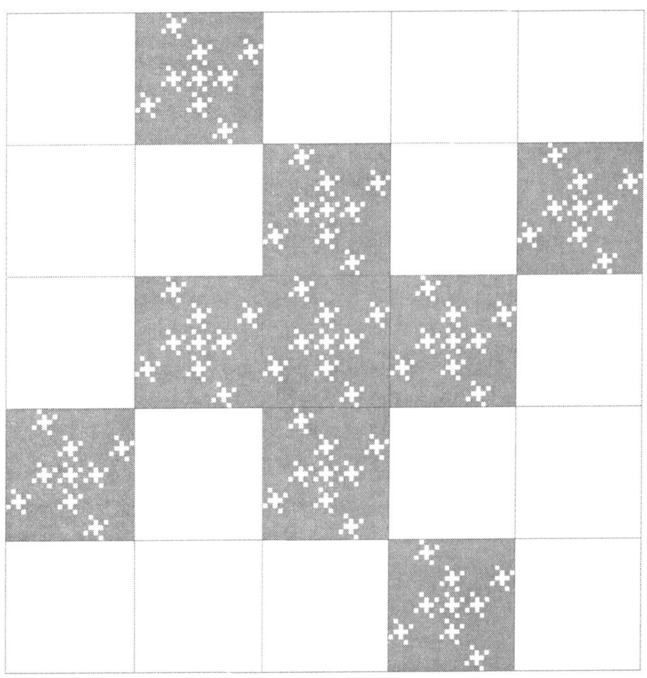

(5) 1단계 10개

① $\log_5 10 = 1.431$

② $\log_{25} 100 = 1.431$

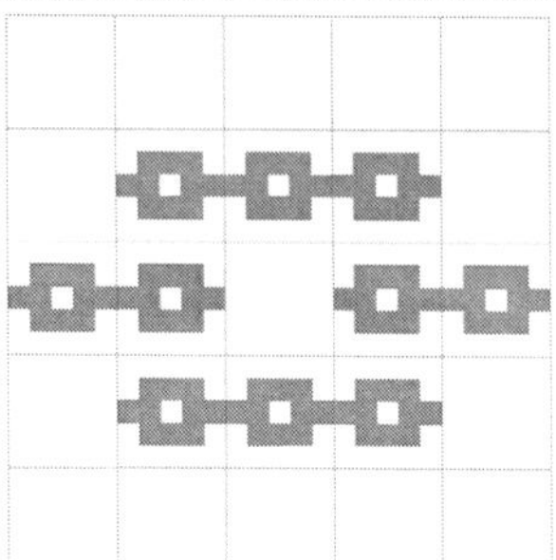

③ $\log_{125} 5250 = 1.774$

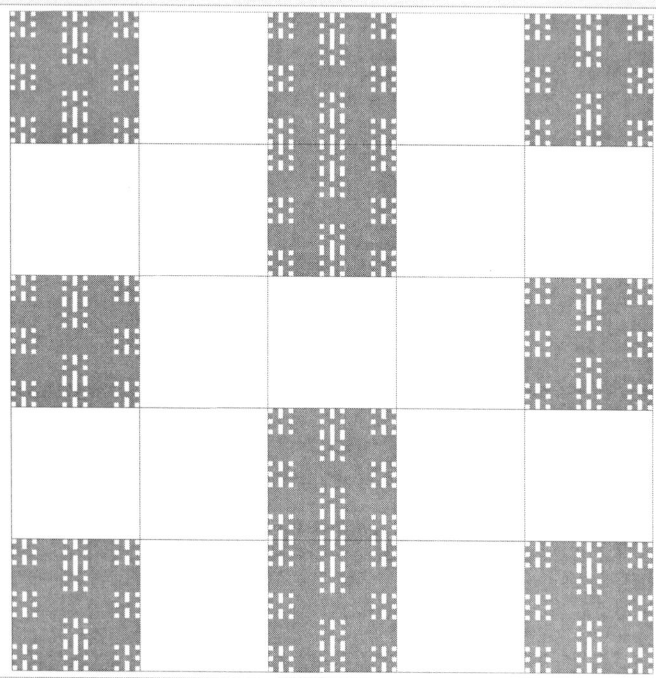

① $\log_5 10 = 1.431$

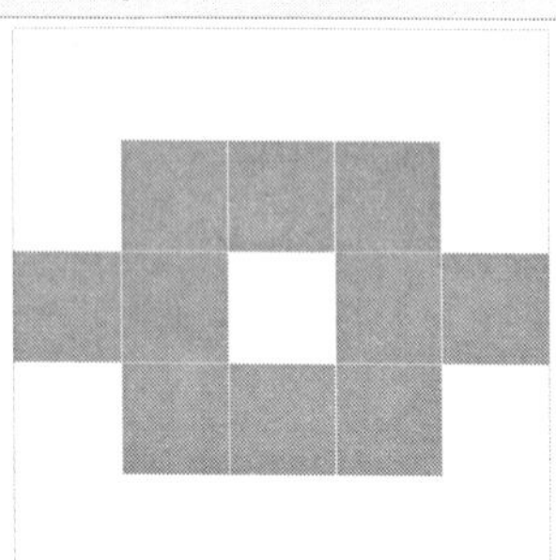

② $\log_{25} 100 = 1.431$

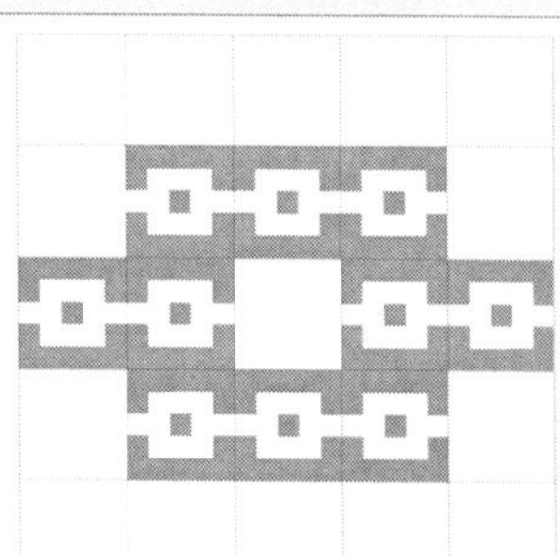

③ $\log_{125} 5250 = 1.774$

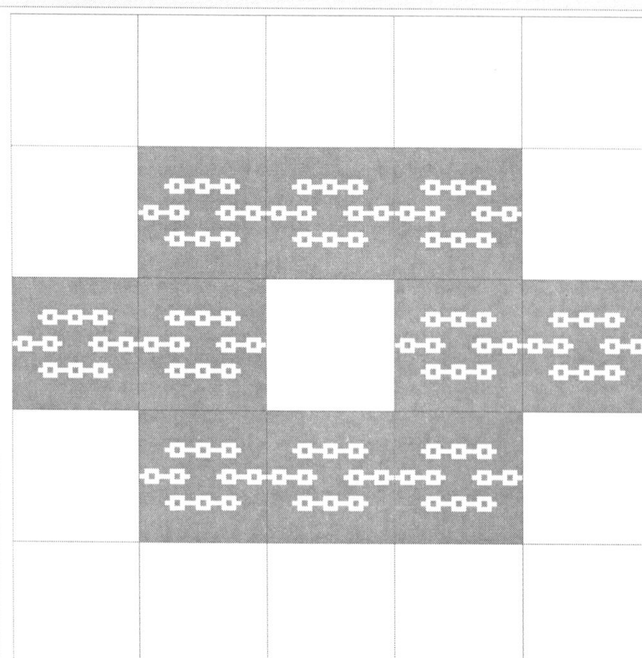

(6) 1단계 12개

① $\log_5 12 = 1.544$

② $\log_{25} 144 = 1.544$

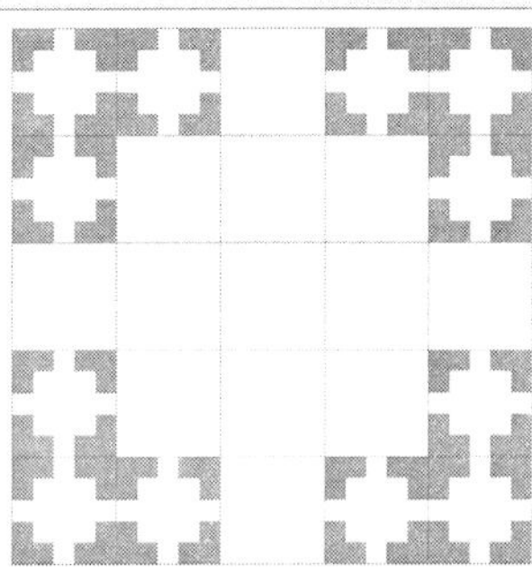

③ $\log_{125} 5772 = 1.794$

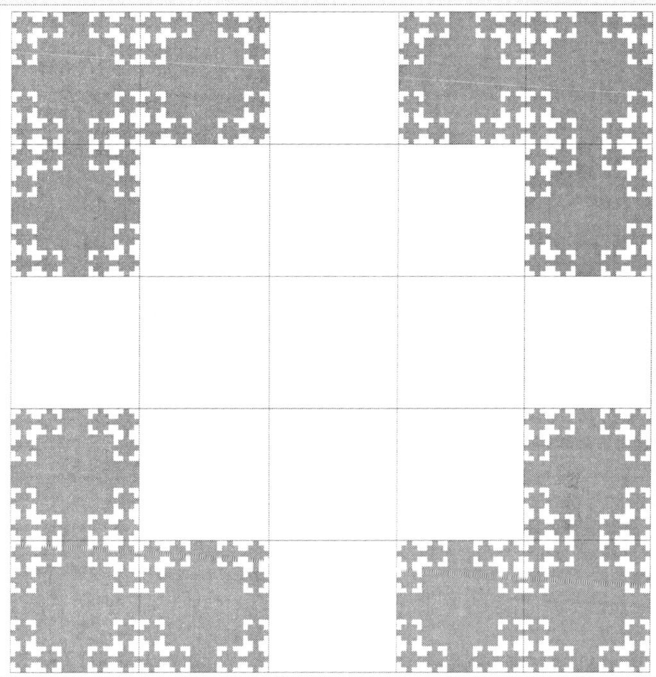

① $\log_5 12 = 1.544$

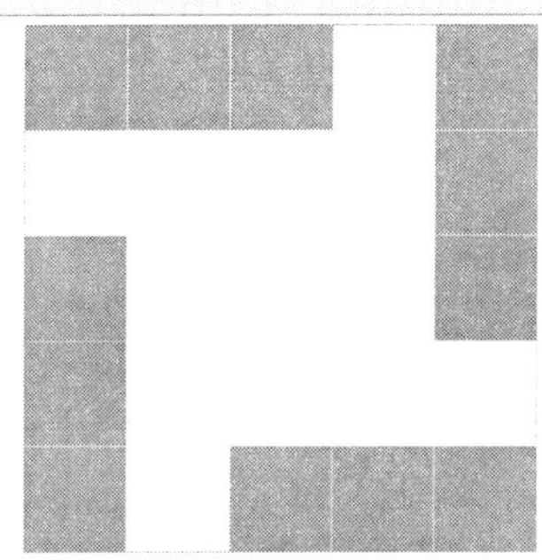

② $\log_{25} 144 = 1.544$

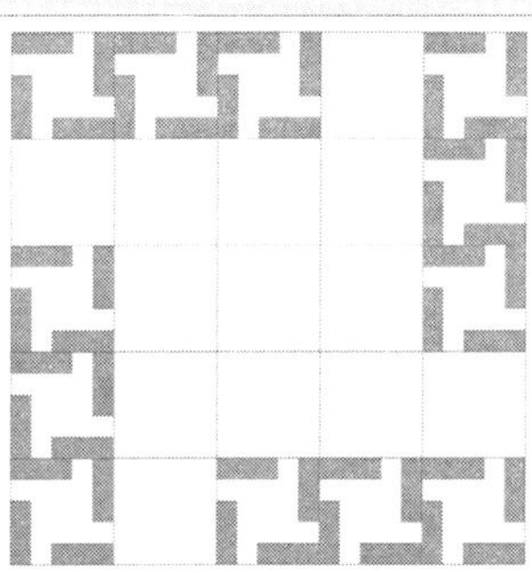

③ $\log_{125} 7656 = 1.852$

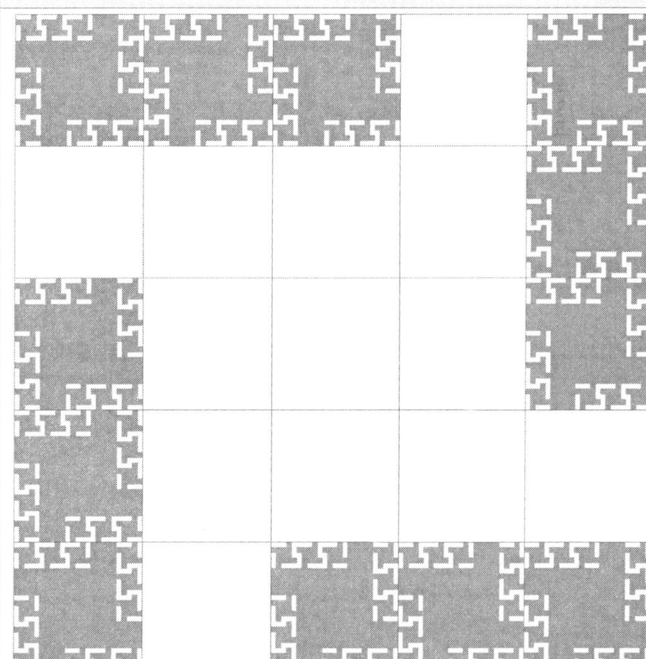

① $\log_5 12 = 1.544$

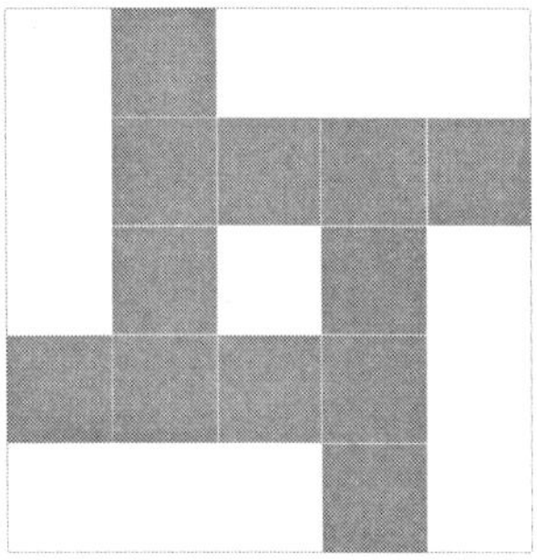

② $\log_{25} 144 = 1.544$

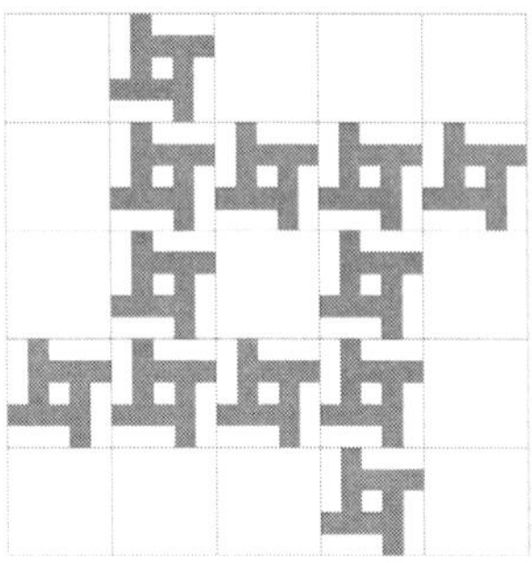

③ $\log_{125} 7656 = 1.852$

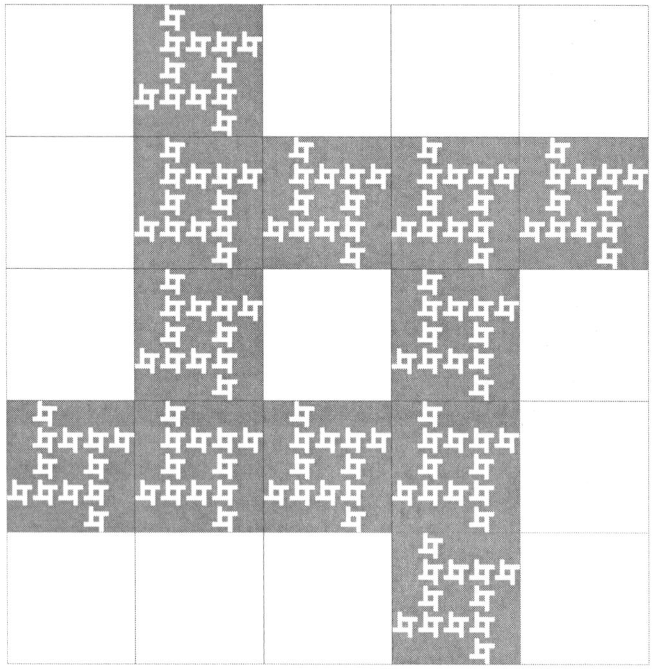

① $\log_5 12 = 1.544$

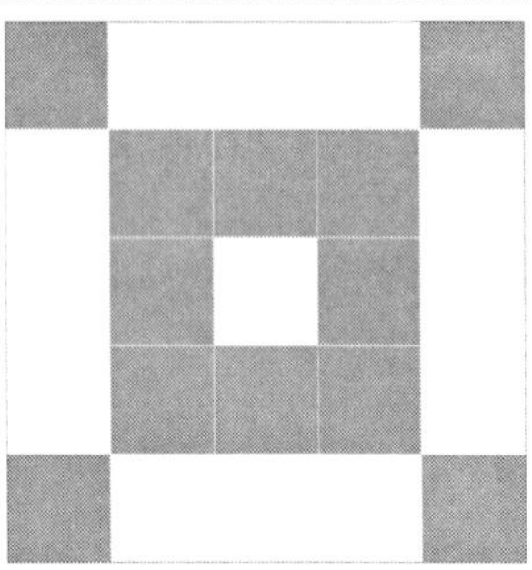

② $\log_{25} 144 = 1.544$

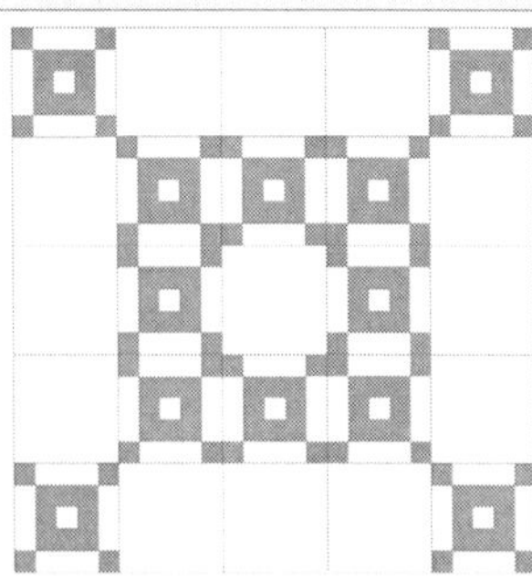

③ $\log_{125} 7656 = 1.852$

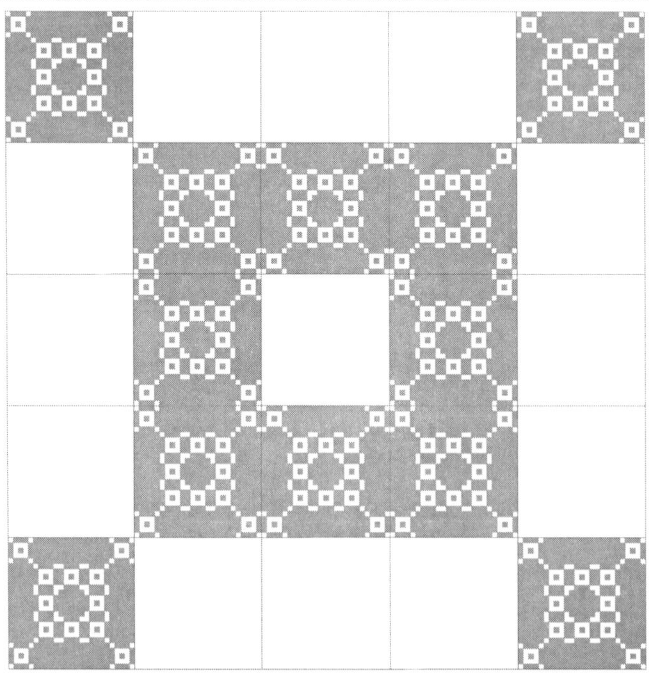

① $\log_5 12 = 1.544$

② $\log_{25} 144 = 1.544$

③ $\log_{125} 7656 = 1.852$

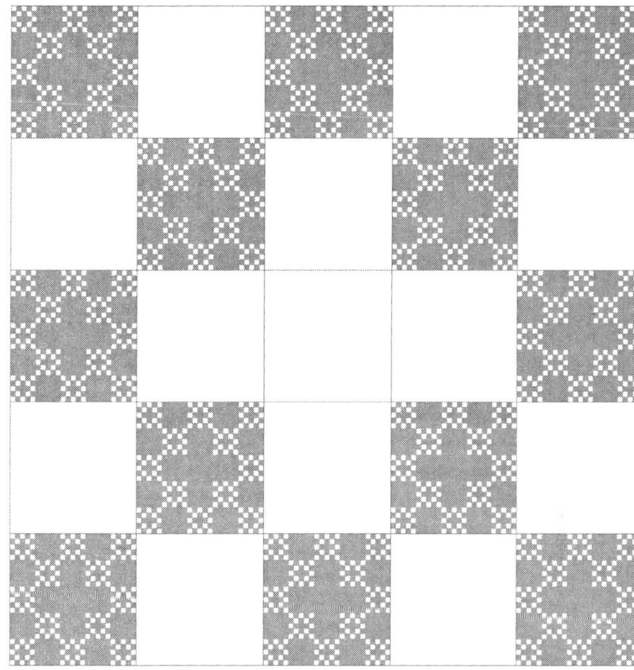

① $\log_5 12 = 1.544$

② $\log_{25} 144 = 1.544$

③ $\log_{125} 7656 = 1.852$

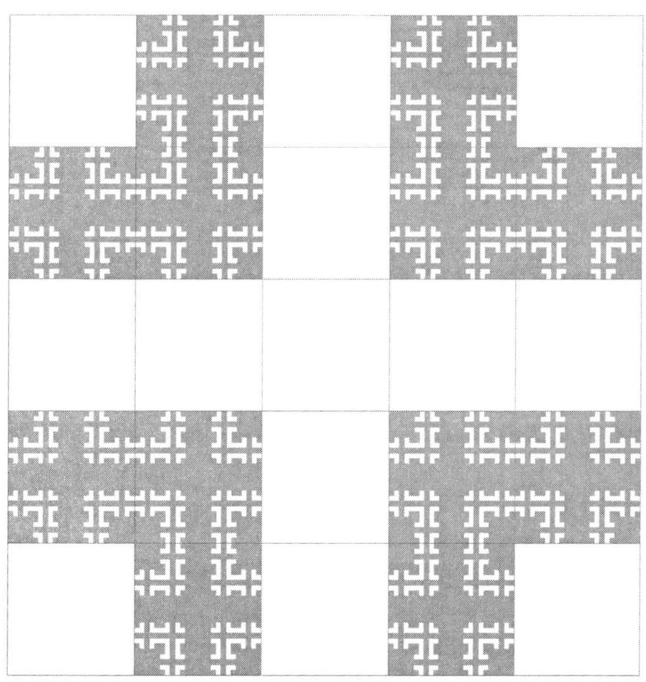

(7) 1단계 13개

① $\log_5 13 = 1.594$

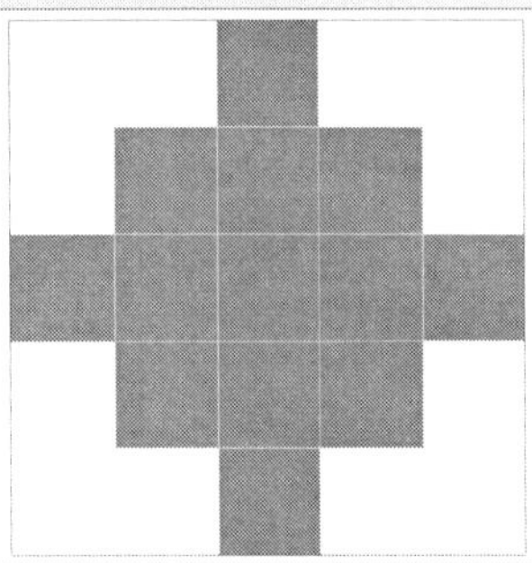

② $\log_{25} 169 = 1.594$

③ $\log_{125} 5928 = 1.799$

① $\log_5 13 = 1.594$

② $\log_{25} 169 = 1.594$

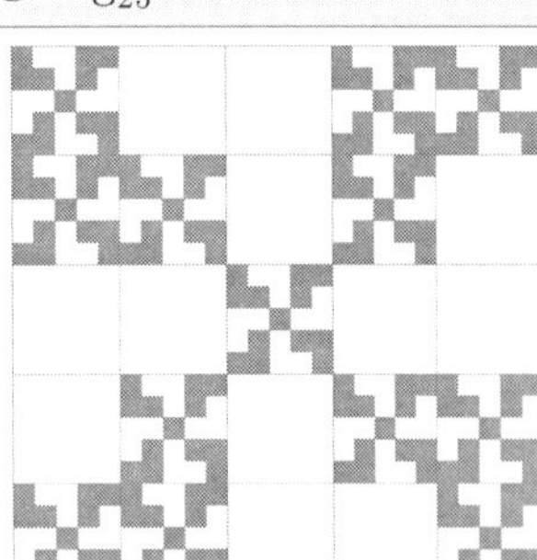

③ $\log_{125} 5928 = 1.799$

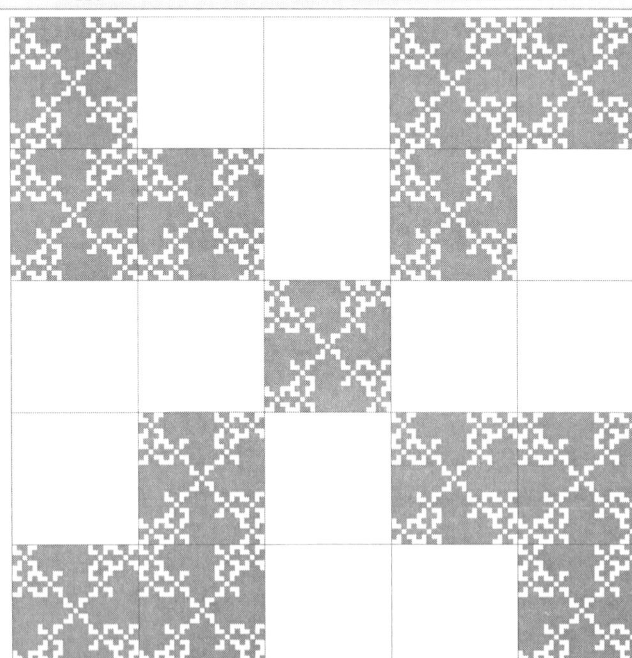

① $\log_5 13 = 1.594$

② $\log_{25} 169 = 1.594$

③ $\log_{125} 5928 = 1.799$

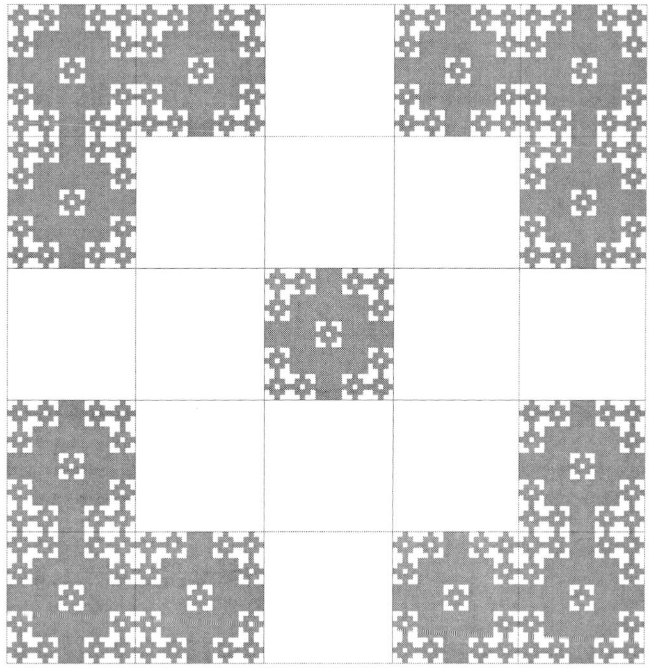

① $\log_5 13 = 1.594$

② $\log_{25} 169 = 1.594$

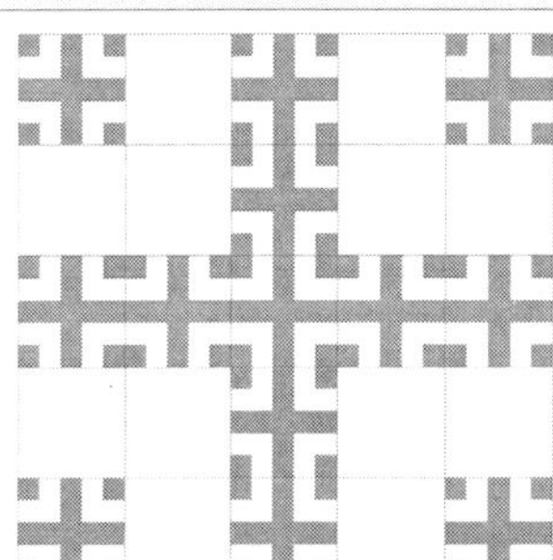

③ $\log_{125} 5928 = 1.799$

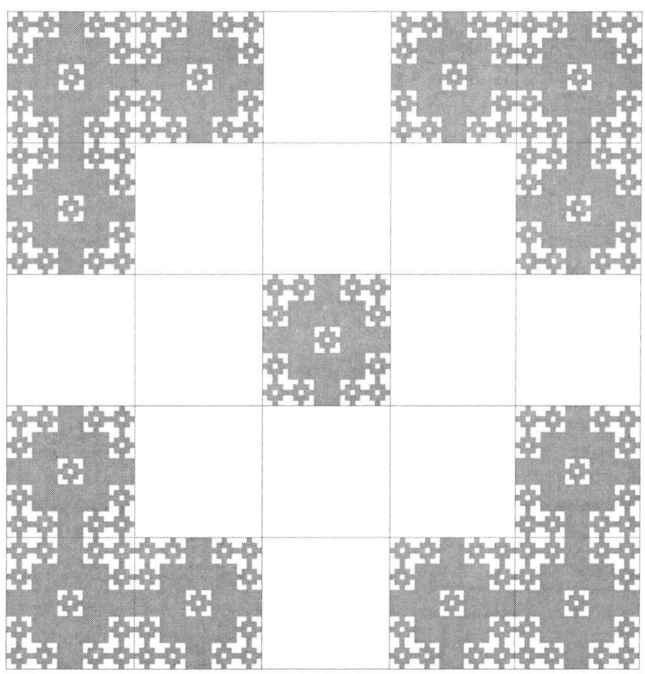

(8) 1단계 16개

① $\log_5 16 = 1.723$

② $\log_{25} 256 = 1.723$

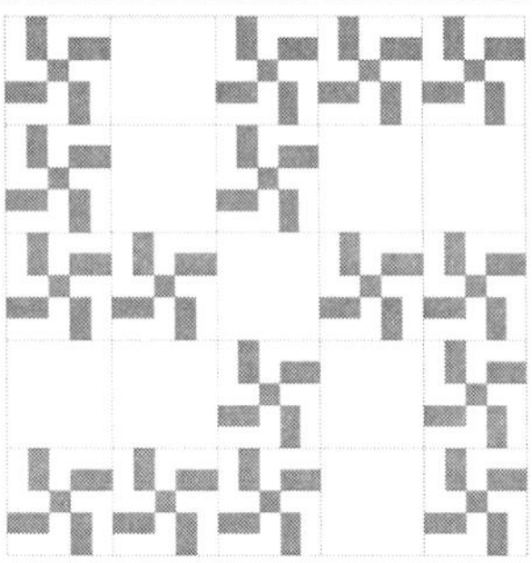

③ $\log_{125} 5904 = 1.798$

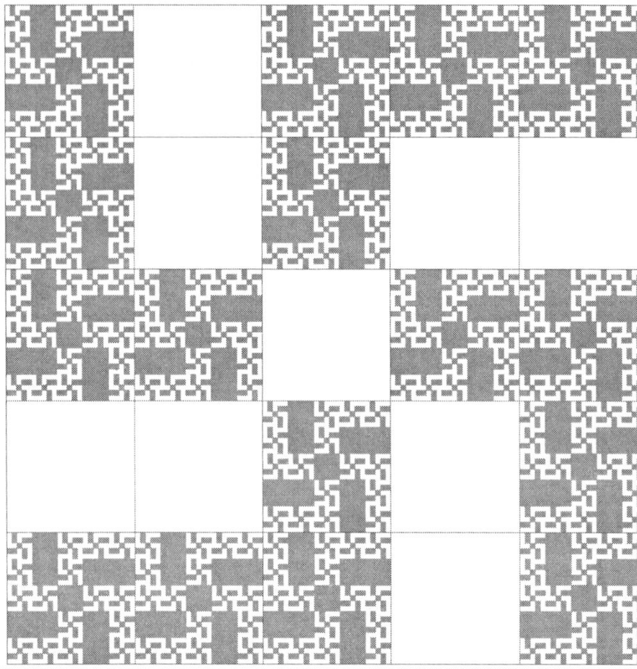

① $\log_5 16 = 1.723$

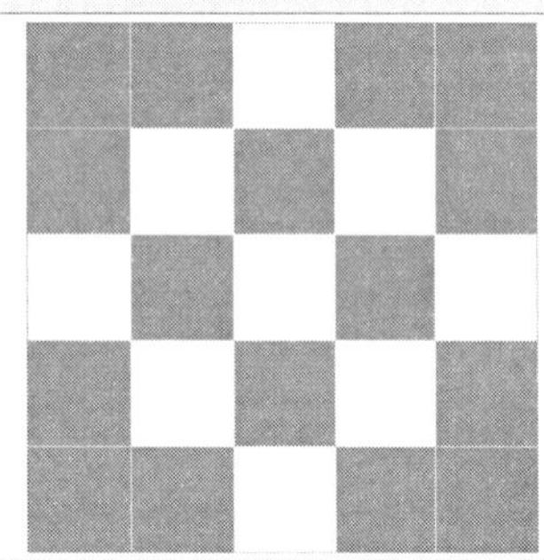

② $\log_{25} 256 = 1.723$

③ $\log_{125} 5904 = 1.798$

① $\log_5 16 = 1.723$

② $\log_{25} 256 = 1.723$

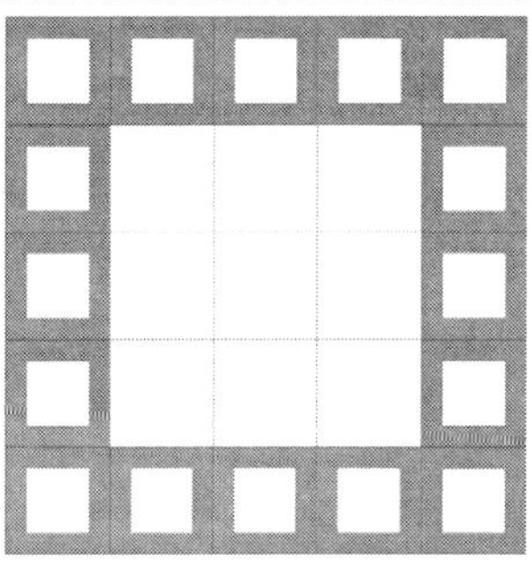

③ $\log_{125} 5904 = 1.798$

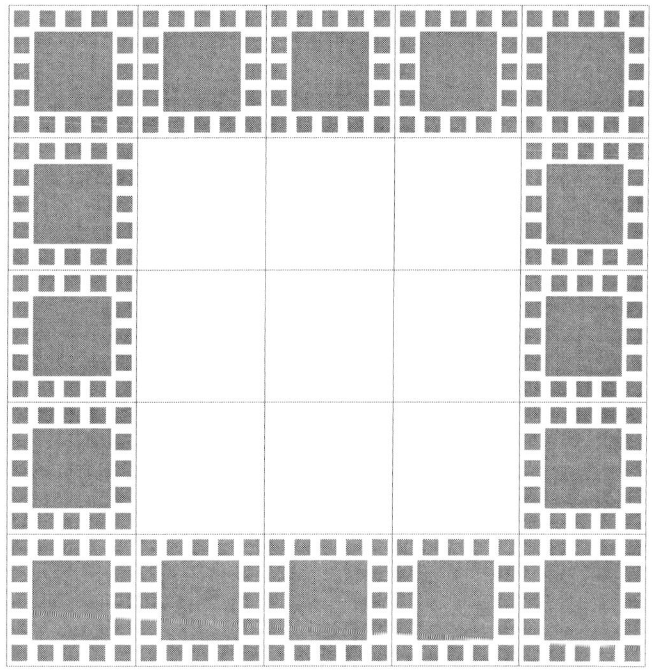

① $\log_5 16 = 1.723$

② $\log_{25} 256 = 1.723$

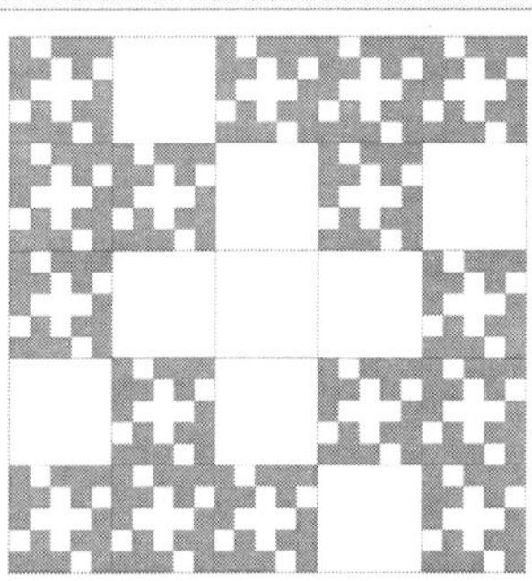

③ $\log_{125} 5904 = 1.798$

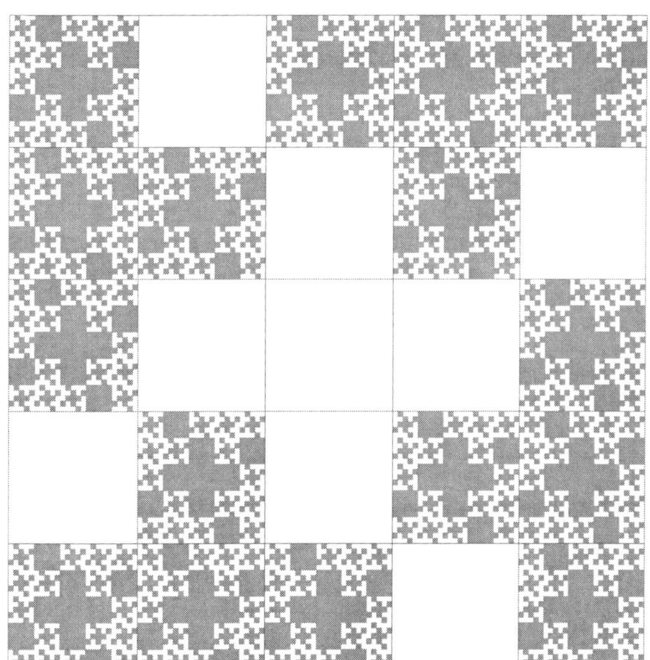

4 6×6 곱셈-뺄셈 프랙탈

(1) 1단계 8개

① $\log_6 8 = 1.161$

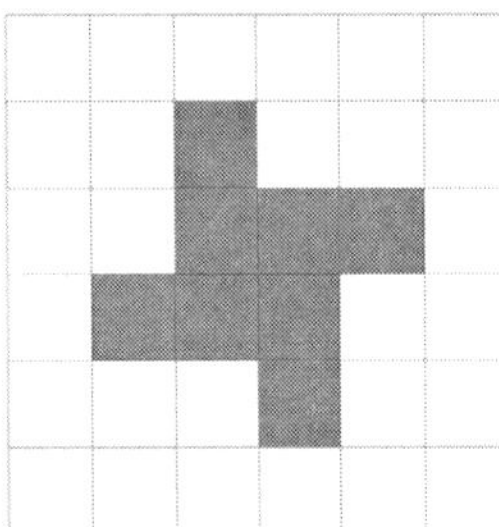

② $\log_{36} 64 = 1.161$

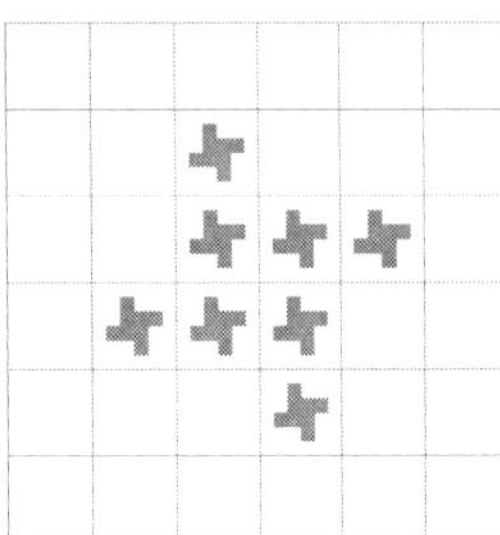

③ $\log_{216} 9856 = 1.711$

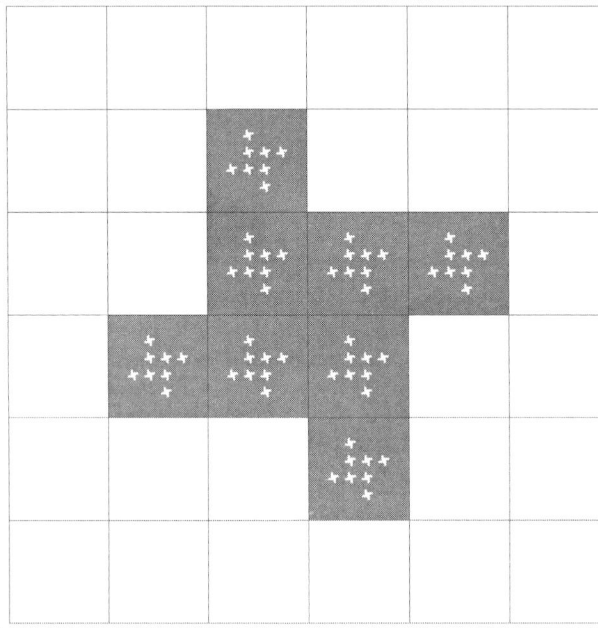

① $\log_6 8 = 1.161$

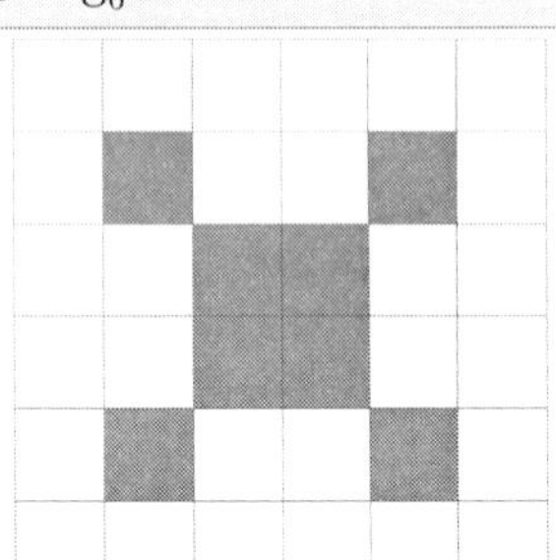

② $\log_{36} 64 = 1.161$

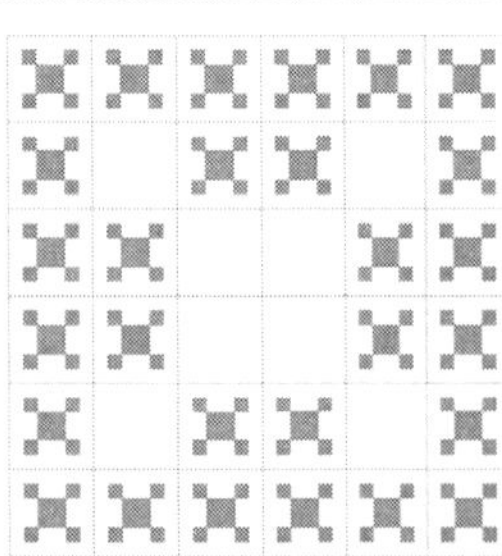

③ $\log_{216} 9856 = 1.711$

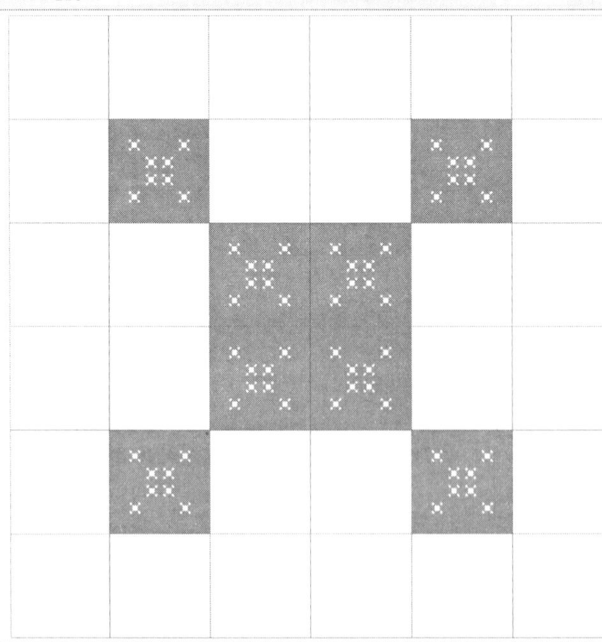

① $\log_6 8 = 1.161$

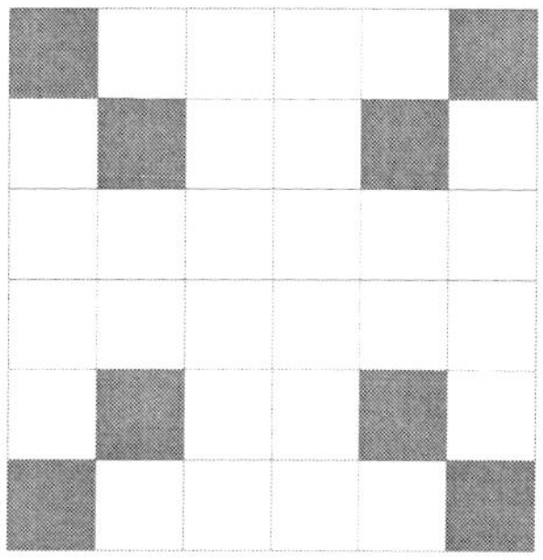

② $\log_{36} 64 = 1.161$

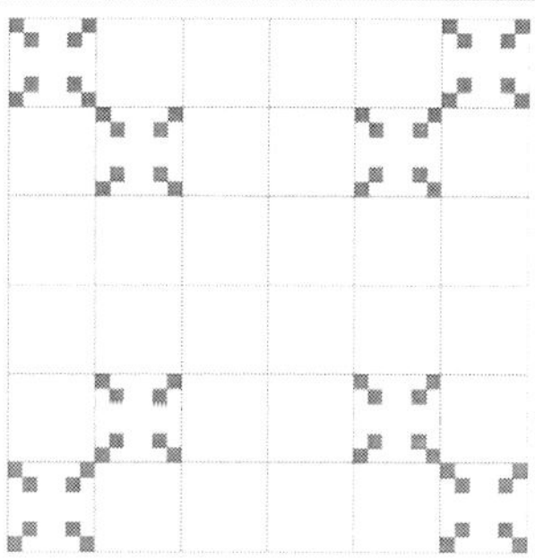

③ $\log_{216} 9856 = 1.711$

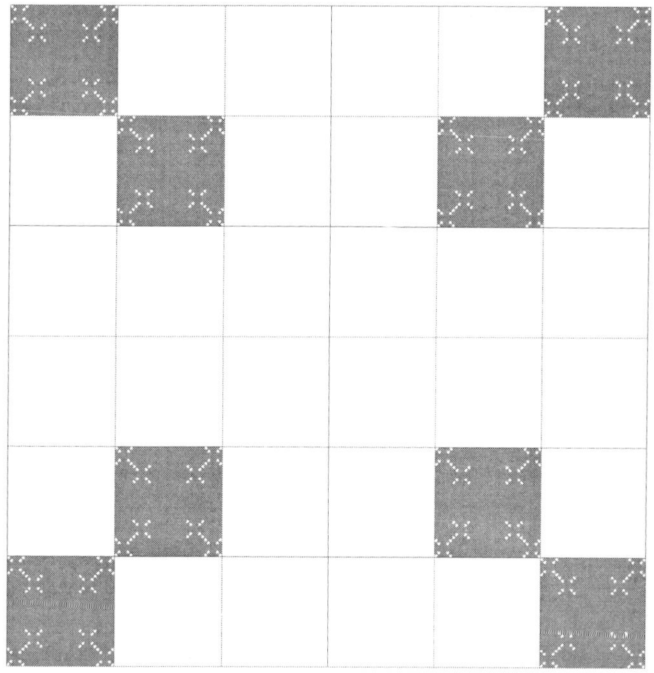

① $\log_6 8 = 1.161$

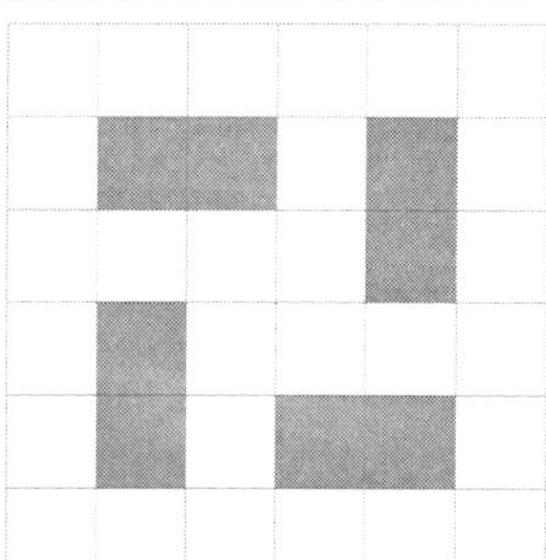

② $\log_{36} 64 = 1.161$

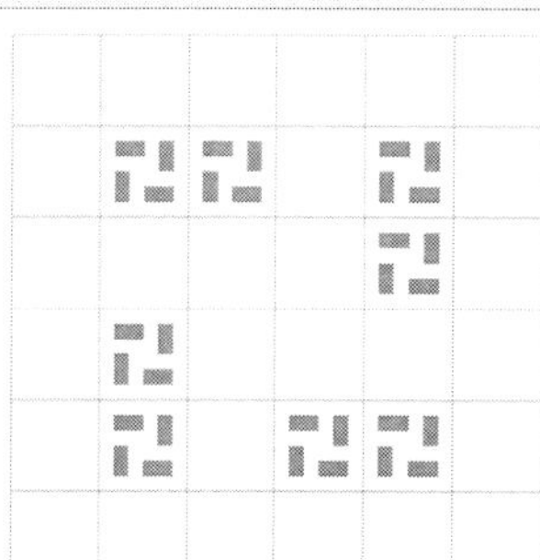

③ $\log_{216} 9856 = 1.711$

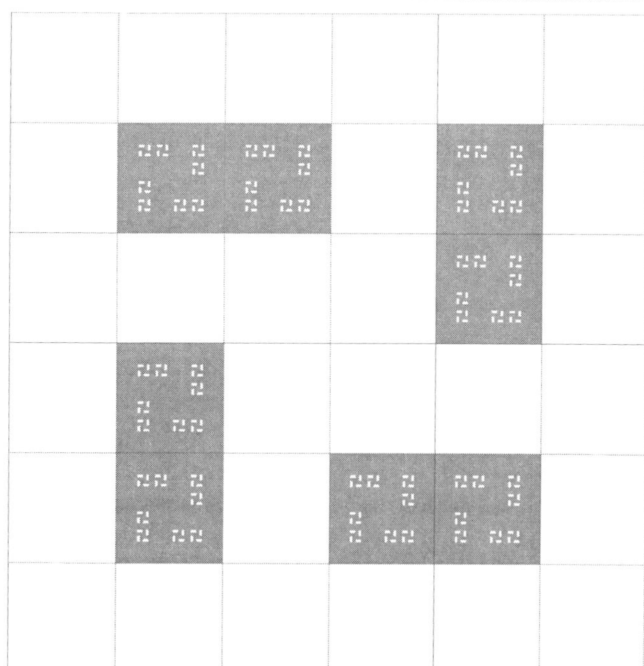

(2) 1단계 12개

① $\log_{6}12 = 1.387$

② $\log_{36}144 = 1.387$

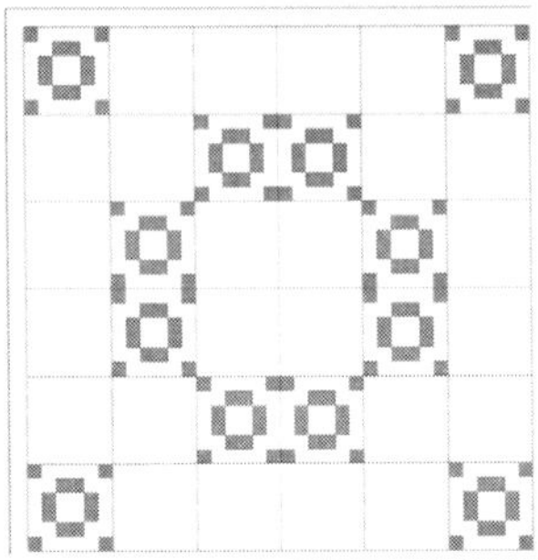

③ $\log_{216}19008 = 1.833$

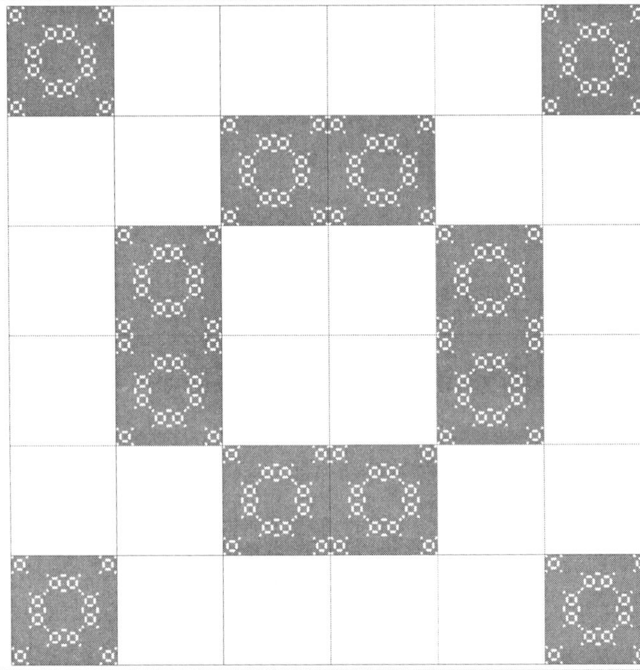

① $\log_{6}12 = 1.387$

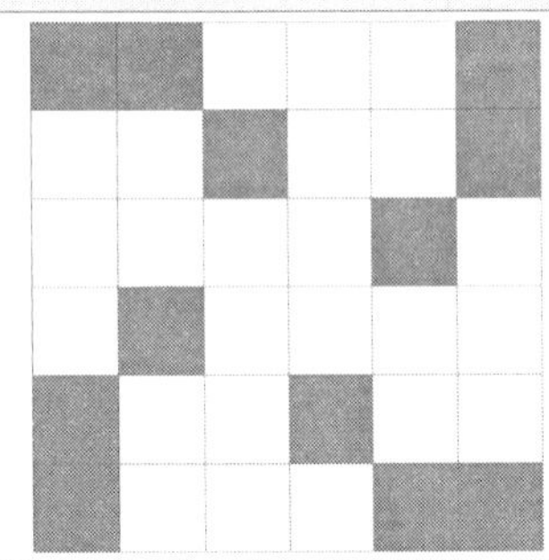

② $\log_{36}144 = 1.387$

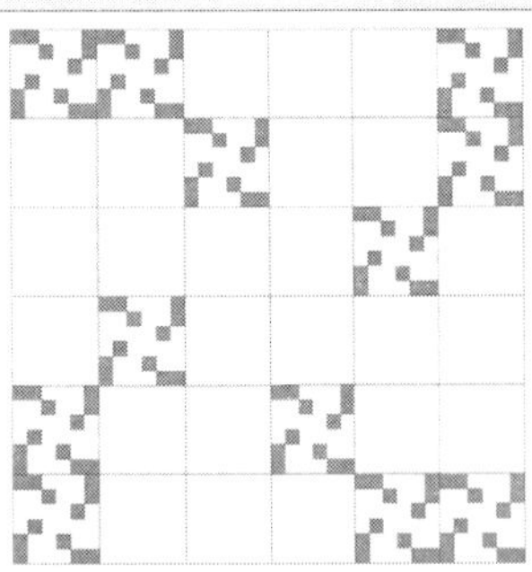

③ $\log_{216}19008 = 1.833$

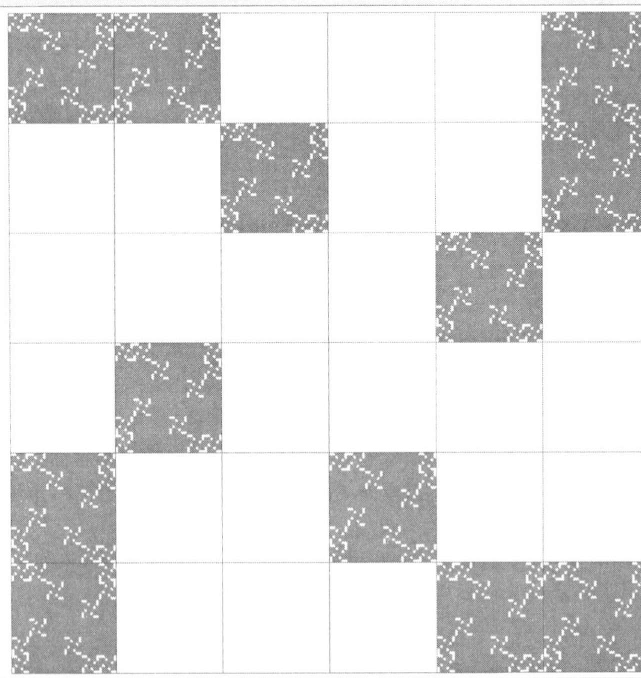

① $\log_6 12 = 1.387$

② $\log_{36} 144 = 1.387$

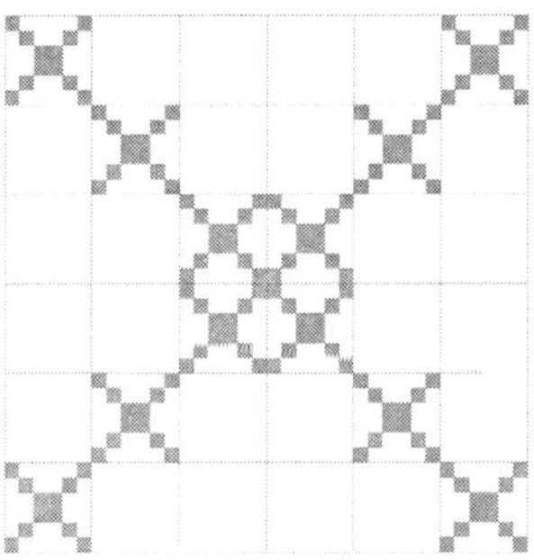

③ $\log_{216} 19008 = 1.833$

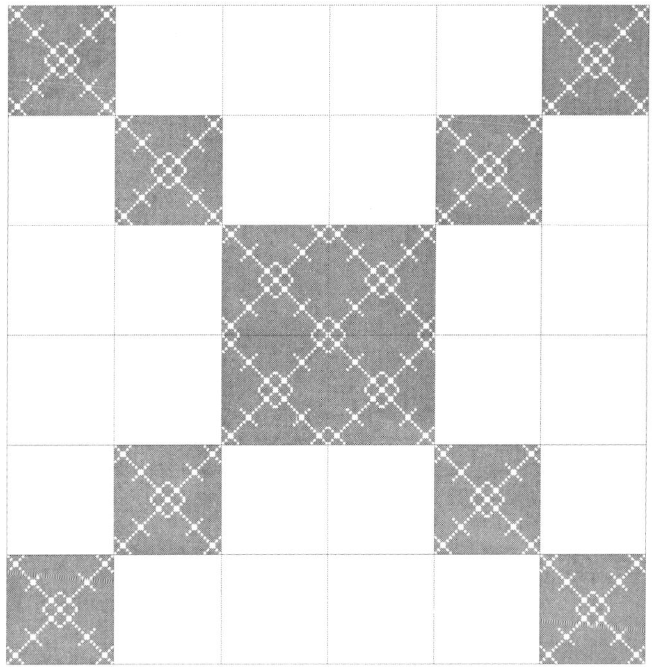

① $\log_6 12 = 1.387$

② $\log_{36} 144 = 1.387$

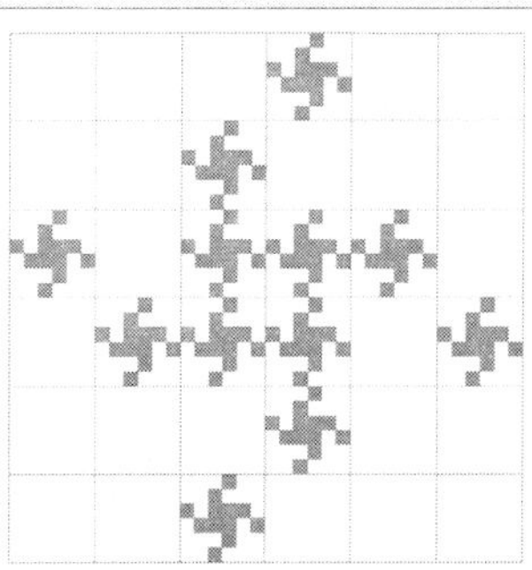

③ $\log_{216} 19008 = 1.833$

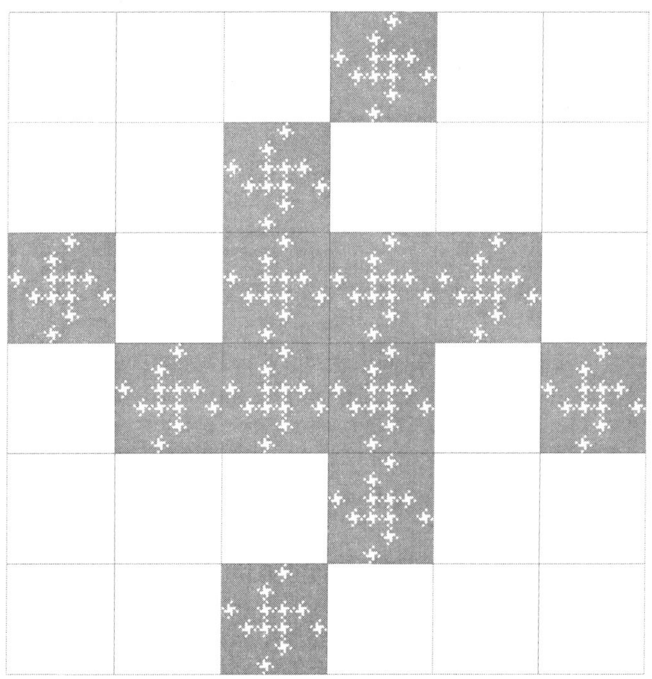

(3) 1단계 16개

① $\log_6 16 = 1.547$

② $\log_{36} 256 = 1.547$

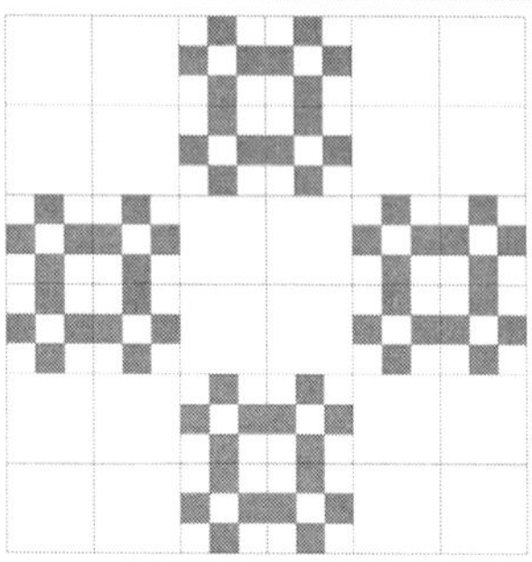

③ $\log_{216} 16640 = 1.808$

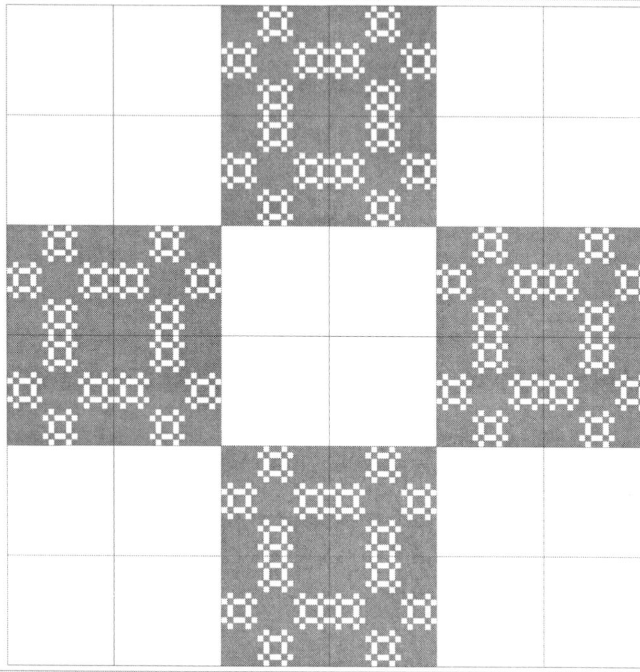

① $\log_6 16 = 1.547$

② $\log_{36} 256 = 1.547$

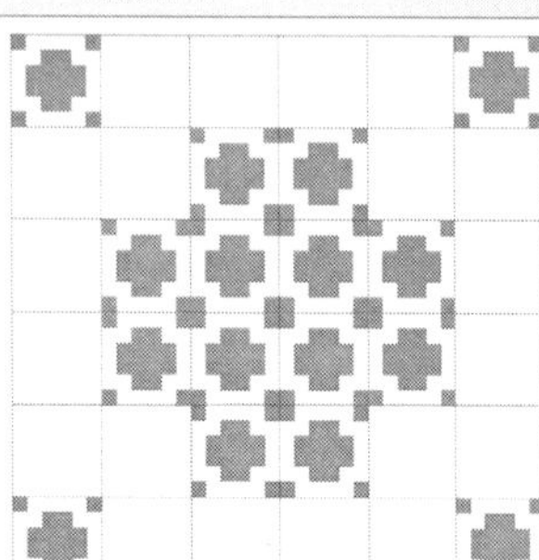

③ $\log_{216} 16640 = 1.808$

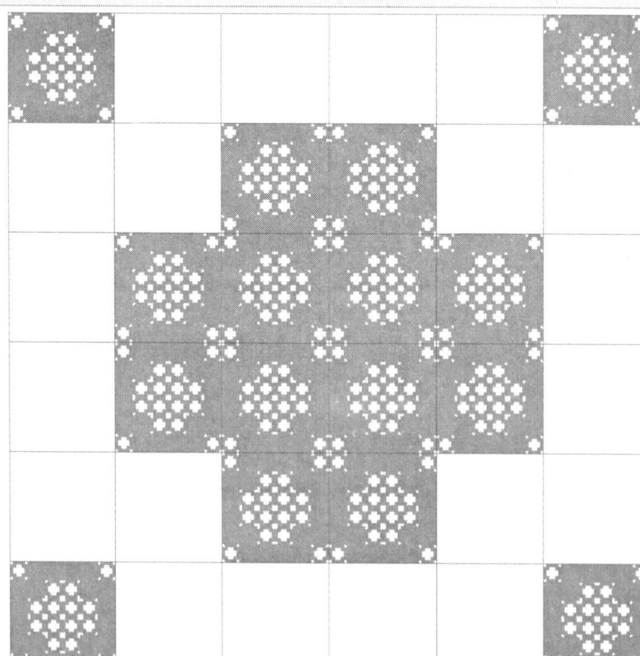

① $\log_6 16 = 1.547$

② $\log_{36} 256 = 1.547$

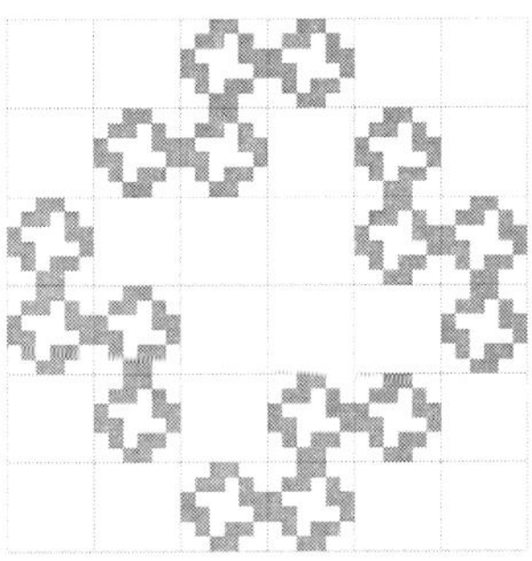

③ $\log_{216} 16640 = 1.808$

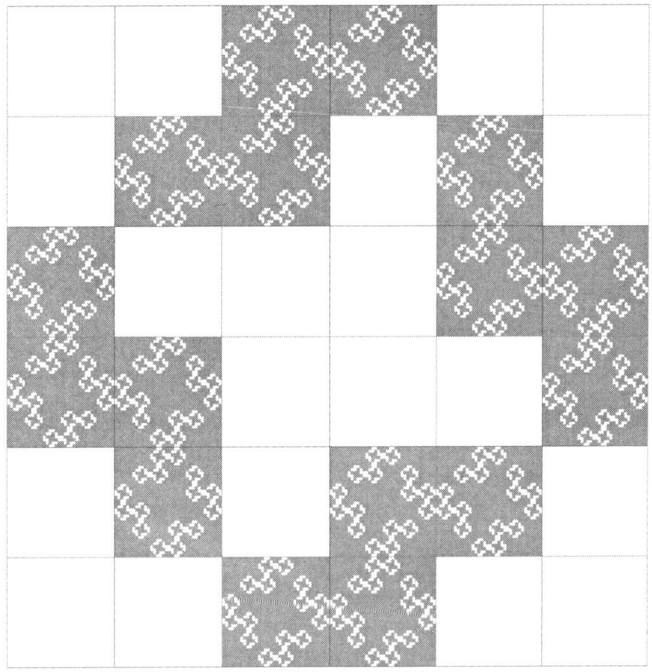

① $\log_6 16 = 1.547$

② $\log_{36} 256 = 1.547$

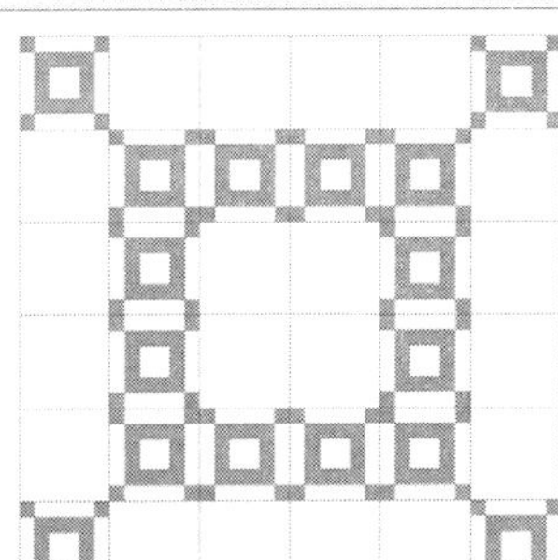

③ $\log_{216} 16640 = 1.808$

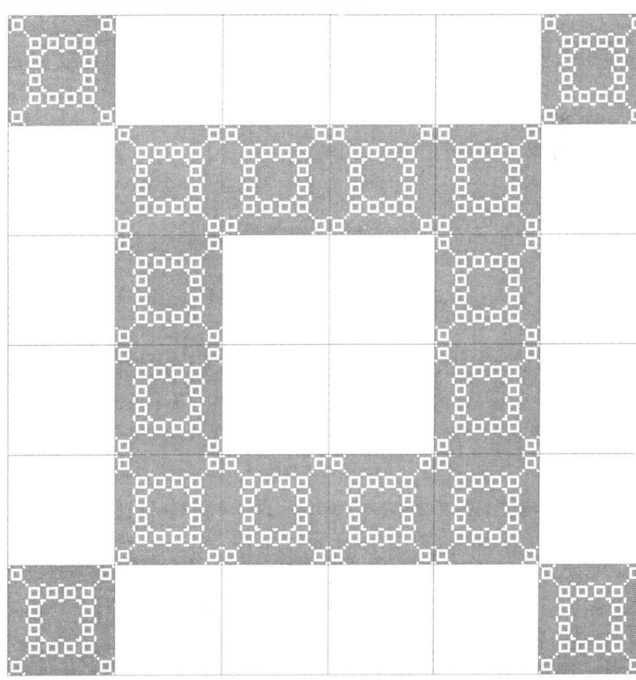

(4) 1단계 20개

① $\log_6 20 = 1.672$

② $\log_{36} 400 = 1.672$

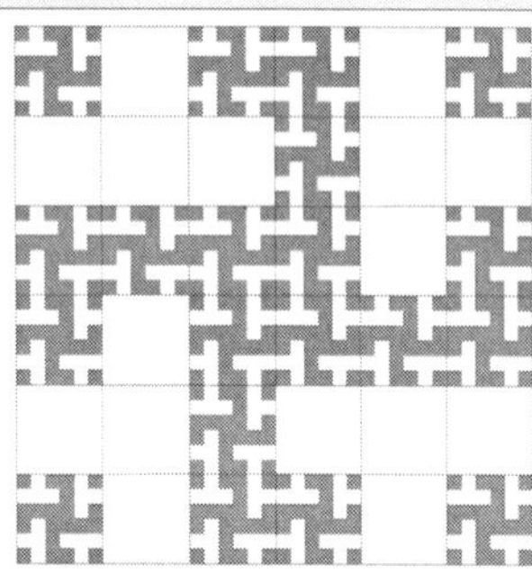

③ $\log_{216} 17920 = 1.822$

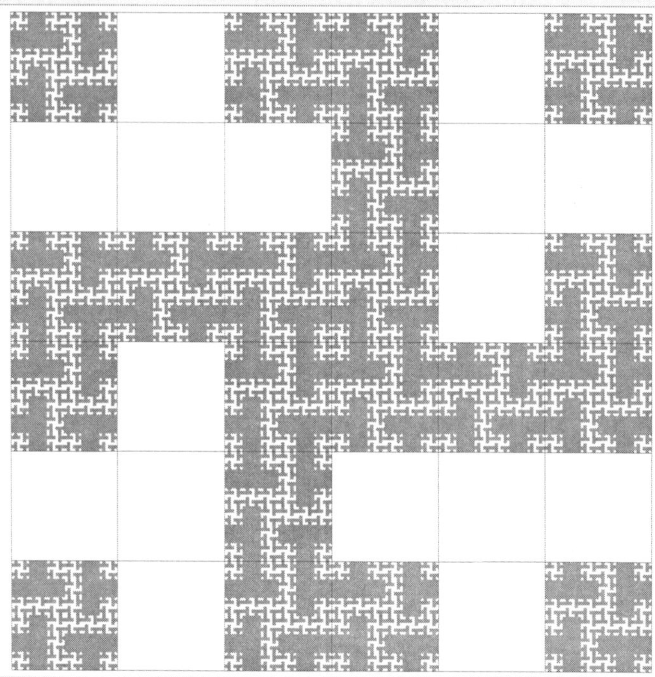

① $\log_6 20 = 1.672$

② $\log_{36} 400 = 1.672$

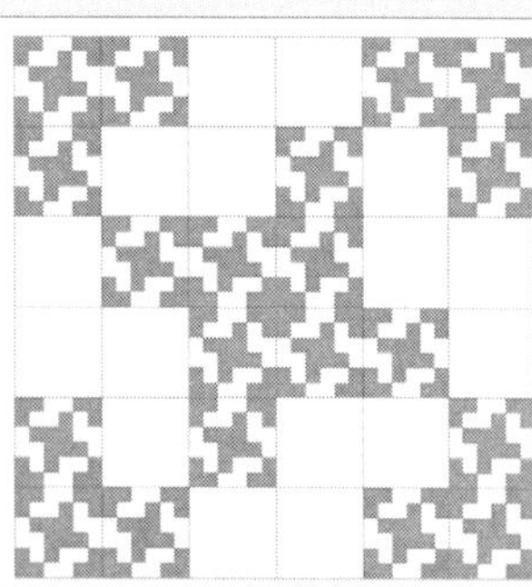

③ $\log_{216} 17920 = 1.822$

① $\log_6 20 = 1.762$

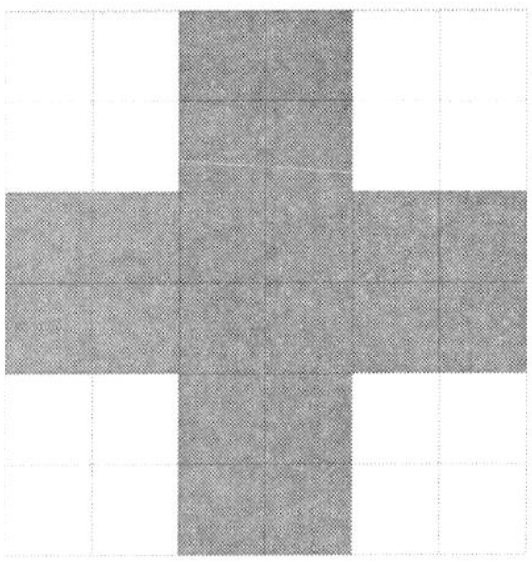

② $\log_{36} 400 = 1.672$

③ $\log_{216} 17920 = 1.822$

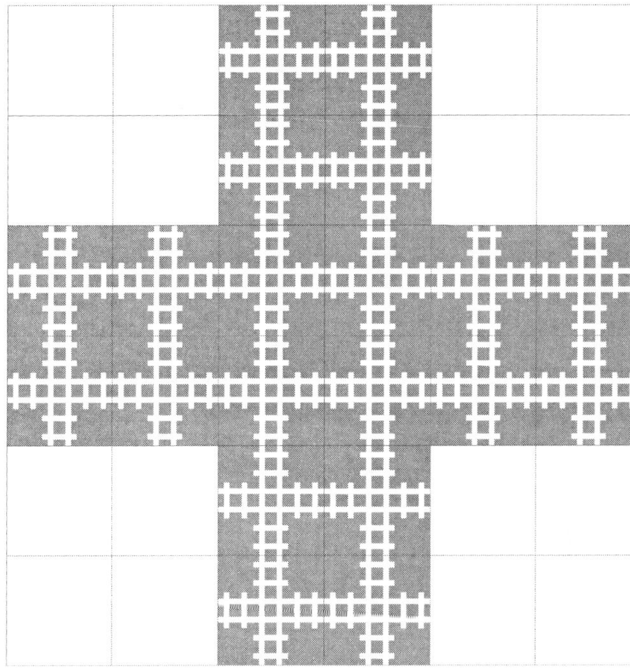

① $\log_6 20 = 1.762$

② $\log_{36} 400 = 1.672$

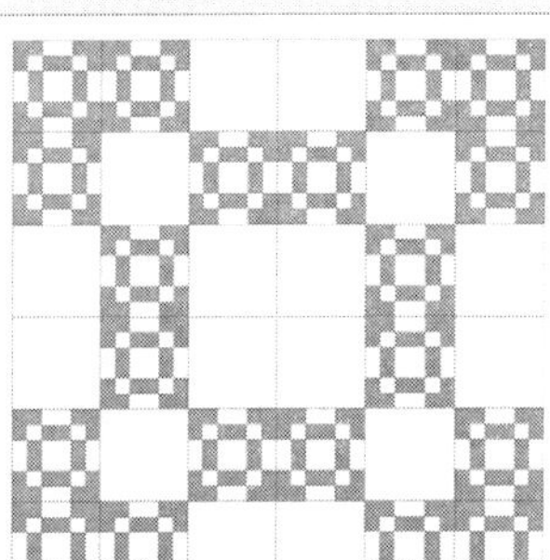

③ $\log_{216} 17920 = 1.822$

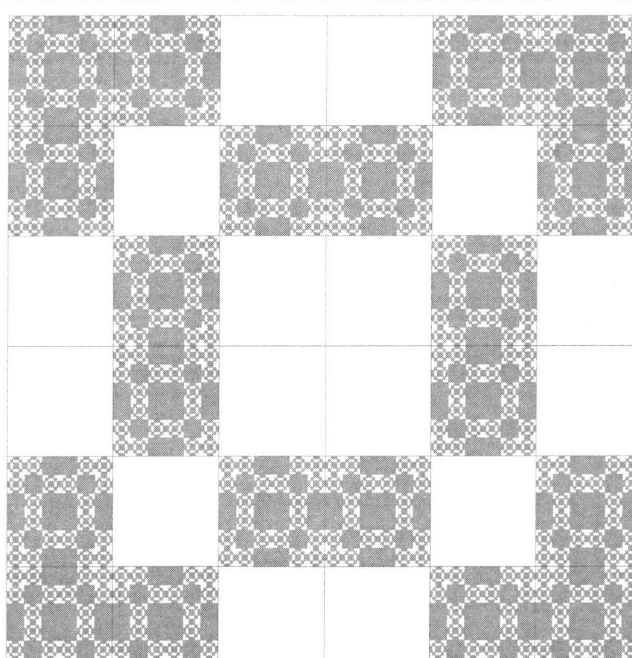

(5) 1단계 24개

① $\log_{6}24 = 1.774$

② $\log_{36}576 = 1.774$

③ $\log_{216}27648 = 1.903$

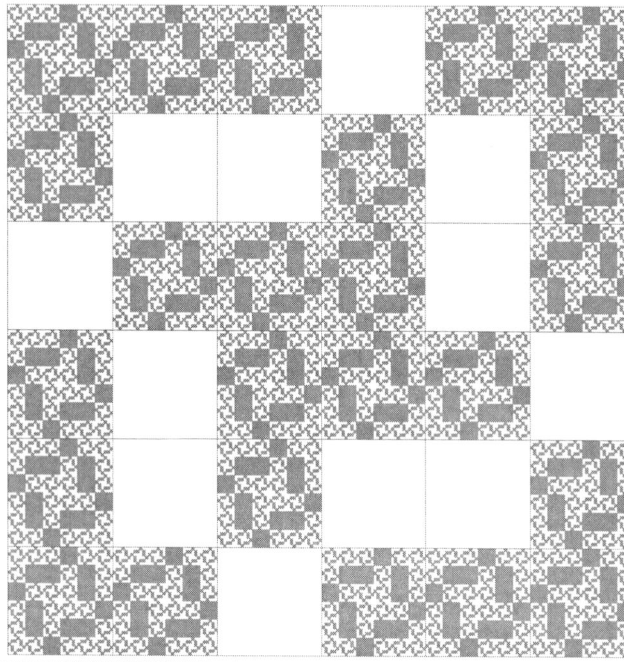

① $\log_{6}24 = 1.774$

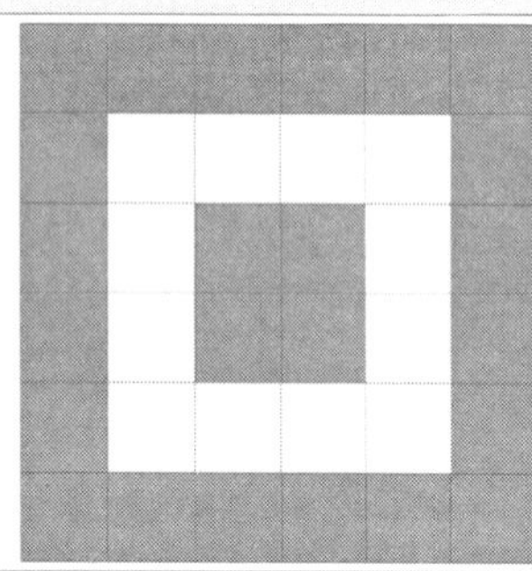

② $\log_{36}576 = 1.774$

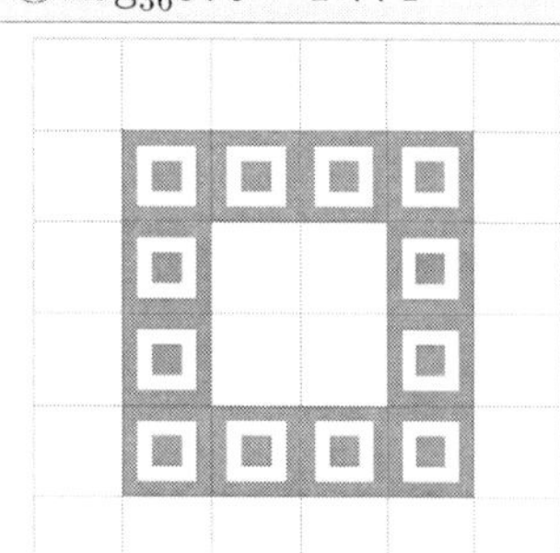

③ $\log_{216}27648 = 1.903$

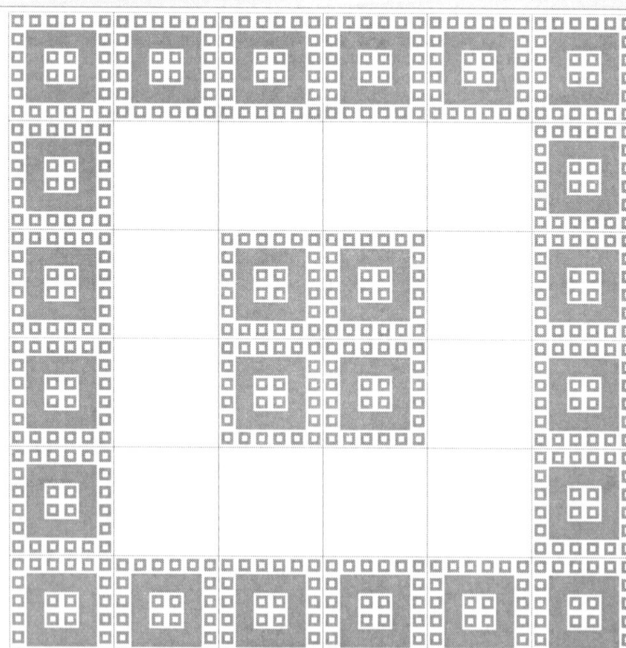

(6) 1단계 28개

① $\log_6 28 = 1.86$

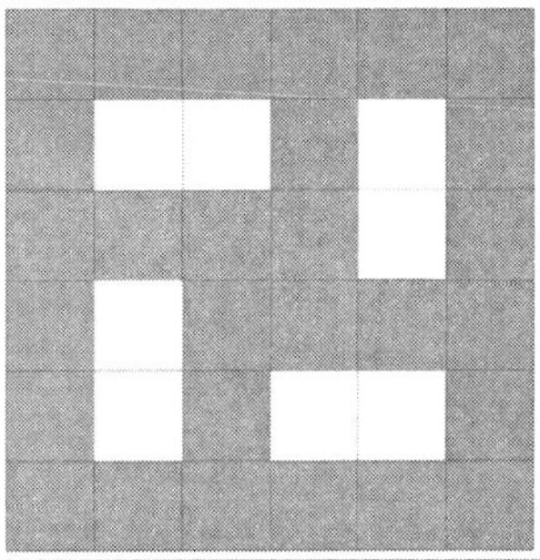

② $\log_{36} 784 = 1.86$

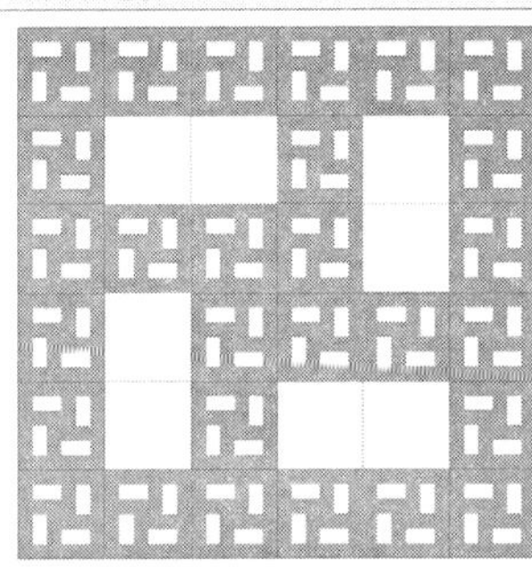

③ $\log_{216} 14336 = 1.78$

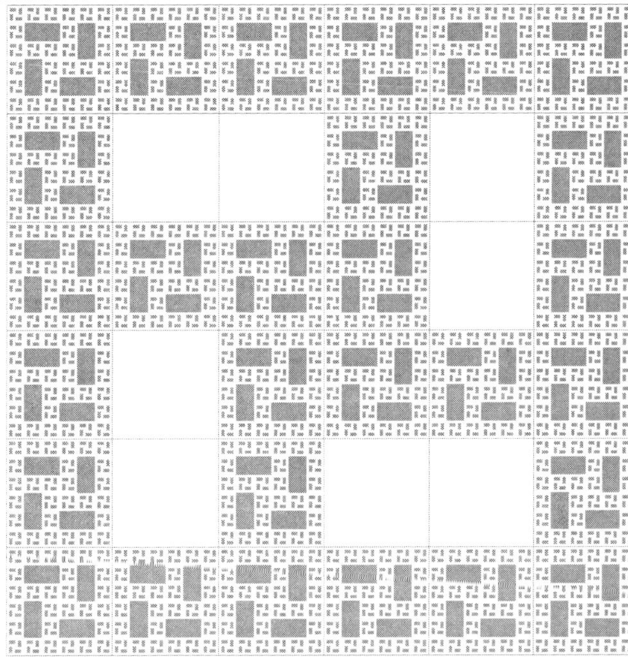

① $\log_6 28 = 1.86$

② $\log_{36} 784 = 1.86$

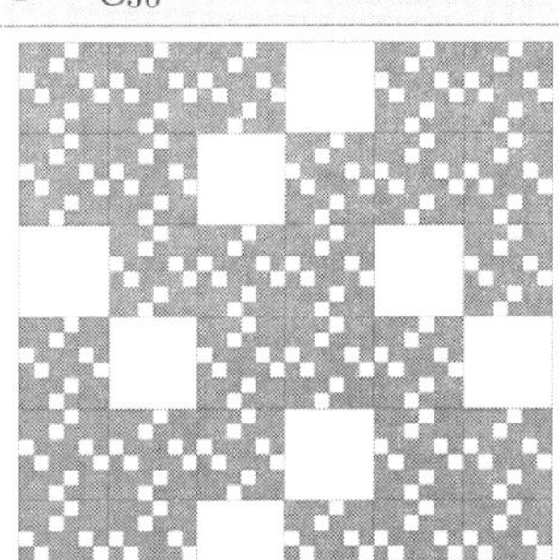

③ $\log_{216} 14336 = 1.78$

5 7×7 곱셈-뺄셈 프랙탈

(1) 1단계 5개

① $\log_7 5 = 0.827$

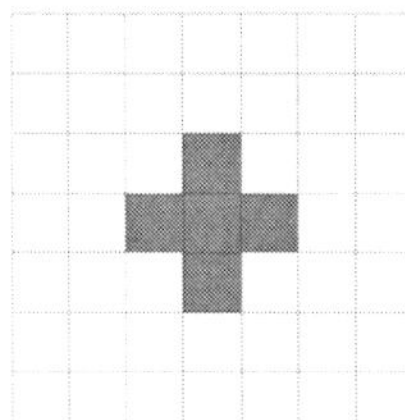

② $\log_{35} 220 = 0.827$

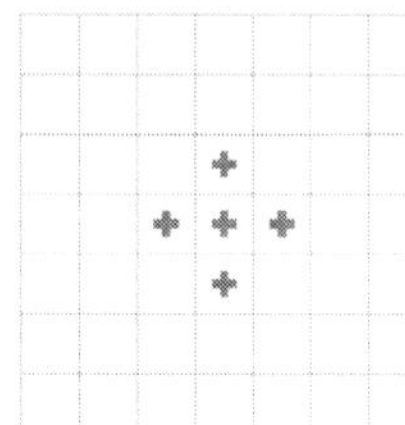

③ $\log_{243} 11880 = 1.607$

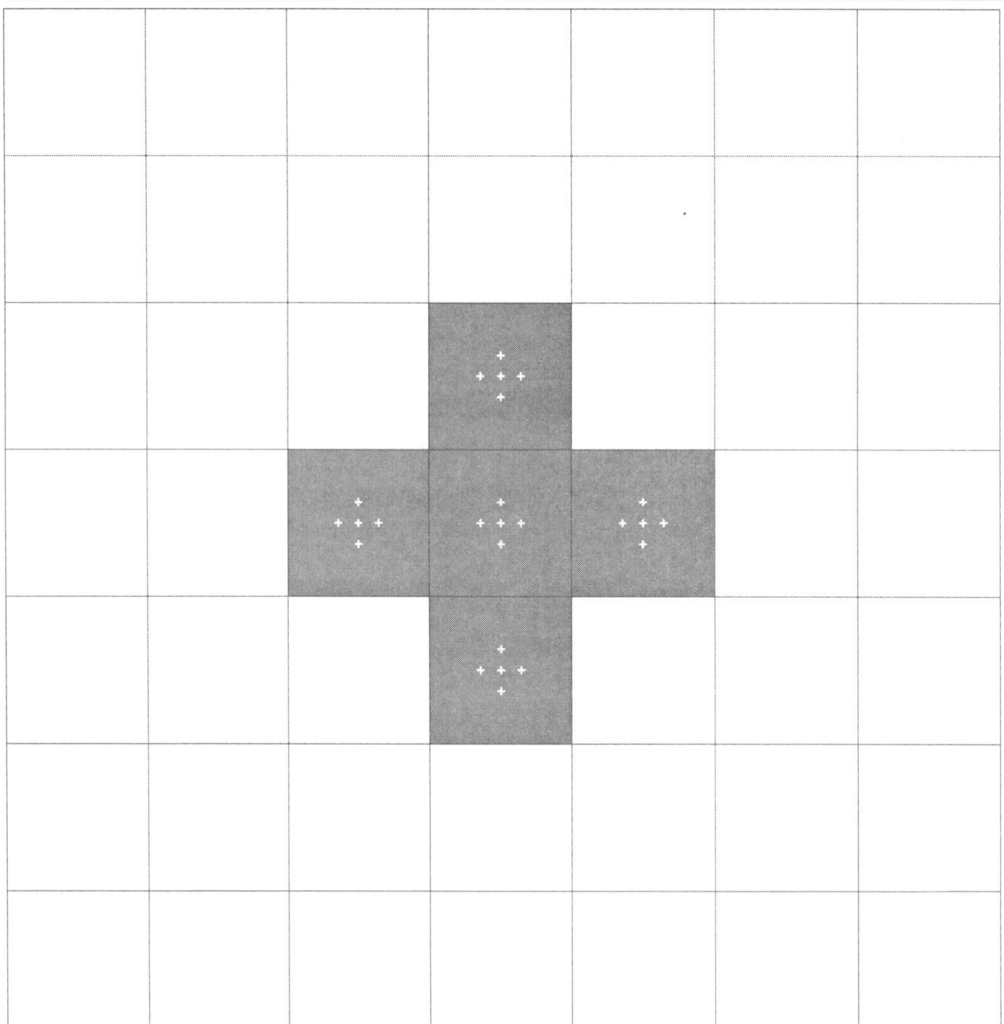

(2) 1단계 9개

① $\log_{7}9 = 1.129$

② $\log_{49}81 = 1.129$

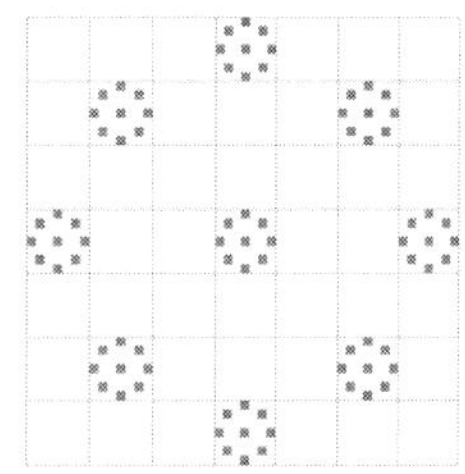

③ $\log_{243}20888 = 1.704$

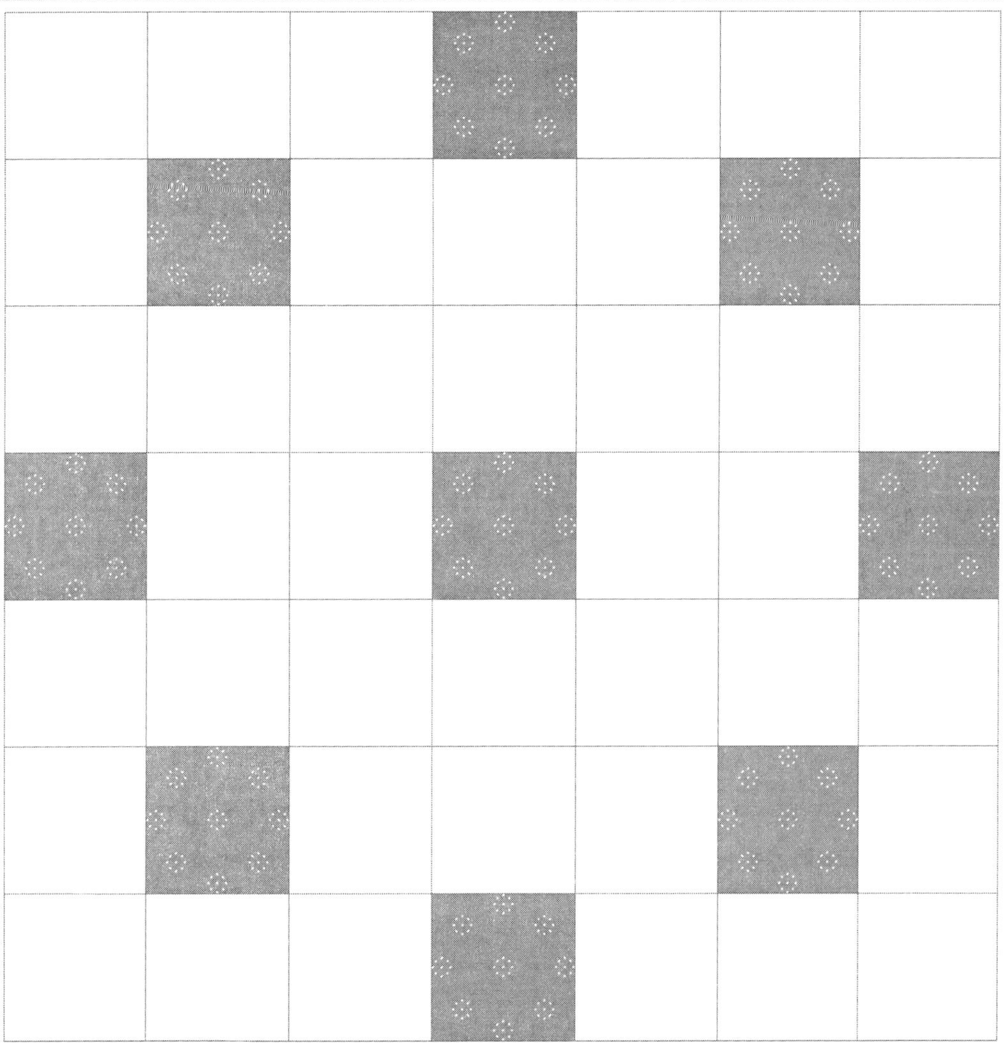

① $\log_7 9 = 1.129$

② $\log_{49} 81 = 1.129$

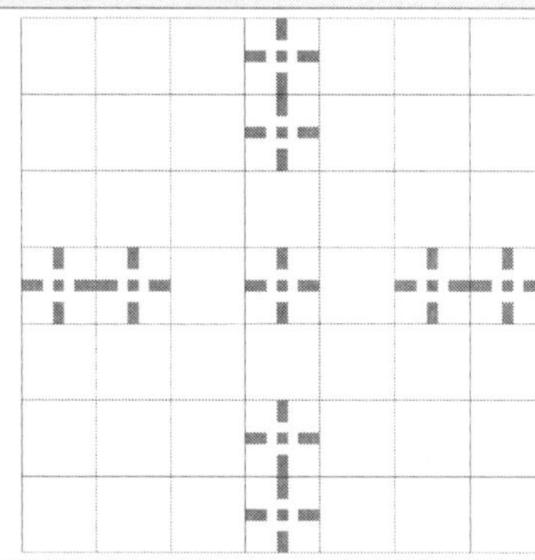

③ $\log_{243} 20888 = 1.704$

(3) 1단계 10개

① $\log_7 10 = 1.183$

② $\log_{49} 100 = 1.183$

③ $\log_{243} 23010 = 1.72$

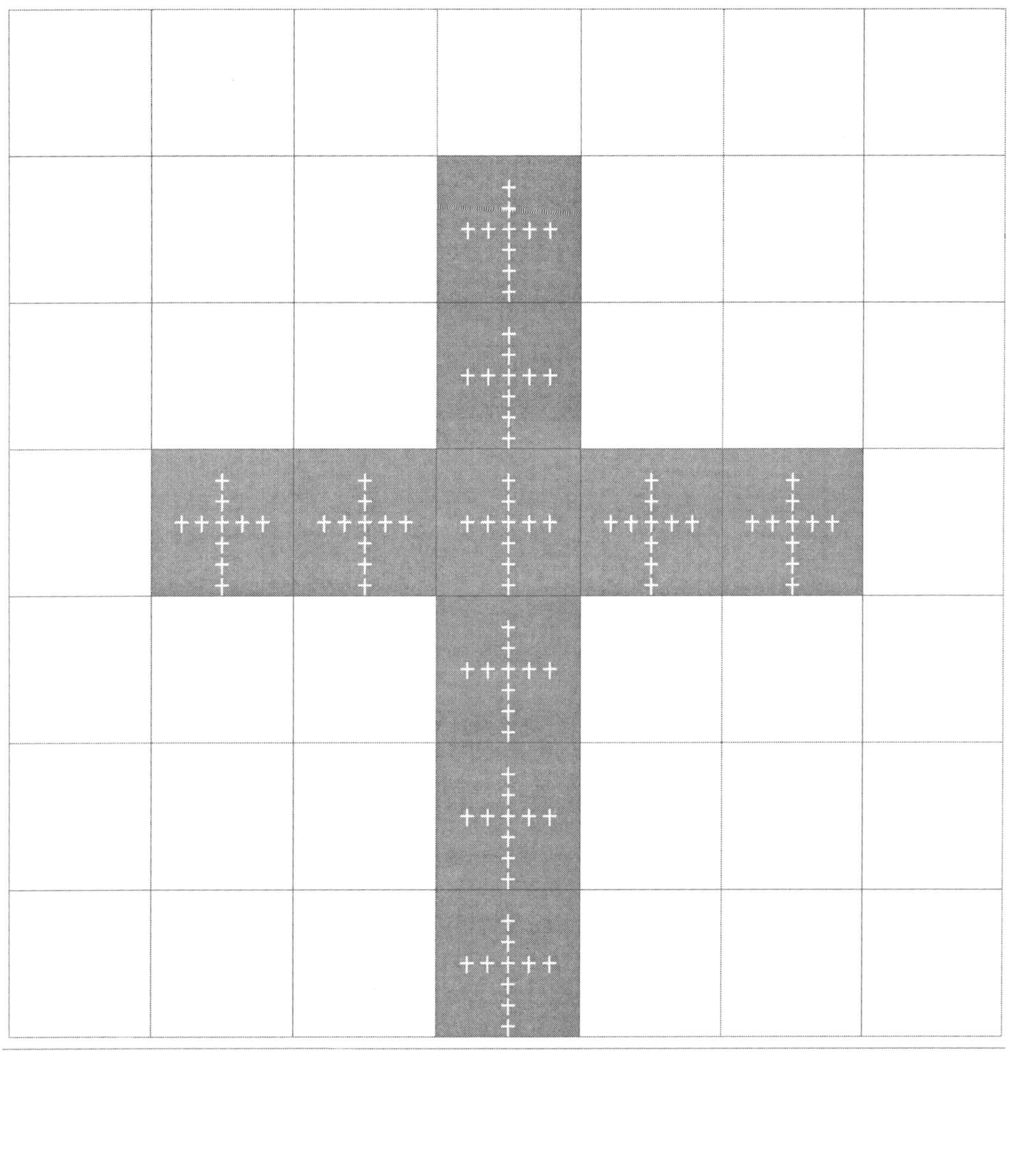

(4) 1단계 12개

① $\log_{7}12 = 1.277$

② $\log_{49}144 = 1.277$

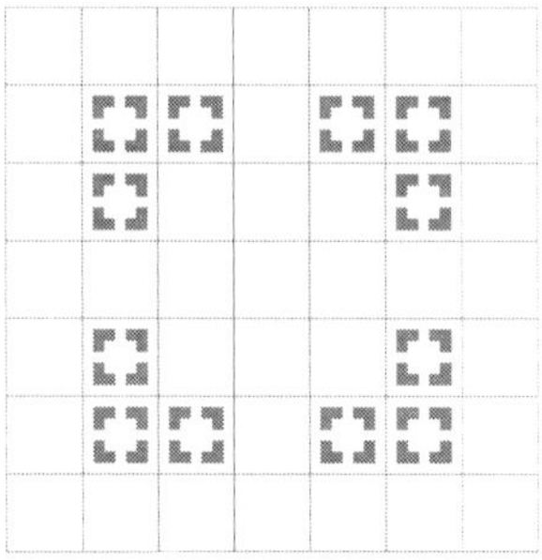

③ $\log_{243}27084 = 1.748$

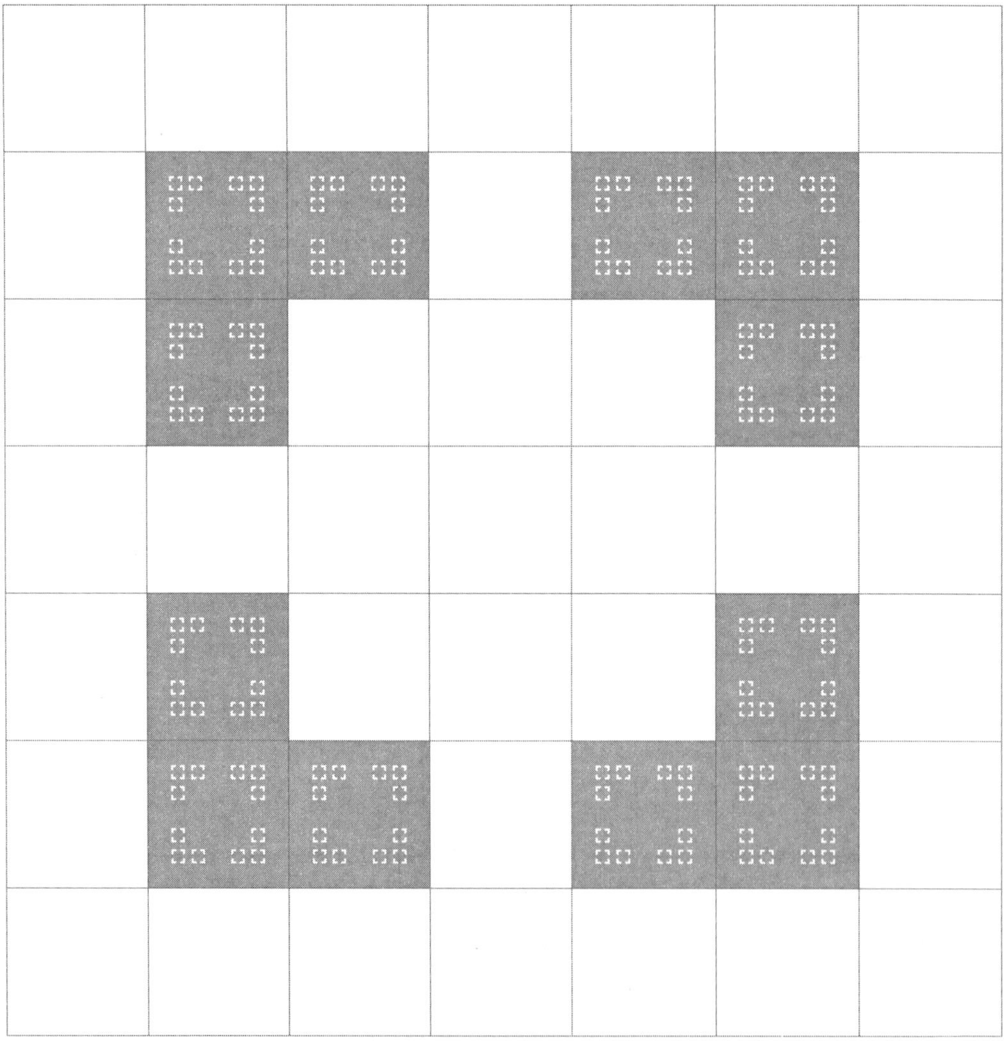

(5) 1단계 13개

① $\log_{7}13 = 1.318$

② $\log_{49}169 = 1.318$

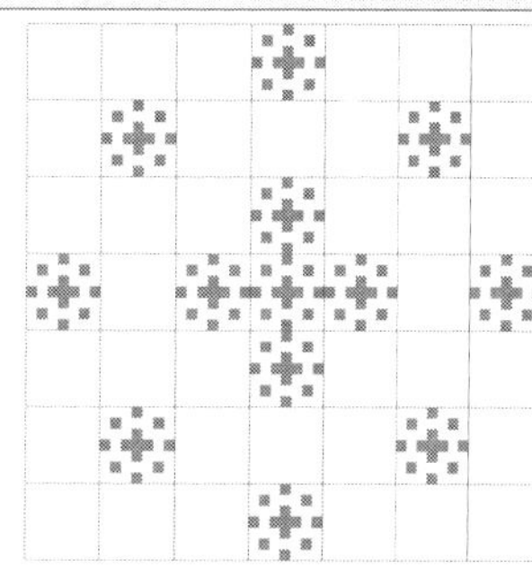

③ $\log_{243}29016 = 1.76$

(6) 1단계 16개

① $\log_7 16 = 1.425$

② $\log_{49} 256 = 1.425$

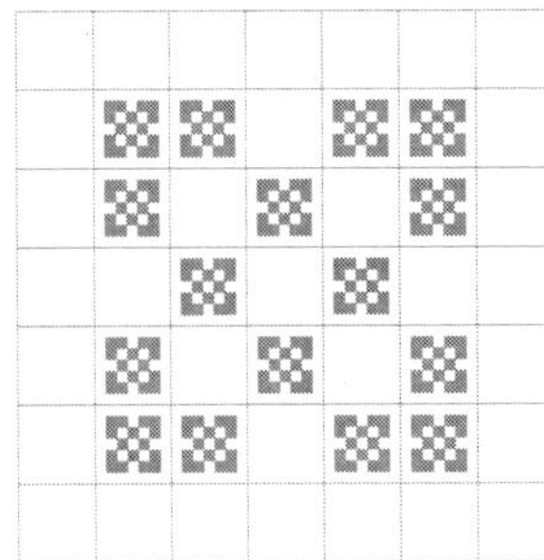

③ $\log_{243} 34320 = 1.789$

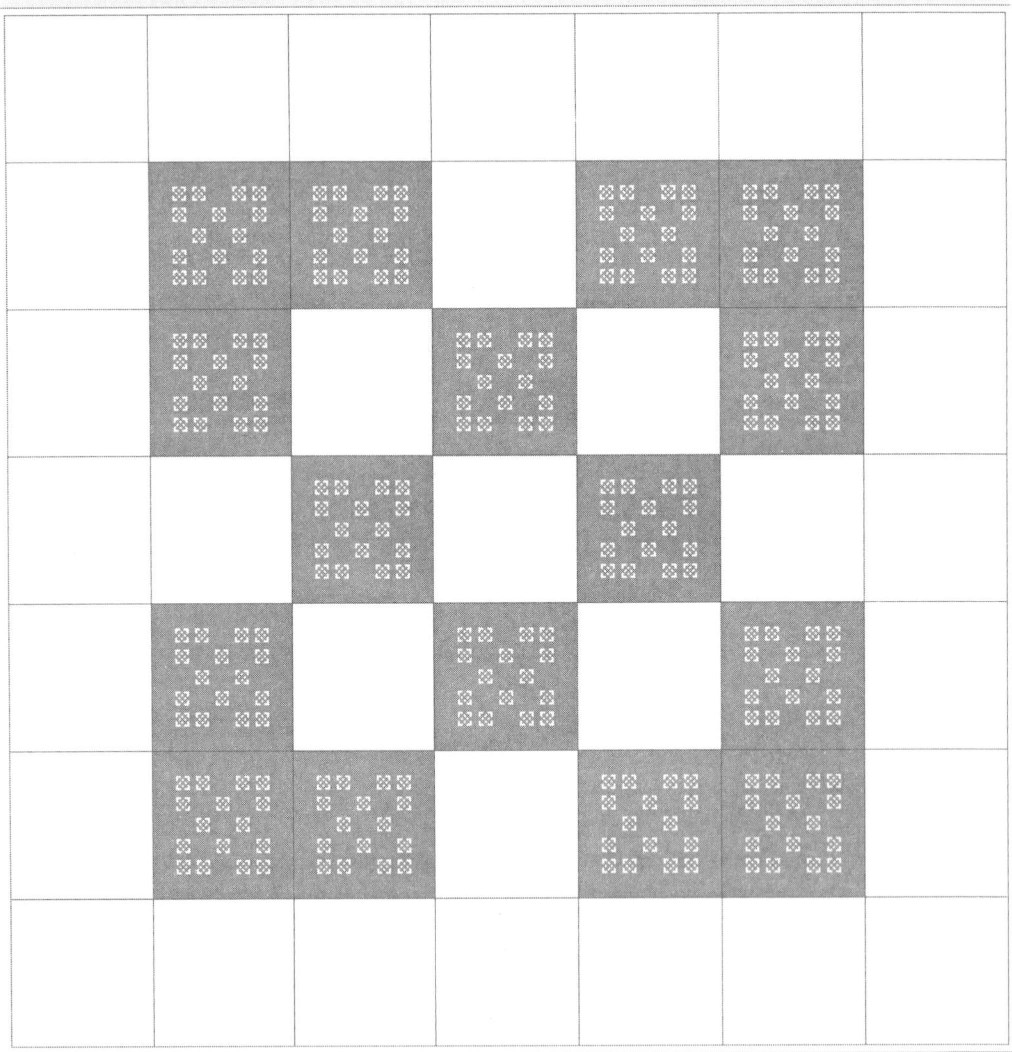

① $\log_7 16 = 1.425$	② $\log_{49} 256 = 1.425$
	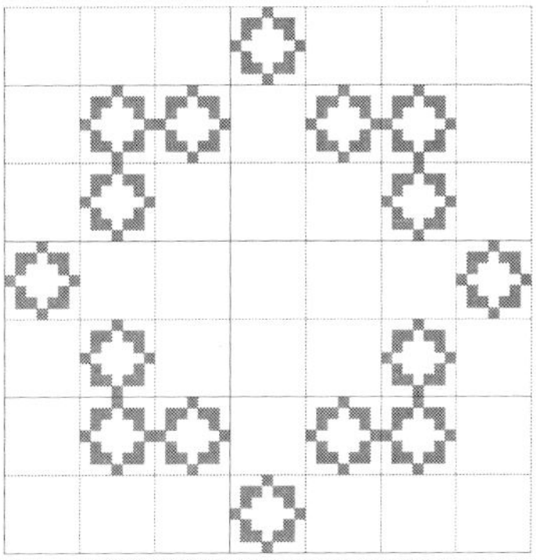

③ $\log_{243} 34320 = 1.789$

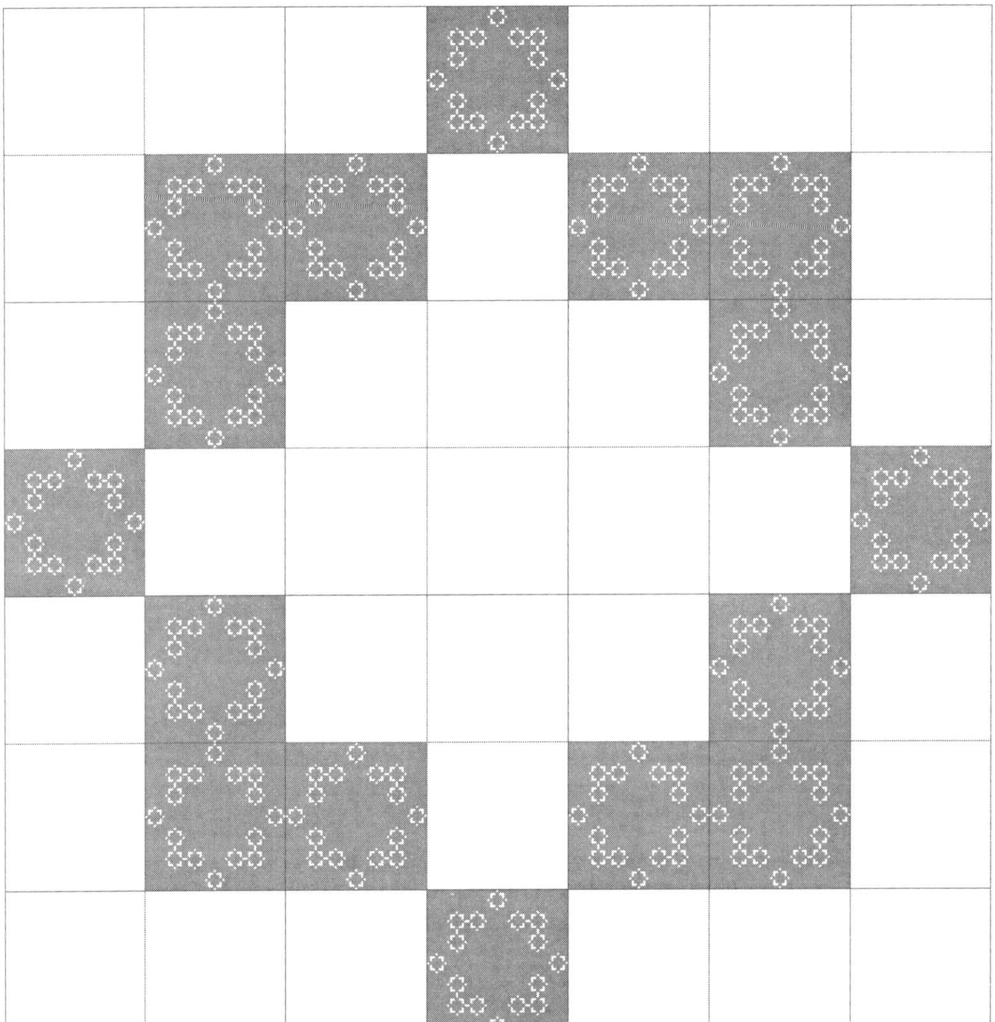

(7) 1단계 17개

① $\log_7 17 = 1.456$

② $\log_{49} 289 = 1.456$

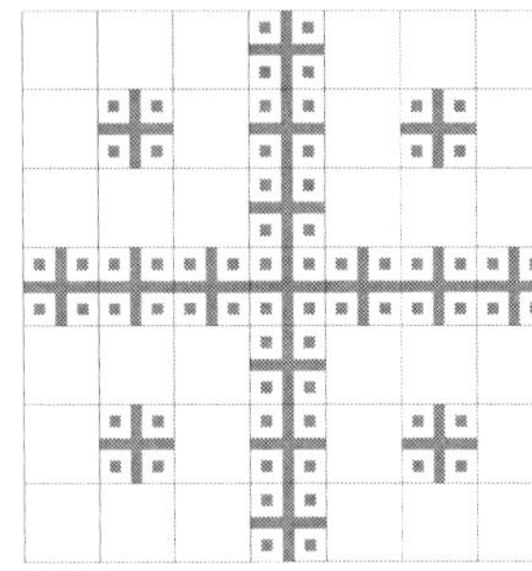

③ $\log_{243} 35904 = 1.797$

① $\log_7 17 = 1.456$

② $\log_{49} 289 = 1.456$

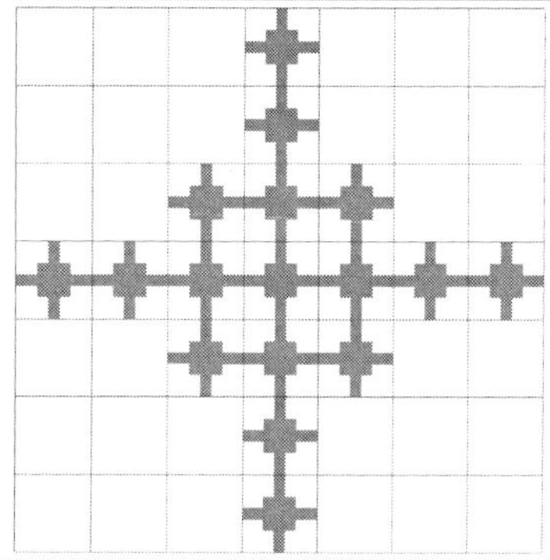

③ $\log_{243} 35904 = 1.797$

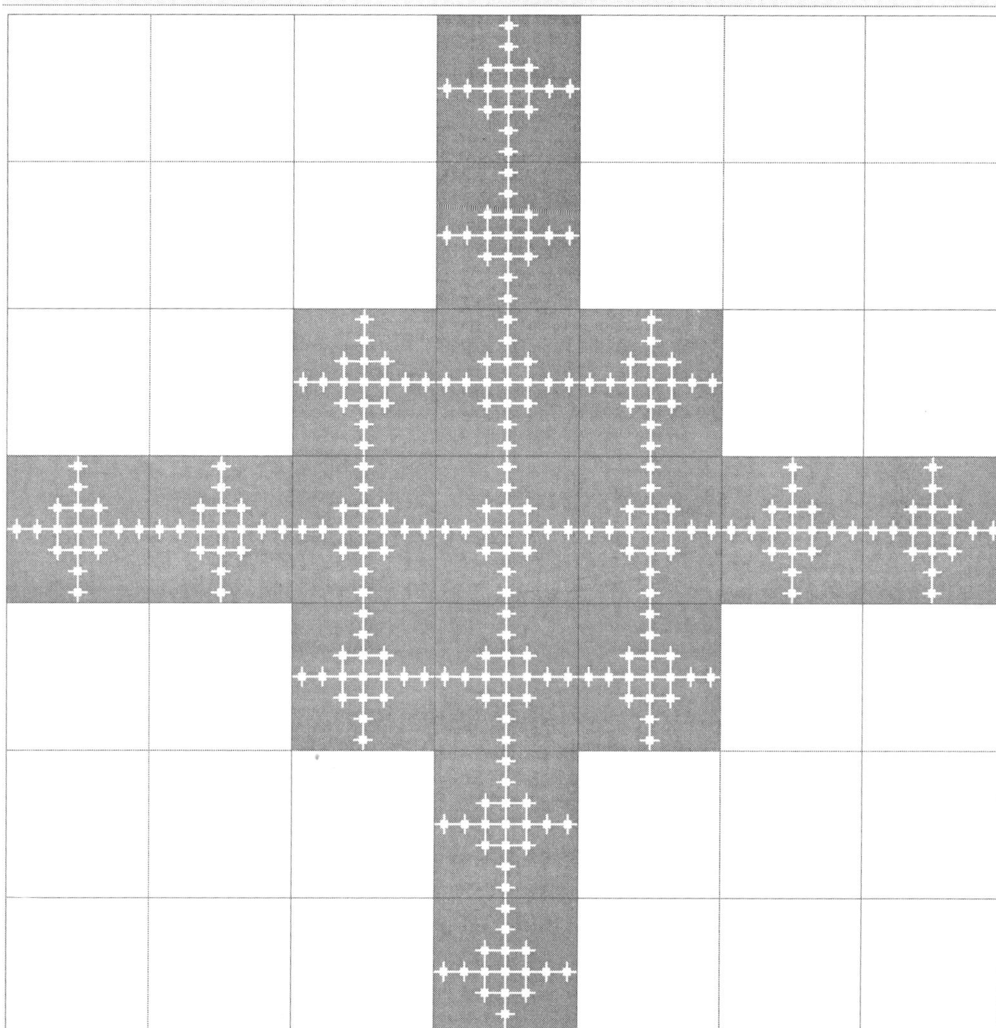

(8) 1단계 20개

① $\log_7 20 = 1.54$

② $\log_{49} 400 = 1.54$

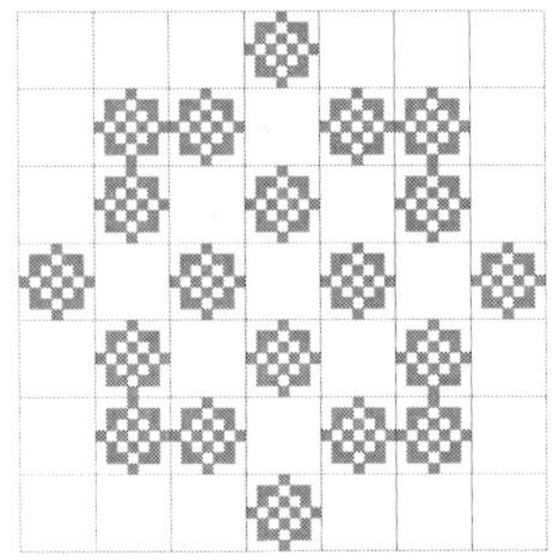

③ $\log_{243} 40020 = 1.815$

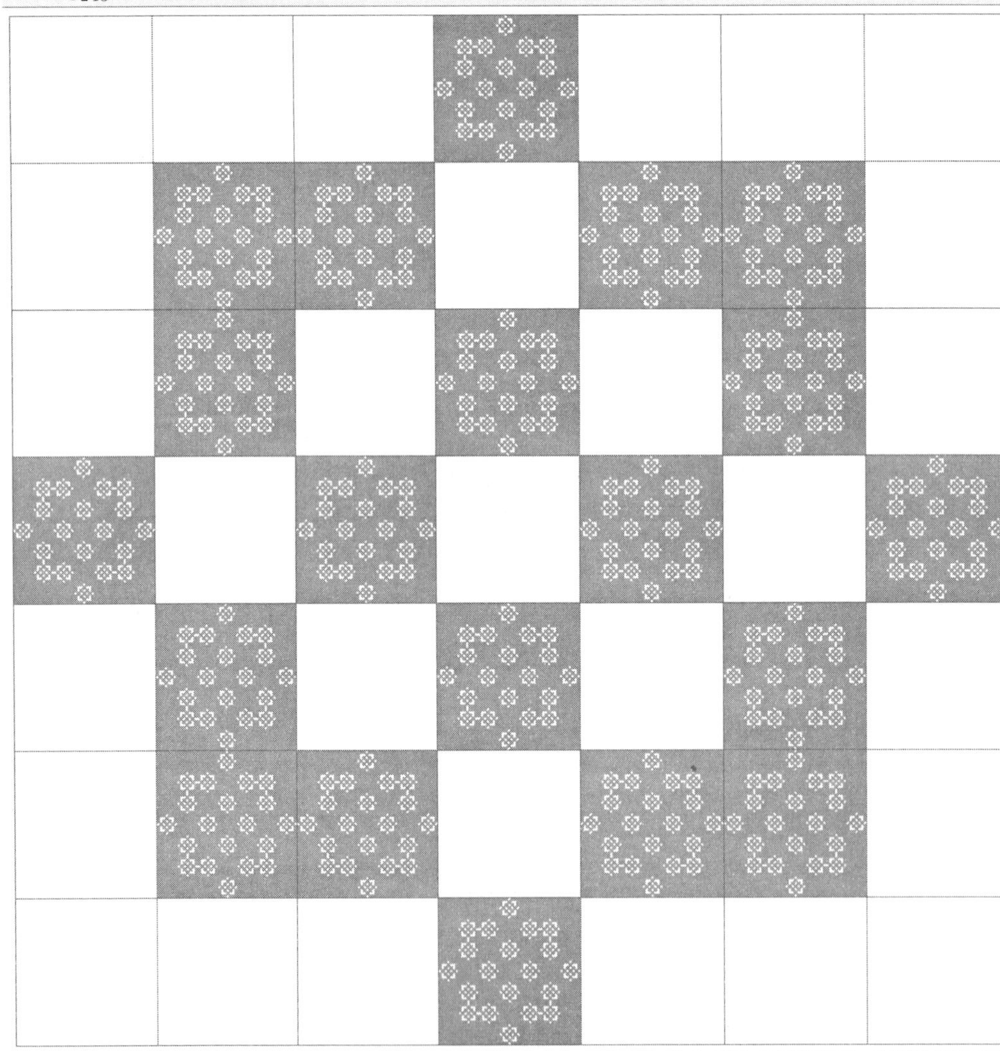

① $\log_7 20 = 1.54$

② $\log_{49} 400 = 1.54$

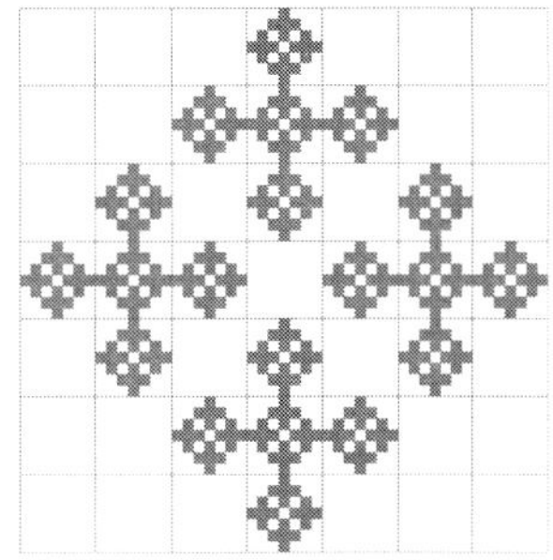

③ $\log_{243} 40020 = 1.815$

① $\log_7 20 = 1.54$

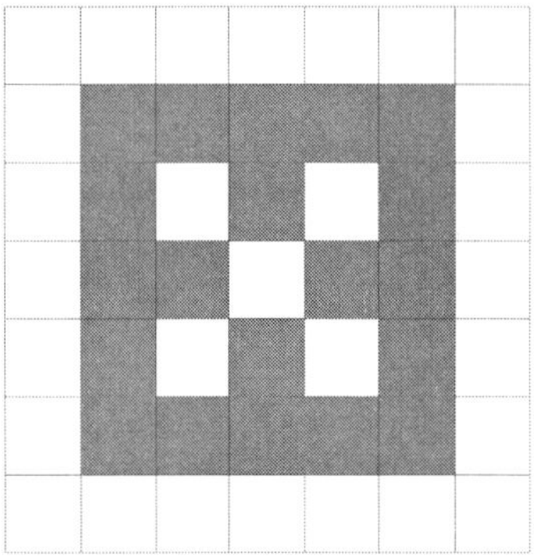

② $\log_{49} 400 = 1.54$

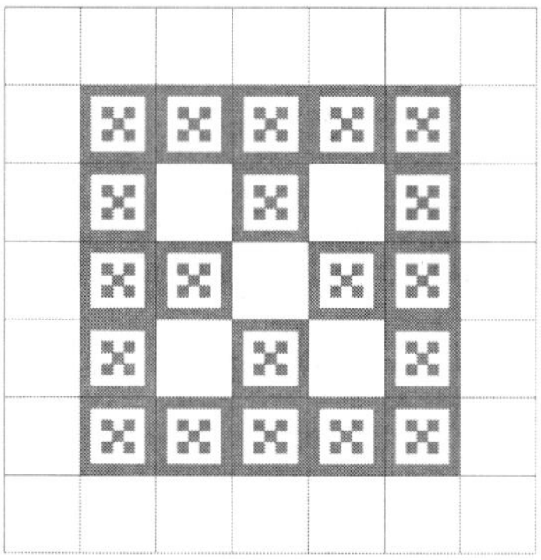

③ $\log_{243} 40020 = 1.815$

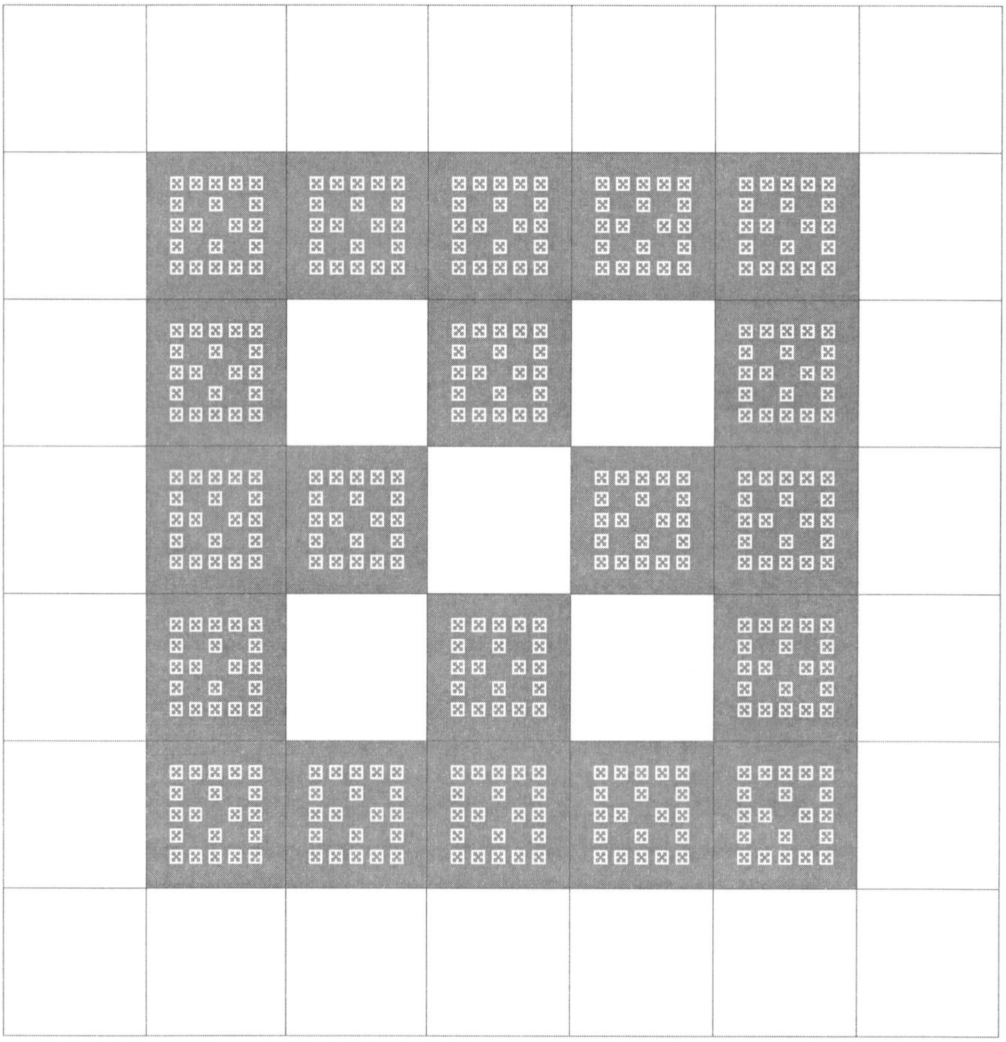

(9) 1단계 21개

① $\log_7 21 = 1.565$

② $\log_{49} 441 = 1.565$

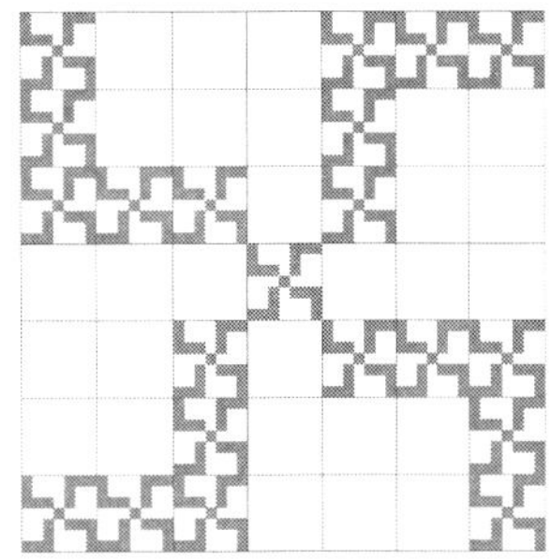

③ $\log_{243} 41160 = 1.82$

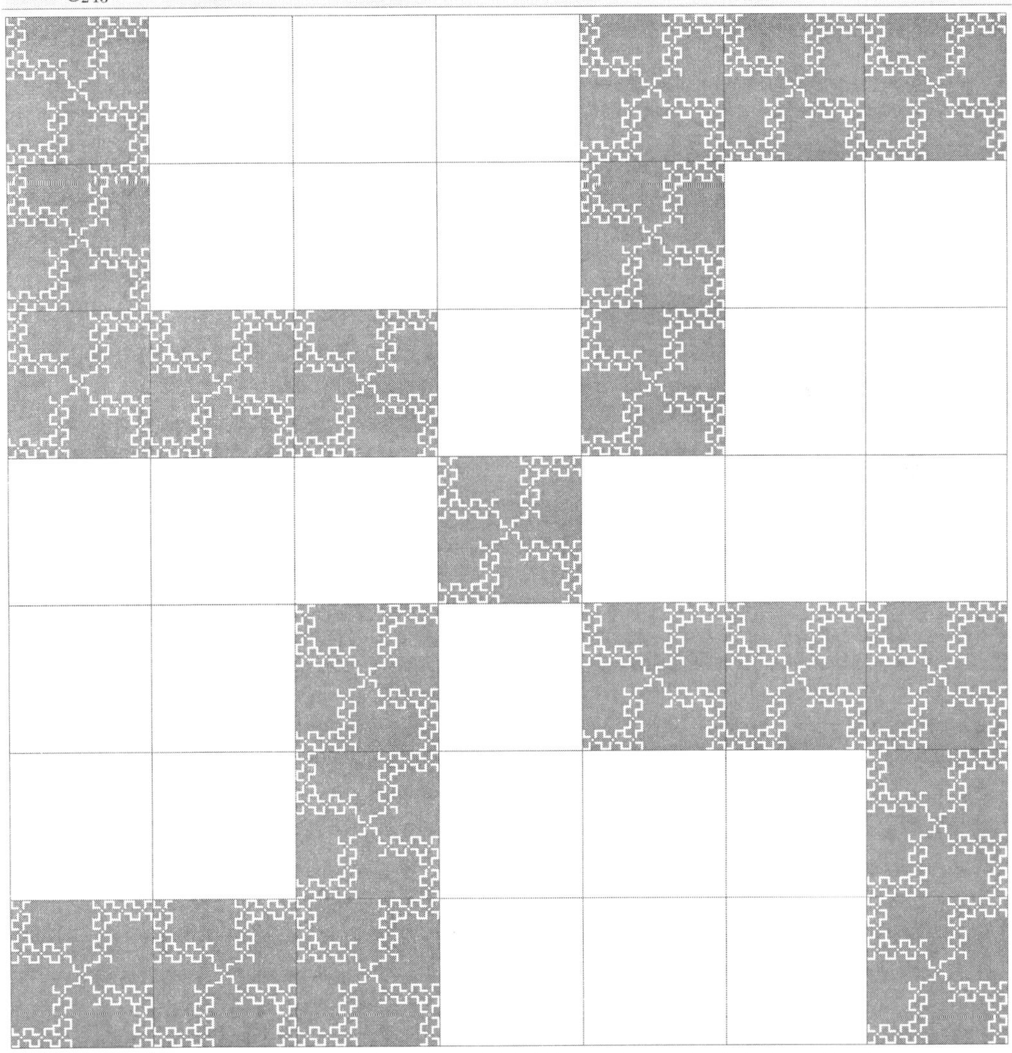

6 8×8 곱셈-뺄셈 프랙탈

(1) 1단계 16개

① $\log_8 16 = 1.333$

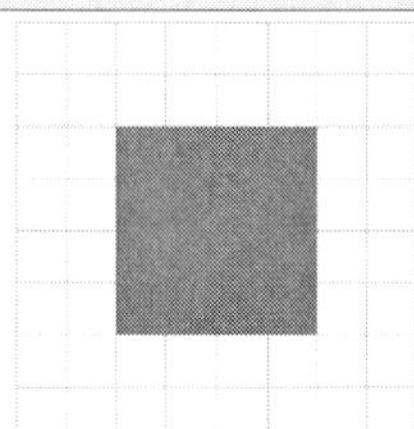

② $\log_{64} 256 = 1.333$

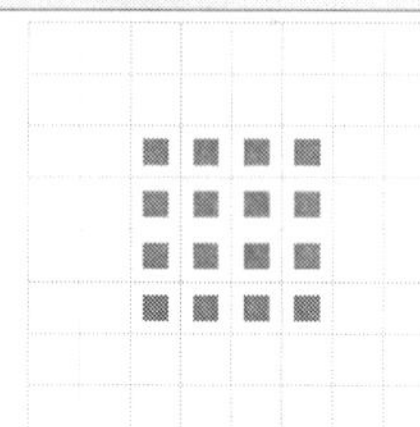

③ $\log_{512} 61440 = 1.767$

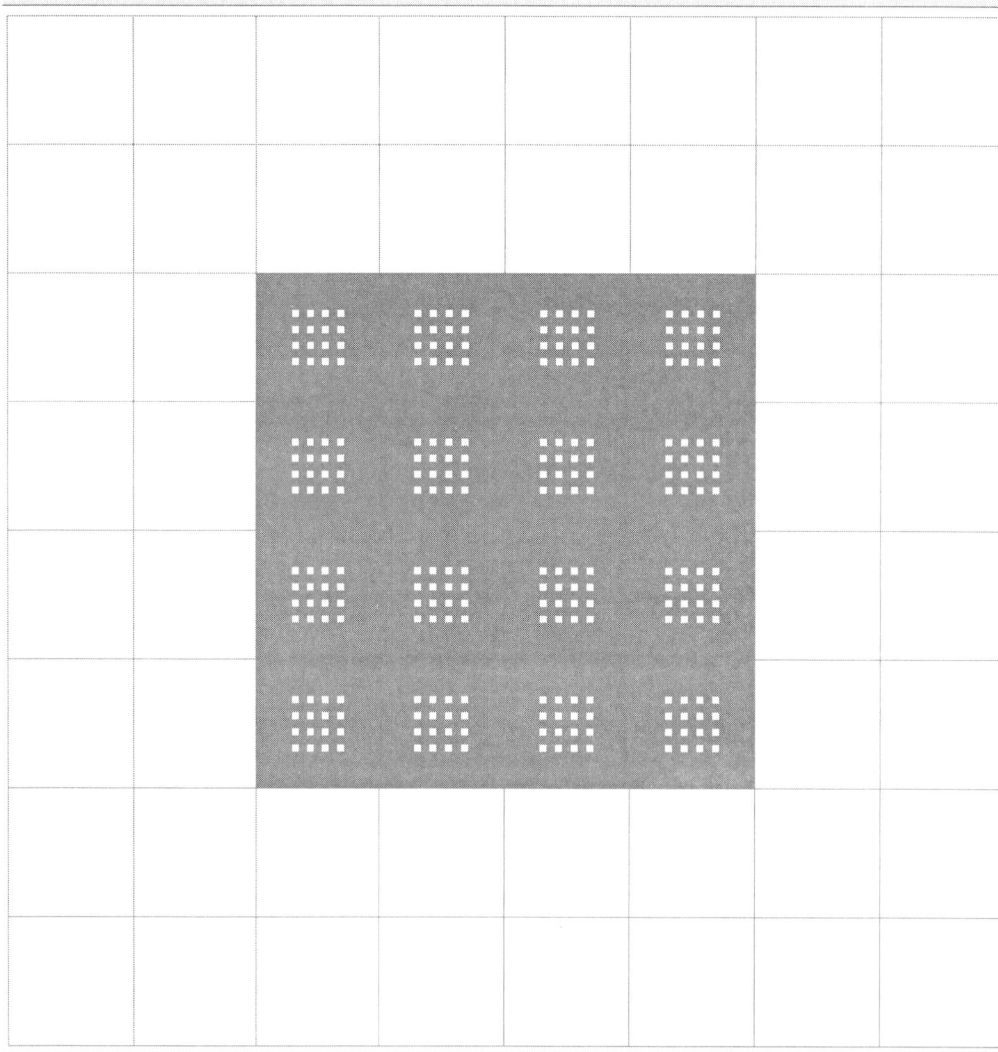

① $\log_8 16 = 1.333$

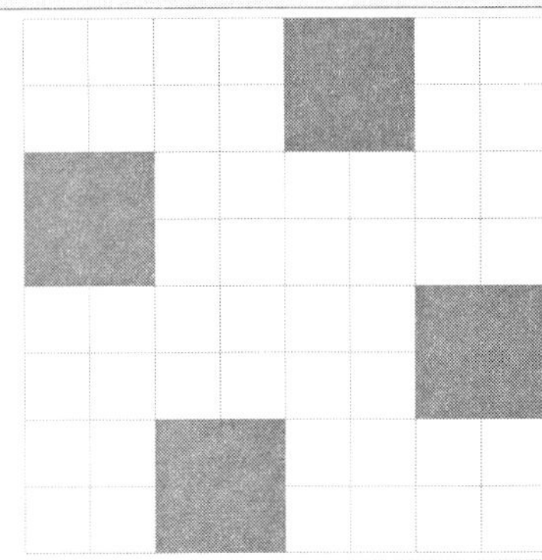

② $\log_{64} 256 = 1.333$

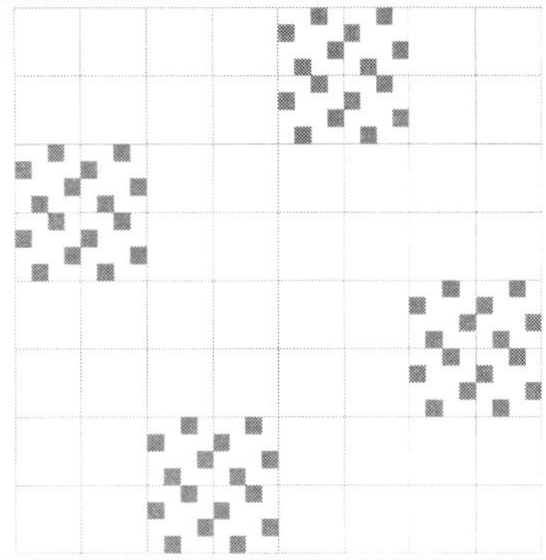

③ $\log_{512} 61440 = 1.767$

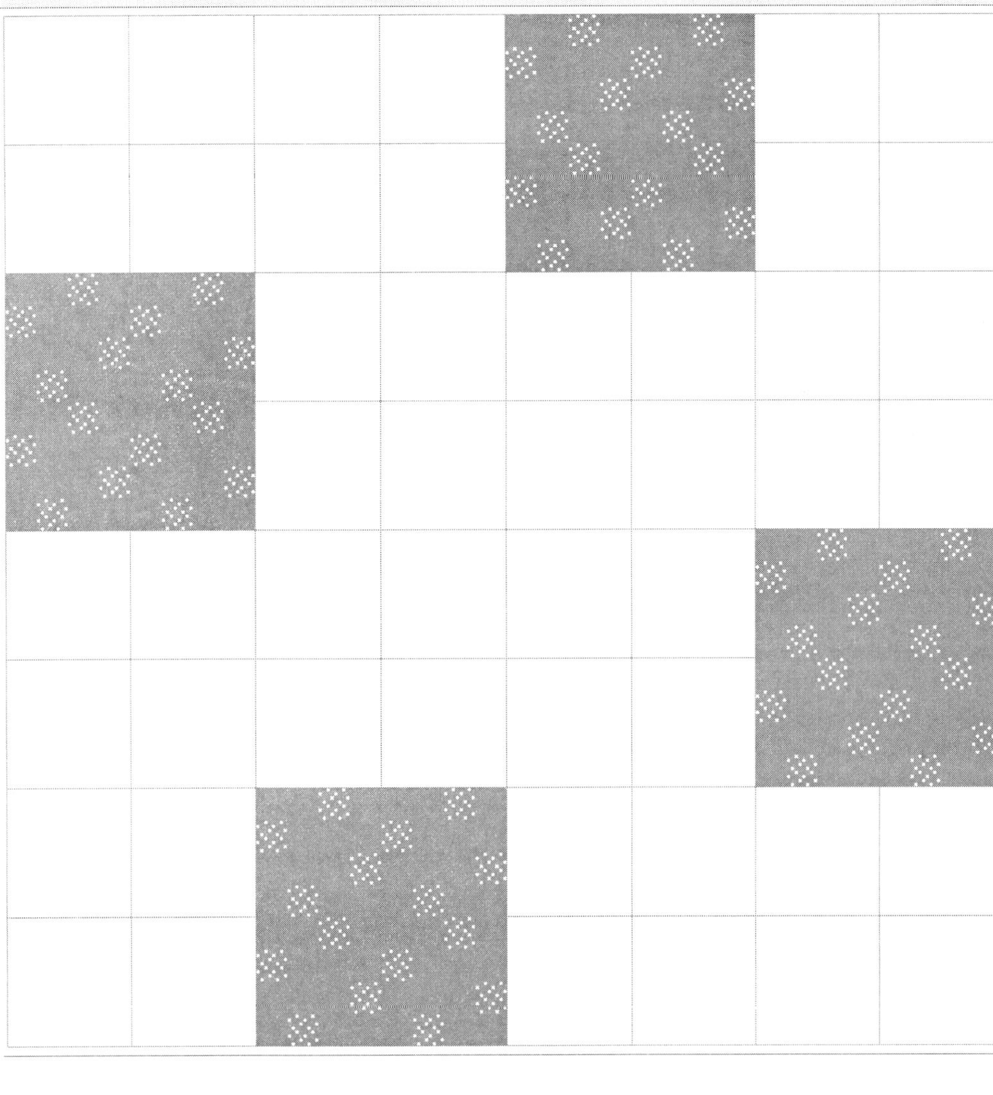

① $\log_8 16 = 1.333$

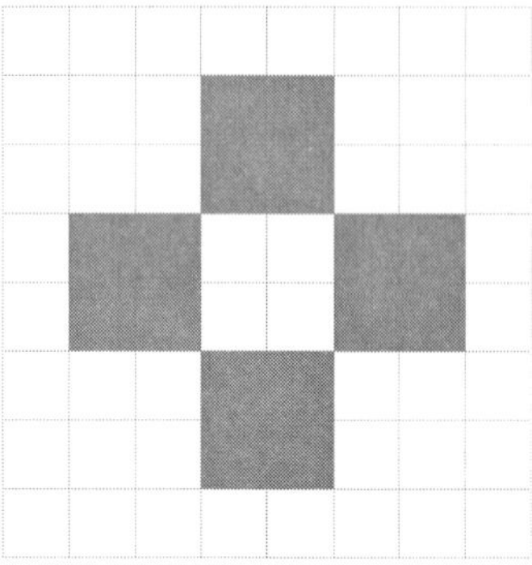

② $\log_{64} 256 = 1.333$

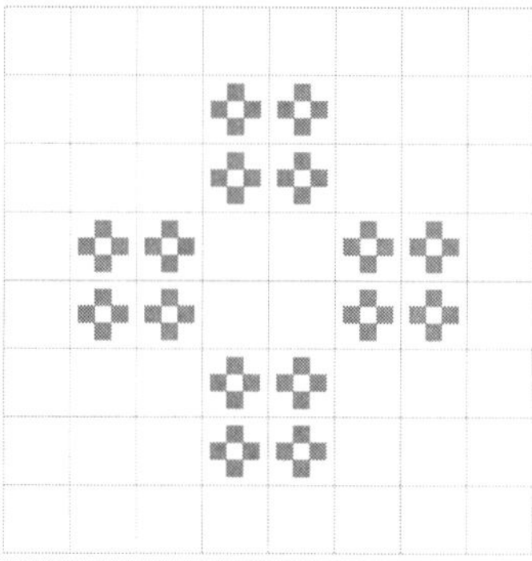

③ $\log_{512} 61440 = 1.767$

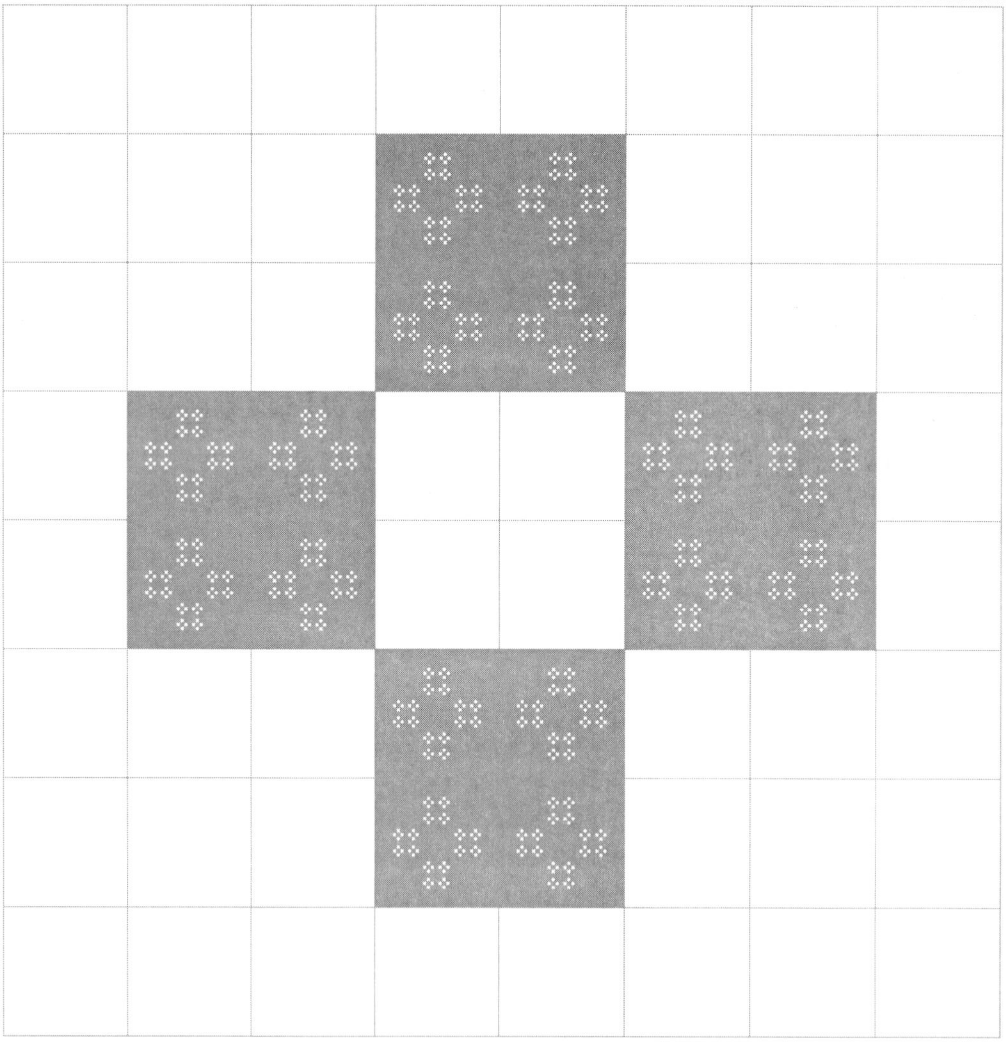

(2) 1단계 20개

① $\log_8 20 = 1.441$	② $\log_{64} 400 = 1.441$
	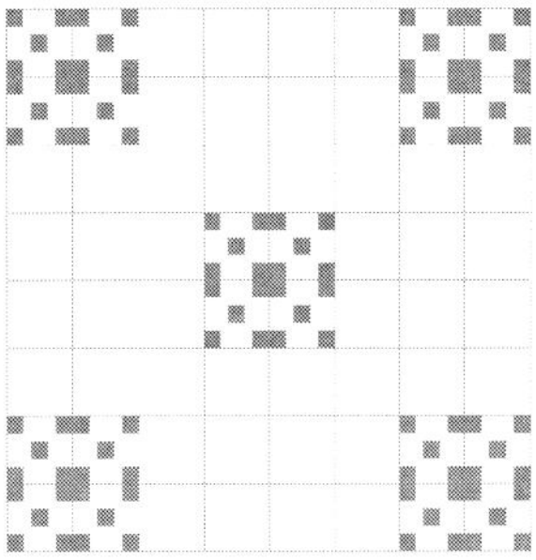

③ $\log_{512} 73920 = 1.797$

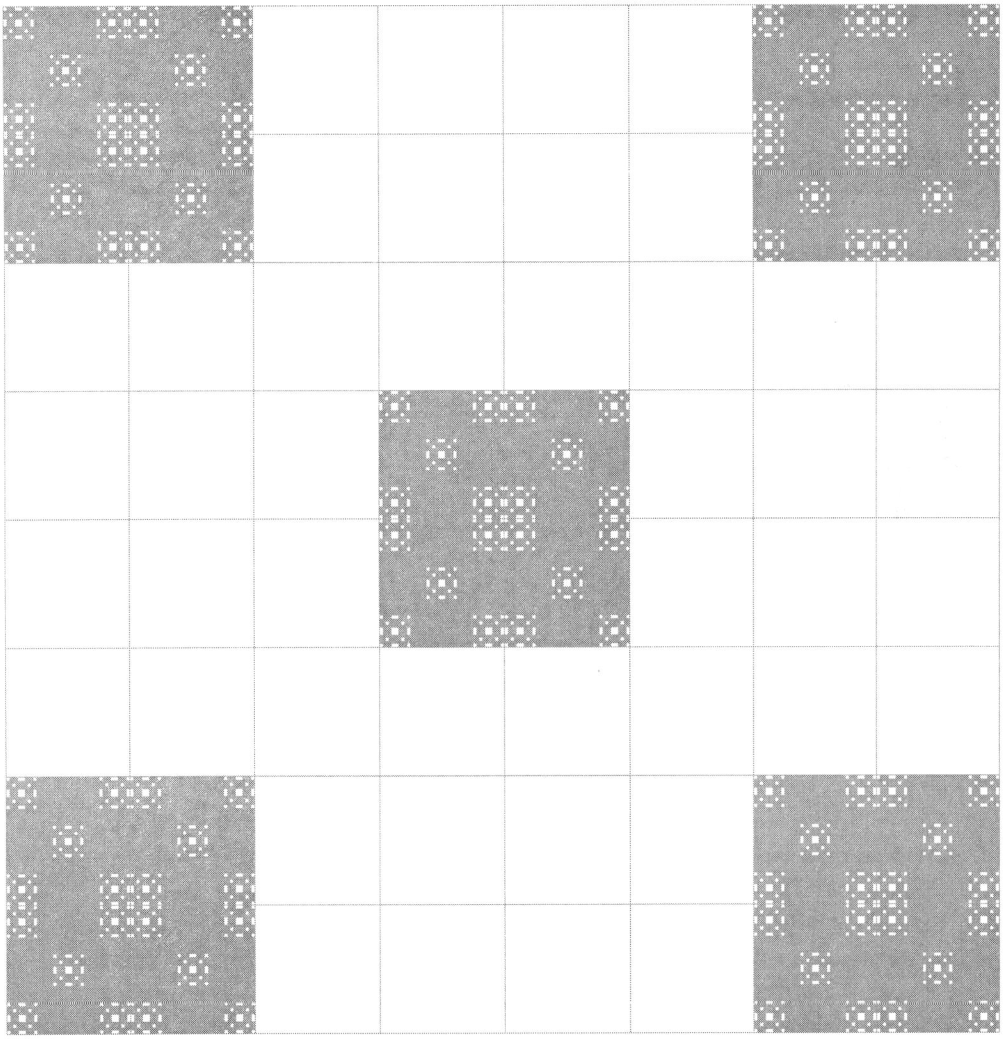

(3) 1단계 28개

① $\log_{8}28 = 1.602$

② $\log_{64}784 = 1.602$

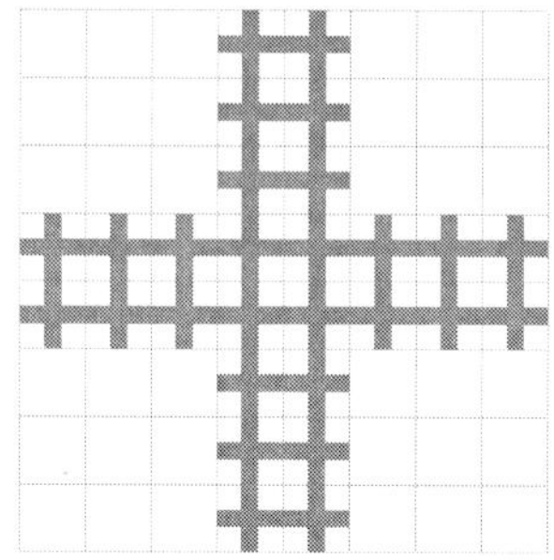

③ $\log_{512}92736 = 1.833$

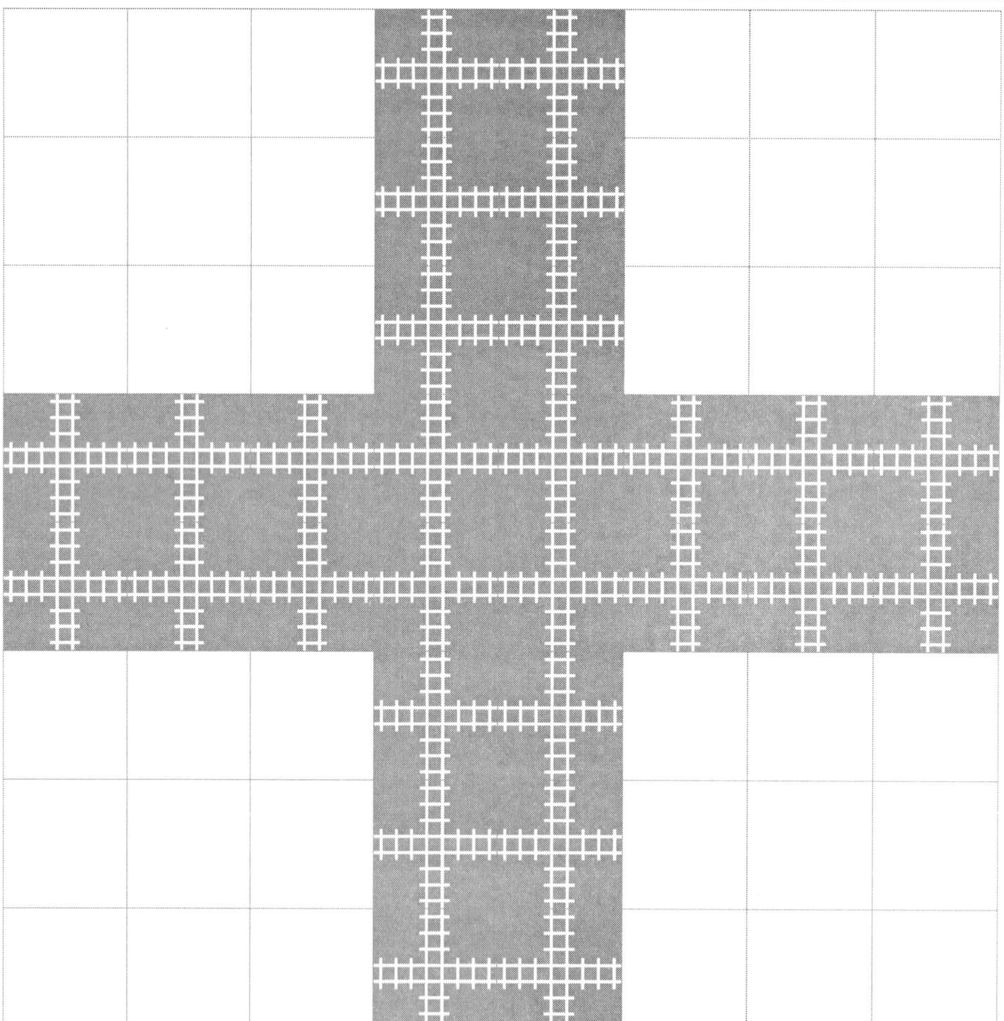

① $\log_8 28 = 1.602$

② $\log_{64} 784 = 1.602$

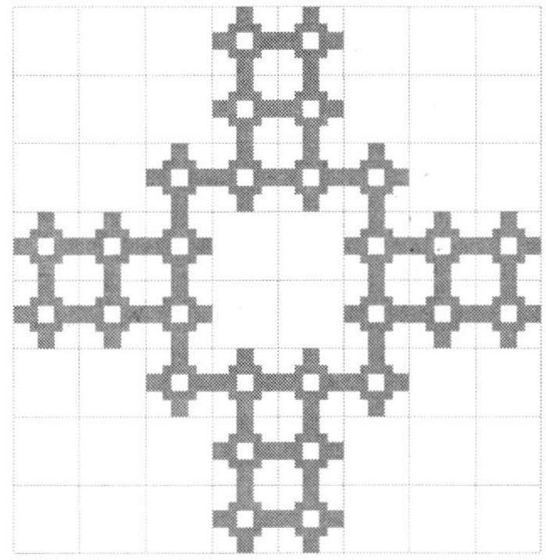

③ $\log_{512} 92736 = 1.833$

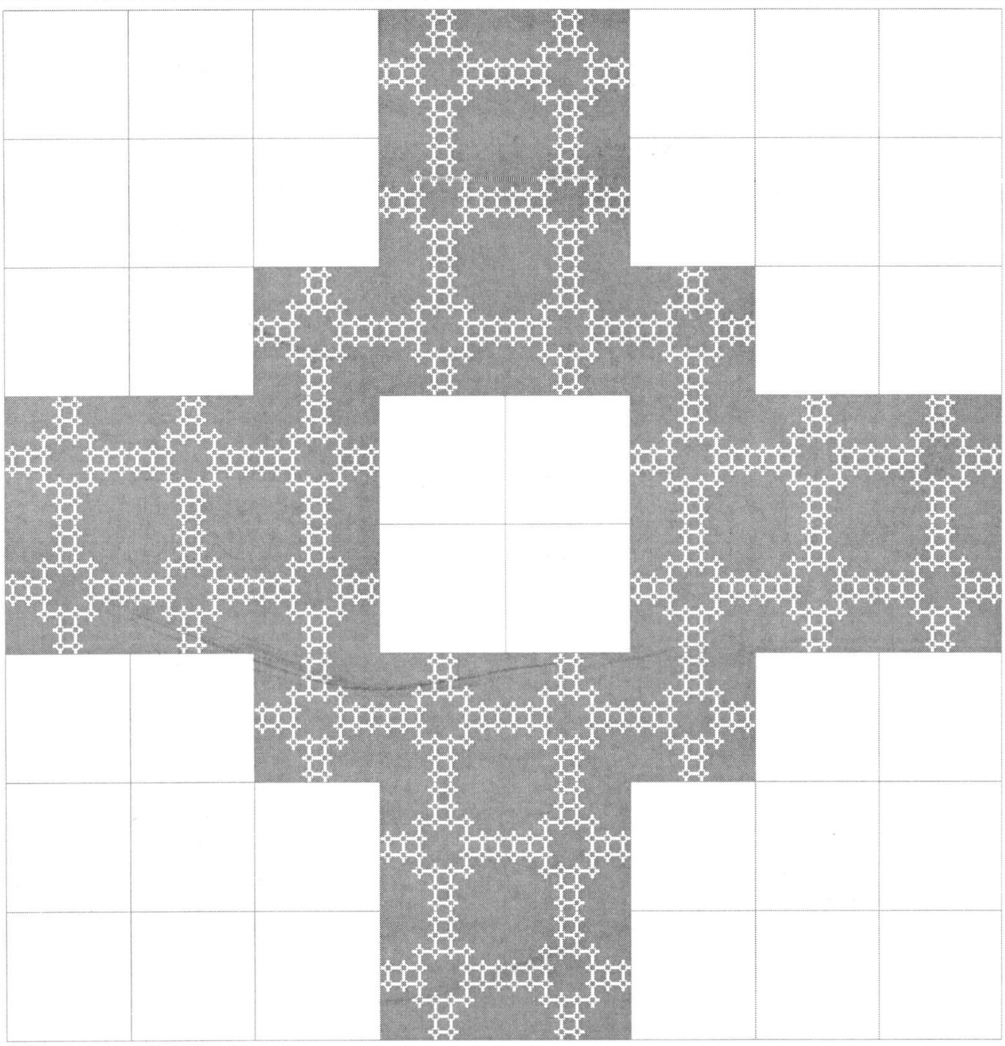

(4) 1단계 32개

① $\log_{8}32 = 1.667$

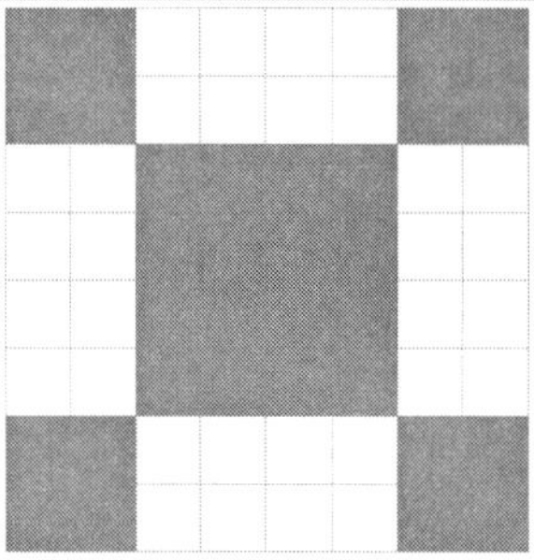

② $\log_{64}1024 = 1.667$

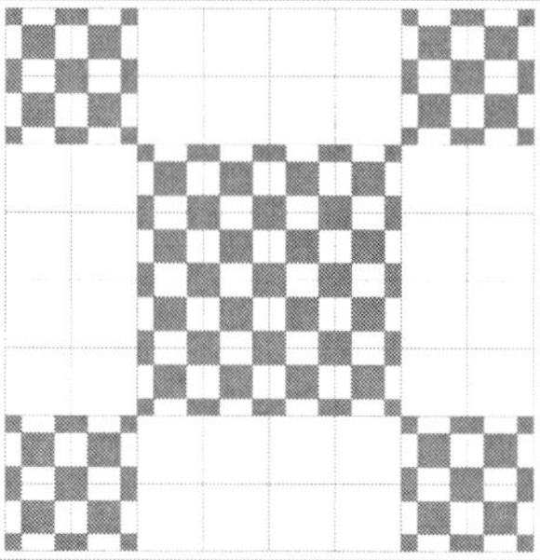

③ $\log_{512}98304 = 1.843$

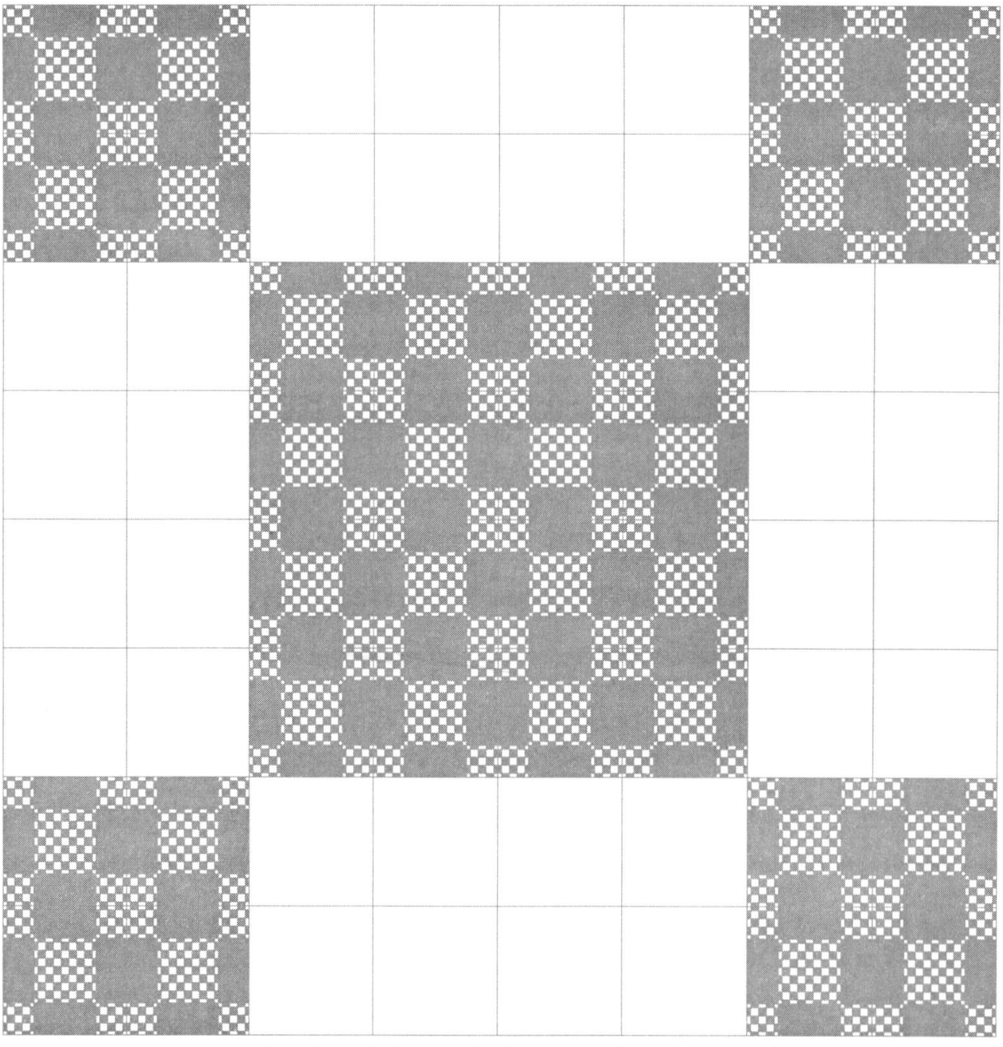

① $\log_8 32 = 1.667$	② $\log_{64} 1024 = 1.667$

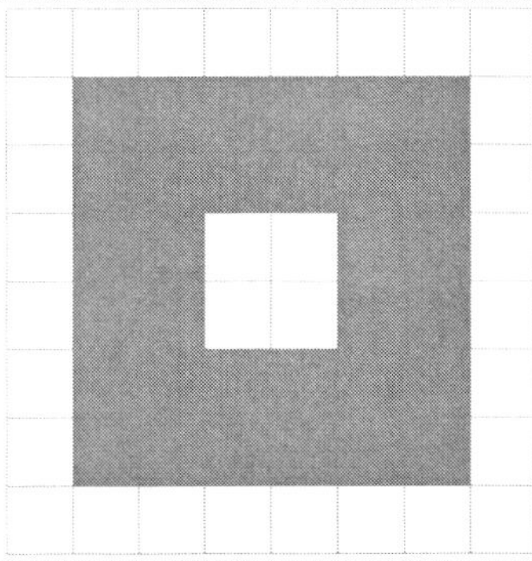

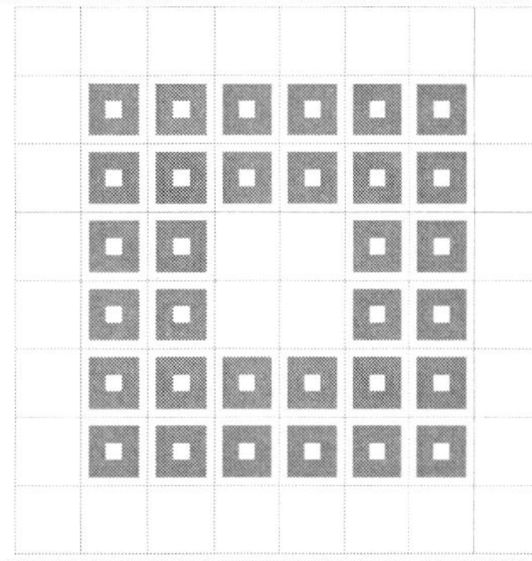

③ $\log_{512} 98304 = 1.843$

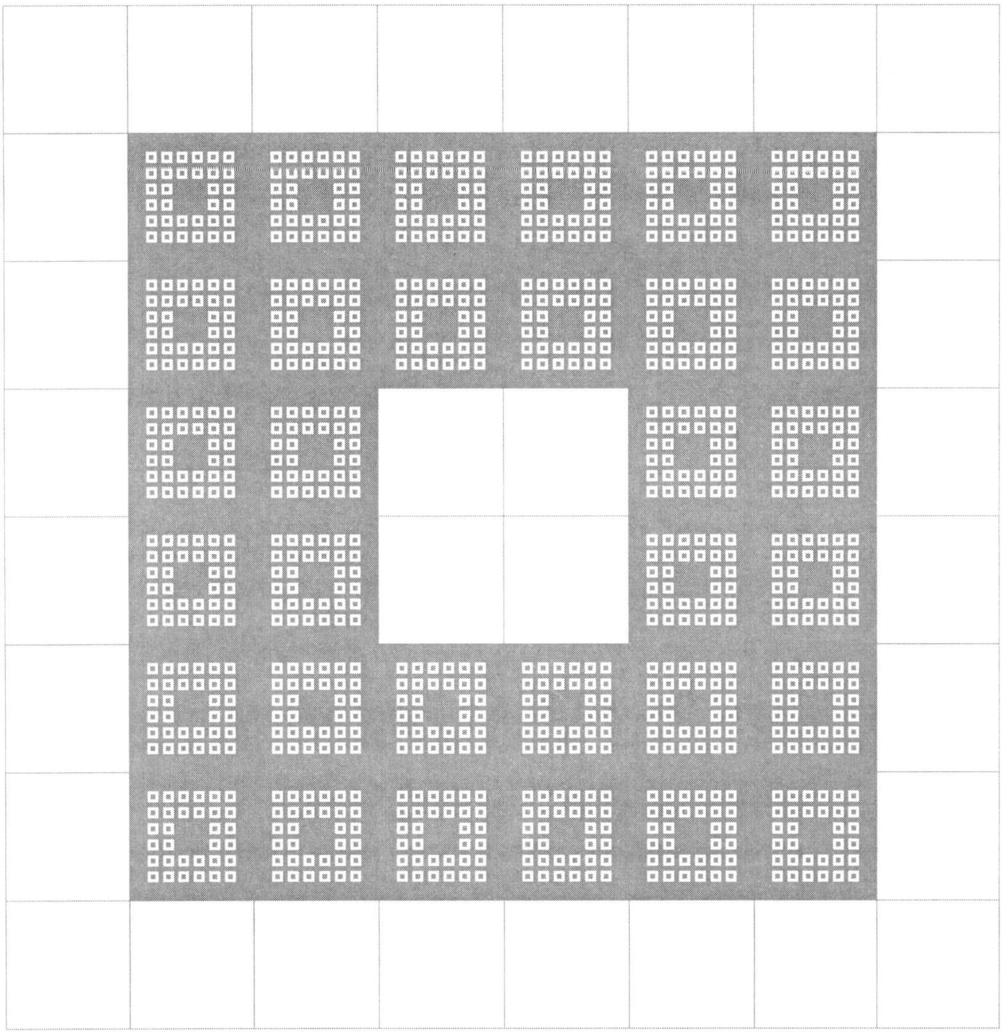

① $\log_8 32 = 1.667$	② $\log_{64} 1024 = 1.667$
	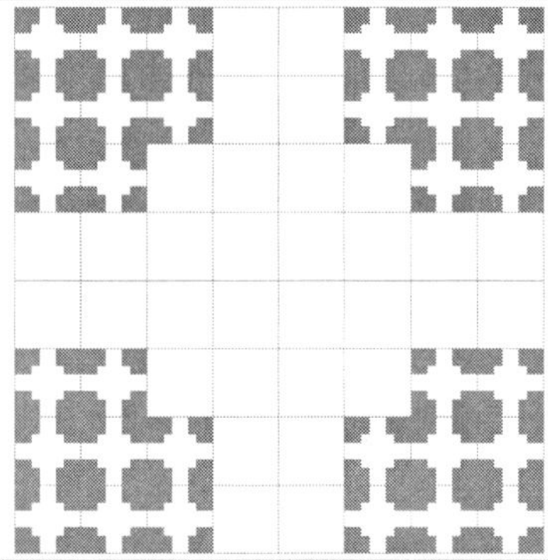

③ $\log_{512} 98304 = 1.843$

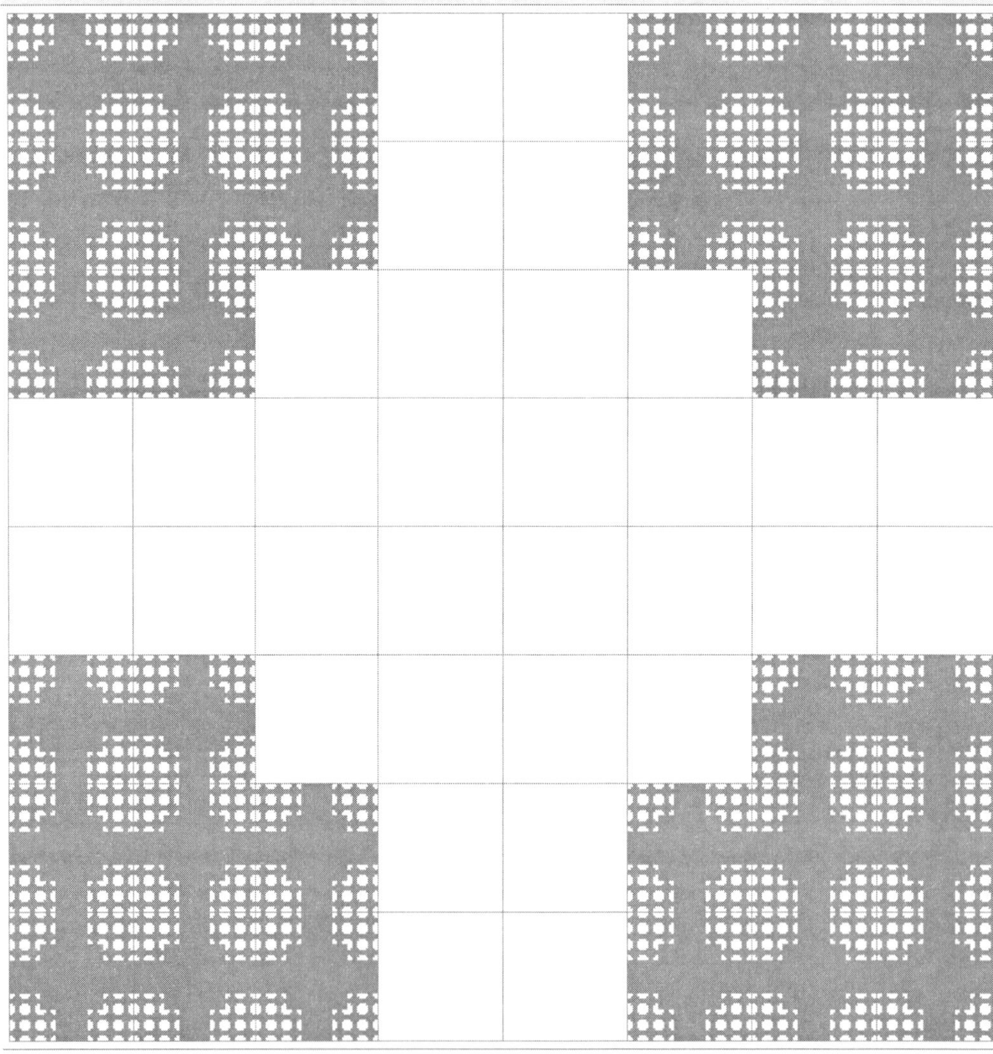

① $\log_8 32 = 1.667$

② $\log_{64} 1024 = 1.667$

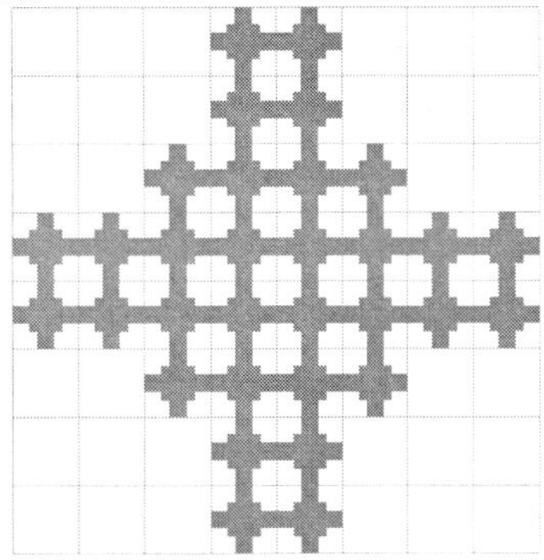

③ $\log_{512} 98304 = 1.843$

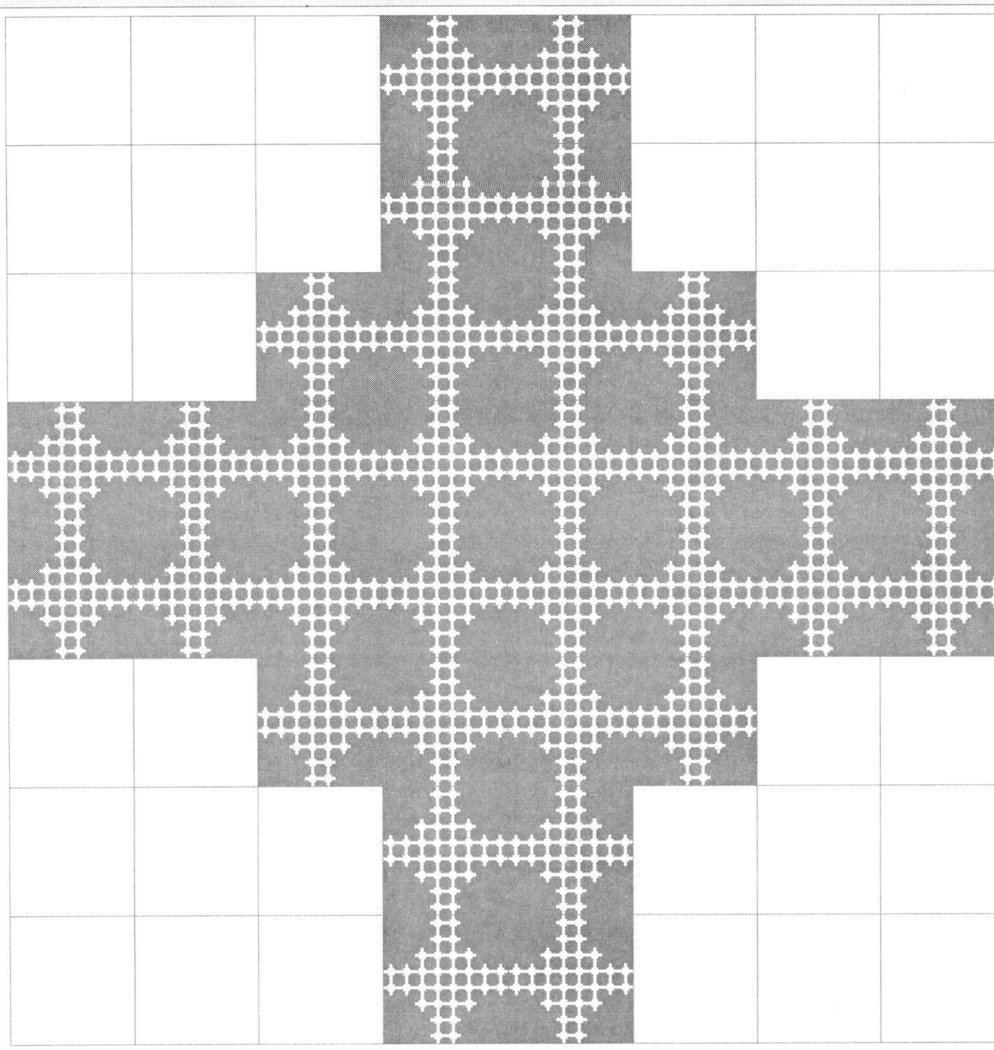

(5) 1단계 36개

① $\log_{8}36 = 1.723$

② $\log_{64}1296 = 1.723$

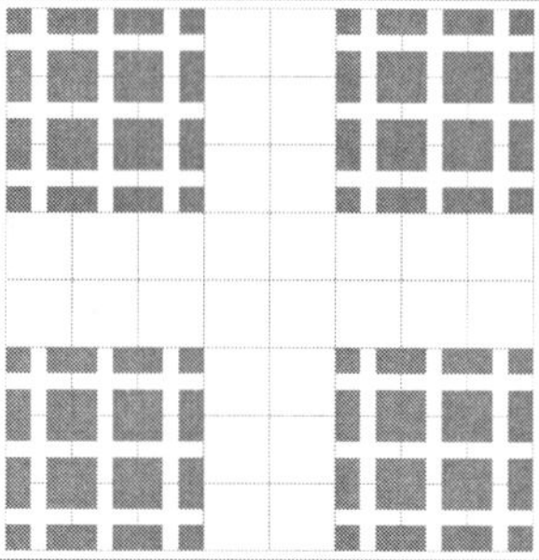

③ $\log_{512}100800 = 1.847$

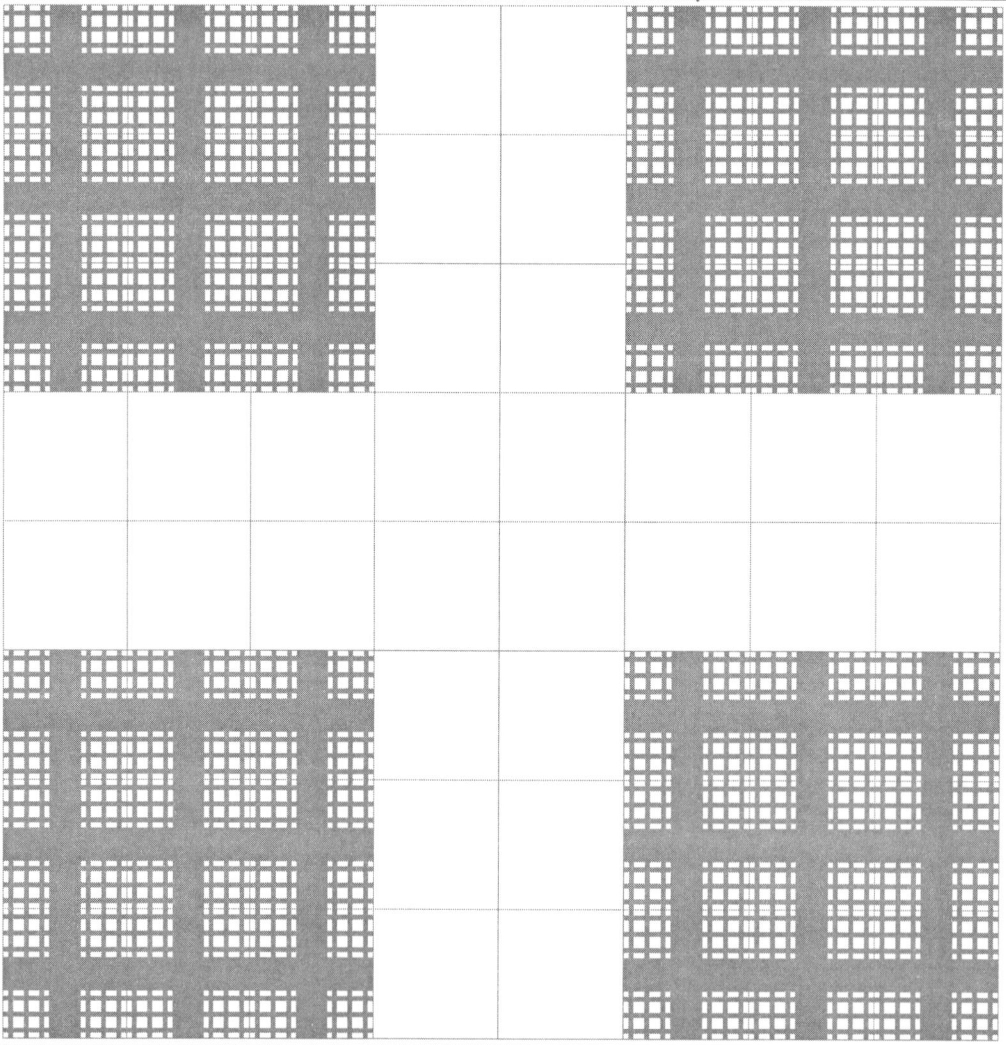

(6) 1단계 40개

① $\log_{8}40 = 1.774$	② $\log_{64}1600 = 1.774$
	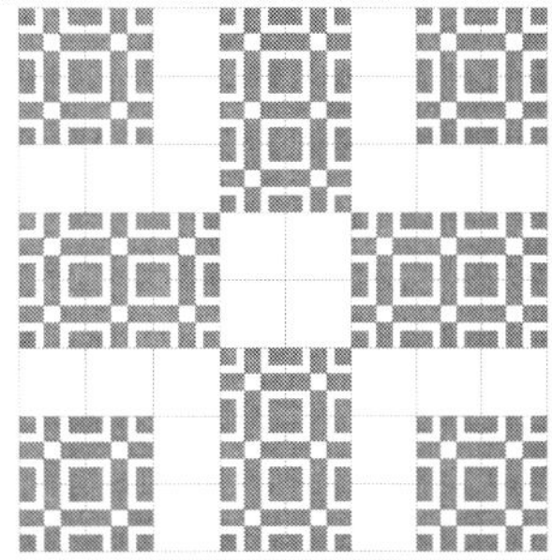

③ $\log_{512}99840 = 1.845$

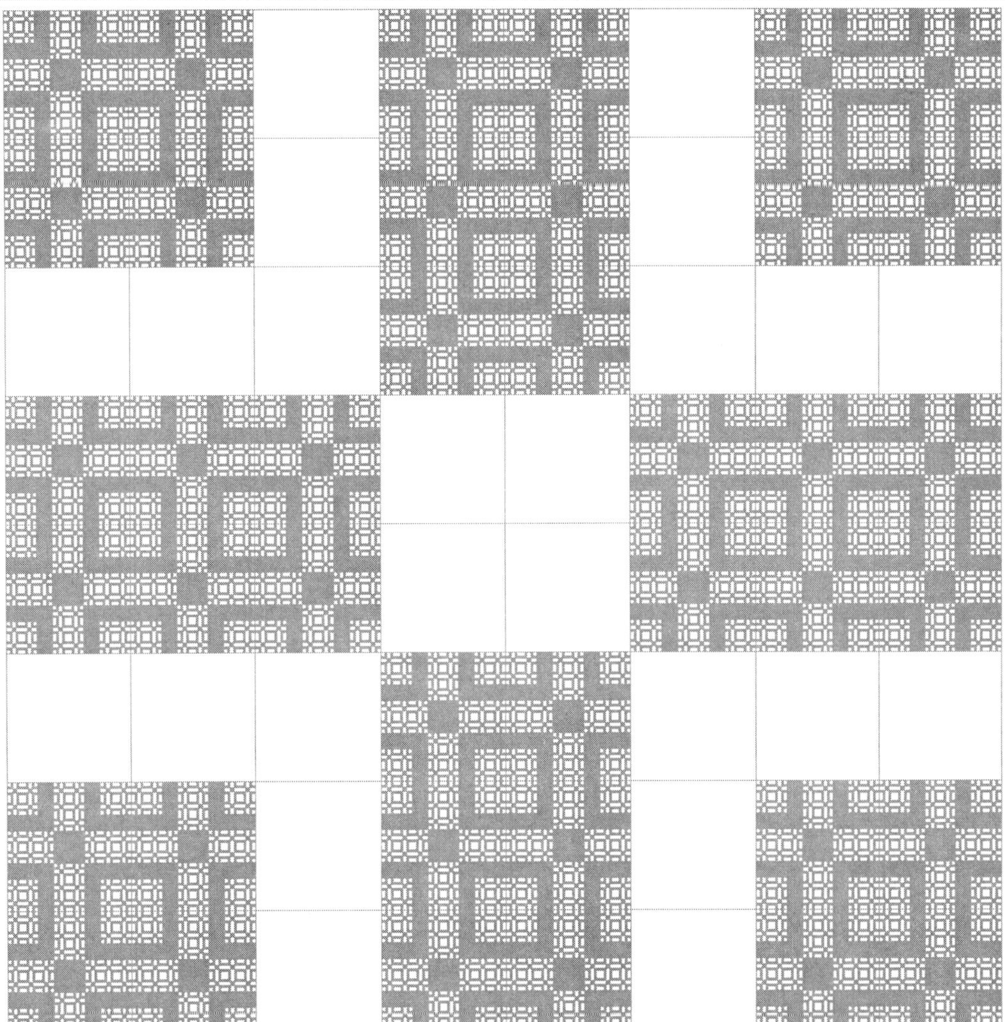

(7) 1단계 44개

① $\log_8 44 = 1.82$

② $\log_{64} 1936 = 1.82$

③ $\log_{512} 95040 = 1.837$

(8) 1단계 44개

① $\log_8 44 = 1.82$	② $\log_{64} 1936 = 1.82$

③ $\log_{512} 95040 = 1.837$

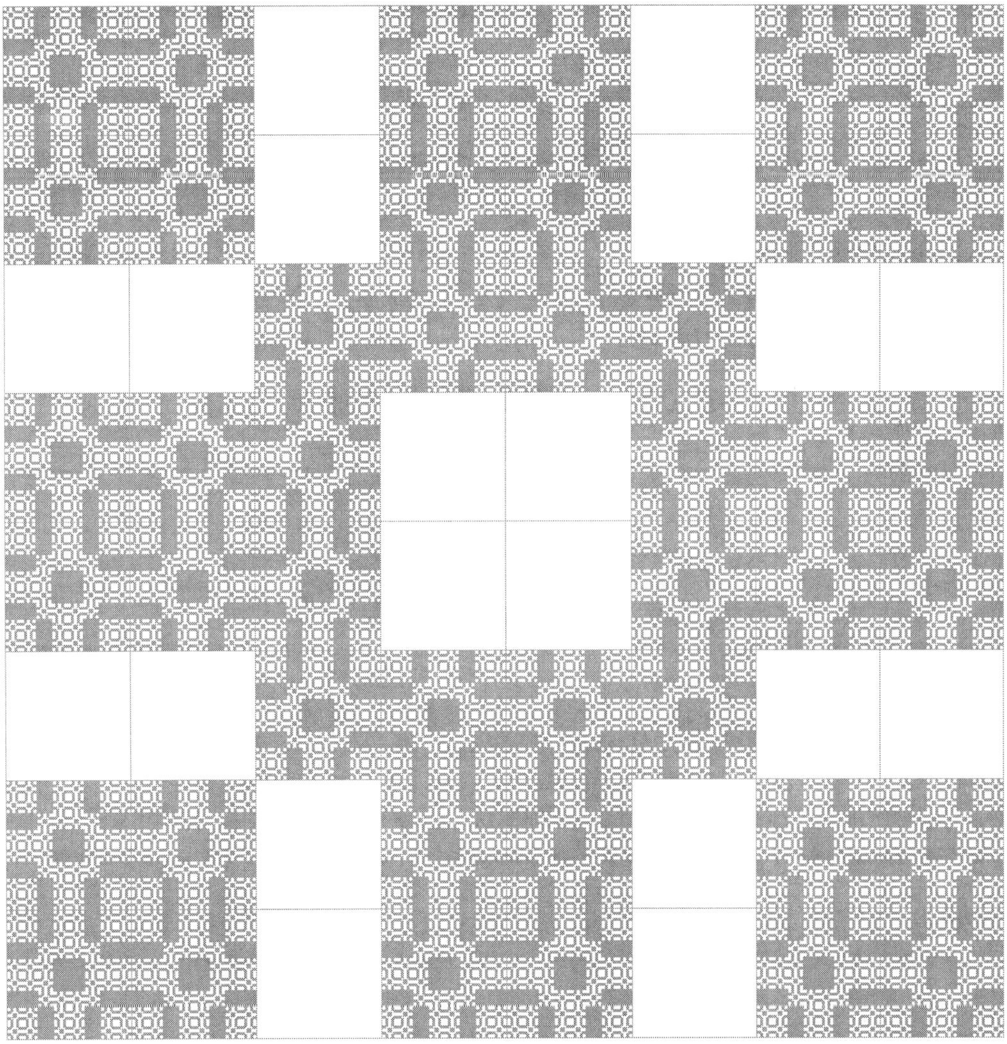

(9) 1단계 48개

① $\log_{8}48 = 1.862$	② $\log_{64}2304 = 1.862$
	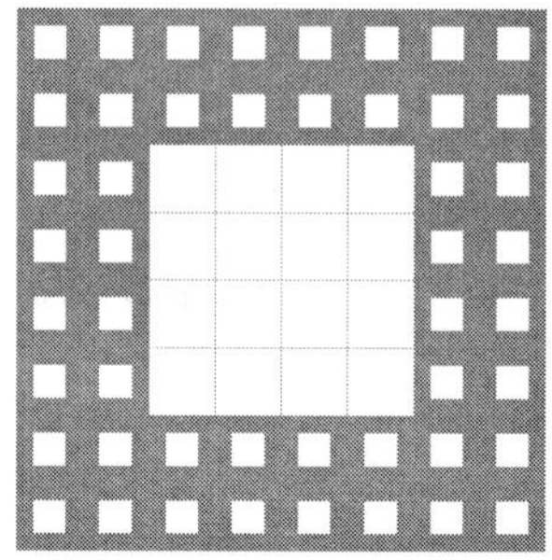

③ $\log_{512}86016 = 1.821$

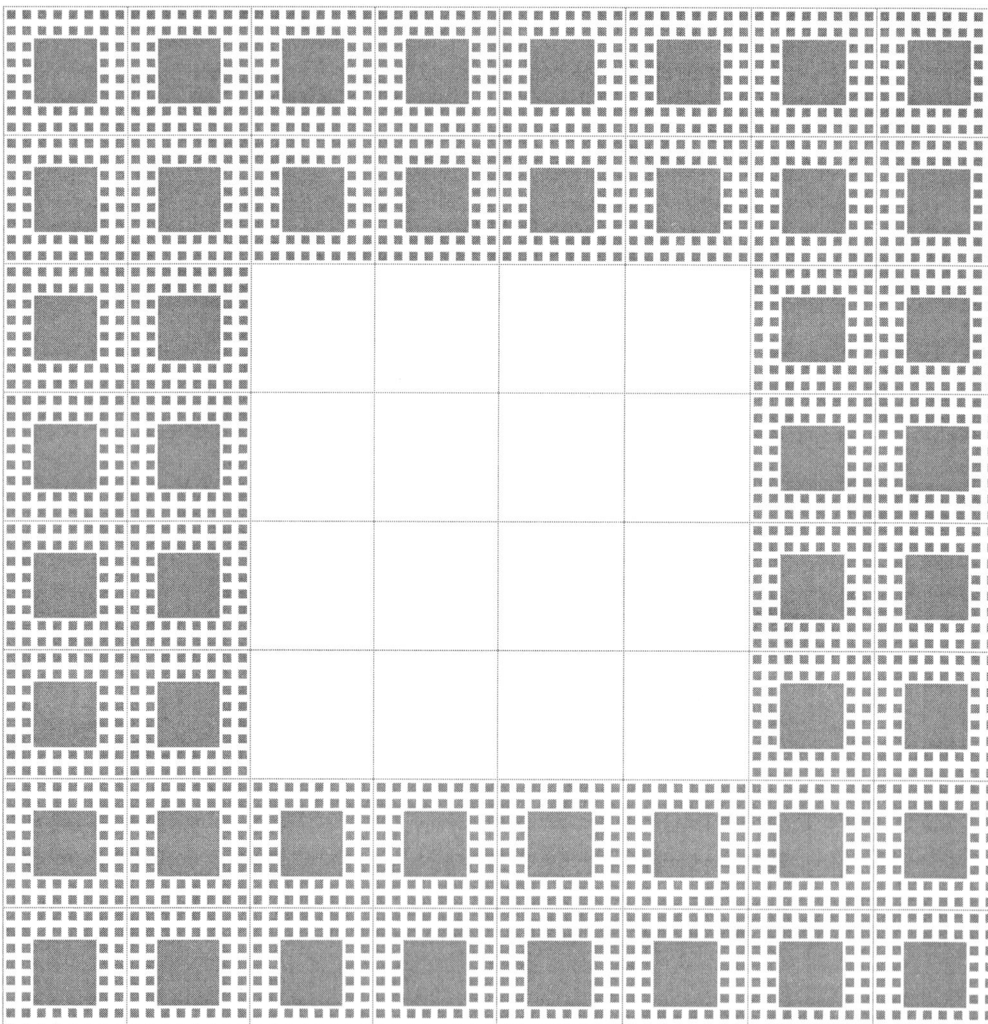

① $\log_8 48 = 1.862$

② $\log_{64} 2304 = 1.862$

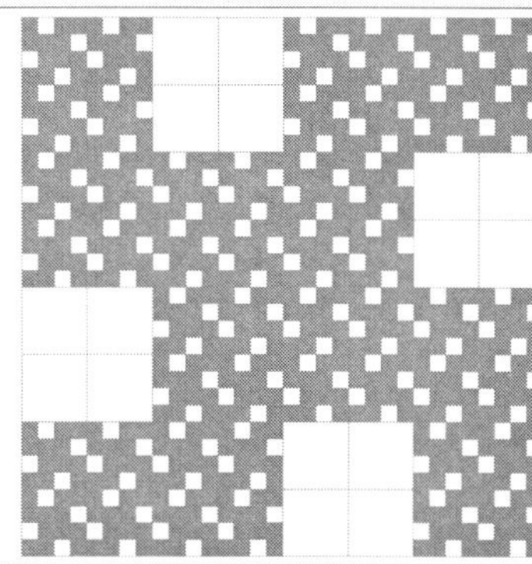

③ $\log_{512} 86016 = 1.821$

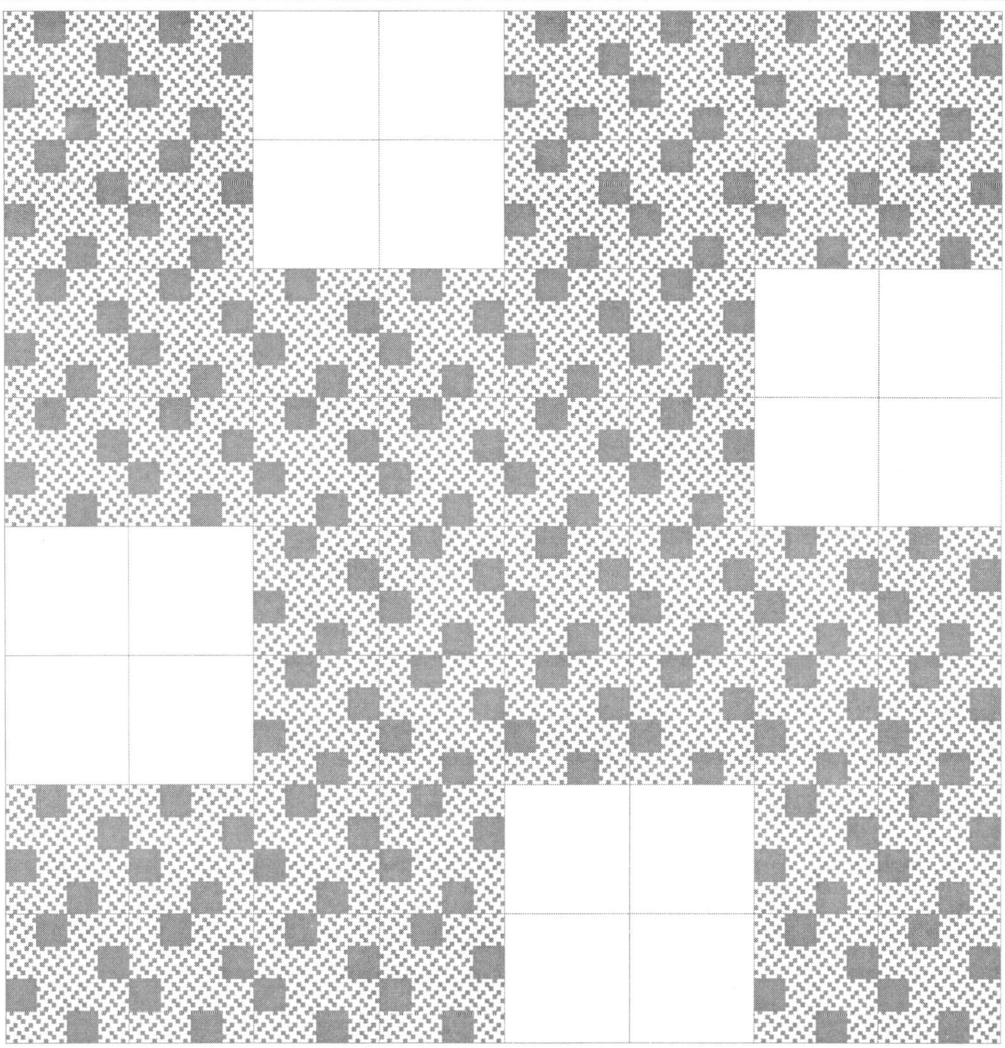

제 4 장

곱셈-나눗셈 프랙탈 디자인

1 곱셈-나눗셈 프랙탈 디자인

곱셈-나눗셈 프랙탈은 1단계 프랙탈을 이용하여 2단계 프랙탈을 만들 때는 곱셈 프랙탈을 이용한다. 1단계와 2단계를 이용하여 3단계 프랙탈을 만들때는 나눗셈 프랙탈을 이용한다.

(1) 1단계 프랙탈

① 1단계의 프랙탈이 다음과 같이 만들어 보자.

0	0	0
0	1	0
0	0	0

(2) 2단계 프랙탈

① 곱셈 프랙탈을 이용하여 2단계의 프랙탈을 만들어 보자.

0	0	0	0	0	0	0	0	0
0	0	0	0	0	0	0	0	0
0	0	0	0	0	0	0	0	0
0	0	0	1	1	1	0	0	0
0	0	0	1	1	1	0	0	0
0	0	0	1	1	1	0	0	0
0	0	0	0	0	0	0	0	0
0	0	0	0	0	0	0	0	0
0	0	0	0	0	0	0	0	0

0	0	0	0	0	0	0	0	0
0	1	0	0	1	0	0	1	0
0	0	0	0	0	0	0	0	0
0	0	0	0	0	0	0	0	0
0	1	0	0	1	0	0	1	0
0	0	0	0	0	0	0	0	0
0	0	0	0	0	0	0	0	0
0	1	0	0	1	0	0	1	0
0	0	0	0	0	0	0	0	0

② 같은 위치에 있는 대응하는 수의 곱을 구해보자. 오른쪽의 결과를 살펴보자.

0×0	0×0	0×0	0×0	0×0	0×0	0×0	0×0	0×0
0×0	0×1	0×0	0×0	0×1	0×0	0×0	0×1	0×0
0×0	0×0	0×0	0×0	0×0	0×0	0×0	0×0	0×0
0×0	0×0	0×0	1×0	1×0	1×0	0×0	0×0	0×0
0×0	0×1	0×0	1×0	1×1	1×0	0×0	0×1	0×0
0×0	0×0	0×0	1×0	1×0	1×0	0×0	0×0	0×0
0×0	0×0	0×0	0×0	0×0	0×0	0×0	0×0	0×0
0×0	0×1	0×0	0×0	0×1	0×0	0×0	0×1	0×0
0×0	0×0	0×0	0×0	0×0	0×0	0×0	0×0	0×0

0	0	0	0	0	0	0	0	0
0	0	0	0	0	0	0	0	0
0	0	0	0	0	0	0	0	0
0	0	0	0	0	0	0	0	0
0	0	0	0	1	0	0	0	0
0	0	0	0	0	0	0	0	0
0	0	0	0	0	0	0	0	0
0	0	0	0	0	0	0	0	0
0	0	0	0	0	0	0	0	0

(3) 3단계 프랙탈

① 같은 방법으로 3단계의 덧셈 프랙탈을 만들 수 있다. 1단계의 각 셀을 27번 반복하였다.

0	0	0	0	0	0	0	0	0	0	0	0	0	0	0	0	0	0	0	0	0	0	0	0	0	0	0
0	0	0	0	0	0	0	0	0	0	0	0	0	0	0	0	0	0	0	0	0	0	0	0	0	0	0
0	0	0	0	0	0	0	0	0	0	0	0	0	0	0	0	0	0	0	0	0	0	0	0	0	0	0
0	0	0	0	0	0	0	0	0	0	0	0	0	0	0	0	0	0	0	0	0	0	0	0	0	0	0
0	0	0	0	0	0	0	0	0	0	0	0	0	0	0	0	0	0	0	0	0	0	0	0	0	0	0
0	0	0	0	0	0	0	0	0	0	0	0	0	0	0	0	0	0	0	0	0	0	0	0	0	0	0
0	0	0	0	0	0	0	0	0	0	0	0	0	0	0	0	0	0	0	0	0	0	0	0	0	0	0
0	0	0	0	0	0	0	0	0	0	0	0	0	0	0	0	0	0	0	0	0	0	0	0	0	0	0
0	0	0	0	0	0	0	0	0	0	0	0	0	0	0	0	0	0	0	0	0	0	0	0	0	0	0
0	0	0	0	0	0	0	0	0	1	1	1	1	1	1	1	1	1	0	0	0	0	0	0	0	0	0
0	0	0	0	0	0	0	0	0	1	1	1	1	1	1	1	1	1	0	0	0	0	0	0	0	0	0
0	0	0	0	0	0	0	0	0	1	1	1	1	1	1	1	1	1	0	0	0	0	0	0	0	0	0
0	0	0	0	0	0	0	0	0	1	1	1	1	1	1	1	1	1	0	0	0	0	0	0	0	0	0
0	0	0	0	0	0	0	0	0	1	1	1	1	1	1	1	1	1	0	0	0	0	0	0	0	0	0
0	0	0	0	0	0	0	0	0	1	1	1	1	1	1	1	1	1	0	0	0	0	0	0	0	0	0
0	0	0	0	0	0	0	0	0	1	1	1	1	1	1	1	1	1	0	0	0	0	0	0	0	0	0
0	0	0	0	0	0	0	0	0	1	1	1	1	1	1	1	1	1	0	0	0	0	0	0	0	0	0
0	0	0	0	0	0	0	0	0	1	1	1	1	1	1	1	1	1	0	0	0	0	0	0	0	0	0
0	0	0	0	0	0	0	0	0	0	0	0	0	0	0	0	0	0	0	0	0	0	0	0	0	0	0
0	0	0	0	0	0	0	0	0	0	0	0	0	0	0	0	0	0	0	0	0	0	0	0	0	0	0
0	0	0	0	0	0	0	0	0	0	0	0	0	0	0	0	0	0	0	0	0	0	0	0	0	0	0
0	0	0	0	0	0	0	0	0	0	0	0	0	0	0	0	0	0	0	0	0	0	0	0	0	0	0
0	0	0	0	0	0	0	0	0	0	0	0	0	0	0	0	0	0	0	0	0	0	0	0	0	0	0
0	0	0	0	0	0	0	0	0	0	0	0	0	0	0	0	0	0	0	0	0	0	0	0	0	0	0
0	0	0	0	0	0	0	0	0	0	0	0	0	0	0	0	0	0	0	0	0	0	0	0	0	0	0
0	0	0	0	0	0	0	0	0	0	0	0	0	0	0	0	0	0	0	0	0	0	0	0	0	0	0
0	0	0	0	0	0	0	0	0	0	0	0	0	0	0	0	0	0	0	0	0	0	0	0	0	0	0

② 2단계의 프랙탈을 9번 반복해보자.

0	0	0	0	0	0	0	0	0	0	0	0	0	0	0	0	0	0	0	0	0	0	0	0	0	0	0
0	0	0	0	0	0	0	0	0	0	0	0	0	0	0	0	0	0	0	0	0	0	0	0	0	0	0
0	0	0	0	0	0	0	0	0	0	0	0	0	0	0	0	0	0	0	0	0	0	0	0	0	0	0
0	0	0	0	0	0	0	0	0	0	0	0	0	0	0	0	0	0	0	0	0	0	0	0	0	0	0
0	0	0	0	1	0	0	0	0	0	0	0	0	1	0	0	0	0	0	0	0	0	1	0	0	0	0
0	0	0	0	0	0	0	0	0	0	0	0	0	0	0	0	0	0	0	0	0	0	0	0	0	0	0
0	0	0	0	0	0	0	0	0	0	0	0	0	0	0	0	0	0	0	0	0	0	0	0	0	0	0
0	0	0	0	0	0	0	0	0	0	0	0	0	0	0	0	0	0	0	0	0	0	0	0	0	0	0
0	0	0	0	0	0	0	0	0	0	0	0	0	0	0	0	0	0	0	0	0	0	0	0	0	0	0
0	0	0	0	0	0	0	0	0	0	0	0	0	0	0	0	0	0	0	0	0	0	0	0	0	0	0
0	0	0	0	0	0	0	0	0	0	0	0	0	0	0	0	0	0	0	0	0	0	0	0	0	0	0
0	0	0	0	0	0	0	0	0	0	0	0	0	0	0	0	0	0	0	0	0	0	0	0	0	0	0
0	0	0	0	0	0	0	0	0	0	0	0	0	0	0	0	0	0	0	0	0	0	0	0	0	0	0
0	0	0	0	1	0	0	0	0	0	0	0	0	1	0	0	0	0	0	0	0	0	1	0	0	0	0
0	0	0	0	0	0	0	0	0	0	0	0	0	0	0	0	0	0	0	0	0	0	0	0	0	0	0
0	0	0	0	0	0	0	0	0	0	0	0	0	0	0	0	0	0	0	0	0	0	0	0	0	0	0
0	0	0	0	0	0	0	0	0	0	0	0	0	0	0	0	0	0	0	0	0	0	0	0	0	0	0
0	0	0	0	0	0	0	0	0	0	0	0	0	0	0	0	0	0	0	0	0	0	0	0	0	0	0
0	0	0	0	0	0	0	0	0	0	0	0	0	0	0	0	0	0	0	0	0	0	0	0	0	0	0
0	0	0	0	0	0	0	0	0	0	0	0	0	0	0	0	0	0	0	0	0	0	0	0	0	0	0
0	0	0	0	0	0	0	0	0	0	0	0	0	0	0	0	0	0	0	0	0	0	0	0	0	0	0
0	0	0	0	0	0	0	0	0	0	0	0	0	0	0	0	0	0	0	0	0	0	0	0	0	0	0
0	0	0	0	1	0	0	0	0	0	0	0	0	1	0	0	0	0	0	0	0	0	1	0	0	0	0
0	0	0	0	0	0	0	0	0	0	0	0	0	0	0	0	0	0	0	0	0	0	0	0	0	0	0
0	0	0	0	0	0	0	0	0	0	0	0	0	0	0	0	0	0	0	0	0	0	0	0	0	0	0
0	0	0	0	0	0	0	0	0	0	0	0	0	0	0	0	0	0	0	0	0	0	0	0	0	0	0
0	0	0	0	0	0	0	0	0	0	0	0	0	0	0	0	0	0	0	0	0	0	0	0	0	0	0

③ 대응하는 셀의 합을 구해보자.

0	0	0	0	0	0	0	0	0	0	0	0	0	0	0	0	0	0	0	0	0	0	0	0	0	0	0
0	0	0	0	0	0	0	0	0	0	0	0	0	0	0	0	0	0	0	0	0	0	0	0	0	0	0
0	0	0	0	0	0	0	0	0	0	0	0	0	0	0	0	0	0	0	0	0	0	0	0	0	0	0
0	0	0	0	0	0	0	0	0	0	0	0	0	0	0	0	0	0	0	0	0	0	0	0	0	0	0
0	0	0	0	1	0	0	0	0	0	0	0	0	1	0	0	0	0	0	0	0	0	1	0	0	0	0
0	0	0	0	0	0	0	0	0	0	0	0	0	0	0	0	0	0	0	0	0	0	0	0	0	0	0
0	0	0	0	0	0	0	0	0	0	0	0	0	0	0	0	0	0	0	0	0	0	0	0	0	0	0
0	0	0	0	0	0	0	0	0	0	0	0	0	0	0	0	0	0	0	0	0	0	0	0	0	0	0
0	0	0	0	0	0	0	0	0	0	0	0	0	0	0	0	0	0	0	0	0	0	0	0	0	0	0
0	0	0	0	0	0	0	0	0	1	1	1	1	1	1	1	1	1	0	0	0	0	0	0	0	0	0
0	0	0	0	0	0	0	0	0	1	1	1	1	1	1	1	1	1	0	0	0	0	0	0	0	0	0
0	0	0	0	0	0	0	0	0	1	1	1	1	1	1	1	1	1	0	0	0	0	0	0	0	0	0
0	0	0	0	0	0	0	0	0	1	1	1	1	1	1	1	1	1	0	0	0	0	0	0	0	0	0
0	0	0	0	1	0	0	0	0	1	1	1	1	2	1	1	1	1	0	0	0	0	1	0	0	0	0
0	0	0	0	0	0	0	0	0	1	1	1	1	1	1	1	1	1	0	0	0	0	0	0	0	0	0
0	0	0	0	0	0	0	0	0	1	1	1	1	1	1	1	1	1	0	0	0	0	0	0	0	0	0
0	0	0	0	0	0	0	0	0	1	1	1	1	1	1	1	1	1	0	0	0	0	0	0	0	0	0
0	0	0	0	0	0	0	0	0	1	1	1	1	1	1	1	1	1	0	0	0	0	0	0	0	0	0
0	0	0	0	0	0	0	0	0	0	0	0	0	0	0	0	0	0	0	0	0	0	0	0	0	0	0
0	0	0	0	0	0	0	0	0	0	0	0	0	0	0	0	0	0	0	0	0	0	0	0	0	0	0
0	0	0	0	0	0	0	0	0	0	0	0	0	0	0	0	0	0	0	0	0	0	0	0	0	0	0
0	0	0	0	0	0	0	0	0	0	0	0	0	0	0	0	0	0	0	0	0	0	0	0	0	0	0
0	0	0	0	1	0	0	0	0	0	0	0	0	1	0	0	0	0	0	0	0	0	1	0	0	0	0
0	0	0	0	0	0	0	0	0	0	0	0	0	0	0	0	0	0	0	0	0	0	0	0	0	0	0
0	0	0	0	0	0	0	0	0	0	0	0	0	0	0	0	0	0	0	0	0	0	0	0	0	0	0
0	0	0	0	0	0	0	0	0	0	0	0	0	0	0	0	0	0	0	0	0	0	0	0	0	0	0
0	0	0	0	0	0	0	0	0	0	0	0	0	0	0	0	0	0	0	0	0	0	0	0	0	0	0

④ 계산 결과를 2로 나누고 0보다 큰 수에 색을 칠해 보자.

0	0	0	0	0	0	0	0	0	0	0	0	0	0	0	0	0	0	0	0	0	0	0	0	0	0	0
0	0	0	0	0	0	0	0	0	0	0	0	0	0	0	0	0	0	0	0	0	0	0	0	0	0	0
0	0	0	0	0	0	0	0	0	0	0	0	0	0	0	0	0	0	0	0	0	0	0	0	0	0	0
0	0	0	0	0	0	0	0	0	0	0	0	0	0	0	0	0	0	0	0	0	0	0	0	0	0	0
0	0	0	0	1	0	0	0	0	0	0	0	0	1	0	0	0	0	0	0	0	0	1	0	0	0	0
0	0	0	0	0	0	0	0	0	0	0	0	0	0	0	0	0	0	0	0	0	0	0	0	0	0	0
0	0	0	0	0	0	0	0	0	0	0	0	0	0	0	0	0	0	0	0	0	0	0	0	0	0	0
0	0	0	0	0	0	0	0	0	0	0	0	0	0	0	0	0	0	0	0	0	0	0	0	0	0	0
0	0	0	0	0	0	0	0	0	0	0	0	0	0	0	0	0	0	0	0	0	0	0	0	0	0	0
0	0	0	0	0	0	0	0	0	1	1	1	1	1	1	1	1	1	0	0	0	0	0	0	0	0	0
0	0	0	0	0	0	0	0	0	1	1	1	1	1	1	1	1	1	0	0	0	0	0	0	0	0	0
0	0	0	0	0	0	0	0	0	1	1	1	1	1	1	1	1	1	0	0	0	0	0	0	0	0	0
0	0	0	0	0	0	0	0	0	1	1	1	1	1	1	1	1	1	0	0	0	0	0	0	0	0	0
0	0	0	0	1	0	0	0	0	1	1	1	1	0	1	1	1	1	0	0	0	0	1	0	0	0	0
0	0	0	0	0	0	0	0	0	1	1	1	1	1	1	1	1	1	0	0	0	0	0	0	0	0	0
0	0	0	0	0	0	0	0	0	1	1	1	1	1	1	1	1	1	0	0	0	0	0	0	0	0	0
0	0	0	0	0	0	0	0	0	1	1	1	1	1	1	1	1	1	0	0	0	0	0	0	0	0	0
0	0	0	0	0	0	0	0	0	1	1	1	1	1	1	1	1	1	0	0	0	0	0	0	0	0	0
0	0	0	0	0	0	0	0	0	0	0	0	0	0	0	0	0	0	0	0	0	0	0	0	0	0	0
0	0	0	0	0	0	0	0	0	0	0	0	0	0	0	0	0	0	0	0	0	0	0	0	0	0	0
0	0	0	0	0	0	0	0	0	0	0	0	0	0	0	0	0	0	0	0	0	0	0	0	0	0	0
0	0	0	0	0	0	0	0	0	0	0	0	0	0	0	0	0	0	0	0	0	0	0	0	0	0	0
0	0	0	0	1	0	0	0	0	0	0	0	0	1	0	0	0	0	0	0	0	0	1	0	0	0	0
0	0	0	0	0	0	0	0	0	0	0	0	0	0	0	0	0	0	0	0	0	0	0	0	0	0	0
0	0	0	0	0	0	0	0	0	0	0	0	0	0	0	0	0	0	0	0	0	0	0	0	0	0	0
0	0	0	0	0	0	0	0	0	0	0	0	0	0	0	0	0	0	0	0	0	0	0	0	0	0	0
0	0	0	0	0	0	0	0	0	0	0	0	0	0	0	0	0	0	0	0	0	0	0	0	0	0	0

(4) 엑셀을 이용한 곱셈-나눗셈 프랙탈

① 엑셀에서 2단계 곱셈 프랙탈, 3단계 나눗셈 프랙탈을 만들어 보자.

0	0	0
0	1	0
0	0	0

0	0	0	0	0	0	0	0	0
0	0	0	0	0	0	0	0	0
0	0	0	0	0	0	0	0	0
0	0	0	0	0	0	0	0	0
0	0	0	0	1	0	0	0	0
0	0	0	0	0	0	0	0	0
0	0	0	0	0	0	0	0	0
0	0	0	0	0	0	0	0	0
0	0	0	0	0	0	0	0	0

0	0	0	0	0	0	0	0	0	0	0	0	0	0	0	0	0	0	0	0	0	0	0	0	0	0	0
0	0	0	0	0	0	0	0	0	0	0	0	0	0	0	0	0	0	0	0	0	0	0	0	0	0	0
0	0	0	0	0	0	0	0	0	0	0	0	0	0	0	0	0	0	0	0	0	0	0	0	0	0	0
0	0	0	0	0	0	0	0	0	0	0	0	0	0	0	0	0	0	0	0	0	0	0	0	0	0	0
0	0	0	0	1	0	0	0	0	0	0	0	0	1	0	0	0	0	0	0	0	0	1	0	0	0	0
0	0	0	0	0	0	0	0	0	0	0	0	0	0	0	0	0	0	0	0	0	0	0	0	0	0	0
0	0	0	0	0	0	0	0	0	0	0	0	0	0	0	0	0	0	0	0	0	0	0	0	0	0	0
0	0	0	0	0	0	0	0	0	0	0	0	0	0	0	0	0	0	0	0	0	0	0	0	0	0	0
0	0	0	0	0	0	0	0	0	0	0	0	0	0	0	0	0	0	0	0	0	0	0	0	0	0	0
0	0	0	0	0	0	0	0	0	1	1	1	1	1	1	1	1	1	0	0	0	0	0	0	0	0	0
0	0	0	0	0	0	0	0	0	1	1	1	1	1	1	1	1	1	0	0	0	0	0	0	0	0	0
0	0	0	0	0	0	0	0	0	1	1	1	1	1	1	1	1	1	0	0	0	0	0	0	0	0	0
0	0	0	0	0	0	0	0	0	1	1	1	1	1	1	1	1	1	0	0	0	0	0	0	0	0	0
0	0	0	0	1	0	0	0	0	1	1	1	1	0	1	1	1	1	0	0	0	0	1	0	0	0	0
0	0	0	0	0	0	0	0	0	1	1	1	1	1	1	1	1	1	0	0	0	0	0	0	0	0	0
0	0	0	0	0	0	0	0	0	1	1	1	1	1	1	1	1	1	0	0	0	0	0	0	0	0	0
0	0	0	0	0	0	0	0	0	1	1	1	1	1	1	1	1	1	0	0	0	0	0	0	0	0	0
0	0	0	0	0	0	0	0	0	1	1	1	1	1	1	1	1	1	0	0	0	0	0	0	0	0	0
0	0	0	0	0	0	0	0	0	0	0	0	0	0	0	0	0	0	0	0	0	0	0	0	0	0	0
0	0	0	0	0	0	0	0	0	0	0	0	0	0	0	0	0	0	0	0	0	0	0	0	0	0	0
0	0	0	0	0	0	0	0	0	0	0	0	0	0	0	0	0	0	0	0	0	0	0	0	0	0	0
0	0	0	0	0	0	0	0	0	0	0	0	0	0	0	0	0	0	0	0	0	0	0	0	0	0	0
0	0	0	0	1	0	0	0	0	0	0	0	0	1	0	0	0	0	0	0	0	0	1	0	0	0	0
0	0	0	0	0	0	0	0	0	0	0	0	0	0	0	0	0	0	0	0	0	0	0	0	0	0	0
0	0	0	0	0	0	0	0	0	0	0	0	0	0	0	0	0	0	0	0	0	0	0	0	0	0	0
0	0	0	0	0	0	0	0	0	0	0	0	0	0	0	0	0	0	0	0	0	0	0	0	0	0	0
0	0	0	0	0	0	0	0	0	0	0	0	0	0	0	0	0	0	0	0	0	0	0	0	0	0	0

② 2단계 곱셈 프랙탈을 다음과 같이 입력하자.

0	0	0
0	1	0
0	0	0

F	G	H	I	J	K	L	M	N
=$B$2*B2	=$B$2*C2	=$B$2*D2	=$C$2*B2	=$C$2*C2	=$C$2*D2	=$D$2*B2	=$D$2*C2	=$D$2*D2
=$B$2*B3	=$B$2*C3	=$B$2*D3	=$C$2*B3	=$C$2*C3	=$C$2*D3	=$D$2*B3	=$D$2*C3	=$D$2*D3
=$B$2*B4	=$B$2*C4	=$B$2*D4	=$C$2*B4	=$C$2*C4	=$C$2*D4	=$D$2*B4	=$D$2*C4	=$D$2*D4
=$B$3*B2	=$B$3*C2	=$B$3*D2	=$C$3*B2	=$C$3*C2	=$C$3*D2	=$D$3*B2	=$D$3*C2	=$D$3*D2
=$B$3*B3	=$B$3*C3	=$B$3*D3	=$C$3*B3	=$C$3*C3	=$C$3*D3	=$D$3*B3	=$D$3*C3	=$D$3*D3
=$B$3*B4	=$B$3*C4	=$B$3*D4	=$C$3*B4	=$C$3*C4	=$C$3*D4	=$D$3*B4	=$D$3*C4	=$D$3*D4
=$B$4*B2	=$B$4*C2	=$B$4*D2	=$C$4*B2	=$C$4*C2	=$C$4*D2	=$D$4*B2	=$D$4*C2	=$D$4*D2
=$B$4*B3	=$B$4*C3	=$B$4*D3	=$C$4*B3	=$C$4*C3	=$C$4*D3	=$D$4*B3	=$D$4*C3	=$D$4*D3
=$B$4*B4	=$B$4*C4	=$B$4*D4	=$C$4*B4	=$C$4*C4	=$C$4*D4	=$D$4*B4	=$D$4*C4	=$D$4*D4

③ 입력할 부분을 영역설정하고, F2셀에 '=$B$2*B2'를 입력하자.

	A	B	C	D	E	F	G	H	I	J	K
1											
2		0	0	0		=$B$2*B2					
3		0	1	0							
4		0	0	0							
5											
6											
7											

④ Ctrl를 누른 상태에서 Enter↵를 누른다. 아래와 같이 입력된다. 앞 부분은 절대셀로 고정한다. 뒤쪽은 상대셀을 이용한다.

	A	B	C	D	E	F	G	H	I	J	K
1											
2		0	0	0		=$B$2*B2	=$B$2*C2	=$B$2*D2			
3		0	1	0		=$B$2*B3	=$B$2*C3	=$B$2*D3			
4		0	0	0		=$B$2*B4	=$B$2*C4	=$B$2*D4			
5											
6											
7											

⑤ 3단계 덧셈 프랙탈은 덧셈 프랙탈을 이용한다. 덧셈 프랙탈을 만든 후, mod( ) 함수를 이용하여 나머지를 구한다. 예를 들어 mod(3,2)=1이다. 3을 2로 나눈 나머지 1을 나타낸다.

	A	B	C	D	E	F	G	H	I	J	K	L	M	N	O	P	Q	R
1																		
2		0	0	0		0	0	0	0	0	0	0	0	0		=MOD($B$2+F2,2)	=MOD($B$2+G2,2)	=MOD($B$2+H2,2)
3		0	1	0		0	0	0	0	0	0	0	0	0		=MOD($B$2+F3,2)	=MOD($B$2+G3,2)	=MOD($B$2+H3,2)
4		0	0	0		0	0	0	0	0	0	0	0	0		=MOD($B$2+F4,2)	=MOD($B$2+G4,2)	=MOD($B$2+H4,2)
5						0	0	0	0	0	0	0	0	0		=MOD($B$2+F5,2)	=MOD($B$2+G5,2)	=MOD($B$2+H5,2)
6						0	0	0	0	1	0	0	0	0		=MOD($B$2+F6,2)	=MOD($B$2+G6,2)	=MOD($B$2+H6,2)
7						0	0	0	0	0	0	0	0	0		=MOD($B$2+F7,2)	=MOD($B$2+G7,2)	=MOD($B$2+H7,2)
8						0	0	0	0	0	0	0	0	0		=MOD($B$2+F8,2)	=MOD($B$2+G8,2)	=MOD($B$2+H8,2)
9						0	0	0	0	0	0	0	0	0		=MOD($B$2+F9,2)	=MOD($B$2+G9,2)	=MOD($B$2+H9,2)
10						0	0	0	0	0	0	0	0	0		=MOD($B$2+F10,2)	=MOD($B$2+G10,2)	=MOD($B$2+H10,2
11																=MOD($B$3+F2,2)	=MOD($B$3+G2,2)	=MOD($B$3+H2,2)
12																=MOD($B$3+F3,2)	=MOD($B$3+G3,2)	=MOD($B$3+H3,2)
13																=MOD($B$3+F4,2)	=MOD($B$3+G4,2)	=MOD($B$3+H4,2)
14																=MOD($B$3+F5,2)	=MOD($B$3+G5,2)	=MOD($B$3+H5,2)
15																=MOD($B$3+F6,2)	=MOD($B$3+G6,2)	=MOD($B$3+H6,2)
16																=MOD($B$3+F7,2)	=MOD($B$3+G7,2)	=MOD($B$3+H7,2)
17																=MOD($B$3+F8,2)	=MOD($B$3+G8,2)	=MOD($B$3+H8,2)
18																=MOD($B$3+F9,2)	=MOD($B$3+G9,2)	=MOD($B$3+H9,2)
19																=MOD($B$3+F10,2)	=MOD($B$3+G10,2)	=MOD($B$3+H10,2
20																=MOD($B$4+F2,2)	=MOD($B$4+G2,2)	=MOD($B$4+H2,2)
21																=MOD($B$4+F3,2)	=MOD($B$4+G3,2)	=MOD($B$4+H3,2)
22																=MOD($B$4+F4,2)	=MOD($B$4+G4,2)	=MOD($B$4+H4,2)
23																=MOD($B$4+F5,2)	=MOD($B$4+G5,2)	=MOD($B$4+H5,2)
24																=MOD($B$4+F6,2)	=MOD($B$4+G6,2)	=MOD($B$4+H6,2)
25																=MOD($B$4+F7,2)	=MOD($B$4+G7,2)	=MOD($B$4+H7,2)
26																=MOD($B$4+F8,2)	=MOD($B$4+G8,2)	=MOD($B$4+H8,2)
27																=MOD($B$4+F9,2)	=MOD($B$4+G9,2)	=MOD($B$4+H9,2)
28																=MOD($B$4+F10,2)	=MOD($B$4+G10,2)	=MOD($B$4+H10,2

(5) 엑셀을 이용한 곱셈-나눗셈 프랙탈 조건부 서식

① 엑셀 메뉴의 [파일][옵션][고급]에서 [0값이 있는 셀에 0표시]체크를 하지 않는다.

	1	

				1				

				1									1									1				
									1	1	1	1	1	1	1	1	1									
									1	1	1	1	1	1	1	1	1									
									1	1	1	1	1	1	1	1	1									
									1	1	1	1	1	1	1	1	1									
				1					1	1	1	1		1	1	1	1					1				
									1	1	1	1	1	1	1	1	1									
									1	1	1	1	1	1	1	1	1									
									1	1	1	1	1	1	1	1	1									
									1	1	1	1	1	1	1	1	1									
				1									1									1				

② 엑셀 메뉴의 [홈] [조건부 서식] [셀 강조 규칙]에서 [보다 큼]에서 0보다 큼을 선택한다.

③ 사용자 지정 서식에서 원하는 색으로 채워보자.

0	0	0
0	1	0
0	0	0

0	0	0	0	0	0	0	0	0
0	0	0	0	0	0	0	0	0
0	0	0	0	0	0	0	0	0
0	0	0	0	0	0	0	0	0
0	0	0	0	1	0	0	0	0
0	0	0	0	0	0	0	0	0
0	0	0	0	0	0	0	0	0
0	0	0	0	0	0	0	0	0
0	0	0	0	0	0	0	0	0

0	0	0	0	0	0	0	0	0	0	0	0	0	0	0	0	0	0	0	0	0	0	0	0	0	0	0
0	0	0	0	0	0	0	0	0	0	0	0	0	0	0	0	0	0	0	0	0	0	0	0	0	0	0
0	0	0	0	0	0	0	0	0	0	0	0	0	0	0	0	0	0	0	0	0	0	0	0	0	0	0
0	0	0	0	0	0	0	0	0	0	0	0	0	0	0	0	0	0	0	0	0	0	0	0	0	0	0
0	0	0	0	1	0	0	0	0	0	0	0	0	1	0	0	0	0	0	0	0	0	1	0	0	0	0
0	0	0	0	0	0	0	0	0	0	0	0	0	0	0	0	0	0	0	0	0	0	0	0	0	0	0
0	0	0	0	0	0	0	0	0	0	0	0	0	0	0	0	0	0	0	0	0	0	0	0	0	0	0
0	0	0	0	0	0	0	0	0	0	0	0	0	0	0	0	0	0	0	0	0	0	0	0	0	0	0
0	0	0	0	0	0	0	0	0	0	0	0	0	0	0	0	0	0	0	0	0	0	0	0	0	0	0
0	0	0	0	0	0	0	0	0	1	1	1	1	1	1	1	1	1	0	0	0	0	0	0	0	0	0
0	0	0	0	0	0	0	0	0	1	1	1	1	1	1	1	1	1	0	0	0	0	0	0	0	0	0
0	0	0	0	0	0	0	0	0	1	1	1	1	1	1	1	1	1	0	0	0	0	0	0	0	0	0
0	0	0	0	0	0	0	0	0	1	1	1	1	1	1	1	1	1	0	0	0	0	0	0	0	0	0
0	0	0	0	1	0	0	0	0	1	1	1	1	0	1	1	1	1	0	0	0	0	1	0	0	0	0
0	0	0	0	0	0	0	0	0	1	1	1	1	1	1	1	1	1	0	0	0	0	0	0	0	0	0
0	0	0	0	0	0	0	0	0	1	1	1	1	1	1	1	1	1	0	0	0	0	0	0	0	0	0
0	0	0	0	0	0	0	0	0	1	1	1	1	1	1	1	1	1	0	0	0	0	0	0	0	0	0
0	0	0	0	0	0	0	0	0	1	1	1	1	1	1	1	1	1	0	0	0	0	0	0	0	0	0
0	0	0	0	0	0	0	0	0	0	0	0	0	0	0	0	0	0	0	0	0	0	0	0	0	0	0
0	0	0	0	0	0	0	0	0	0	0	0	0	0	0	0	0	0	0	0	0	0	0	0	0	0	0
0	0	0	0	0	0	0	0	0	0	0	0	0	0	0	0	0	0	0	0	0	0	0	0	0	0	0
0	0	0	0	0	0	0	0	0	0	0	0	0	0	0	0	0	0	0	0	0	0	0	0	0	0	0
0	0	0	0	1	0	0	0	0	0	0	0	0	1	0	0	0	0	0	0	0	0	1	0	0	0	0
0	0	0	0	0	0	0	0	0	0	0	0	0	0	0	0	0	0	0	0	0	0	0	0	0	0	0
0	0	0	0	0	0	0	0	0	0	0	0	0	0	0	0	0	0	0	0	0	0	0	0	0	0	0
0	0	0	0	0	0	0	0	0	0	0	0	0	0	0	0	0	0	0	0	0	0	0	0	0	0	0
0	0	0	0	0	0	0	0	0	0	0	0	0	0	0	0	0	0	0	0	0	0	0	0	0	0	0

2 3×3 곱셈-나눗셈 프랙탈

(1) 1단계 1개

① $\log_3 1 = 0$

0	0	0
0	1	0
0	0	0

② $\log_9 1 = 0$

0	0	0	0	0	0	0	0	0
0	0	0	0	0	0	0	0	0
0	0	0	0	0	0	0	0	0
0	0	0	0	0	0	0	0	0
0	0	0	0	1	0	0	0	0
0	0	0	0	0	0	0	0	0
0	0	0	0	0	0	0	0	0
0	0	0	0	0	0	0	0	0
0	0	0	0	0	0	0	0	0

③ $\log_{27} 89 = 1.362$

0	0	0	0	0	0	0	0	0	0	0	0	0	0	0	0	0	0	0	0	0	0	0	0	0	0	0
0	0	0	0	0	0	0	0	0	0	0	0	0	0	0	0	0	0	0	0	0	0	0	0	0	0	0
0	0	0	0	0	0	0	0	0	0	0	0	0	0	0	0	0	0	0	0	0	0	0	0	0	0	0
0	0	0	0	0	0	0	0	0	0	0	0	0	0	0	0	0	0	0	0	0	0	0	0	0	0	0
0	0	0	0	1	0	0	0	0	0	0	0	0	1	0	0	0	0	0	0	0	0	1	0	0	0	0
0	0	0	0	0	0	0	0	0	0	0	0	0	0	0	0	0	0	0	0	0	0	0	0	0	0	0
0	0	0	0	0	0	0	0	0	0	0	0	0	0	0	0	0	0	0	0	0	0	0	0	0	0	0
0	0	0	0	0	0	0	0	0	0	0	0	0	0	0	0	0	0	0	0	0	0	0	0	0	0	0
0	0	0	0	0	0	0	0	0	0	0	0	0	0	0	0	0	0	0	0	0	0	0	0	0	0	0
0	0	0	0	0	0	0	0	0	1	1	1	1	1	1	1	1	1	0	0	0	0	0	0	0	0	0
0	0	0	0	0	0	0	0	0	1	1	1	1	1	1	1	1	1	0	0	0	0	0	0	0	0	0
0	0	0	0	0	0	0	0	0	1	1	1	1	1	1	1	1	1	0	0	0	0	0	0	0	0	0
0	0	0	0	0	0	0	0	0	1	1	1	1	1	1	1	1	1	0	0	0	0	0	0	0	0	0
0	0	0	0	1	0	0	0	0	1	1	1	1	2	1	1	1	1	0	0	0	0	1	0	0	0	0
0	0	0	0	0	0	0	0	0	1	1	1	1	1	1	1	1	1	0	0	0	0	0	0	0	0	0
0	0	0	0	0	0	0	0	0	1	1	1	1	1	1	1	1	1	0	0	0	0	0	0	0	0	0
0	0	0	0	0	0	0	0	0	1	1	1	1	1	1	1	1	1	0	0	0	0	0	0	0	0	0
0	0	0	0	0	0	0	0	0	1	1	1	1	1	1	1	1	1	0	0	0	0	0	0	0	0	0
0	0	0	0	0	0	0	0	0	0	0	0	0	0	0	0	0	0	0	0	0	0	0	0	0	0	0
0	0	0	0	0	0	0	0	0	0	0	0	0	0	0	0	0	0	0	0	0	0	0	0	0	0	0
0	0	0	0	0	0	0	0	0	0	0	0	0	0	0	0	0	0	0	0	0	0	0	0	0	0	0
0	0	0	0	0	0	0	0	0	0	0	0	0	0	0	0	0	0	0	0	0	0	0	0	0	0	0
0	0	0	0	1	0	0	0	0	0	0	0	0	1	0	0	0	0	0	0	0	0	1	0	0	0	0
0	0	0	0	0	0	0	0	0	0	0	0	0	0	0	0	0	0	0	0	0	0	0	0	0	0	0
0	0	0	0	0	0	0	0	0	0	0	0	0	0	0	0	0	0	0	0	0	0	0	0	0	0	0
0	0	0	0	0	0	0	0	0	0	0	0	0	0	0	0	0	0	0	0	0	0	0	0	0	0	0
0	0	0	0	0	0	0	0	0	0	0	0	0	0	0	0	0	0	0	0	0	0	0	0	0	0	0

위의 그림에서 각각의 수를 2로 나눈 나머지를 구한다.

	1	

				1				

0	0	0	0	0	0	0	0	0	0	0	0	0	0	0	0	0	0	0	0	0	0	0	0	0	0	0
0	0	0	0	0	0	0	0	0	0	0	0	0	0	0	0	0	0	0	0	0	0	0	0	0	0	0
0	0	0	0	0	0	0	0	0	0	0	0	0	0	0	0	0	0	0	0	0	0	0	0	0	0	0
0	0	0	0	0	0	0	0	0	0	0	0	0	0	0	0	0	0	0	0	0	0	0	0	0	0	0
0	0	0	0	1	0	0	0	0	0	0	0	0	1	0	0	0	0	0	0	0	0	1	0	0	0	0
0	0	0	0	0	0	0	0	0	0	0	0	0	0	0	0	0	0	0	0	0	0	0	0	0	0	0
0	0	0	0	0	0	0	0	0	0	0	0	0	0	0	0	0	0	0	0	0	0	0	0	0	0	0
0	0	0	0	0	0	0	0	0	0	0	0	0	0	0	0	0	0	0	0	0	0	0	0	0	0	0
0	0	0	0	0	0	0	0	0	0	0	0	0	0	0	0	0	0	0	0	0	0	0	0	0	0	0
0	0	0	0	0	0	0	0	0	1	1	1	1	1	1	1	1	1	0	0	0	0	0	0	0	0	0
0	0	0	0	0	0	0	0	0	1	1	1	1	1	1	1	1	1	0	0	0	0	0	0	0	0	0
0	0	0	0	0	0	0	0	0	1	1	1	1	1	1	1	1	1	0	0	0	0	0	0	0	0	0
0	0	0	0	0	0	0	0	0	1	1	1	1	1	1	1	1	1	0	0	0	0	0	0	0	0	0
0	0	0	0	1	0	0	0	0	1	1	1	1	0	1	1	1	1	0	0	0	0	1	0	0	0	0
0	0	0	0	0	0	0	0	0	1	1	1	1	1	1	1	1	1	0	0	0	0	0	0	0	0	0
0	0	0	0	0	0	0	0	0	1	1	1	1	1	1	1	1	1	0	0	0	0	0	0	0	0	0
0	0	0	0	0	0	0	0	0	1	1	1	1	1	1	1	1	1	0	0	0	0	0	0	0	0	0
0	0	0	0	0	0	0	0	0	1	1	1	1	1	1	1	1	1	0	0	0	0	0	0	0	0	0
0	0	0	0	0	0	0	0	0	0	0	0	0	0	0	0	0	0	0	0	0	0	0	0	0	0	0
0	0	0	0	0	0	0	0	0	0	0	0	0	0	0	0	0	0	0	0	0	0	0	0	0	0	0
0	0	0	0	0	0	0	0	0	0	0	0	0	0	0	0	0	0	0	0	0	0	0	0	0	0	0
0	0	0	0	0	0	0	0	0	0	0	0	0	0	0	0	0	0	0	0	0	0	0	0	0	0	0
0	0	0	0	1	0	0	0	0	0	0	0	0	1	0	0	0	0	0	0	0	0	1	0	0	0	0
0	0	0	0	0	0	0	0	0	0	0	0	0	0	0	0	0	0	0	0	0	0	0	0	0	0	0
0	0	0	0	0	0	0	0	0	0	0	0	0	0	0	0	0	0	0	0	0	0	0	0	0	0	0
0	0	0	0	0	0	0	0	0	0	0	0	0	0	0	0	0	0	0	0	0	0	0	0	0	0	0
0	0	0	0	0	0	0	0	0	0	0	0	0	0	0	0	0	0	0	0	0	0	0	0	0	0	0

1, 2, 3 단계에서 0보다 큰수만 나타내보자.

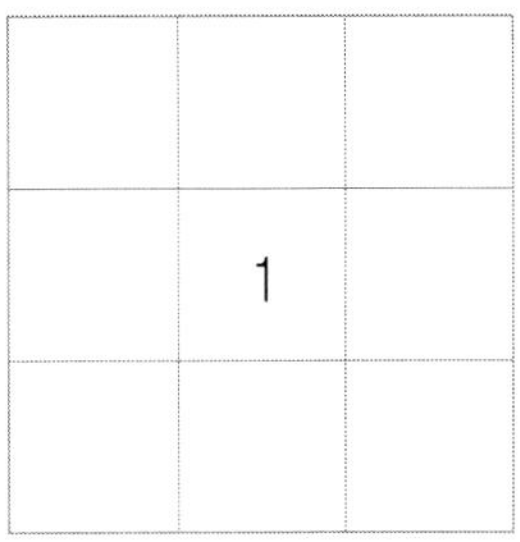

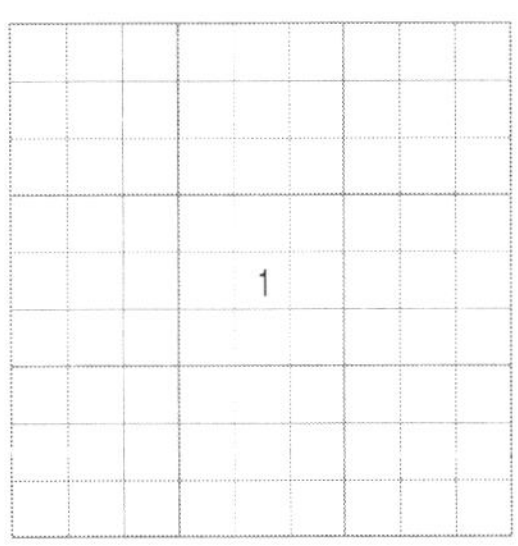

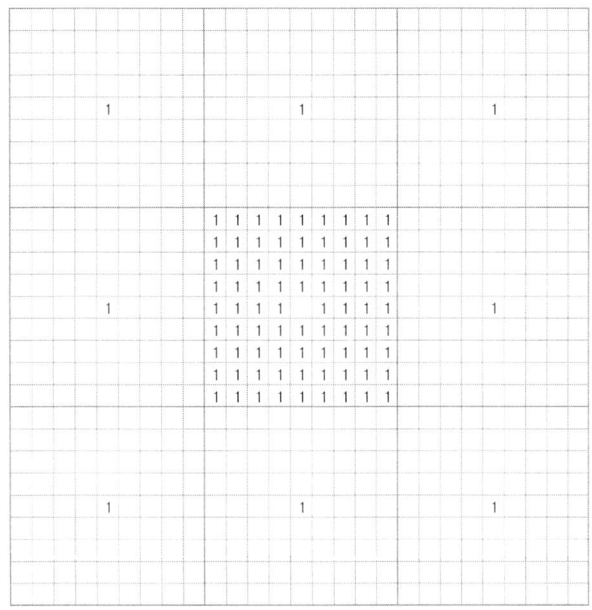

① $\log_3 1 = 0$

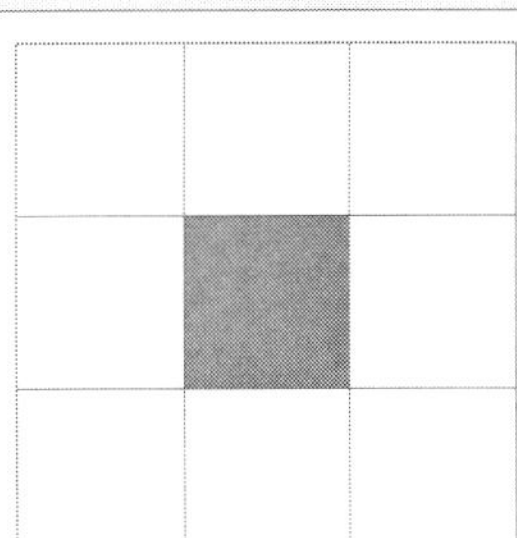

② $\log_9 1 = 0$

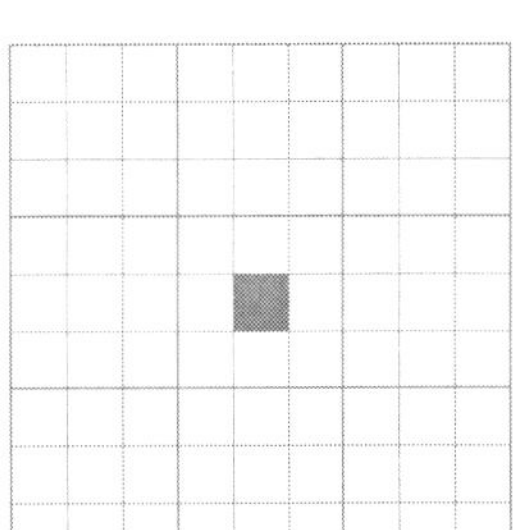

③ $\log_{27} 89 = 1.362$

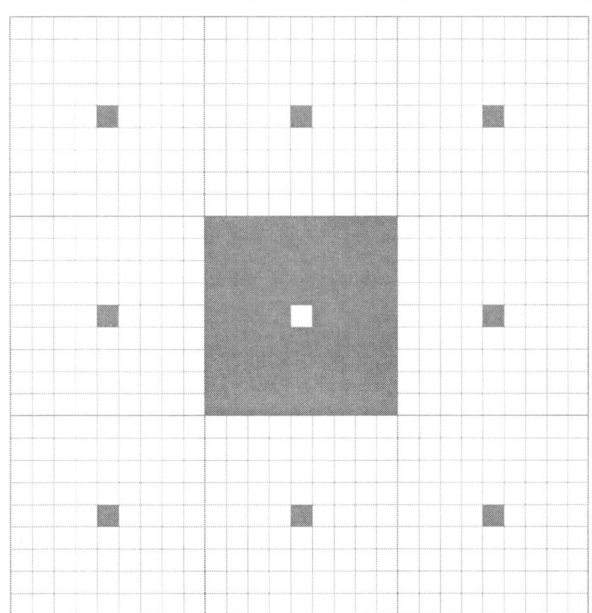

정리하면 아래와 같다.

① $\log_3 1 = 0$	② $\log_9 1 = 0$	③ $\log_{27} 88 = 1.358$
	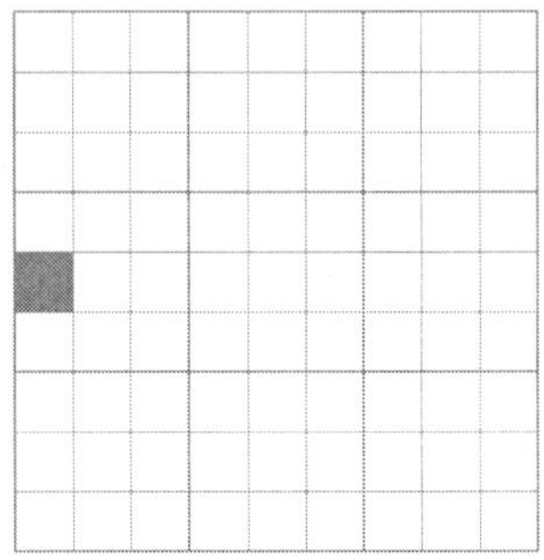	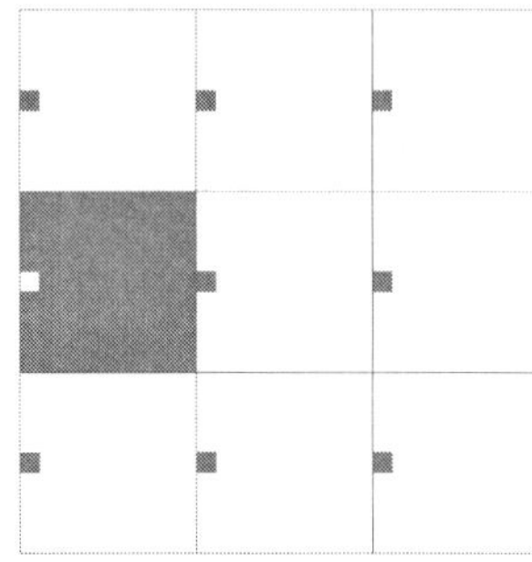

(2) 1단계 2개

① $\log_3 2 = 0.631$	② $\log_9 14 = 0.631$	③ $\log_{27} 182 = 1.579$
	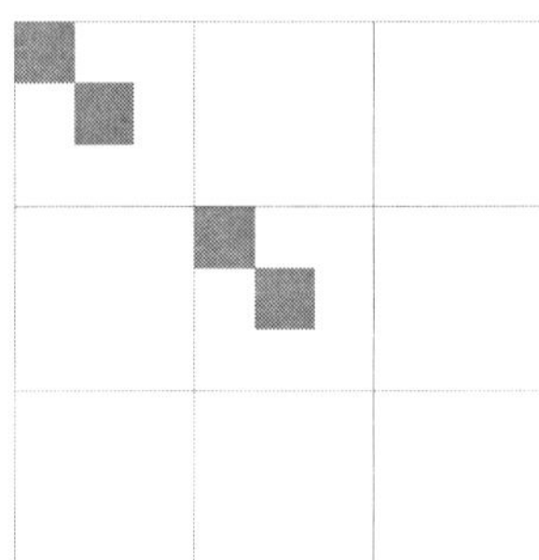	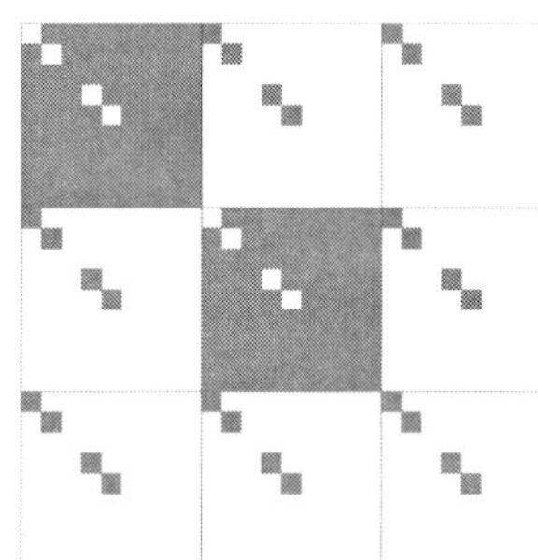

(3) 1단계 3개

① $\log_3 3 = 1$	② $\log_9 9 = 1$	③ $\log_{27} 270 = 1.699$
	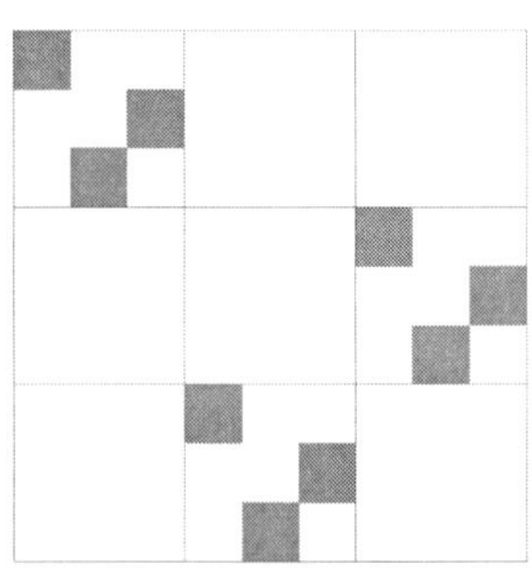	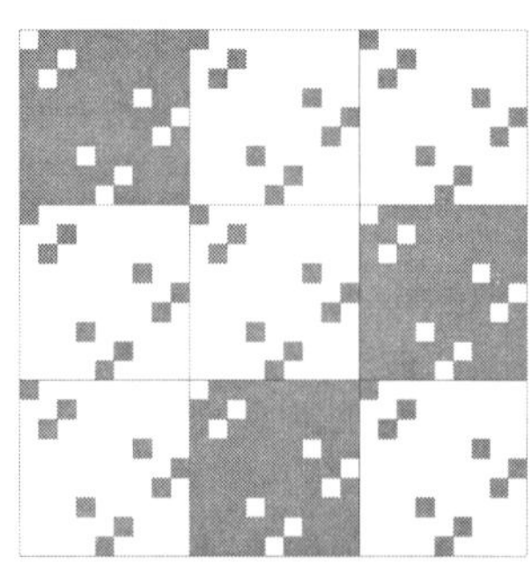

(4) 1단계 4개

① $\log_3 4 = 1.262$	② $\log_9 16 = 1.262$	③ $\log_{27} 340 = 1.769$
	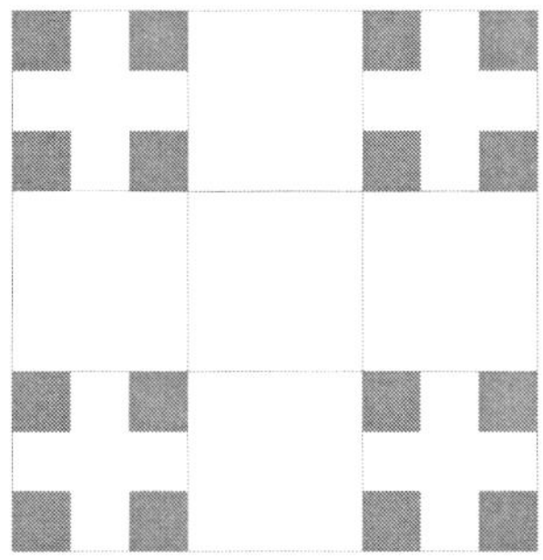	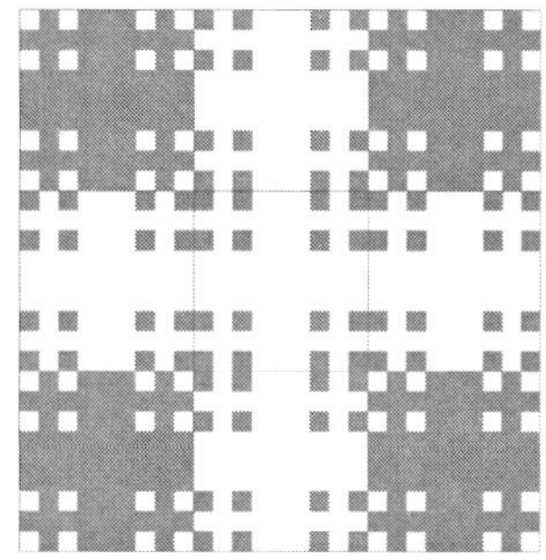
	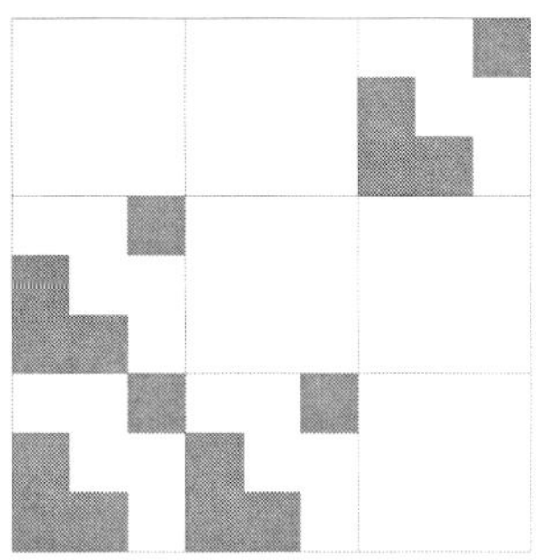	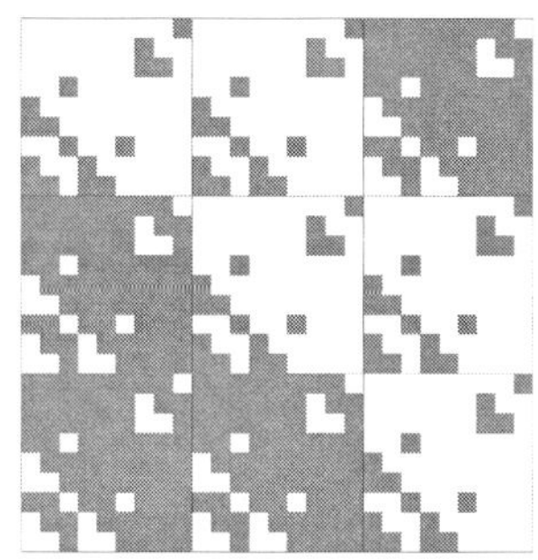
	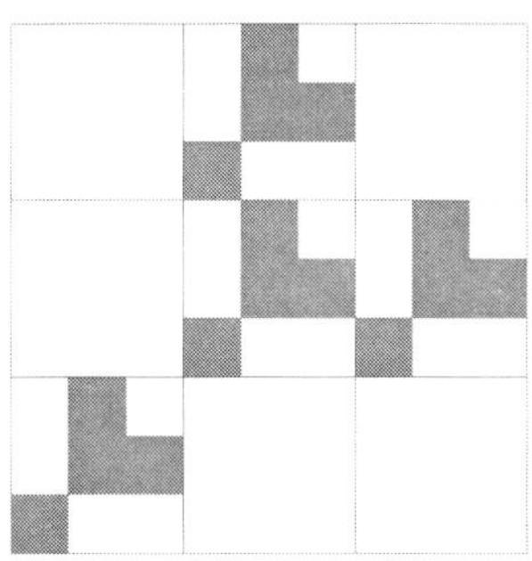	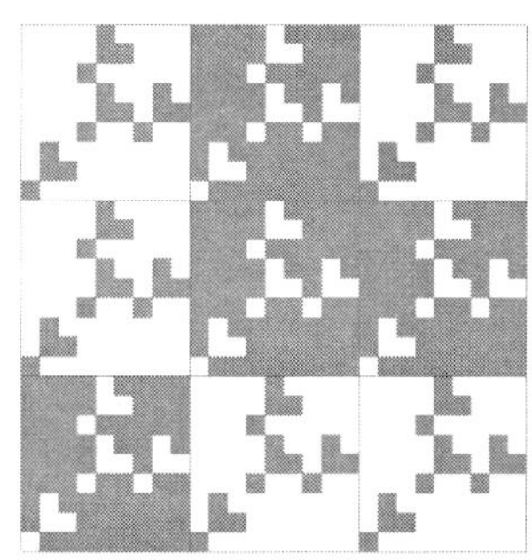
	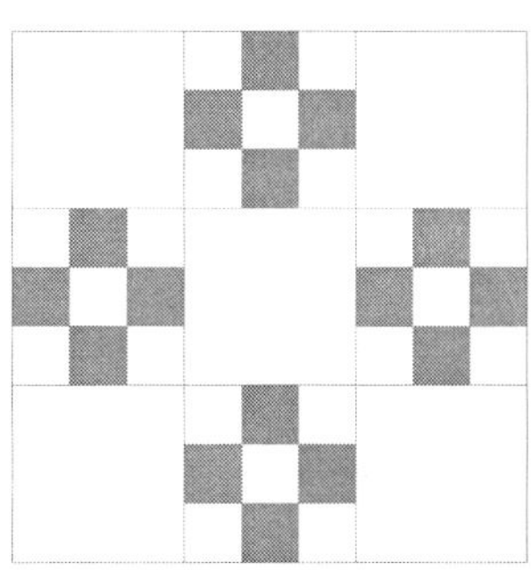	

(5) 1단계 5개

① $\log_3 5 = 1.465$	② $\log_9 25 = 1.465$	③ $\log_{27} 380 = 1.802$

	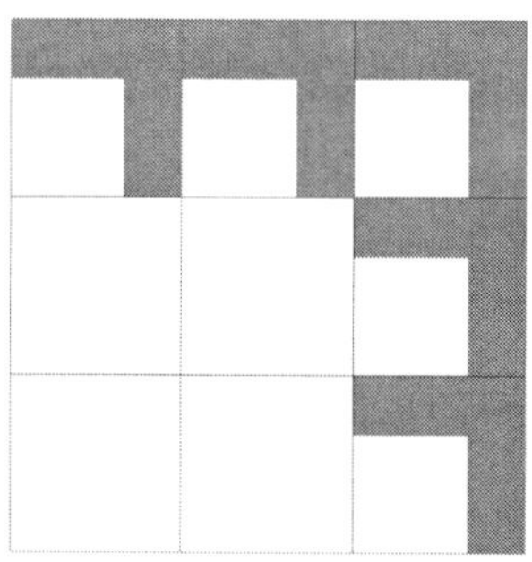	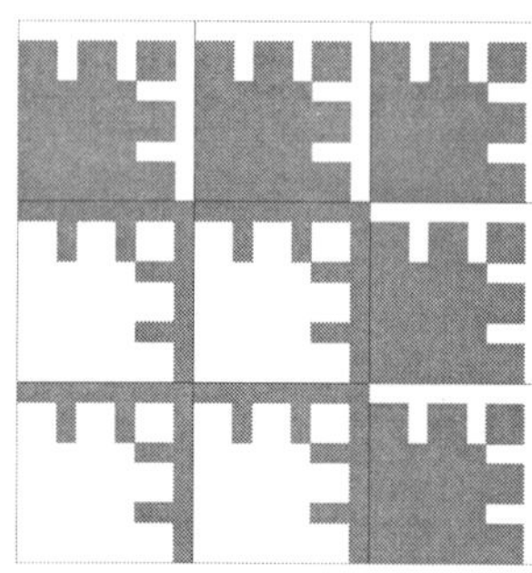
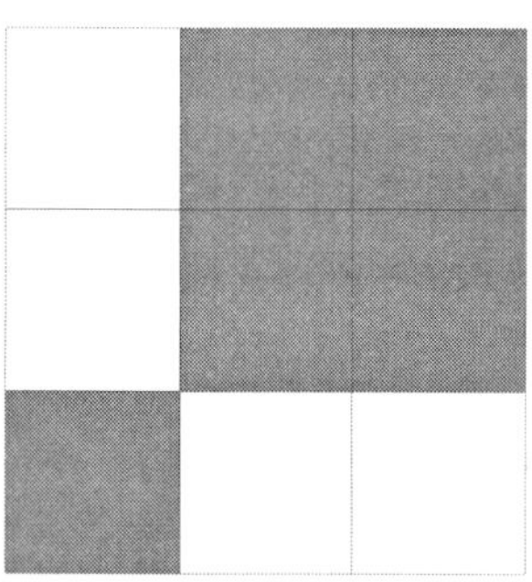	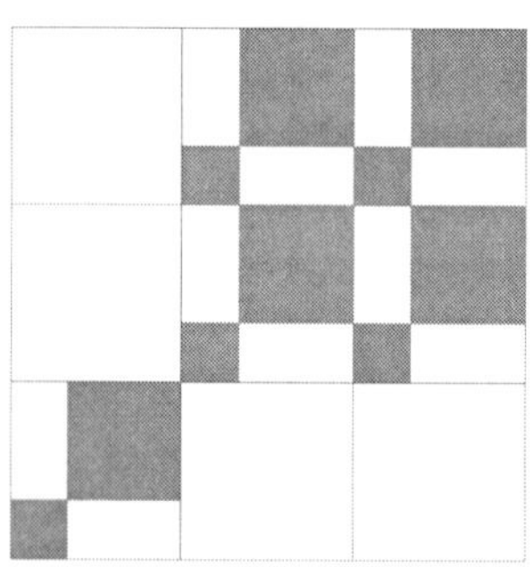	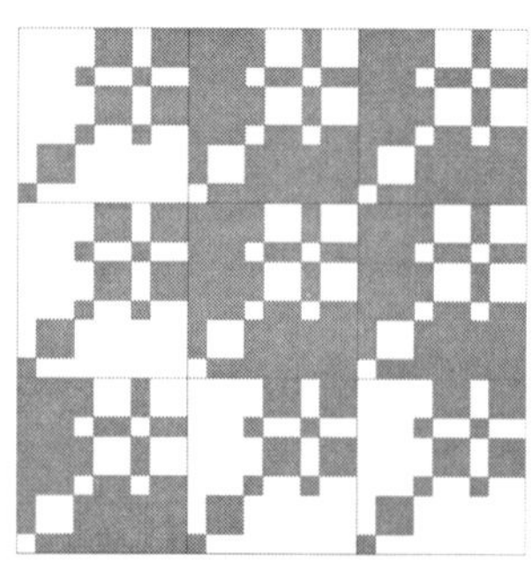

(6) 1단계 6개

① $\log_3 6 = 1.631$	② $\log_9 36 = 1.631$	③ $\log_{27} 378 = 1.801$
		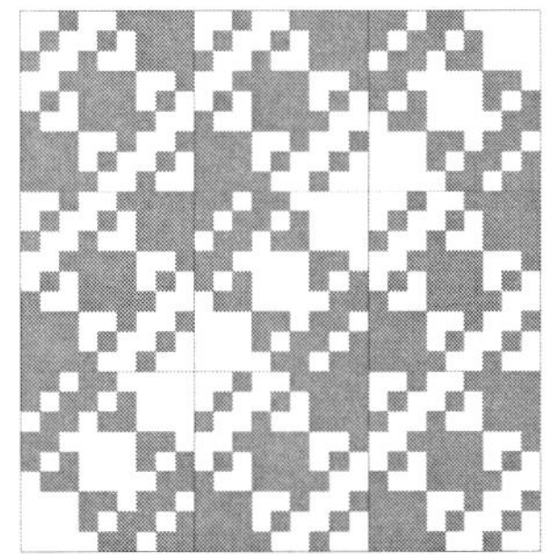
		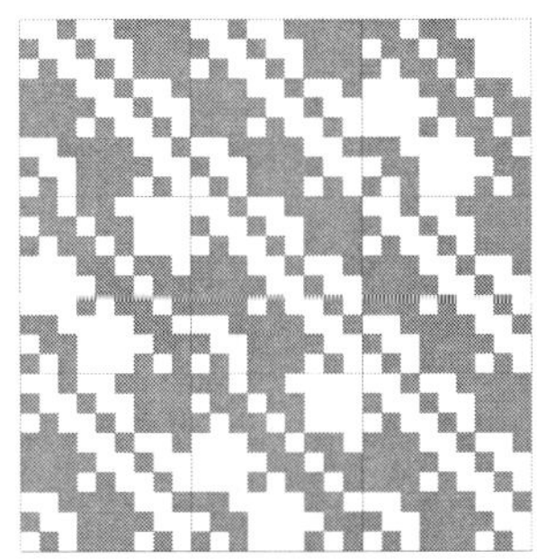

	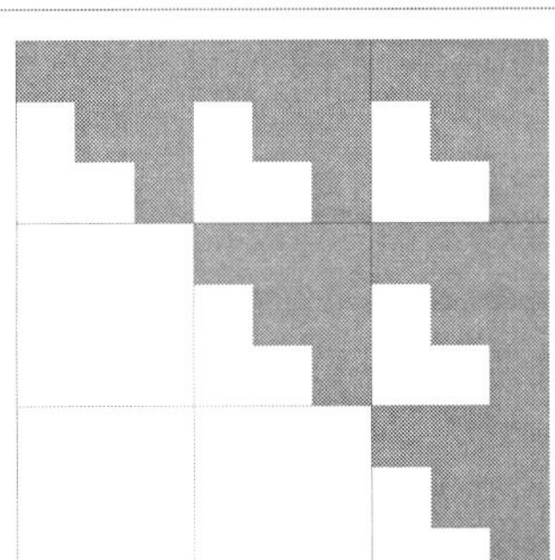	

3 4×4 곱셈-나눗셈 프랙탈

(1) 1단계 1개

① $\log_4 1 = 0$	② $\log_{16} 1 = 0$	③ $\log_{64} 270 = 1.346$
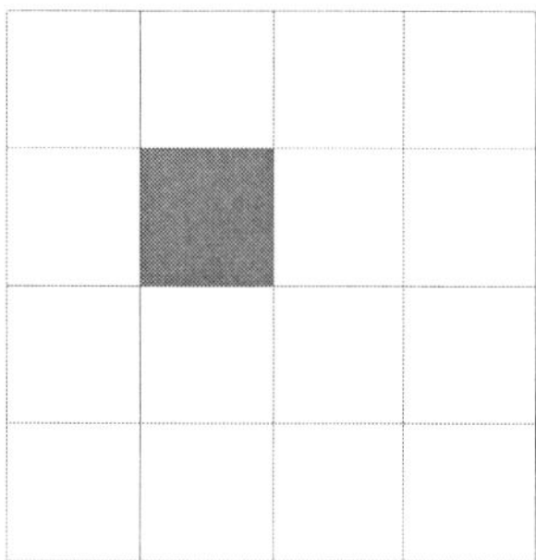	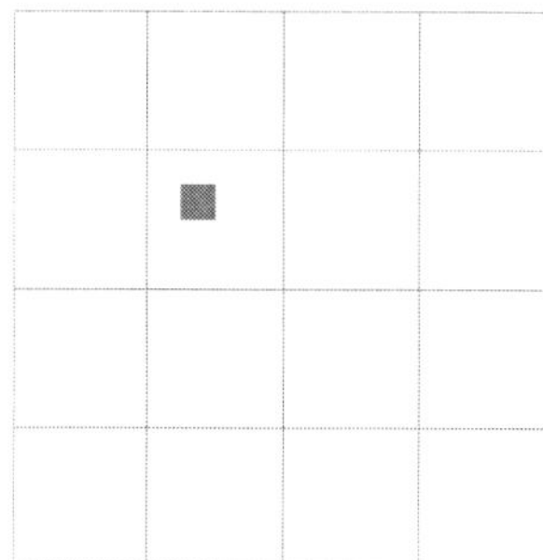	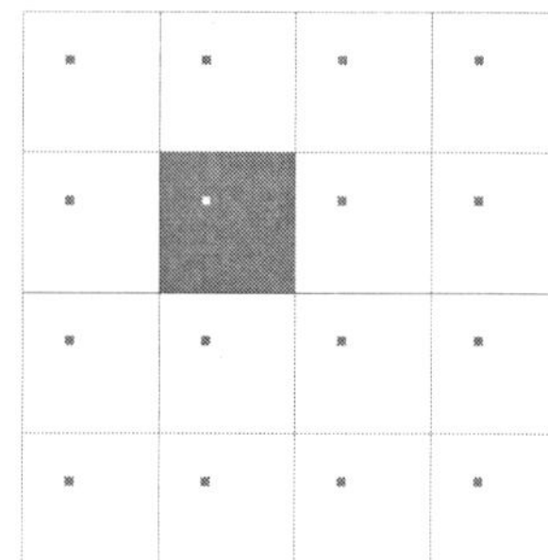

(2) 1단계 2개

① $\log_4 2 = 0.5$	② $\log_{16} 4 = 0.5$	③ $\log_{64} 560 = 1.522$
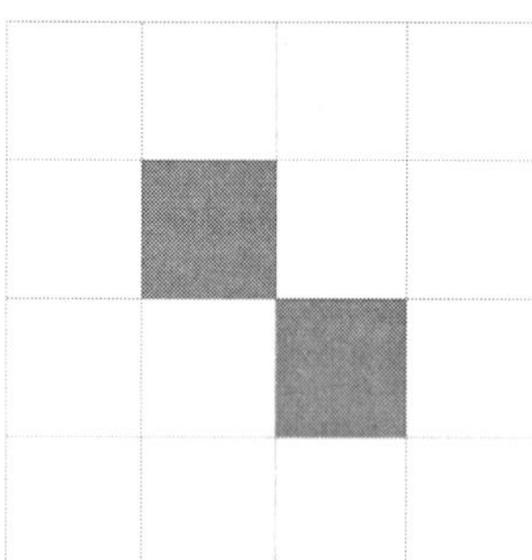	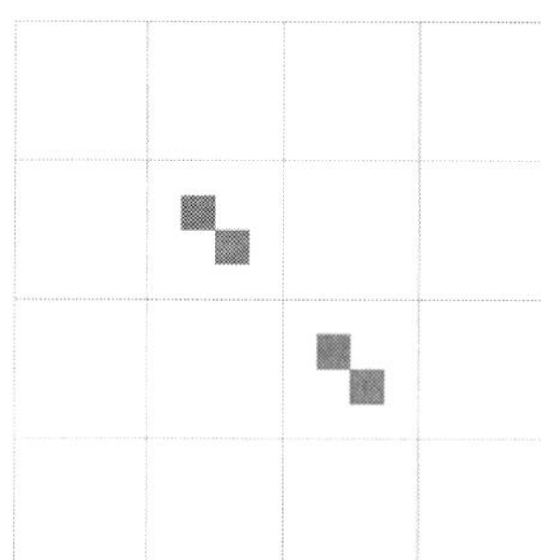	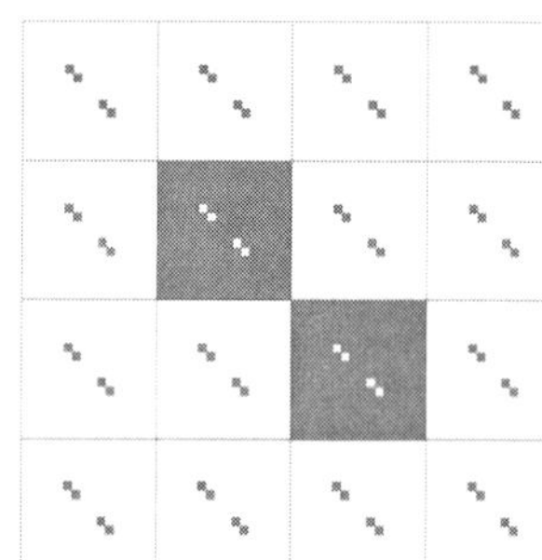

(3) 1단계 3개

① $\log_4 3 = 0.792$	② $\log_{16} 9 = 0.792$	③ $\log_{64} 858 = 1.624$
	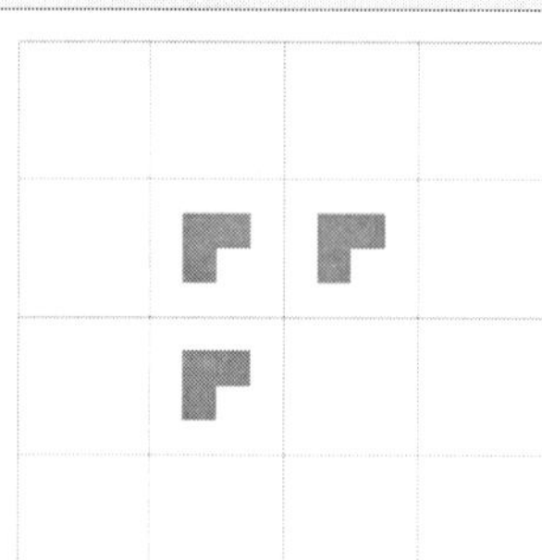	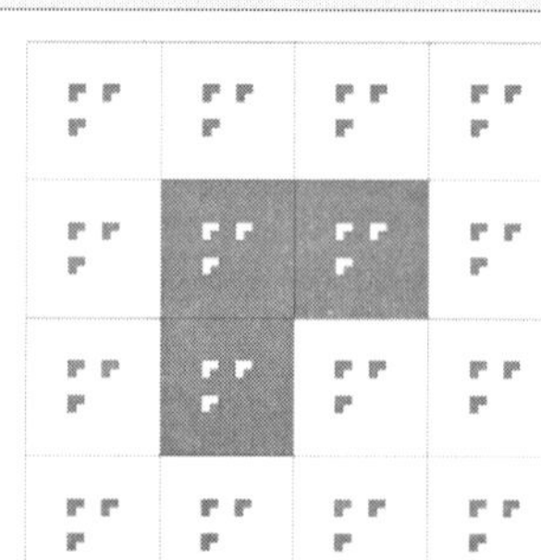

(4) 1단계 4개

① $\log_4 4 = 1$	② $\log_{16} 16 = 1$	③ $\log_{64} 1152 = 1.695$
	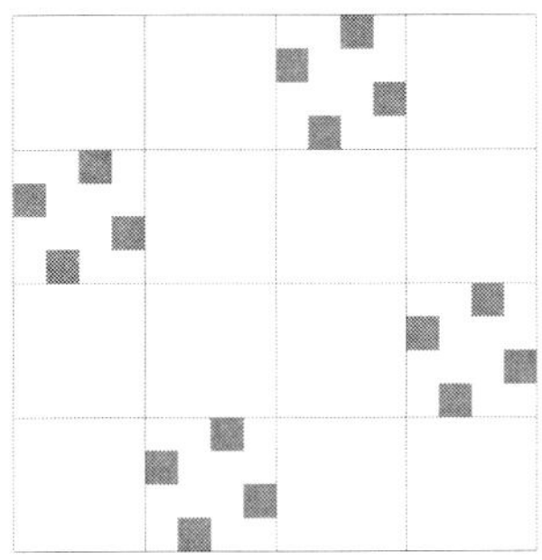	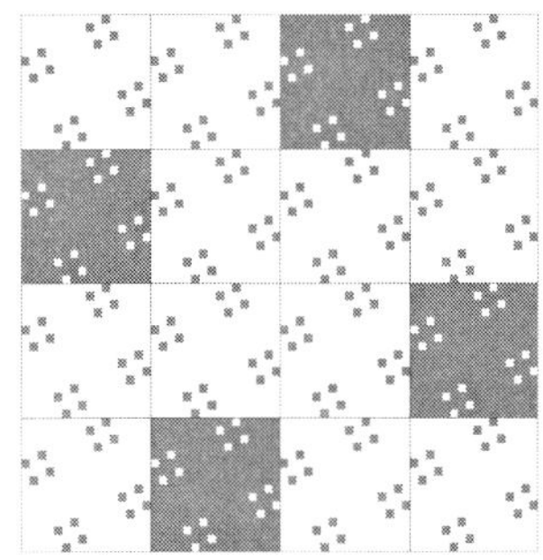

(5) 1단계 5개

① $\log_4 5 = 1.161$	② $\log_{16} 25 = 1.161$	③ $\log_{64} 1430 = 1.747$
	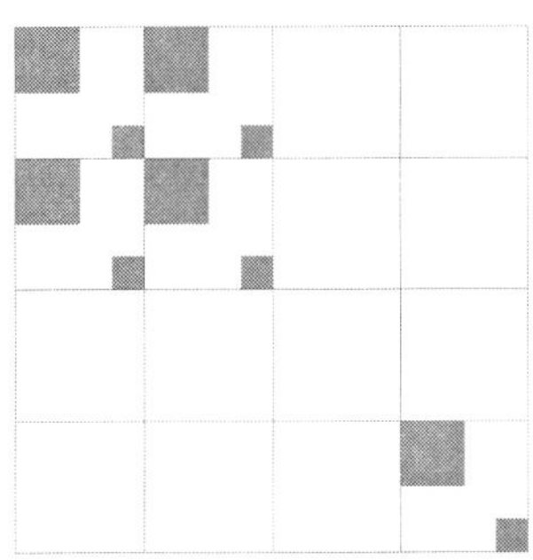	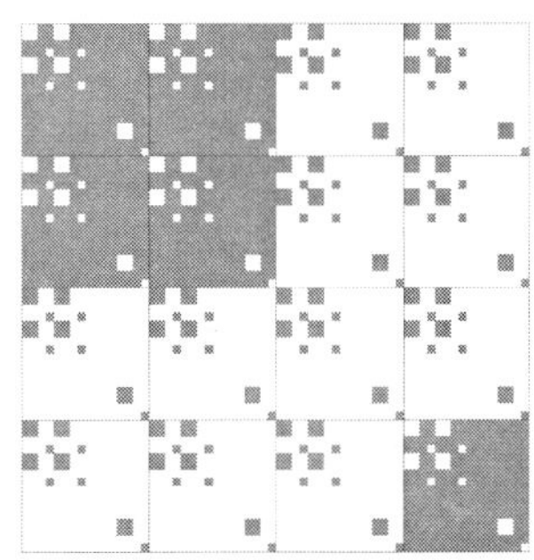

① $\log_4 5 = 1.161$	② $\log_{16} 25 = 1.161$	③ $\log_{64} 1430 = 1.747$
	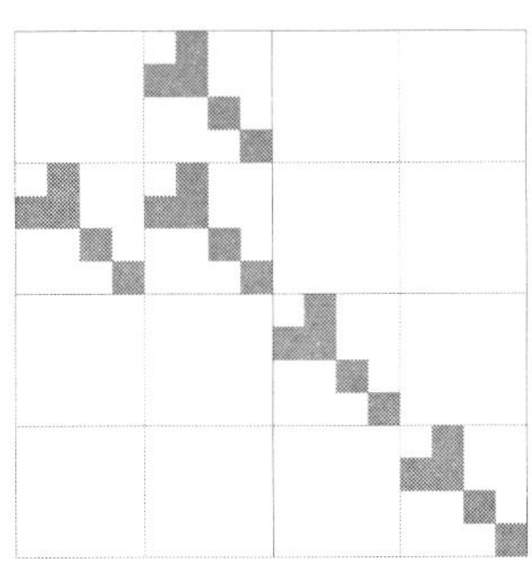	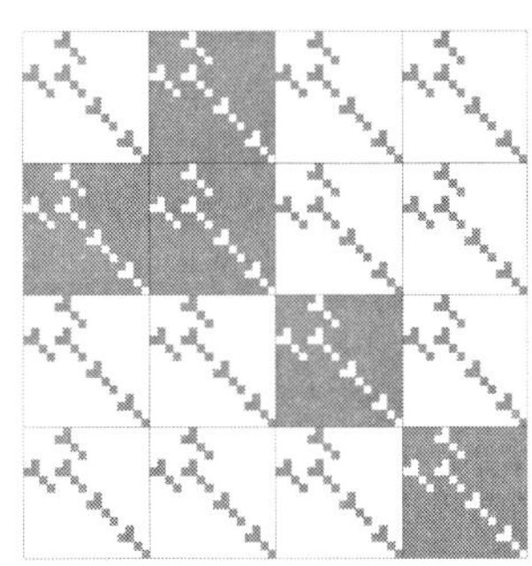

(6) 1단계 6개

① $\log_4 6 = 1.292$	② $\log_{16} 36 = 1.292$	③ $\log_{64} 1680 = 1.786$
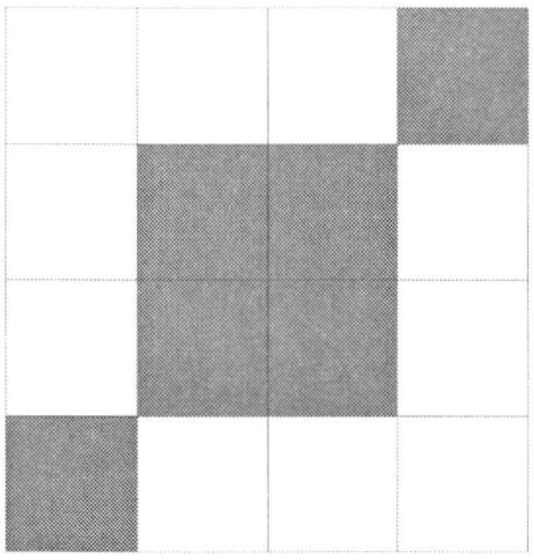	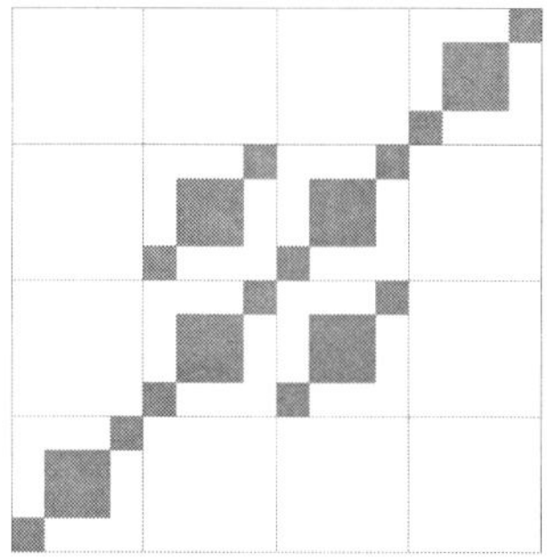	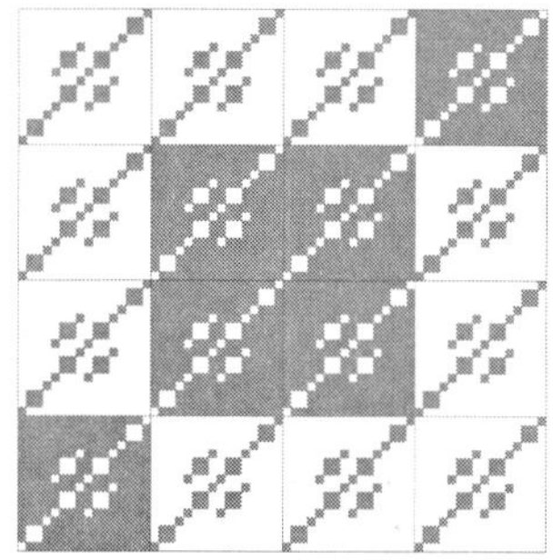
	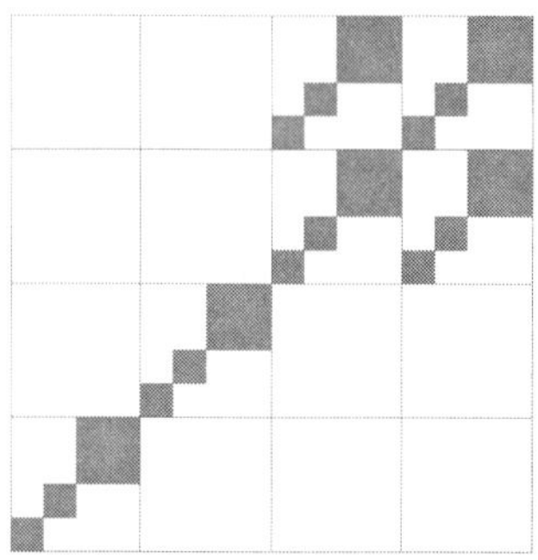	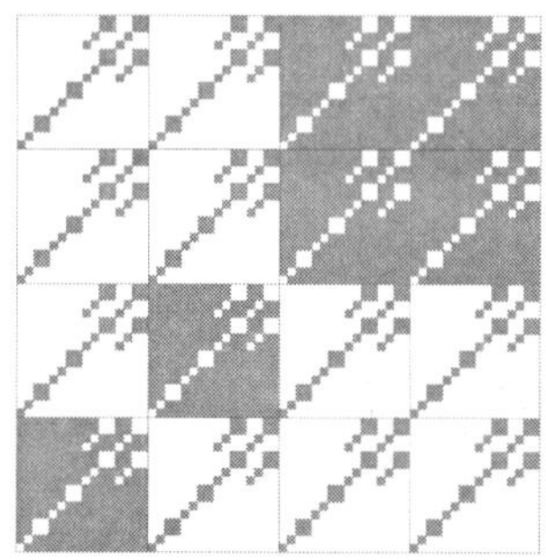
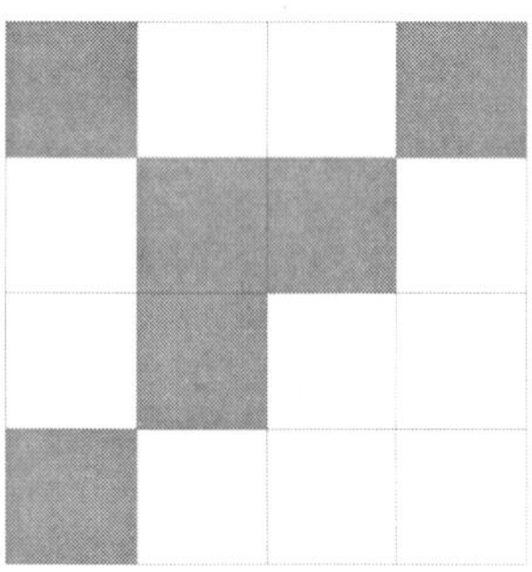	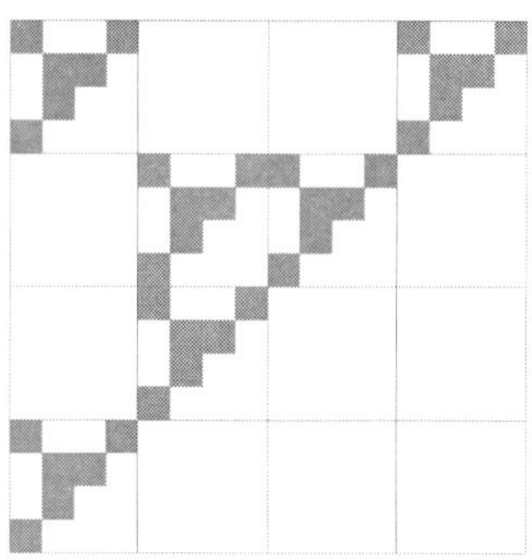	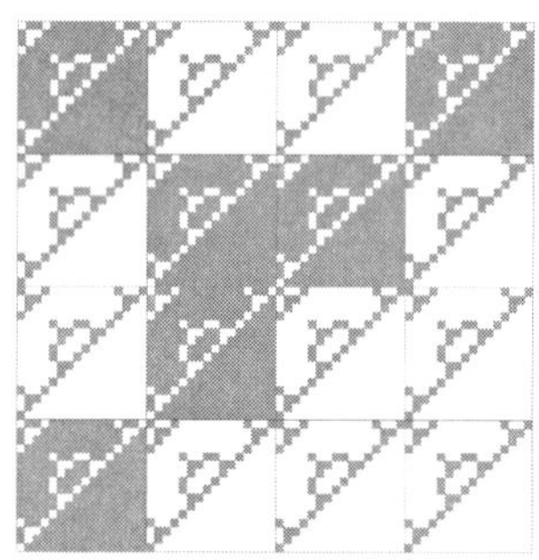
	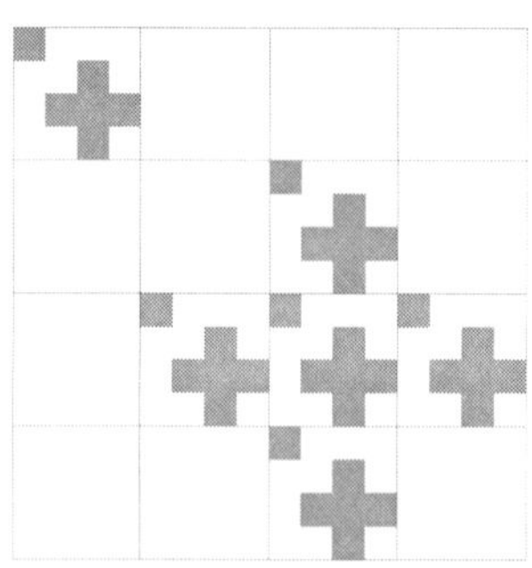	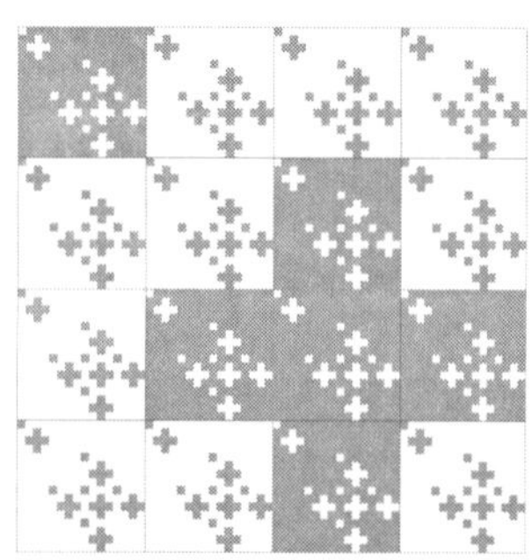

(7) 1단계 7개

① $\log_4 7 = 1.404$	② $\log_{16} 49 = 1.404$	③ $\log_{64} 1890 = 1.814$
	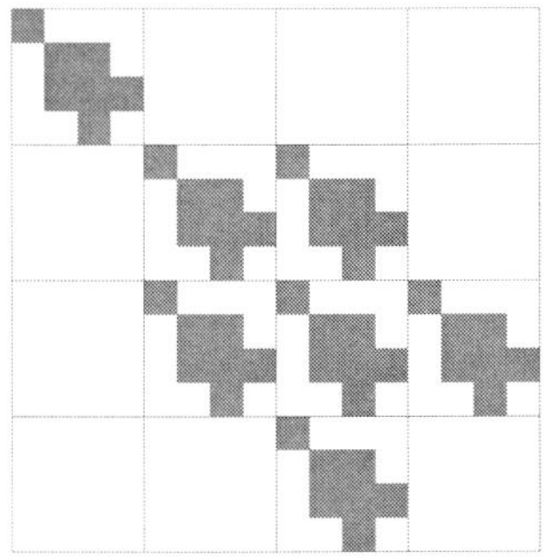	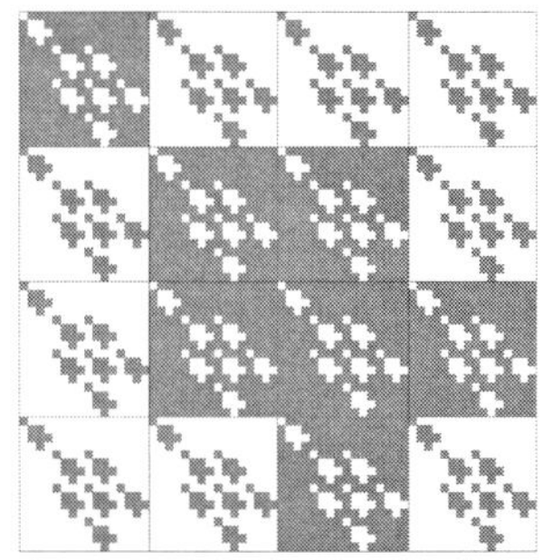
	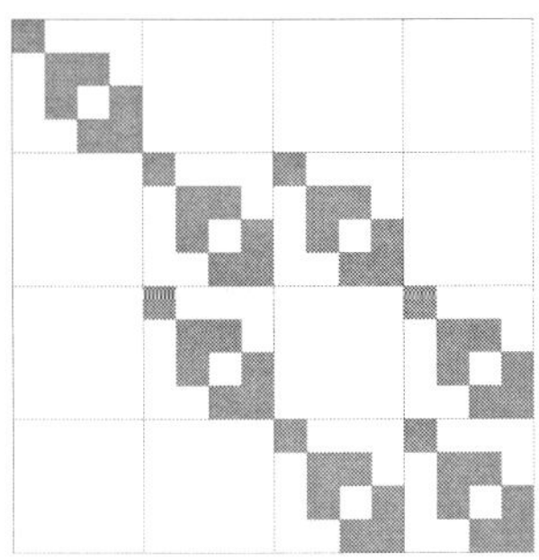	
	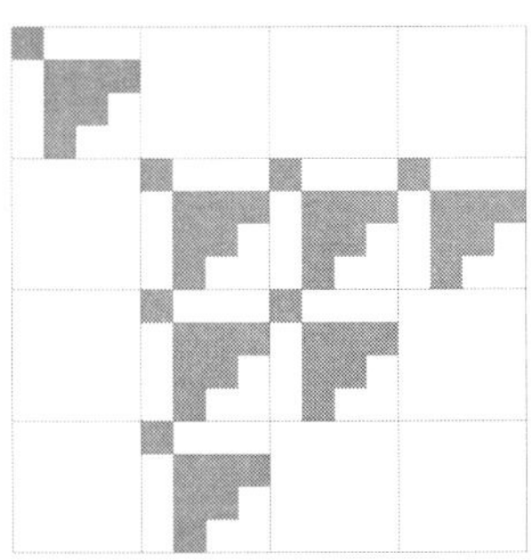	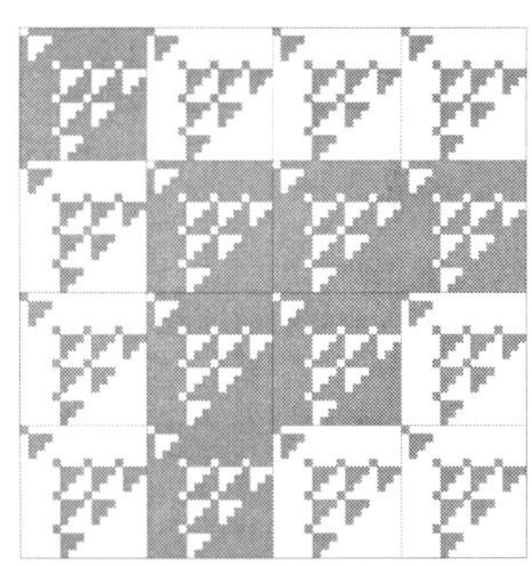
	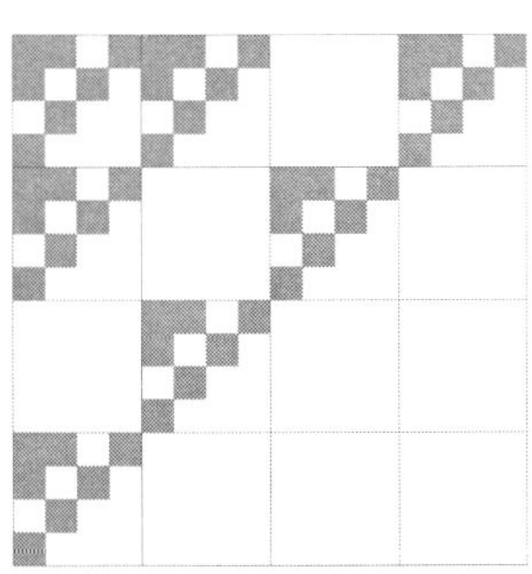	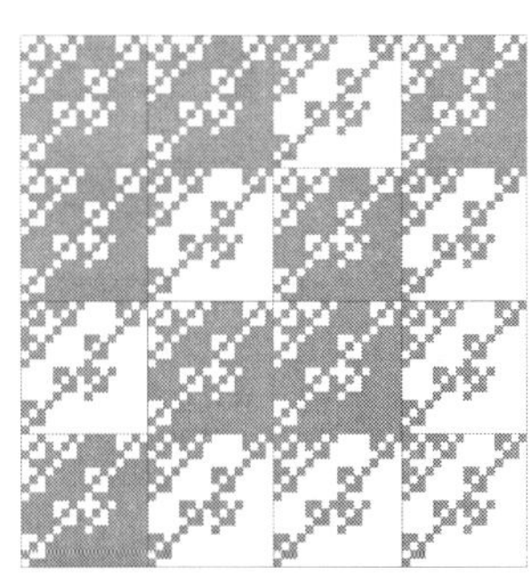

(8) 1단계 8개

① $\log_4 8 = 1.5$	② $\log_{16} 64 = 1.5$	③ $\log_{64} 2048 = 1.833$
	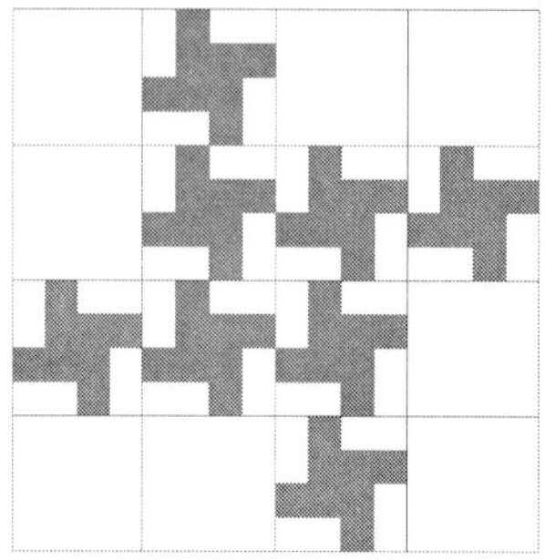	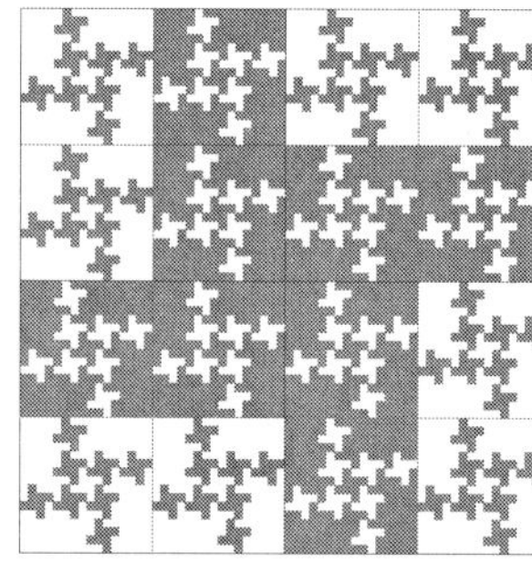
	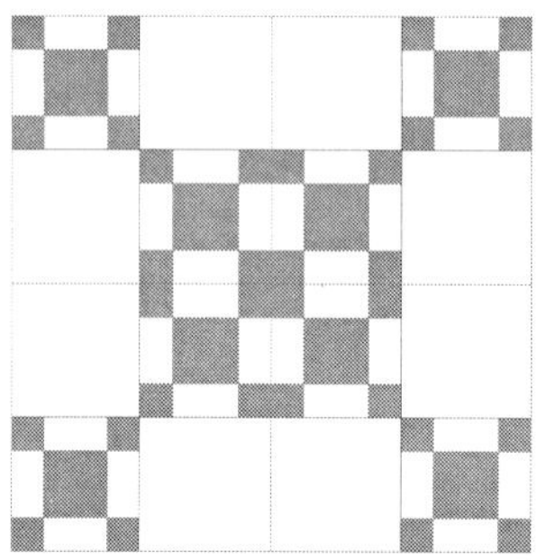	
		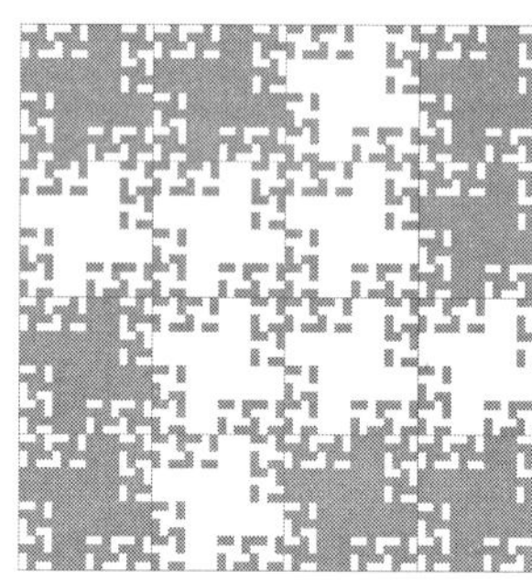
	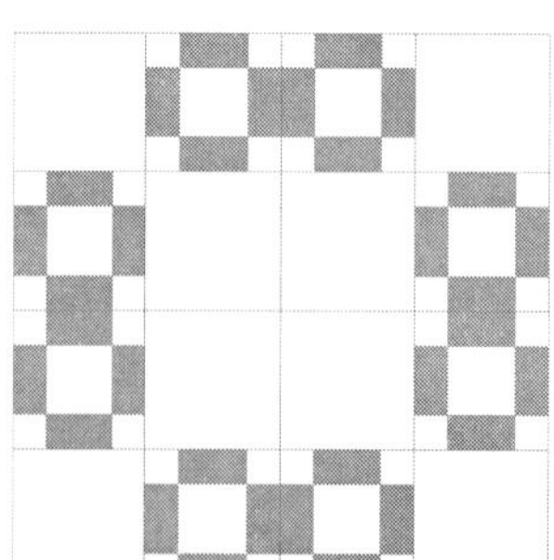	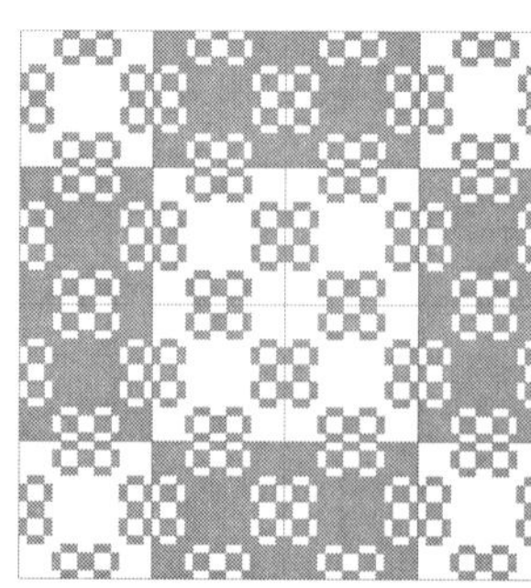

4 5×5 곱셈-나눗셈 프랙탈

(1) 1단계 5개

① $\log_5 5 = 1$

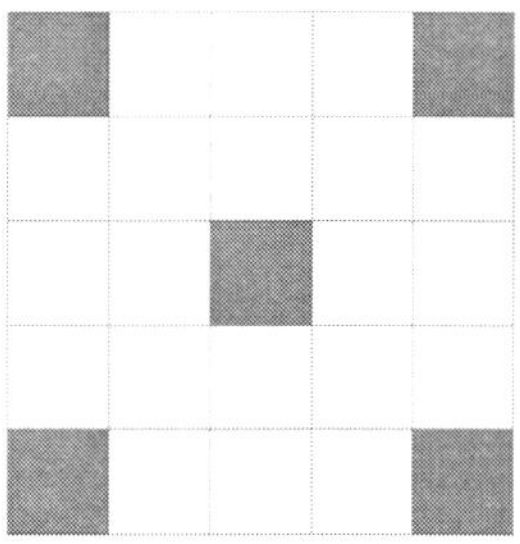

② $\log_{25} 25 = 1$

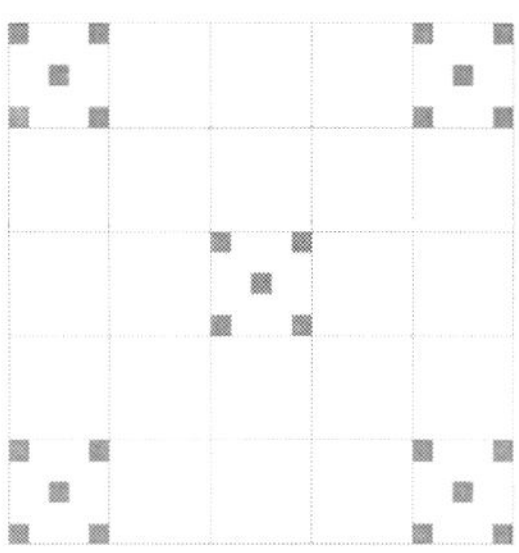

③ $\log_{125} 3500 = 1.69$

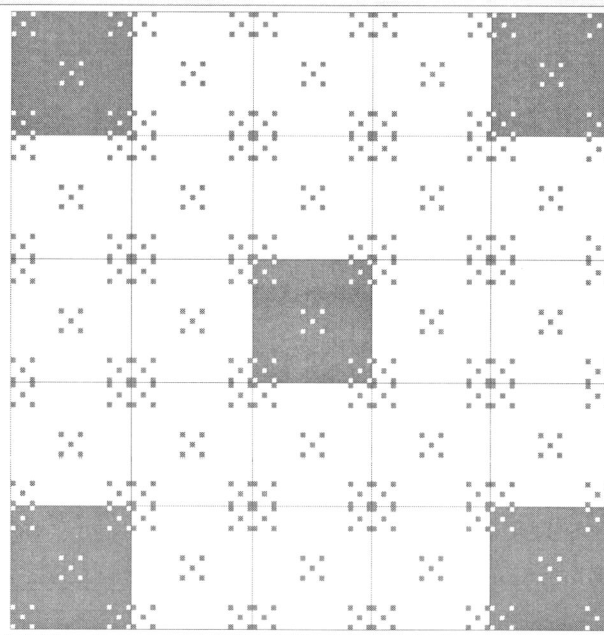

① $\log_5 5 = 1$

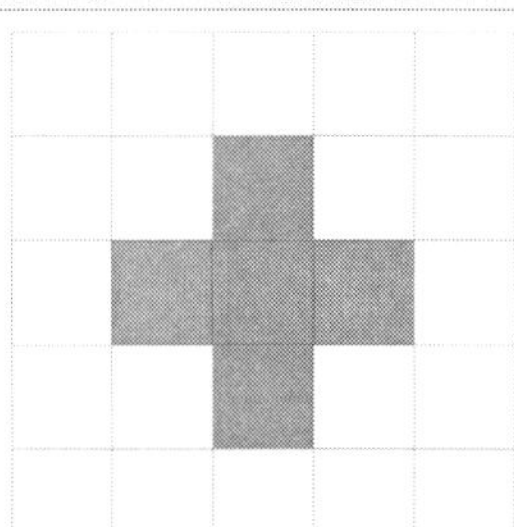

② $\log_{25} 25 = 1$

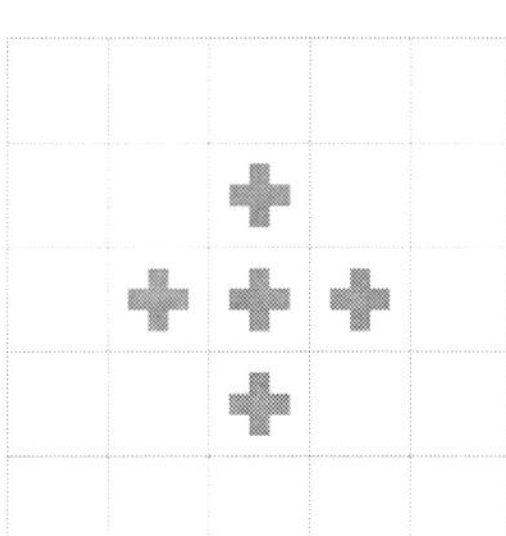

③ $\log_{125} 3500 = 1.69$

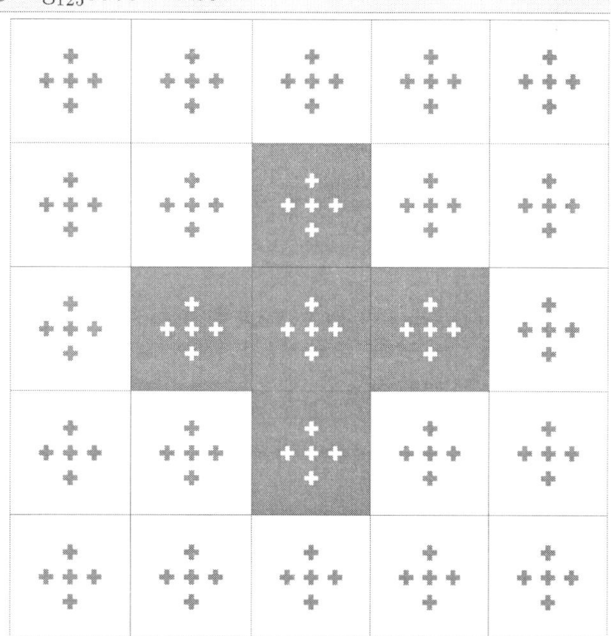

① $\log_5 5 = 1$

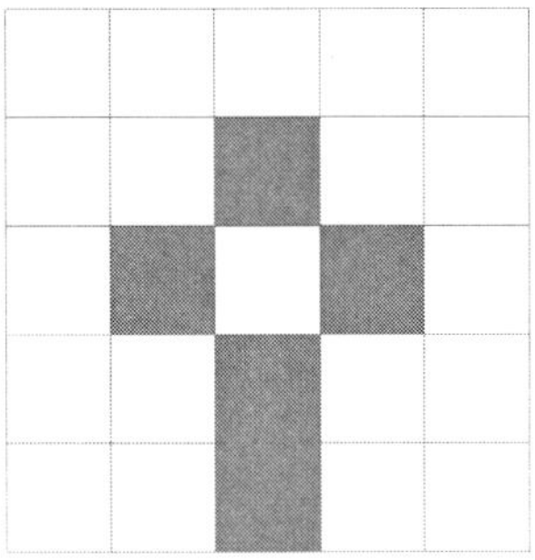

② $\log_{25} 25 = 1$

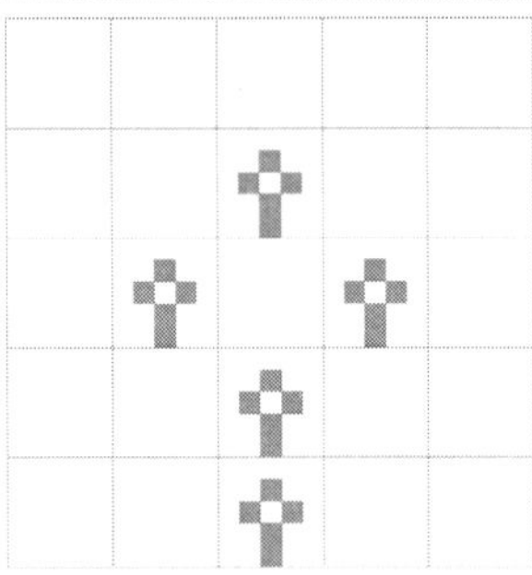

③ $\log_{125} 3500 = 1.69$

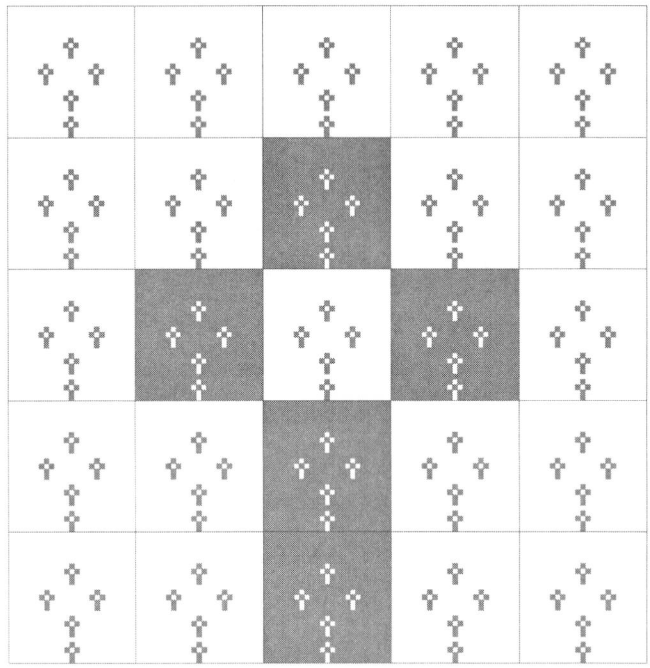

① $\log_5 5 = 1$

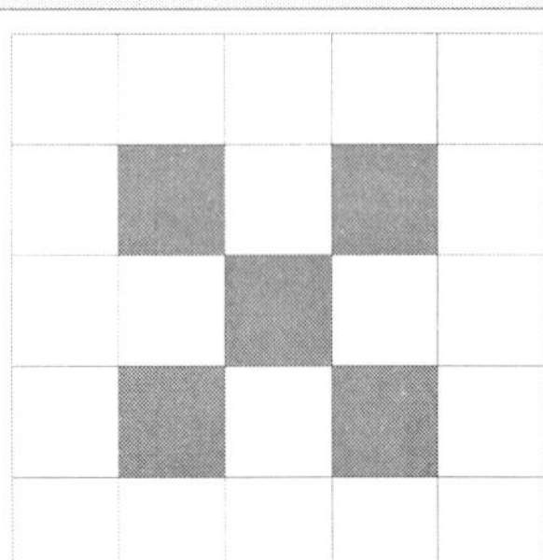

② $\log_{25} 25 = 1$

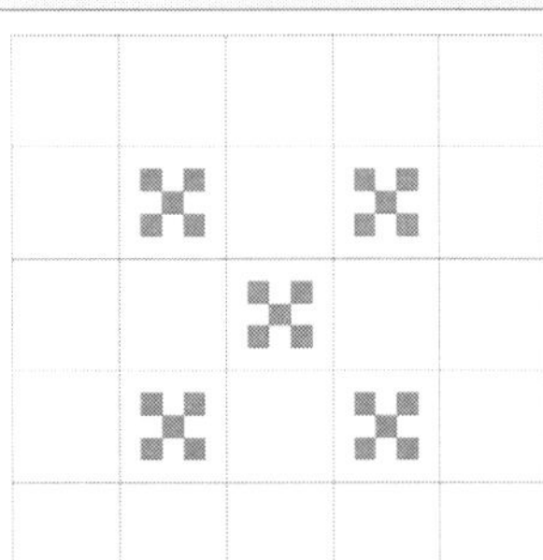

③ $\log_{125} 3500 = 1.69$

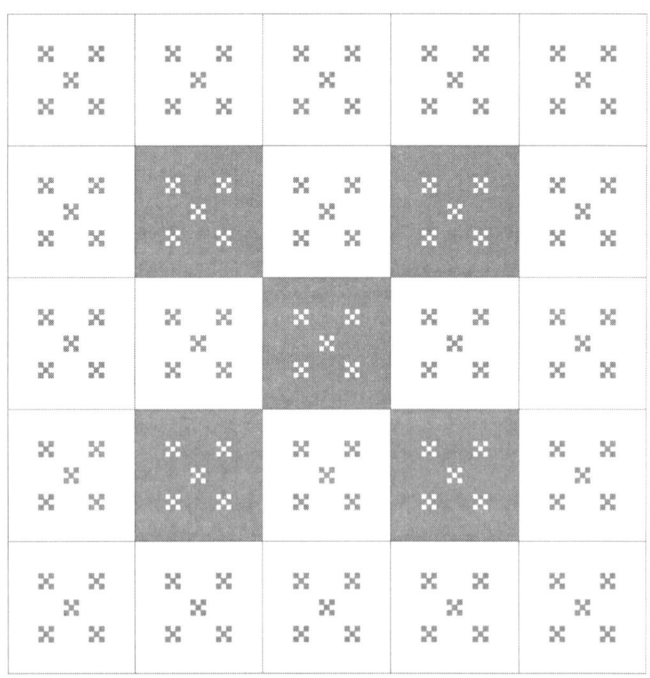

(2) 1단계 7개

① $\log_5 7 = 1.209$

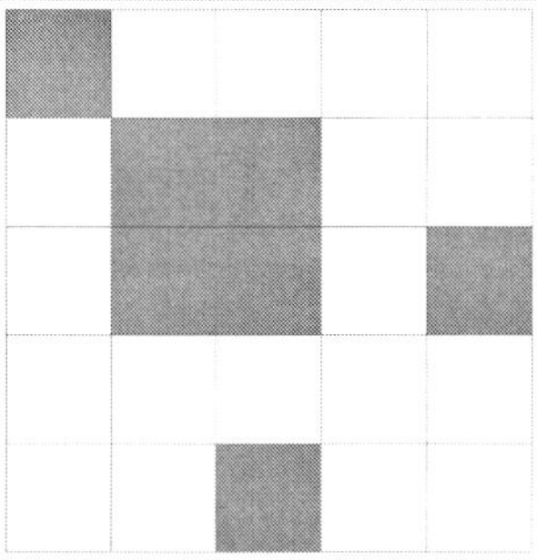

② $\log_{25} 49 = 1.21$

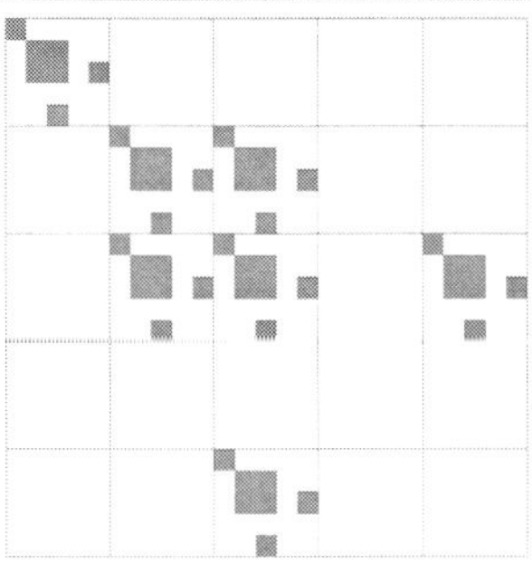

③ $\log_{125} 4914 = 1.76$

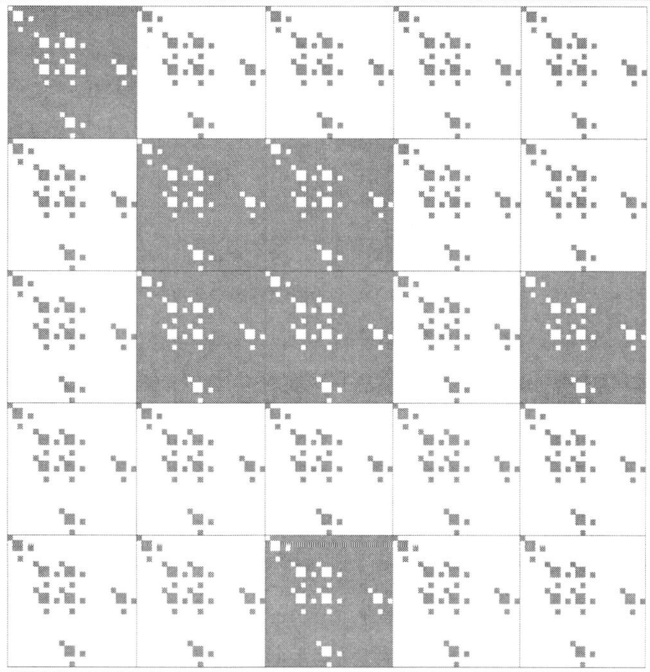

① $\log_5 7 = 1.209$

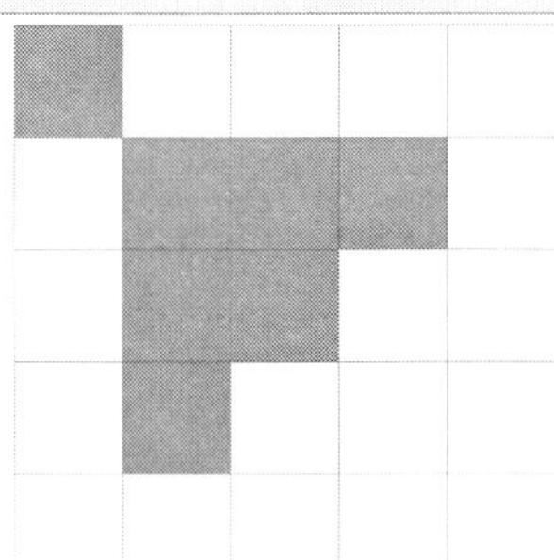

② $\log_{25} 49 = 1.21$

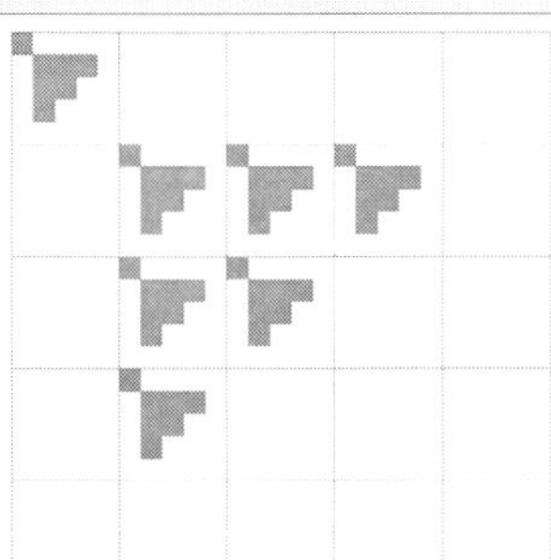

③ $\log_{125} 4914 = 1.76$

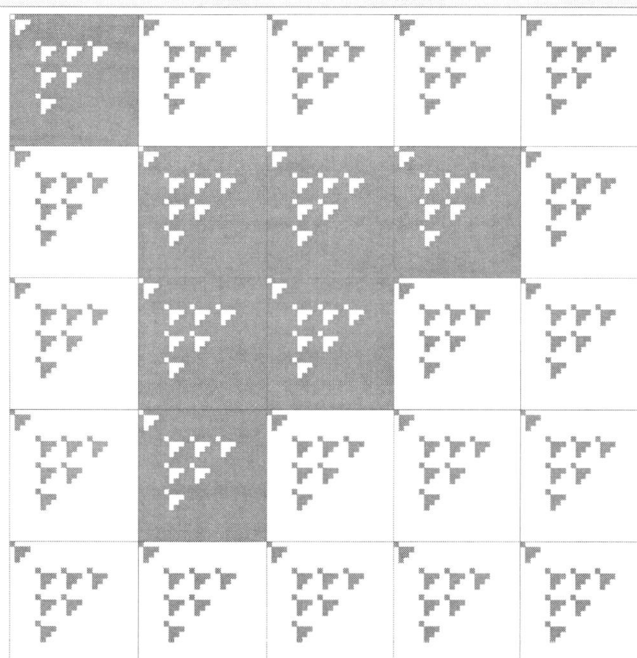

(3) 1단계 8개

① $\log_5 8 = 1.292$

② $\log_{25} 64 = 1.292$

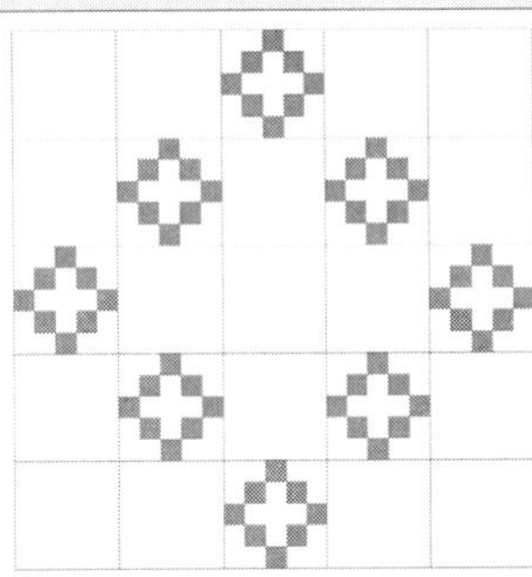

③ $\log_{125} 5576 = 1.787$

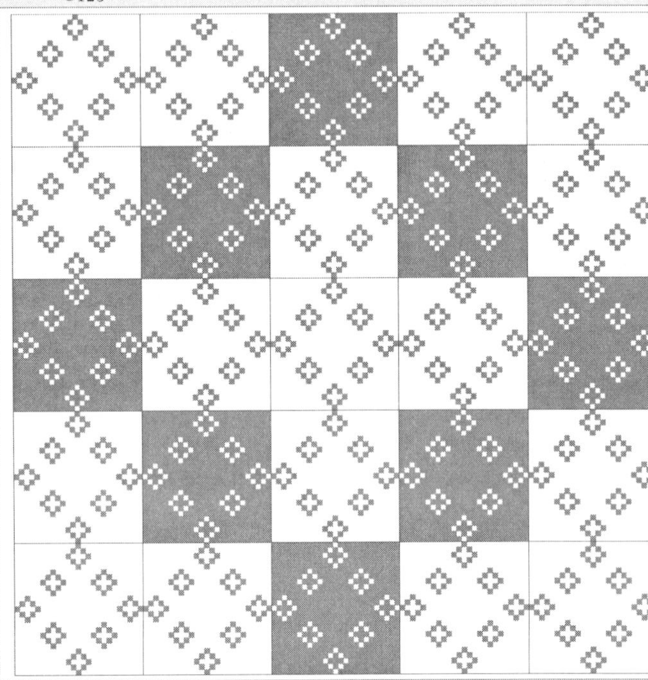

① $\log_5 8 = 1.292$

② $\log_{25} 64 = 1.292$

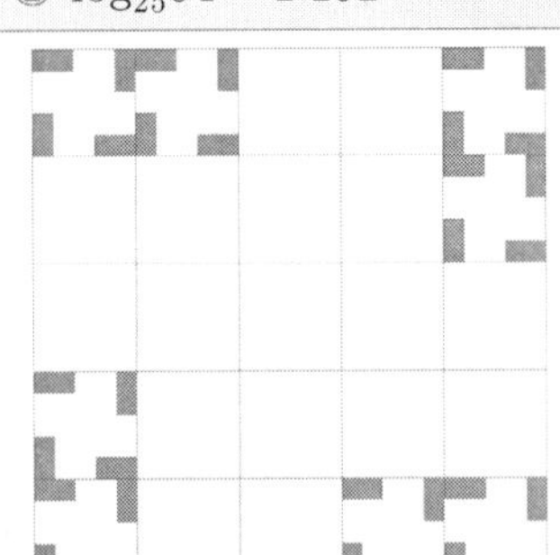

③ $\log_{125} 5576 = 1.787$

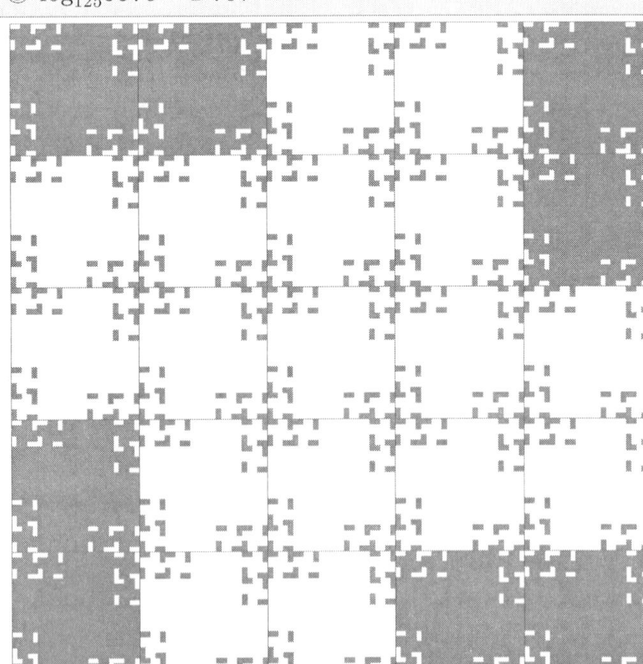

① $\log_5 8 = 1.292$

② $\log_{25} 64 = 1.292$

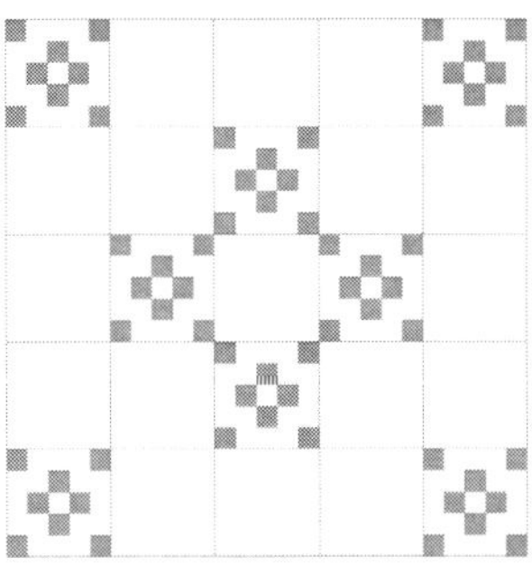

③ $\log_{125} 5576 = 1.787$

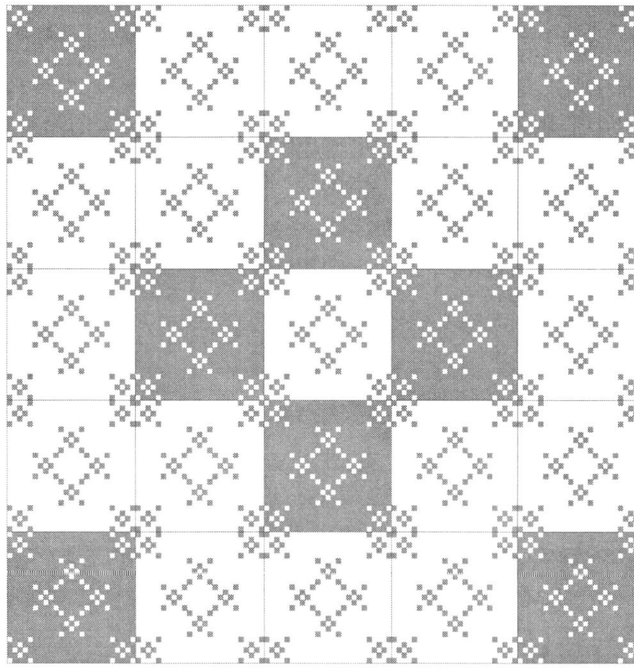

① $\log_5 8 = 1.292$

② $\log_{25} 64 = 1.292$

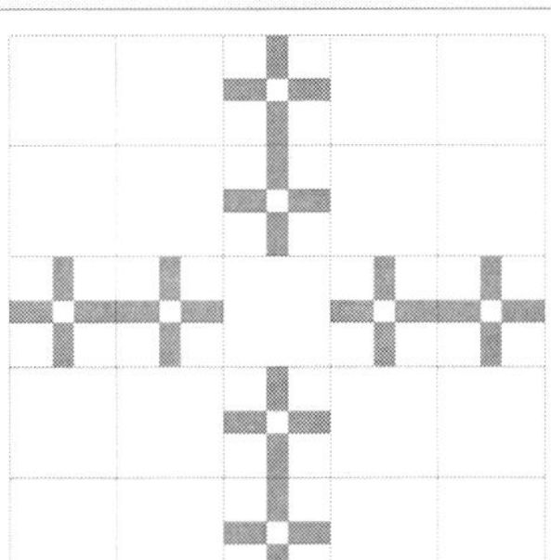

③ $\log_{125} 5576 = 1.787$

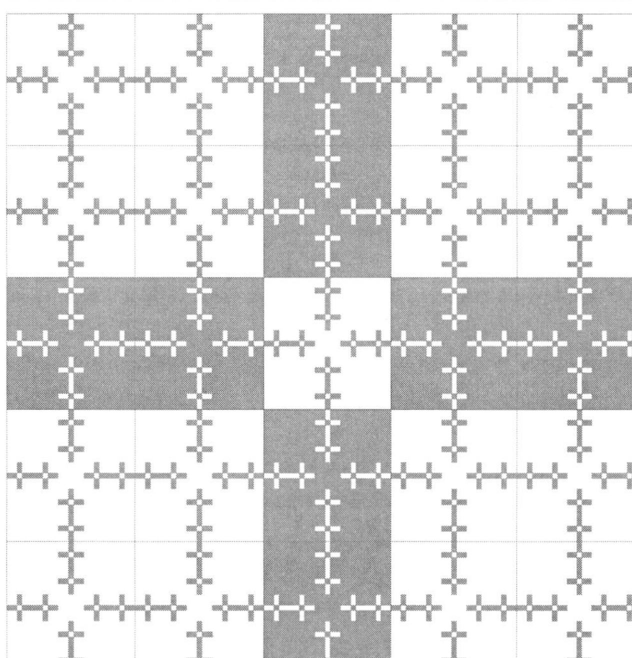

(4) 1단계 9개

① $\log_5 9 = 1.365$

② $\log_{25} 81 = 1.365$

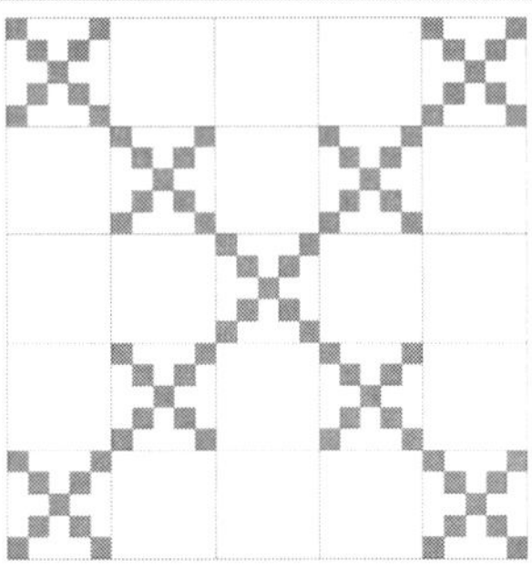

③ $\log_{125} 6192 = 1.808$

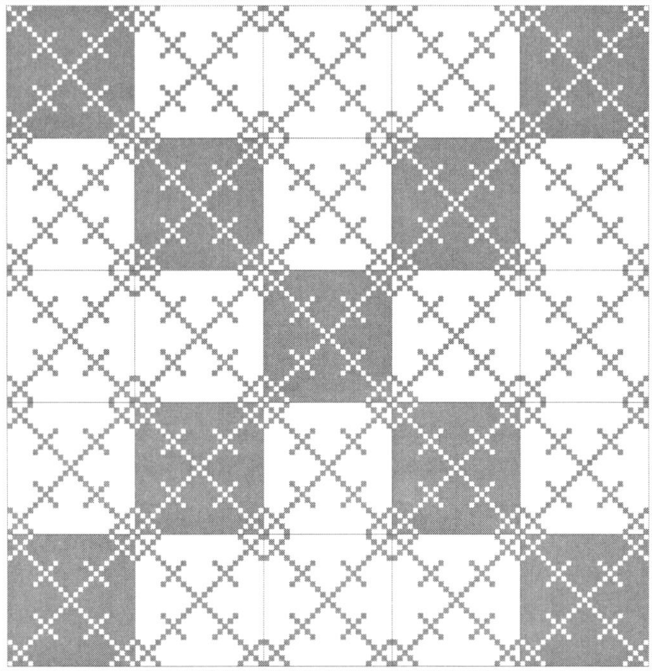

① $\log_5 9 = 1.365$

② $\log_{25} 81 = 1.365$

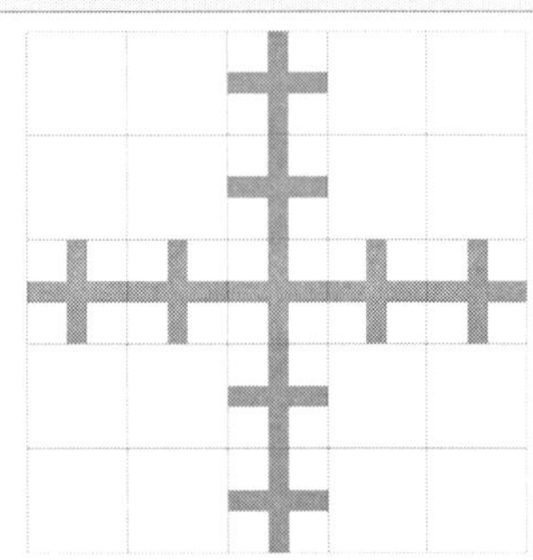

③ $\log_{125} 6192 = 1.808$

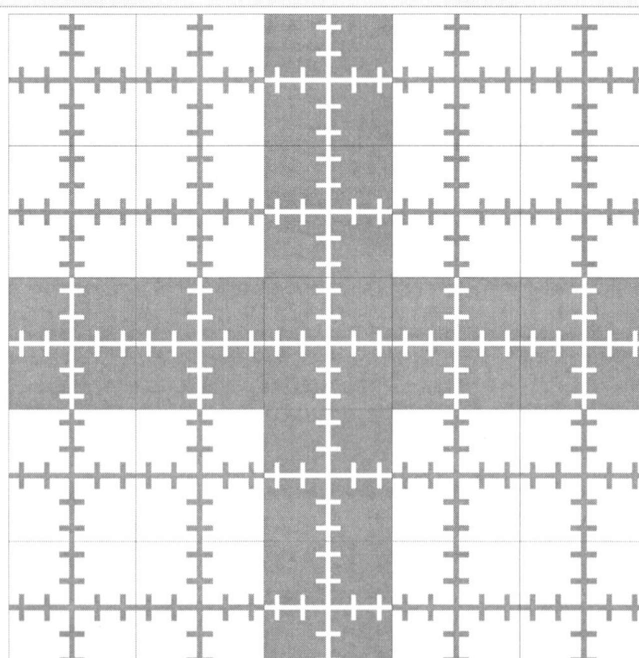

① $\log_5 9 = 1.365$

② $\log_{25} 81 = 1.365$

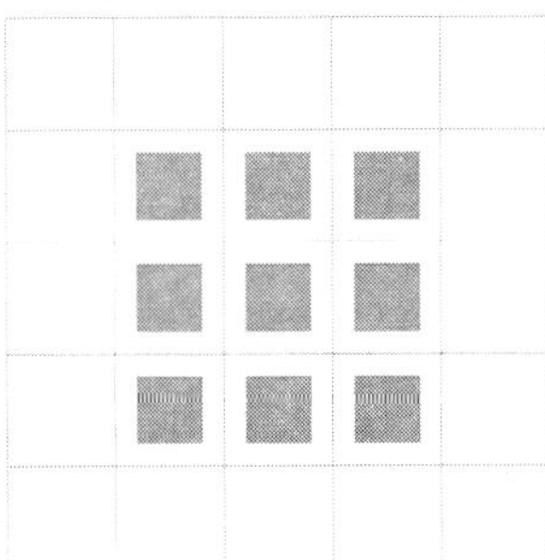

③ $\log_{125} 6192 = 1.808$

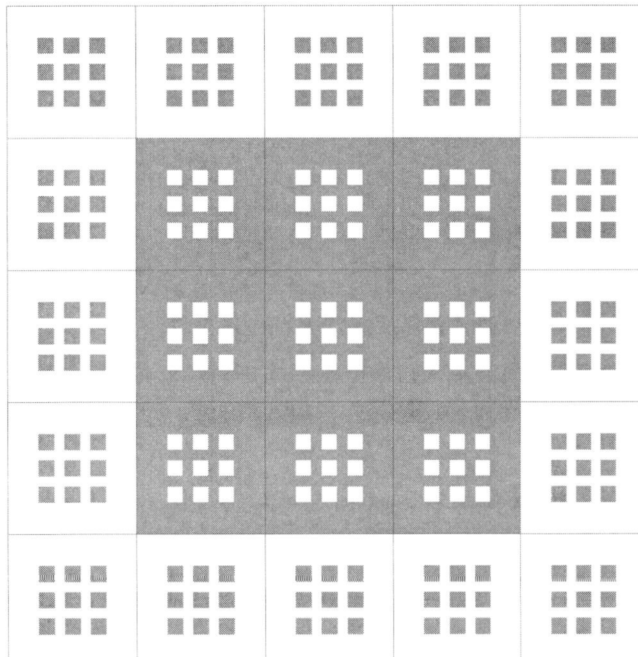

① $\log_5 9 = 1.365$

② $\log_{25} 81 = 1.365$

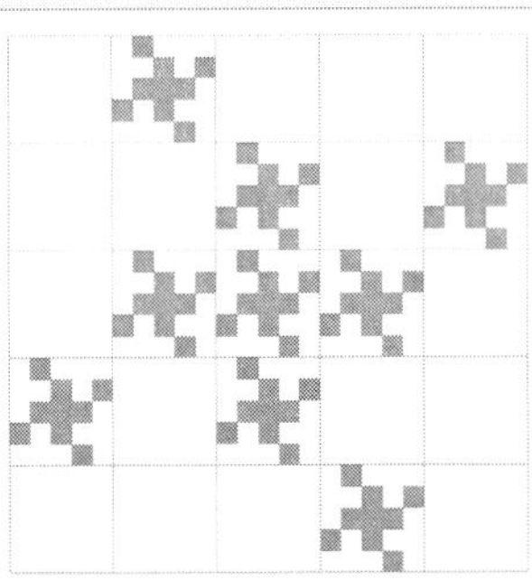

③ $\log_{125} 6192 = 1.808$

(5) 1단계 12개

① $\log_5 12 = 1.544$

② $\log_{25} 144 = 1.544$

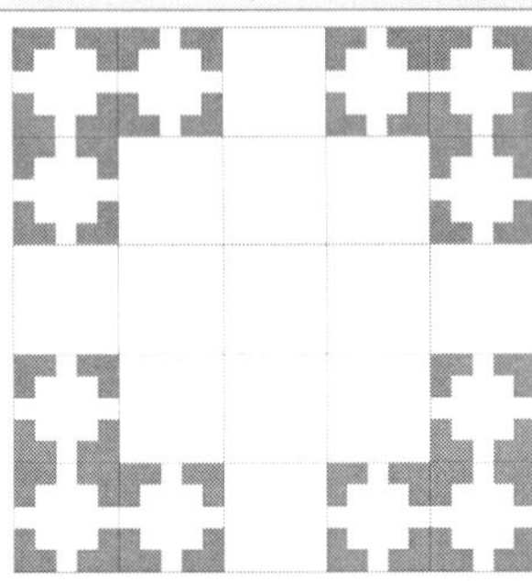

③ $\log_{125} 7644 = 1.852$

① $\log_5 12 = 1.544$

② $\log_{25} 144 = 1.544$

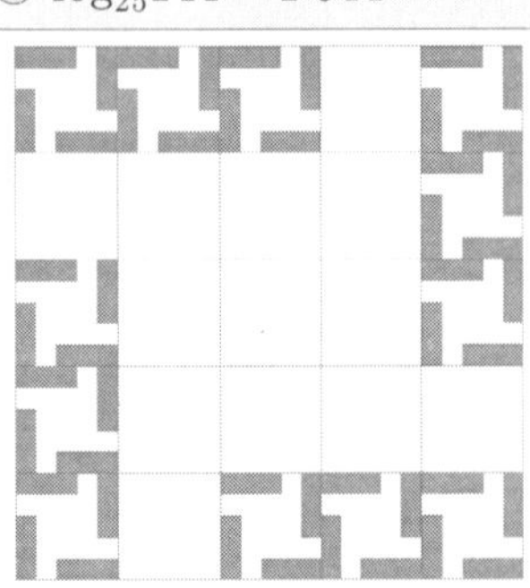

③ $\log_{125} 7644 = 1.852$

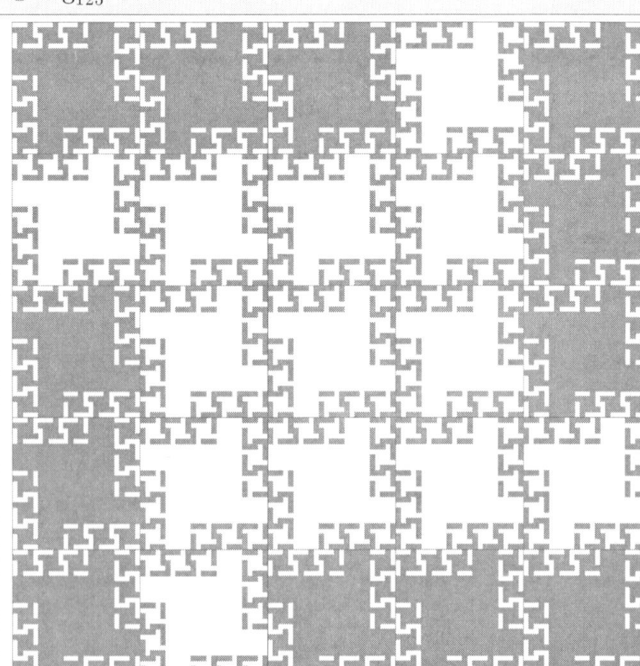

① $\log_5 12 = 1.544$

② $\log_{25} 144 = 1.544$

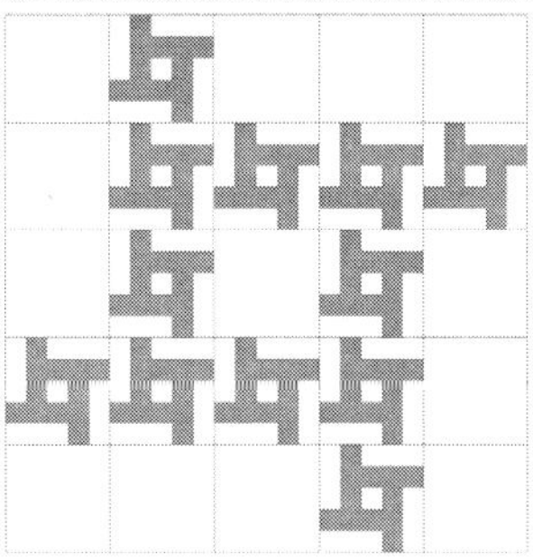

③ $\log_{125} 7644 = 1.852$

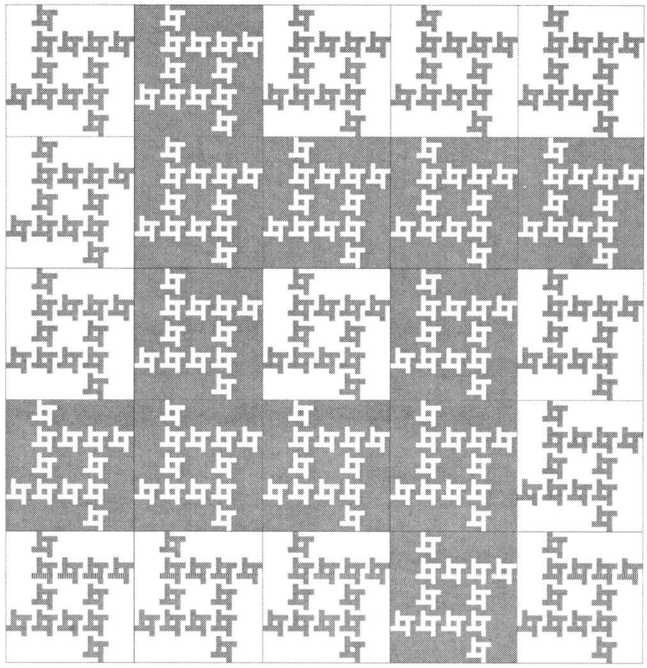

① $\log_5 12 = 1.544$

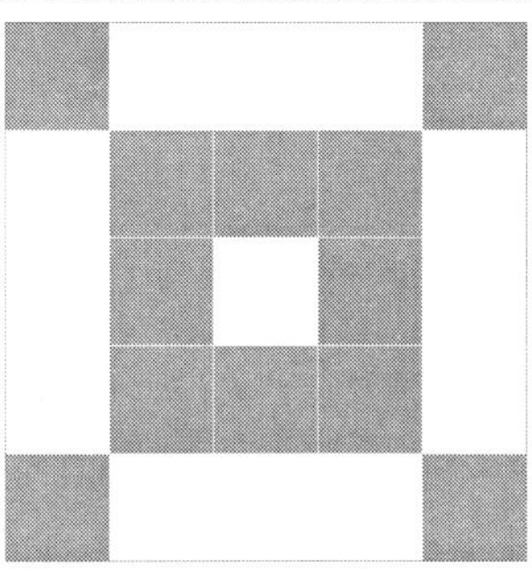

② $\log_{25} 144 = 1.544$

③ $\log_{125} 7644 = 1.852$

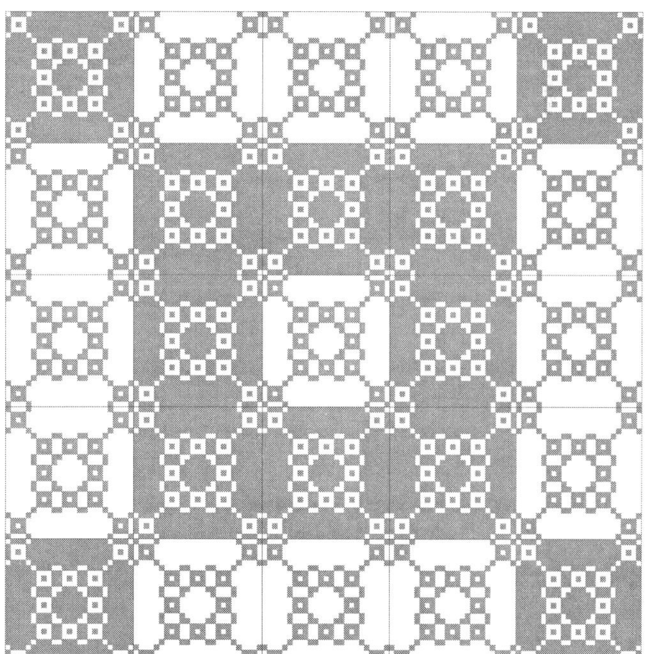

① $\log_5 12 = 1.544$

② $\log_{25} 144 = 1.544$

③ $\log_{125} 7644 = 1.852$

① $\log_5 12 = 1.544$

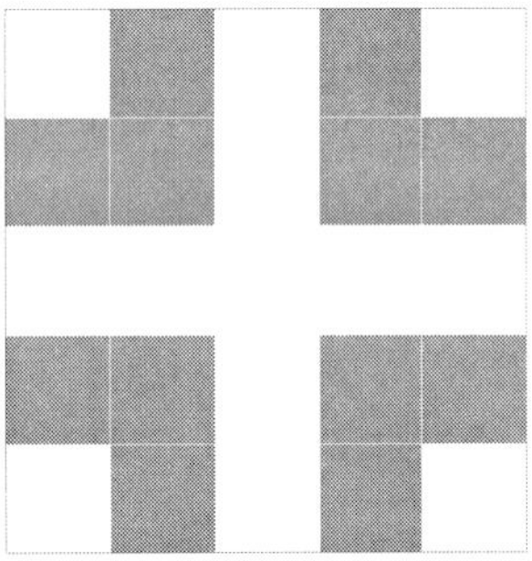

② $\log_{25} 144 = 1.544$

③ $\log_{125} 7644 = 1.852$

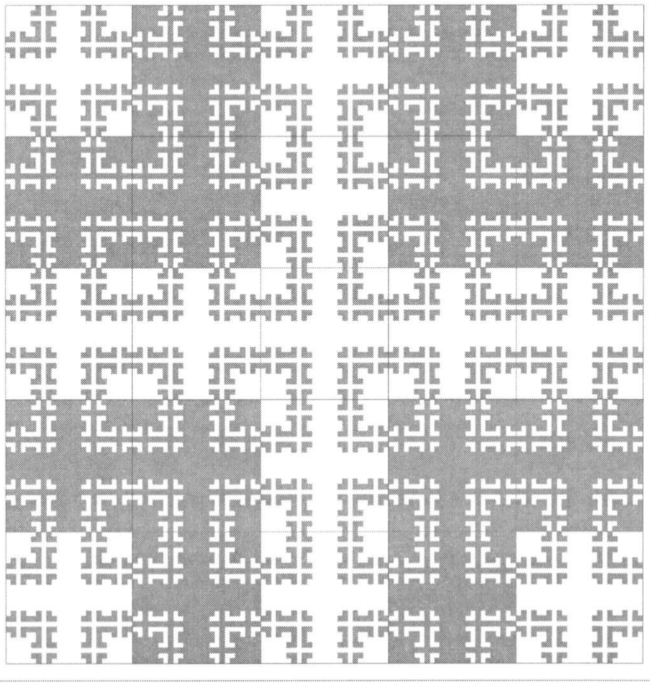

(6) 1단계 13개

① $\log_5 13 = 1.594$

② $\log_{25} 169 = 1.594$

③ $\log_{125} 7956 = 1.86$

① $\log_5 13 = 1.594$

② $\log_{25} 169 = 1.594$

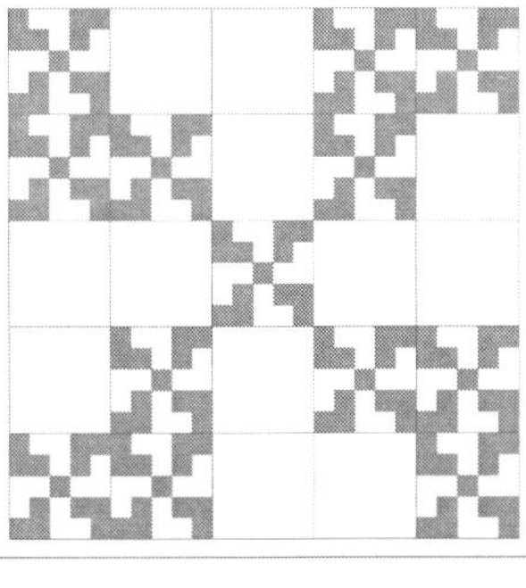

③ $\log_{125} 7956 = 1.86$

① $\log_5 13 = 1.594$

② $\log_{25} 169 = 1.594$

③ $\log_{125} 7956 = 1.86$

① $\log_5 13 = 1.594$

② $\log_{25} 256 = 1.723$

③ $\log_{125} 7956 = 1.86$

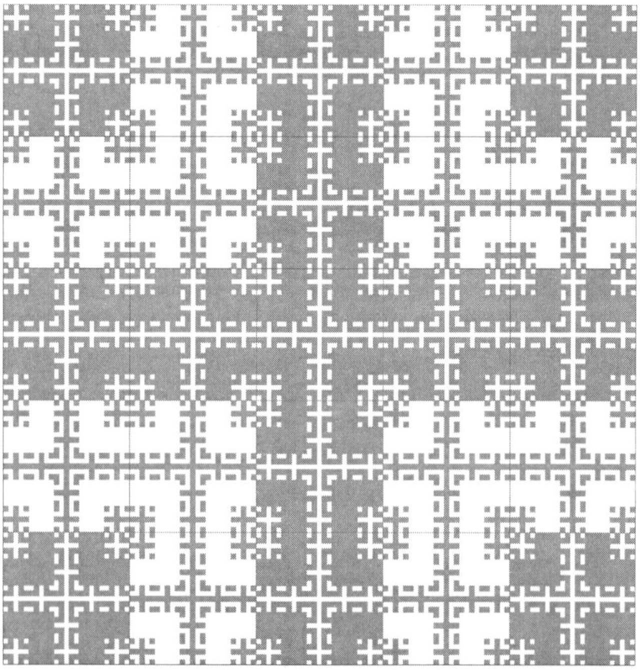

(7) 1단계 16개

① $\log_5 16 = 1.723$

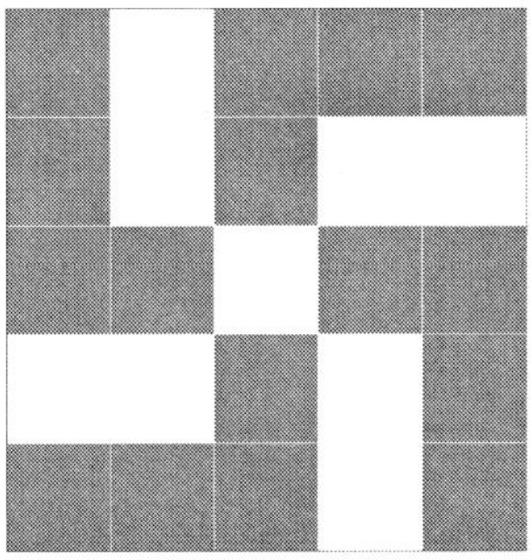

② $\log_{25} 256 = 1.723$

③ $\log_{125} 8208 = 1.867$

① $\log_5 16 = 1.723$

② $\log_{25} 256 = 1.723$

③ $\log_{125} 8208 = 1.867$

① $\log_{5}16 = 1.723$

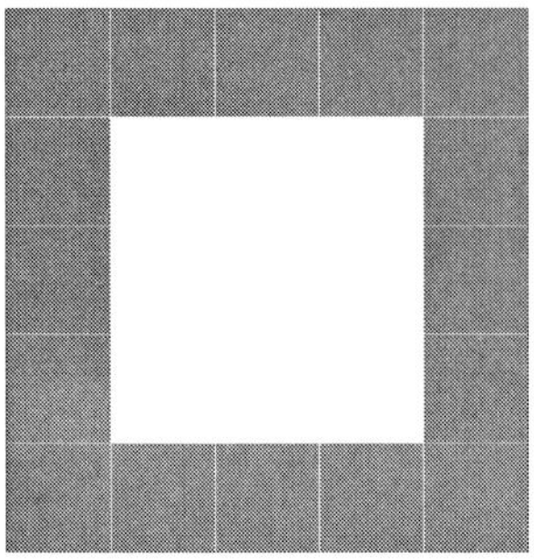

② $\log_{25}256 = 1.723$

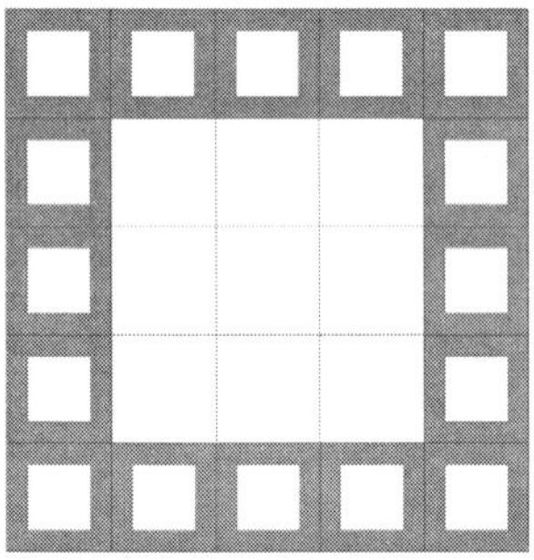

③ $\log_{125}8208 = 1.867$

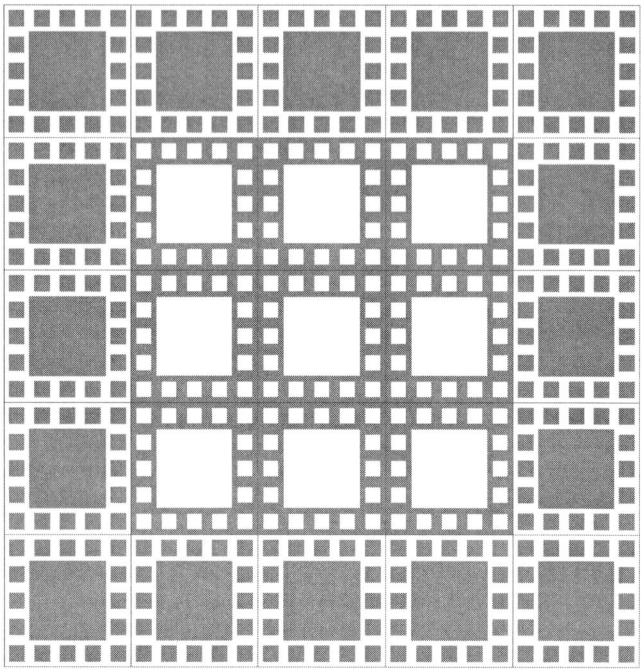

① $\log_{5}16 = 1.723$

② $\log_{25}256 = 1.723$

③ $\log_{125}8208 = 1.867$

5 6×6 곱셈-나눗셈 프랙탈

(1) 1단계 8개

① $\log_6 8 = 1.161$

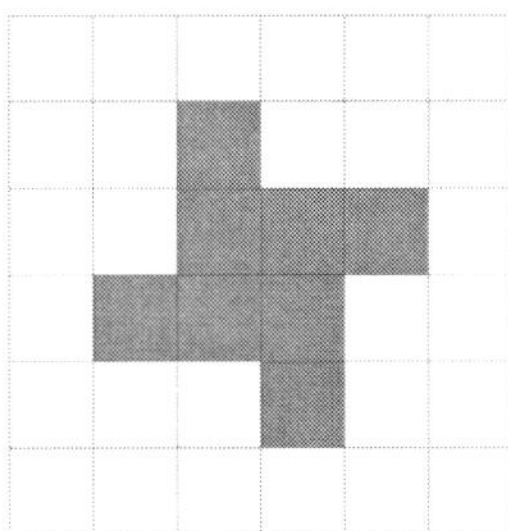

② $\log_{36} 64 = 1.161$

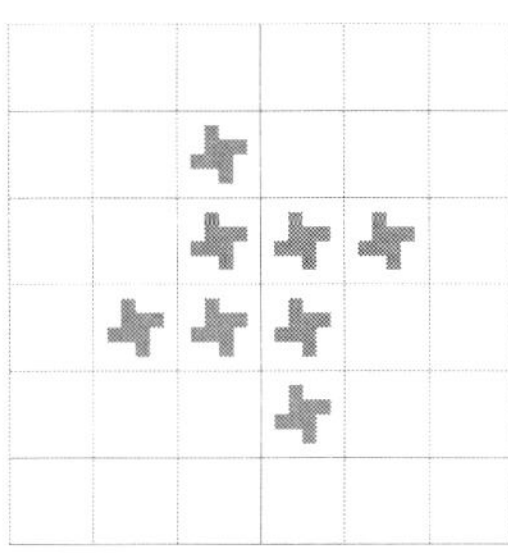

③ $\log_{216} 11648 = 1.742$

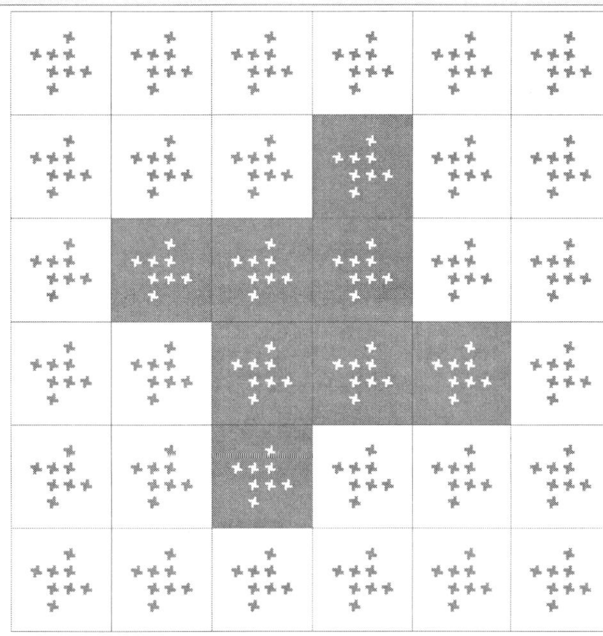

① $\log_6 8 = 1.161$

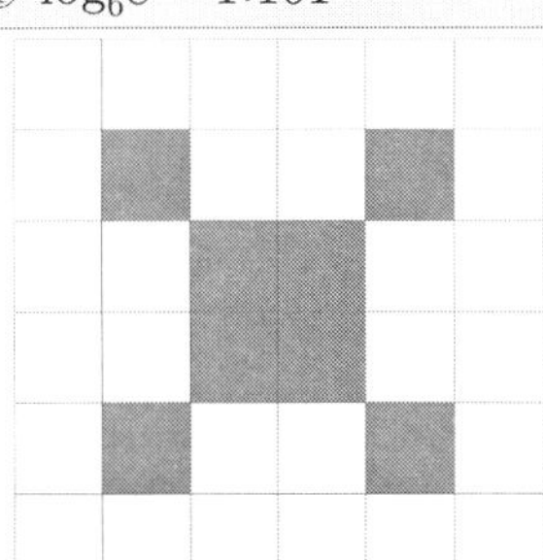

② $\log_{36} 64 = 1.161$

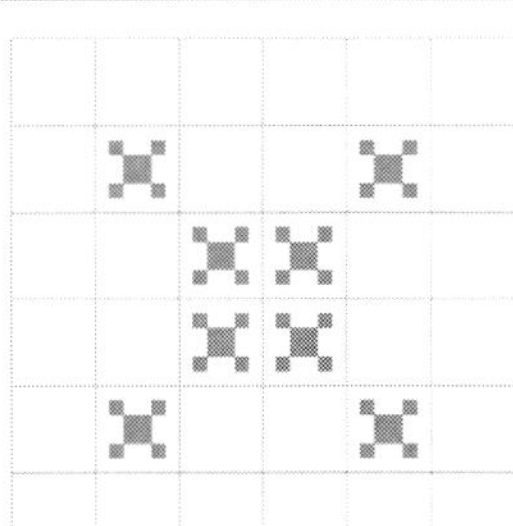

③ $\log_{216} 11648 = 1.742$

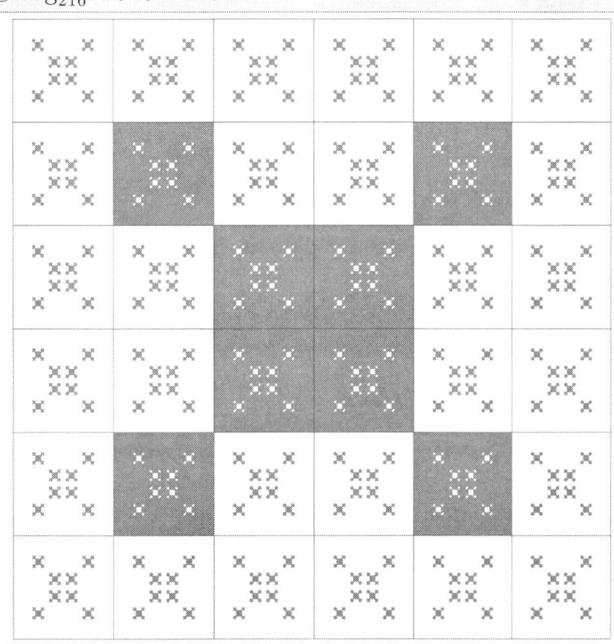

① $\log_6 8 = 1.161$

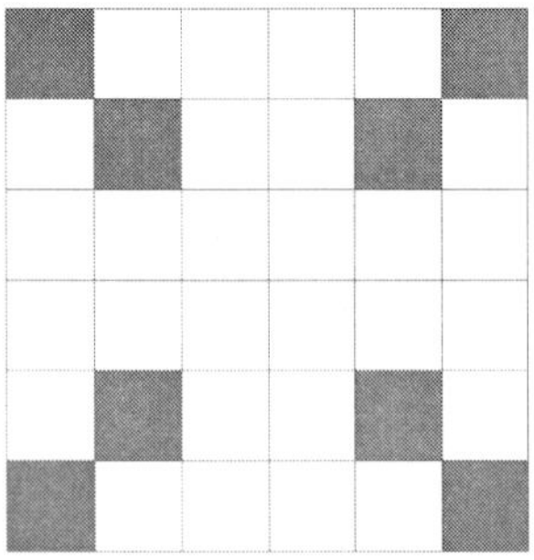

② $\log_{36} 64 = 1.161$

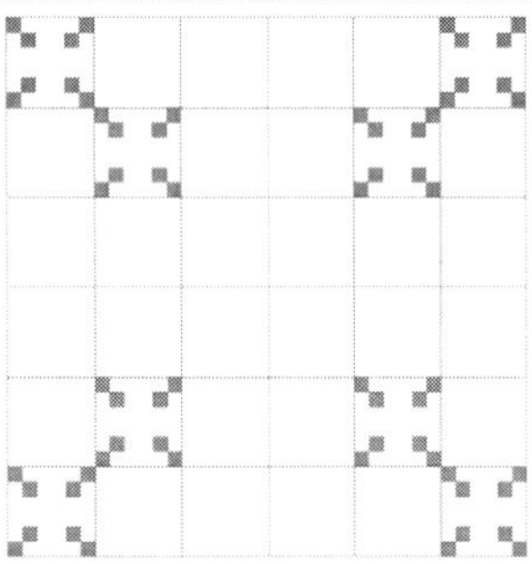

③ $\log_{216} 11648 = 1.742$

① $\log_6 8 = 1.161$

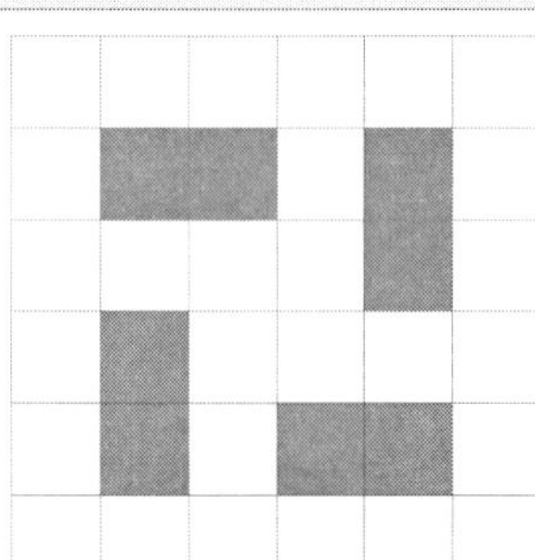

② $\log_{36} 64 = 1.161$

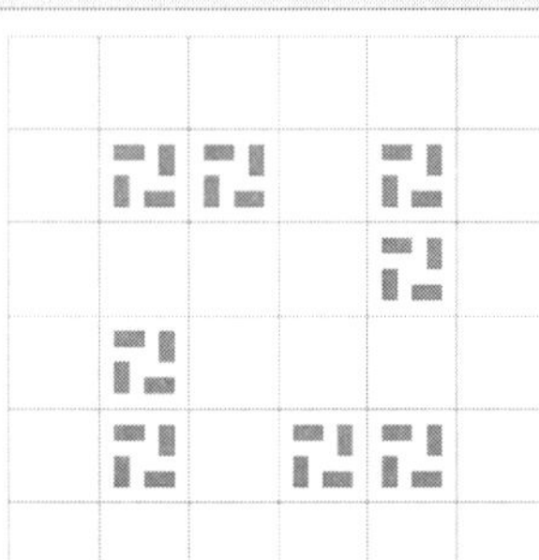

③ $\log_{216} 11648 = 1.742$

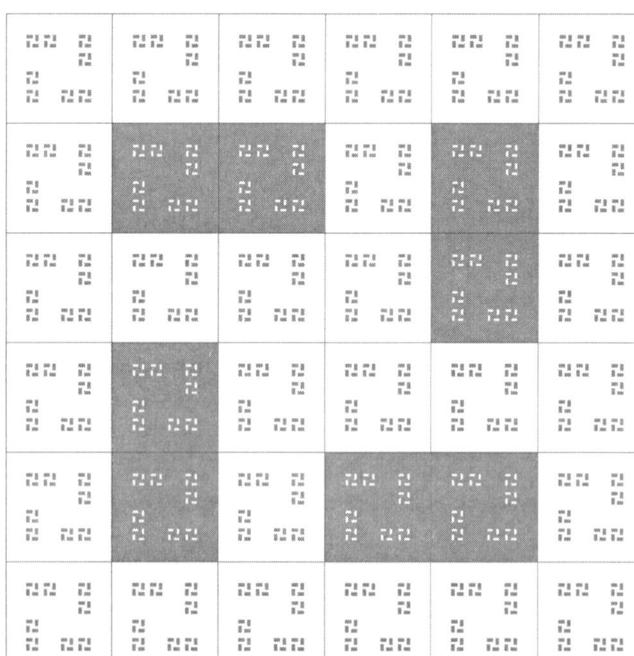

(2) 1단계 12개

① $\log_{6}12 = 1.387$

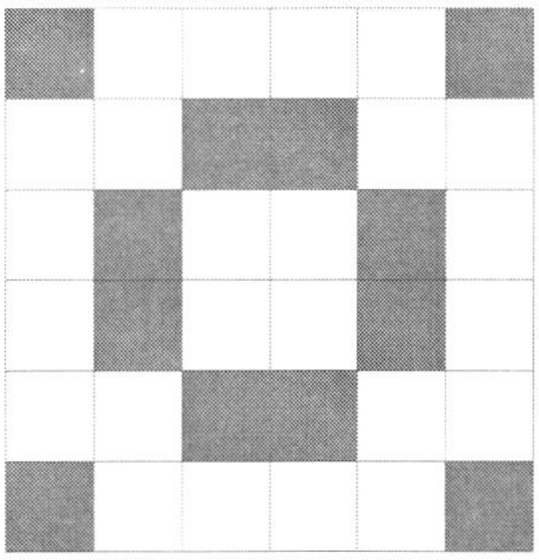

② $\log_{36}144 = 1.387$

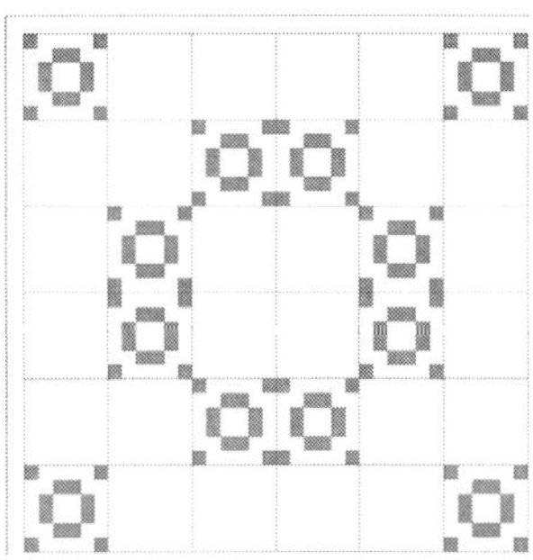

③ $\log_{216}17280 = 1.815$

① $\log_{6}12 = 1.387$

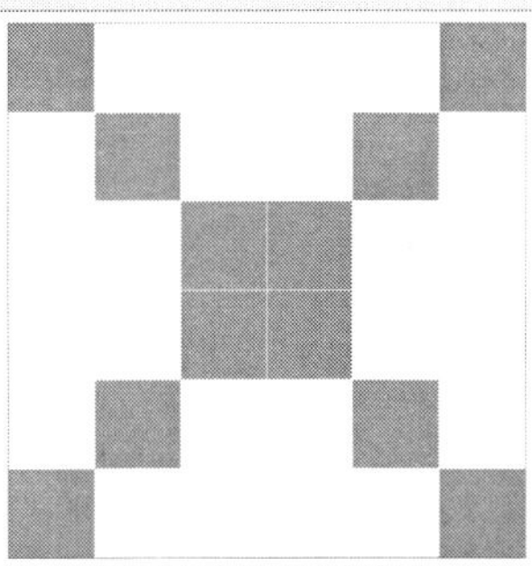

② $\log_{36}144 = 1.387$

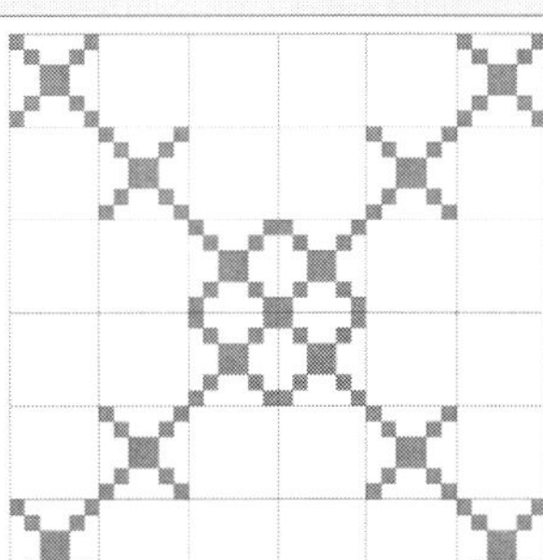

③ $\log_{216}17280 = 1.815$

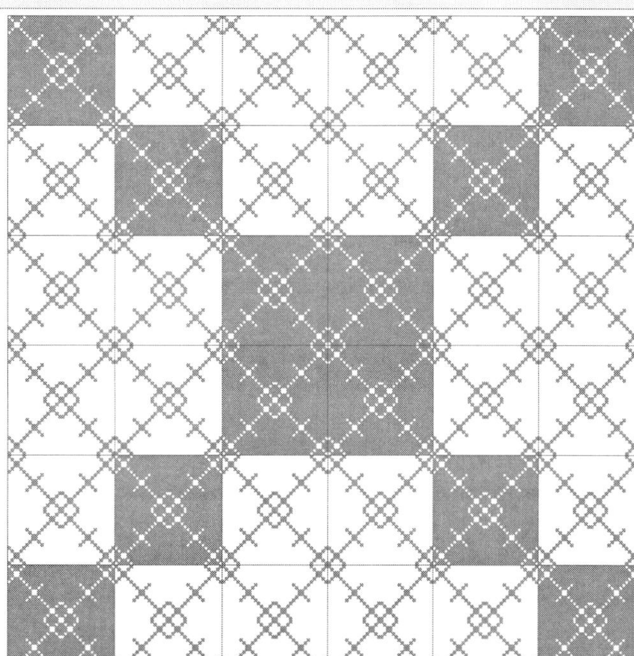

① $\log_{6}12 = 1.387$

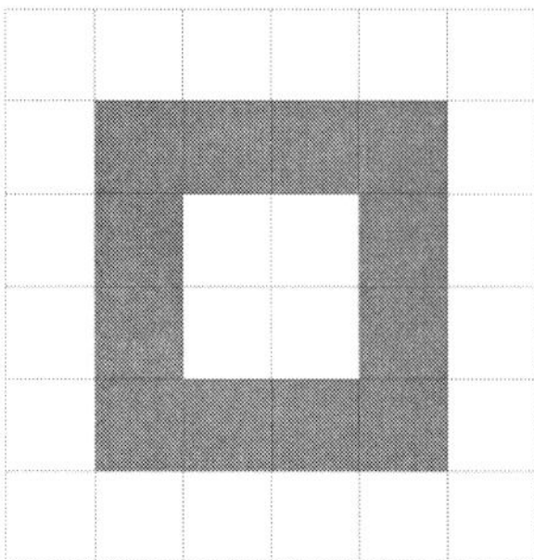

② $\log_{36}144 = 1.387$

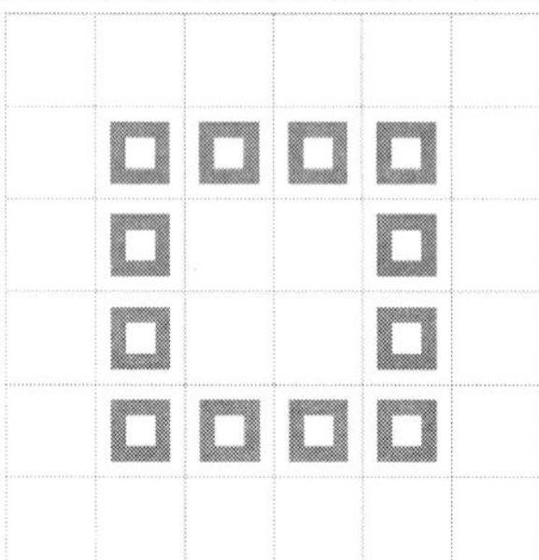

③ $\log_{216}17280 = 1.815$

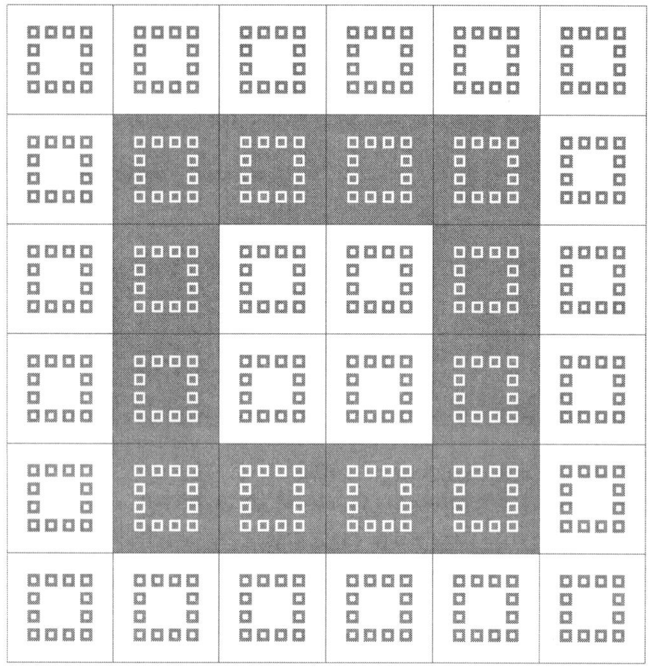

① $\log_{6}12 = 1.387$

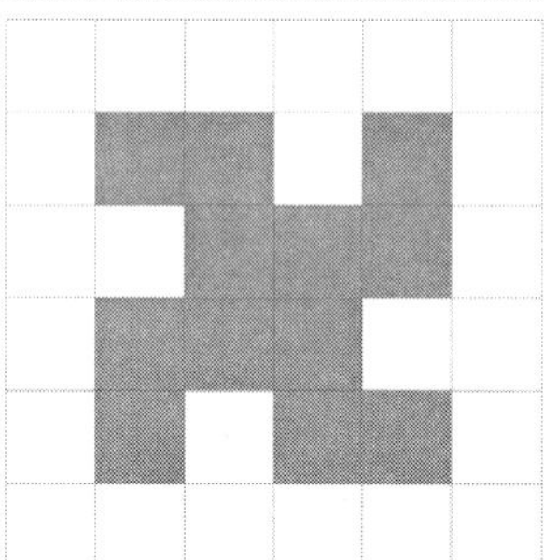

② $\log_{36}144 = 1.387$

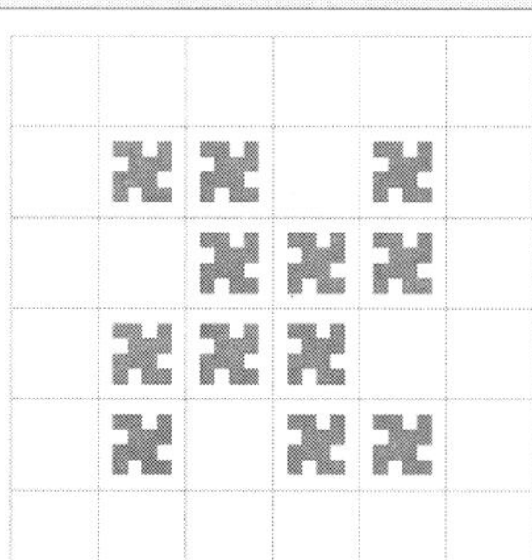

③ $\log_{216}17280 = 1.815$

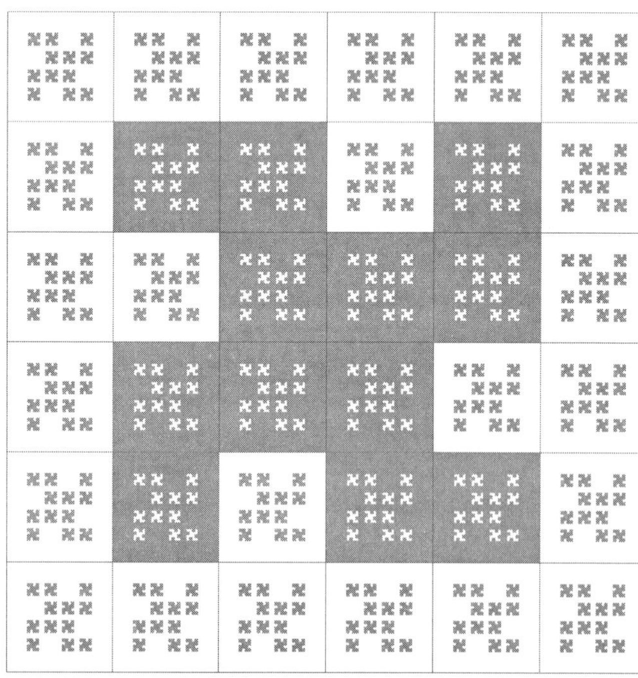

① $\log_{6}12 = 1.387$

② $\log_{36}144 = 1.387$

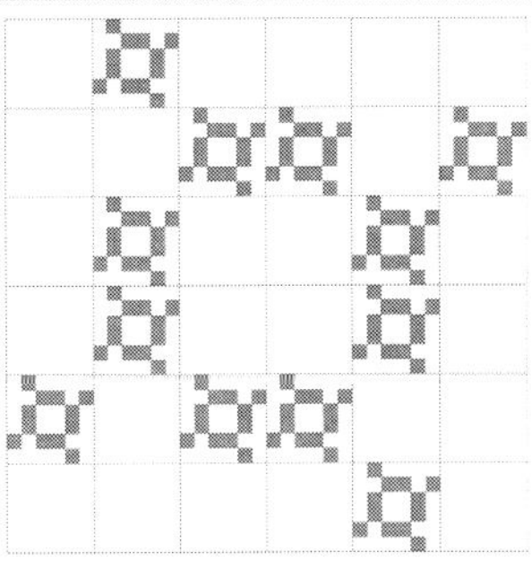

③ $\log_{216}17280 = 1.815$

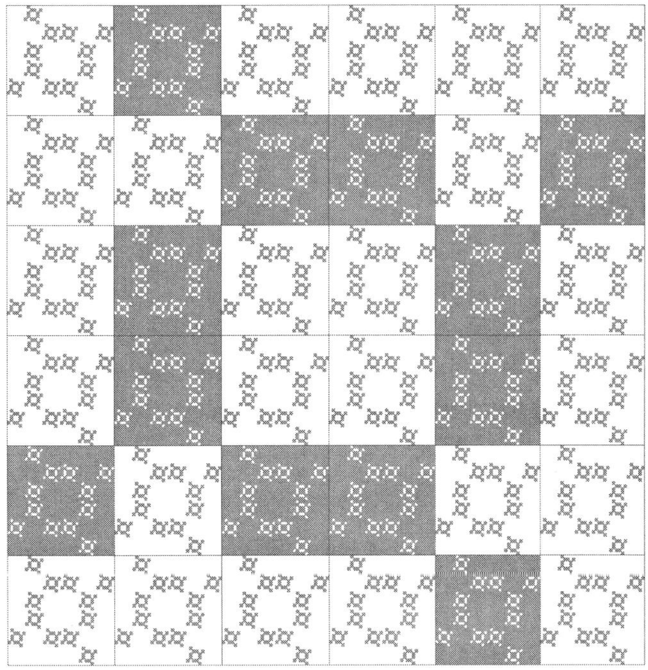

① $\log_{6}12 = 1.387$

② $\log_{36}144 = 1.387$

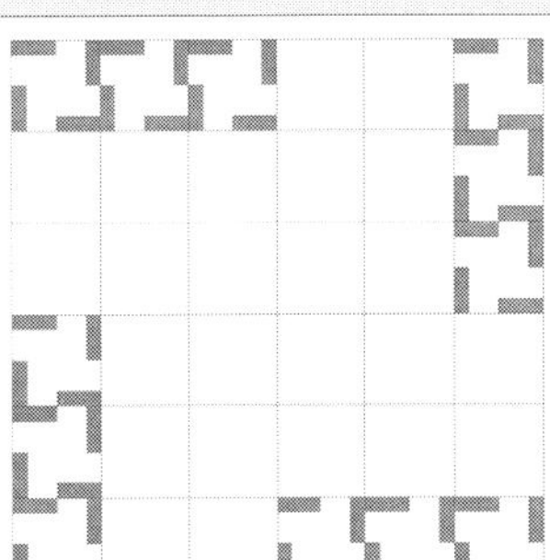

③ $\log_{216}17280 = 1.815$

(3) 1단계 16개

① $\log_{6}16 = 1.547$

② $\log_{36}256 = 1.547$

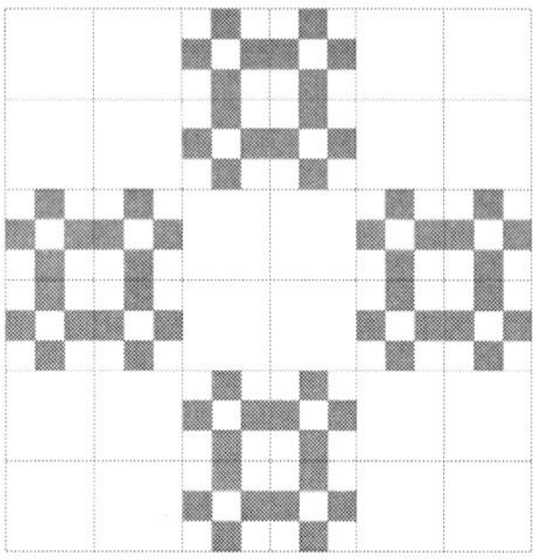

③ $\log_{216}21760 = 1.858$

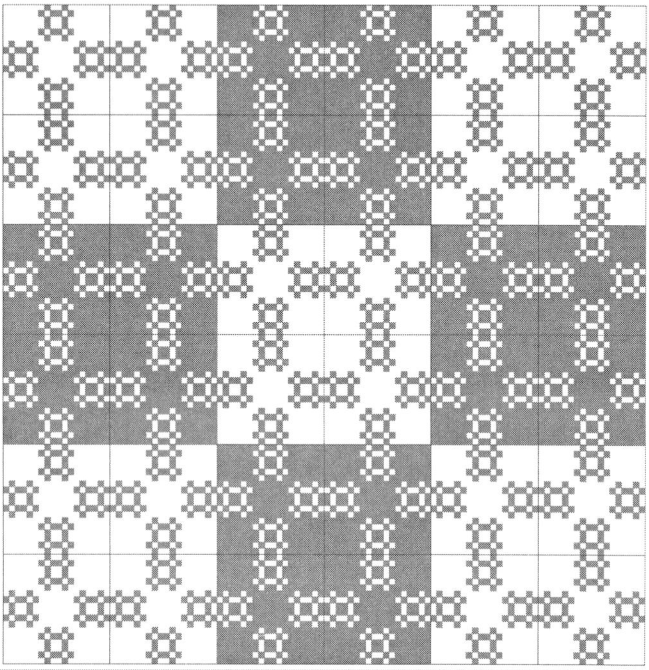

① $\log_{6}16 = 1.547$

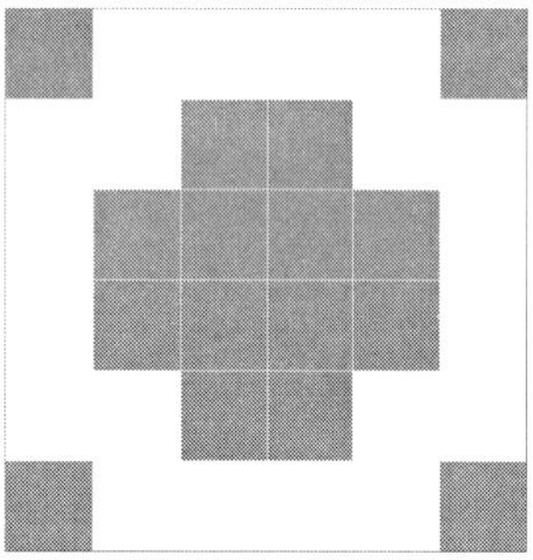

② $\log_{36}256 = 1.547$

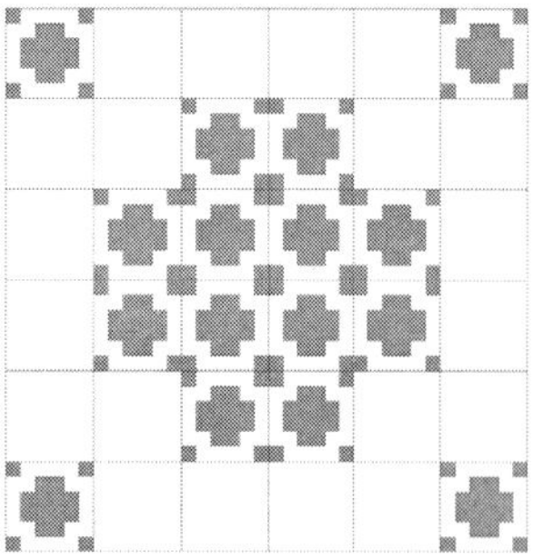

③ $\log_{216}21760 = 1.858$

① $\log_{6}16 = 1.547$

② $\log_{36}256 = 1.547$

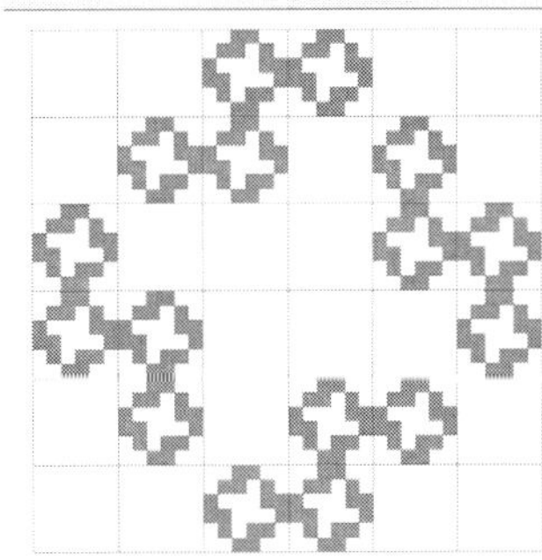

③ $\log_{216}21760 = 1.858$

① $\log_{6}16 = 1.547$

② $\log_{36}256 = 1.547$

③ $\log_{216}21760 = 1.858$

① $\log_6 16 = 1.547$

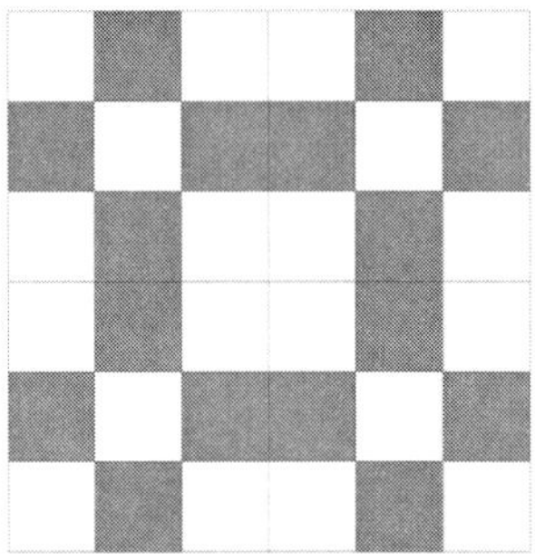

② $\log_{36} 256 = 1.547$

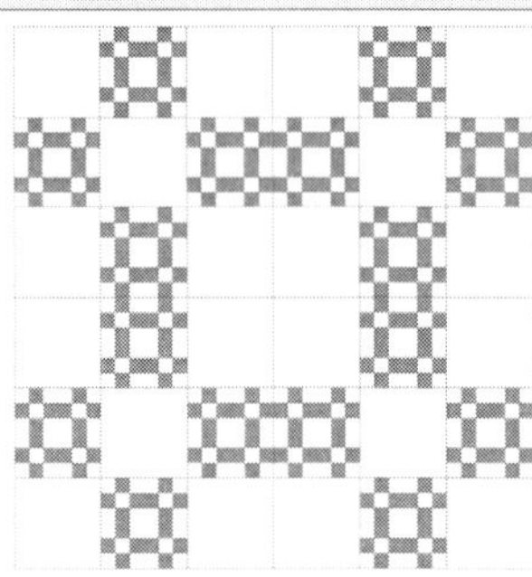

③ $\log_{216} 21760 = 1.858$

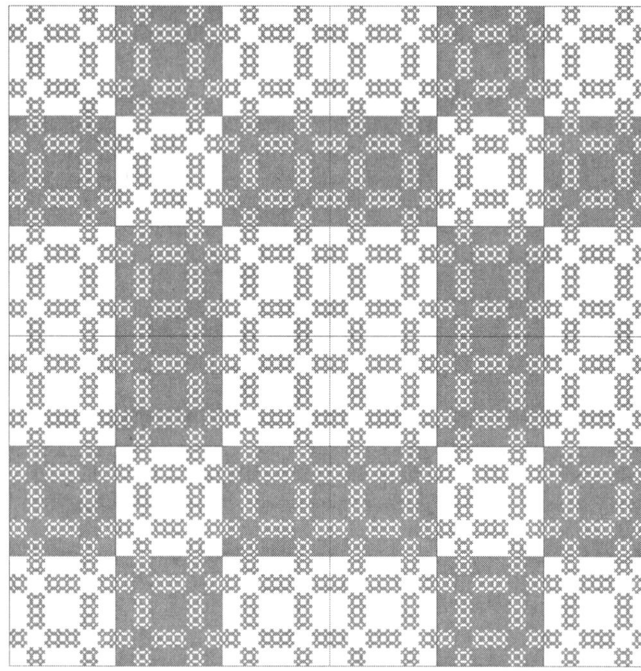

① $\log_6 16 = 1.547$

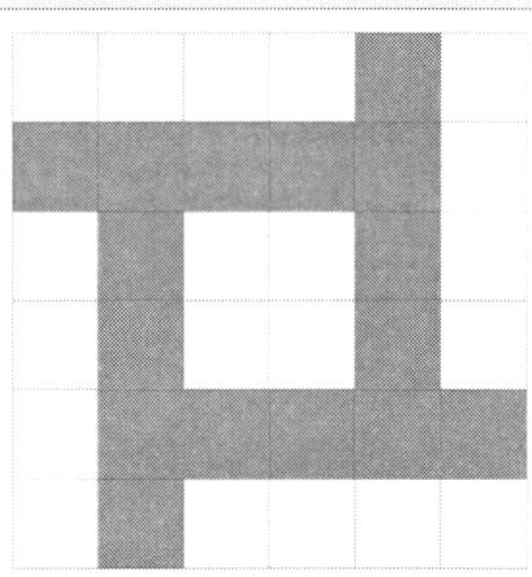

② $\log_{36} 256 = 1.547$

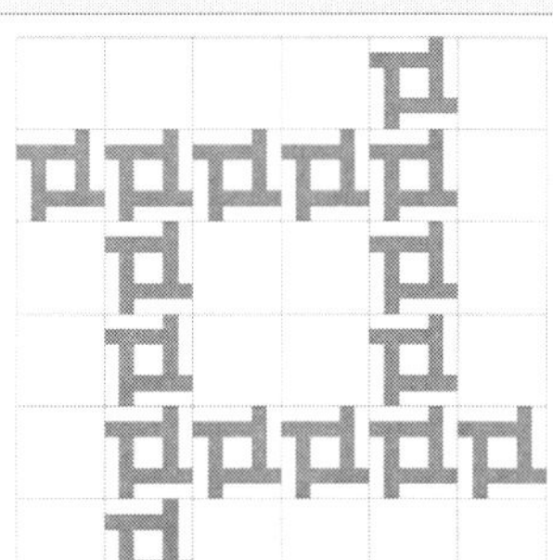

③ $\log_{216} 21760 = 1.858$

① $\log_6 16 = 1.547$

② $\log_{36} 256 = 1.547$

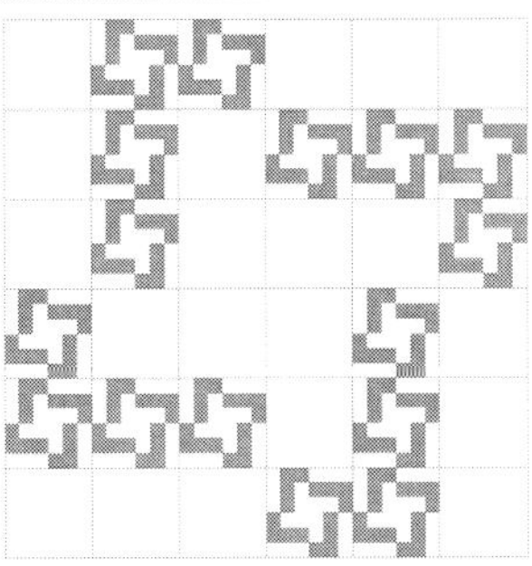

③ $\log_{216} 21760 = 1.858$

① $\log_6 16 = 1.547$

② $\log_{36} 256 = 1.547$

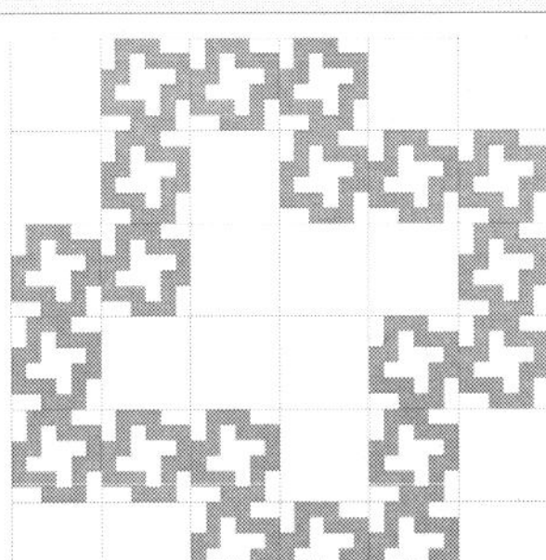

③ $\log_{216} 21760 = 1.858$

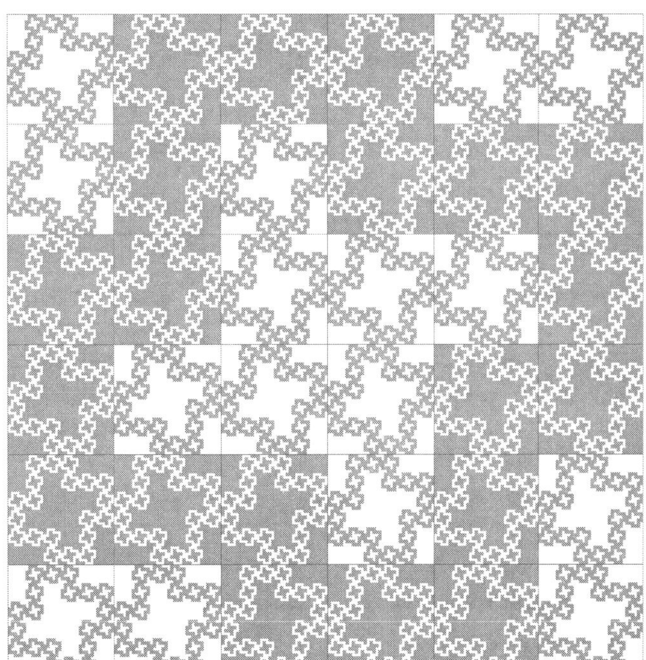

① $\log_6 16 = 1.547$

② $\log_{36} 256 = 1.547$

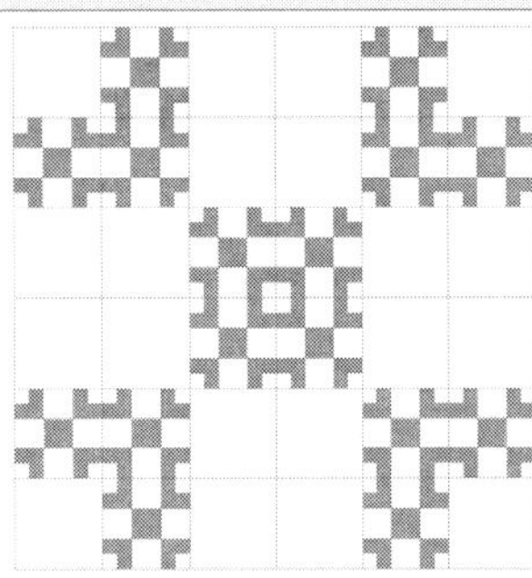

③ $\log_{216} 21760 = 1.858$

① $\log_6 16 = 1.547$

② $\log_{36} 256 = 1.547$

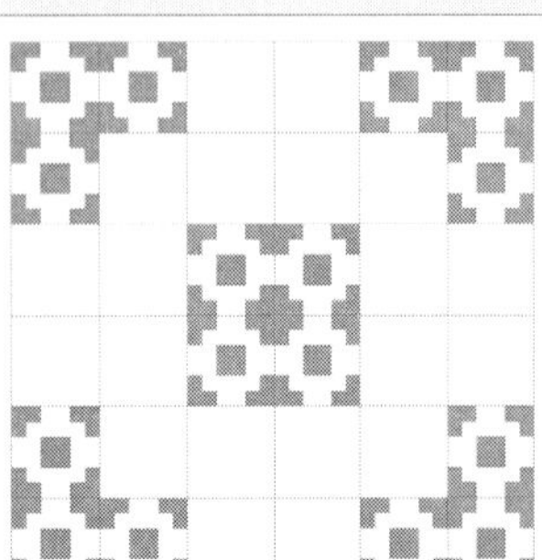

③ $\log_{216} 21760 = 1.858$

① $\log_6 16 = 1.547$

② $\log_{36} 256 = 1.547$

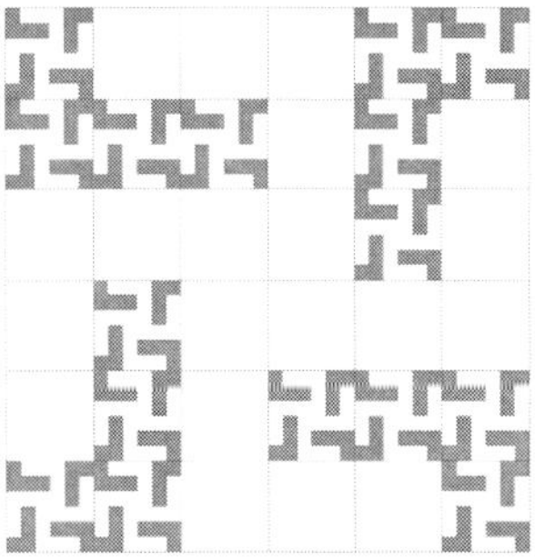

③ $\log_{216} 21760 = 1.858$

① $\log_6 16 = 1.547$

② $\log_{36} 256 = 1.547$

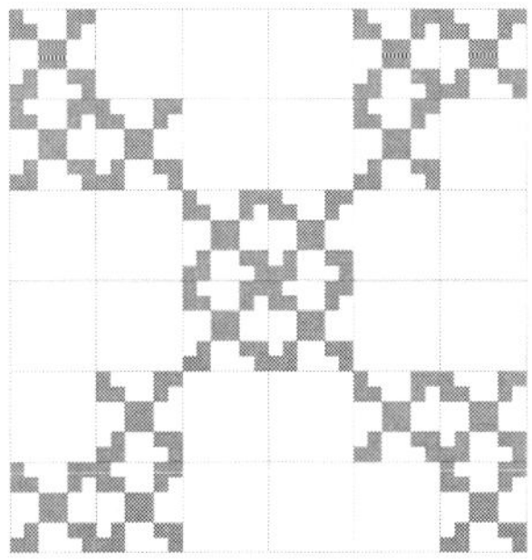

③ $\log_{216} 21760 = 1.858$

① $\log_6 16 = 1.547$

② $\log_{36} 256 = 1.547$

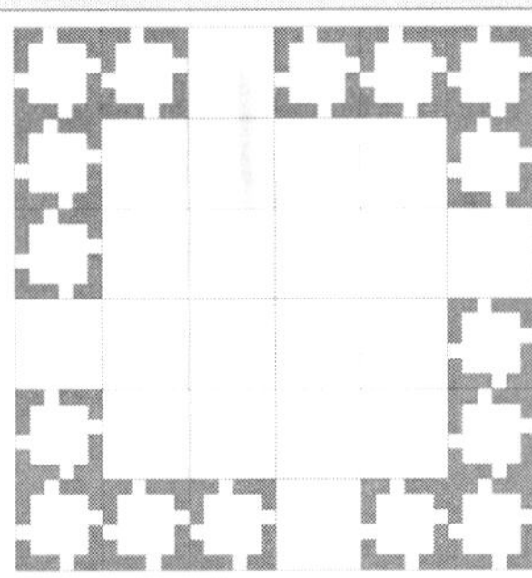

③ $\log_{216} 21760 = 1.858$

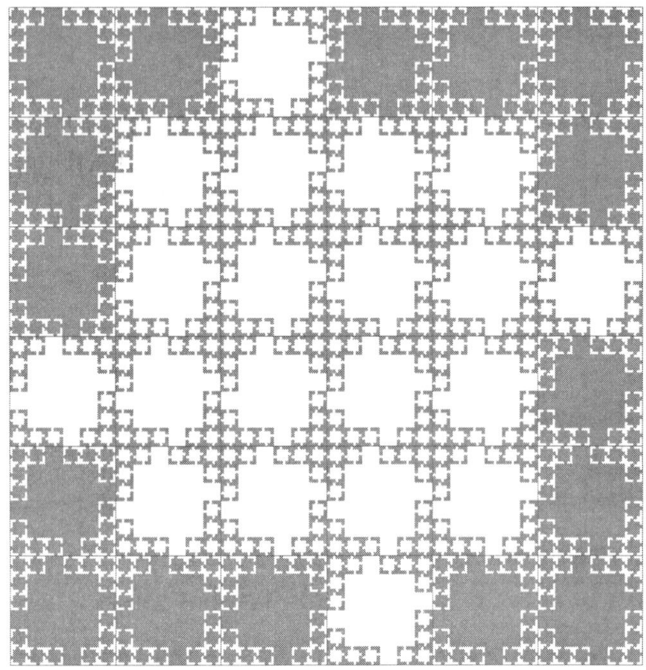

① $\log_6 16 = 1.547$

② $\log_{36} 256 = 1.547$

③ $\log_{216} 21760 = 1.858$

① $\log_{6}16 = 1.547$

② $\log_{36}256 = 1.547$

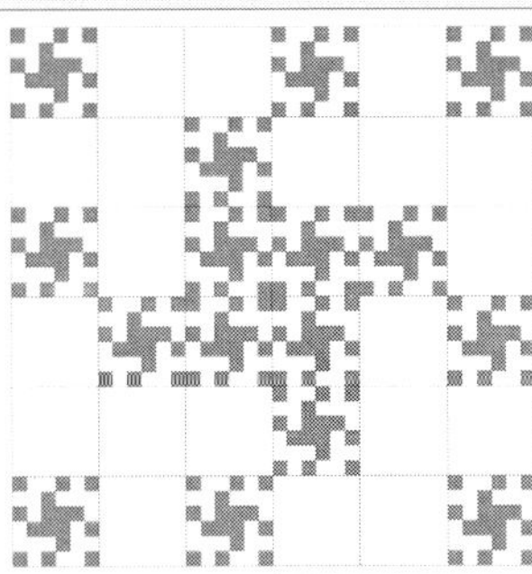

③ $\log_{216}21760 = 1.858$

① $\log_{6}16 = 1.547$

② $\log_{36}256 = 1.547$

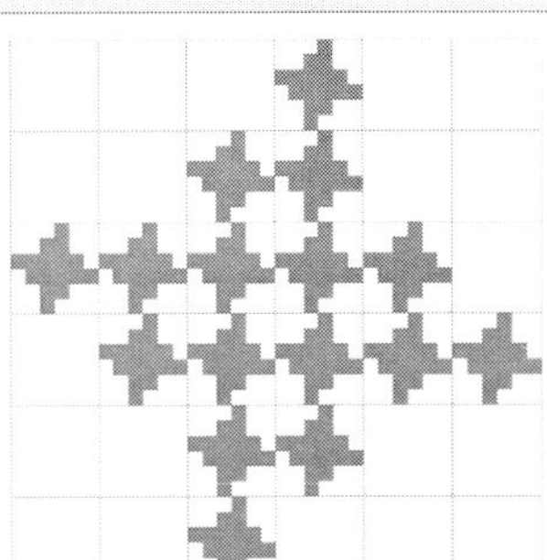

③ $\log_{216}21760 = 1.858$

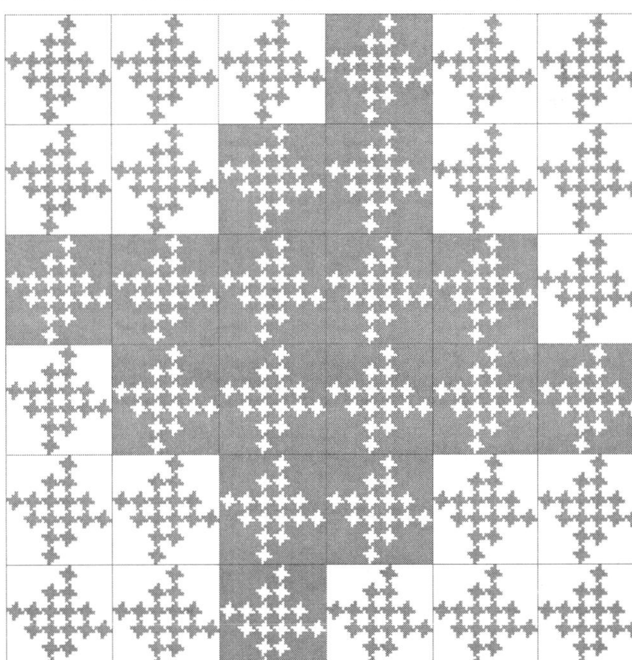

(4) 1단계 20개

① $\log_6 20 = 1.672$

② $\log_{36} 400 = 1.672$

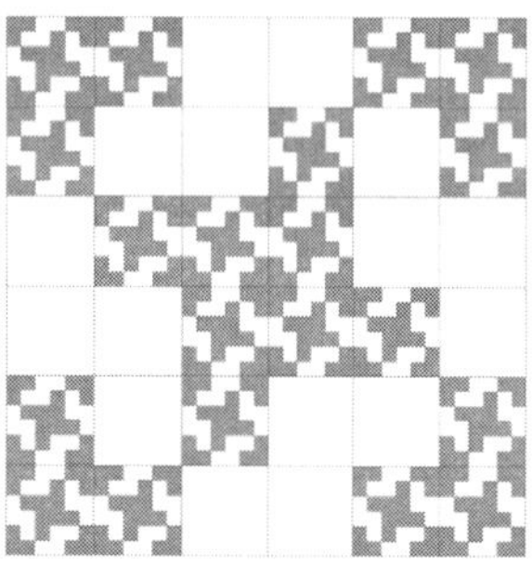

③ $\log_{216} 24320 = 1.879$

① $\log_6 20 = 1.672$

② $\log_{36} 400 = 1.672$

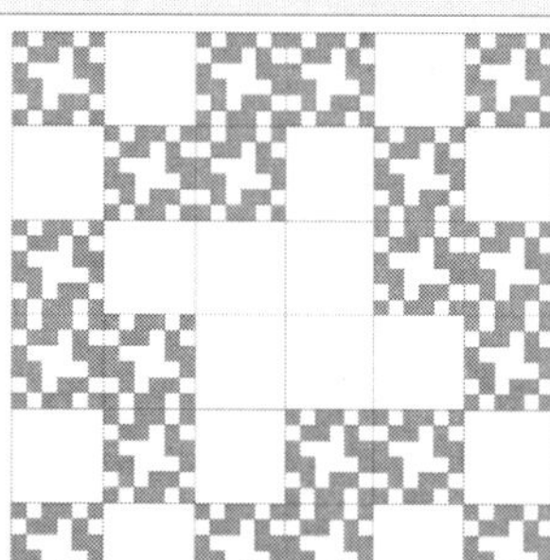

③ $\log_{216} 24320 = 1.879$

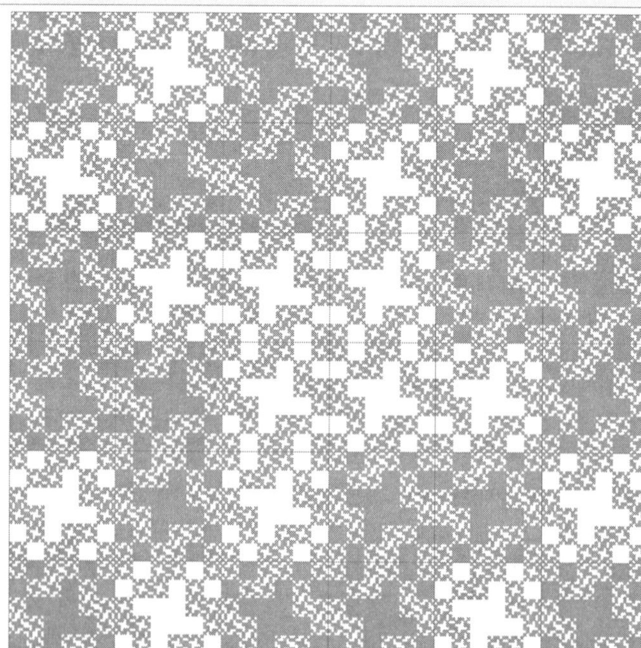

① $\log_6 20 = 1.672$

② $\log_{36} 400 = 1.672$

③ $\log_{216} 24320 = 1.879$

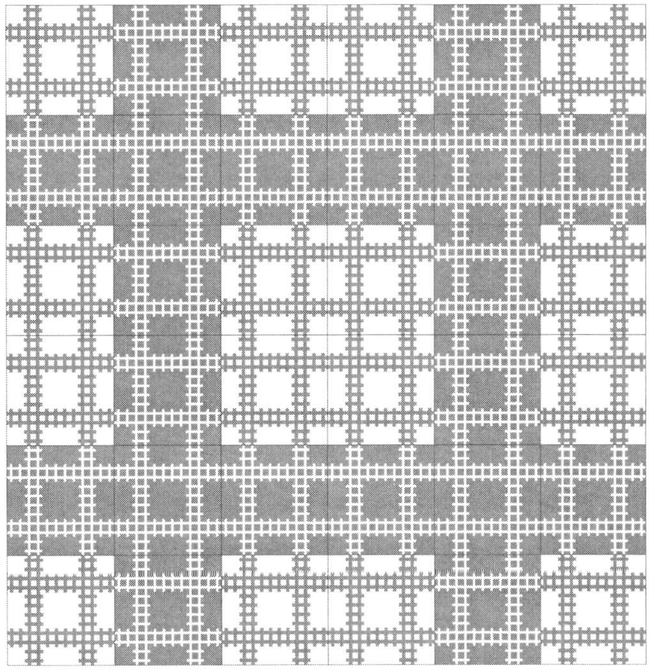

① $\log_6 20 = 1.672$

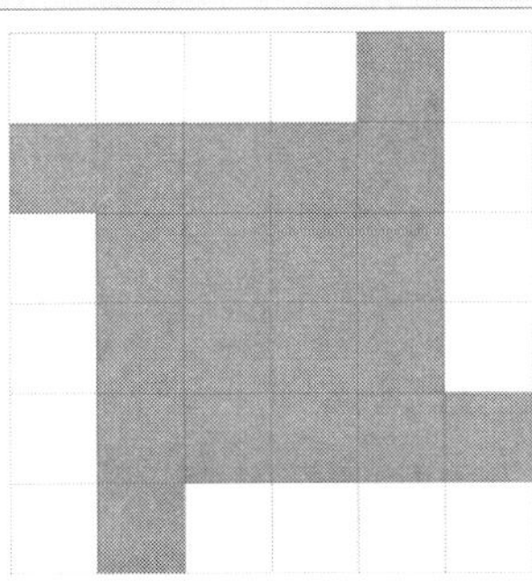

② $\log_{36} 400 = 1.672$

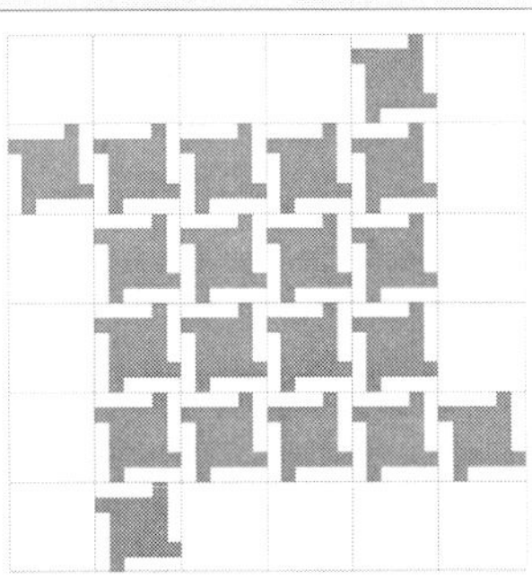

③ $\log_{216} 24320 = 1.879$

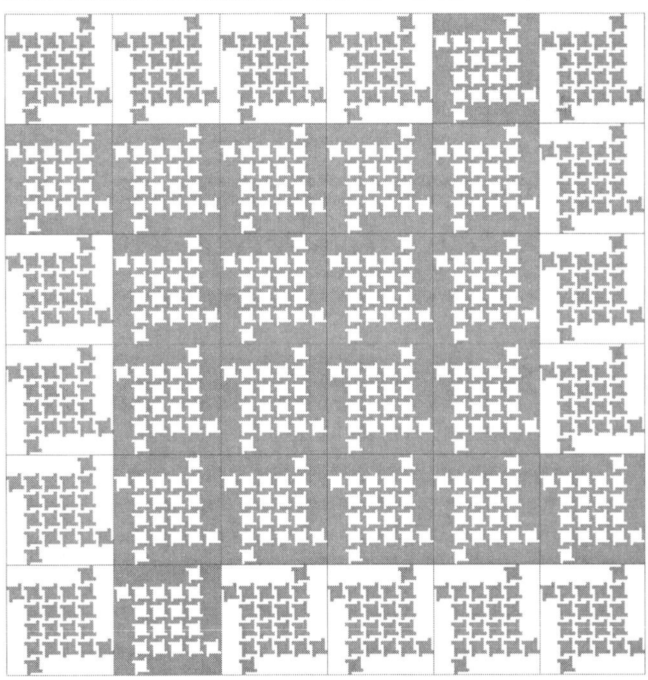

① $\log_{6}20 = 1.672$

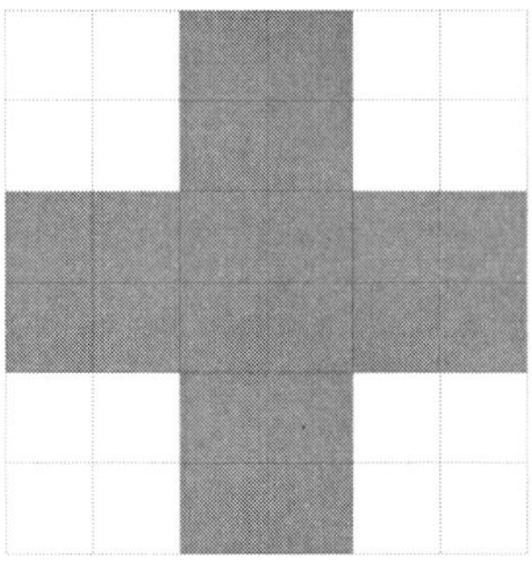

② $\log_{36}400 = 1.672$

③ $\log_{216}24320 = 1.879$

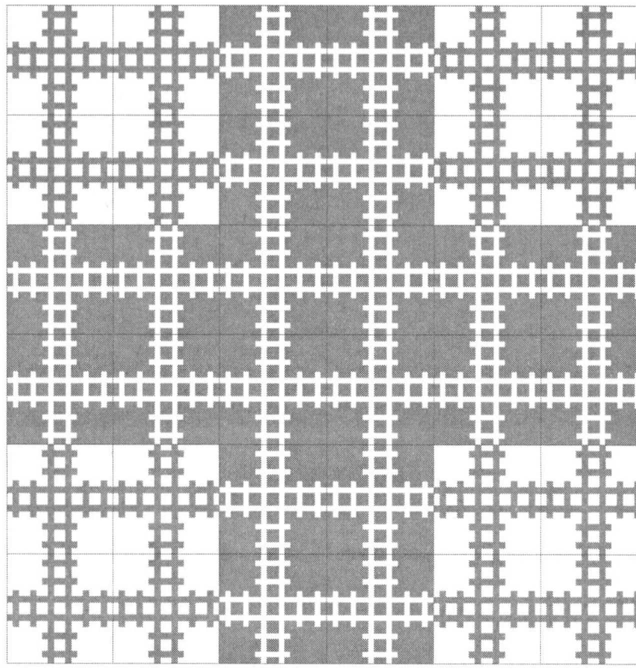

① $\log_{6}20 = 1.672$

② $\log_{36}400 = 1.672$

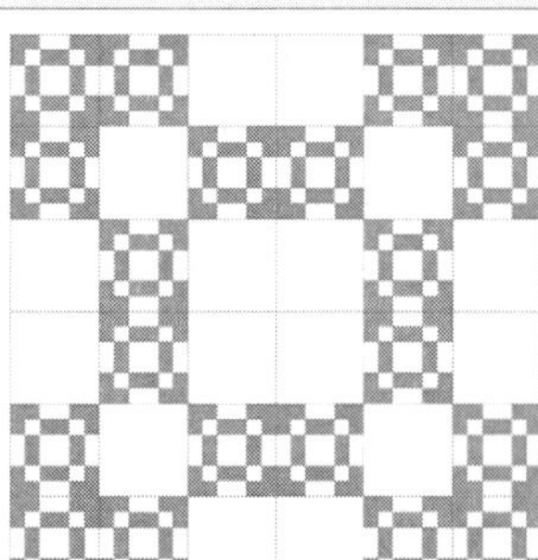

③ $\log_{216}24320 = 1.879$

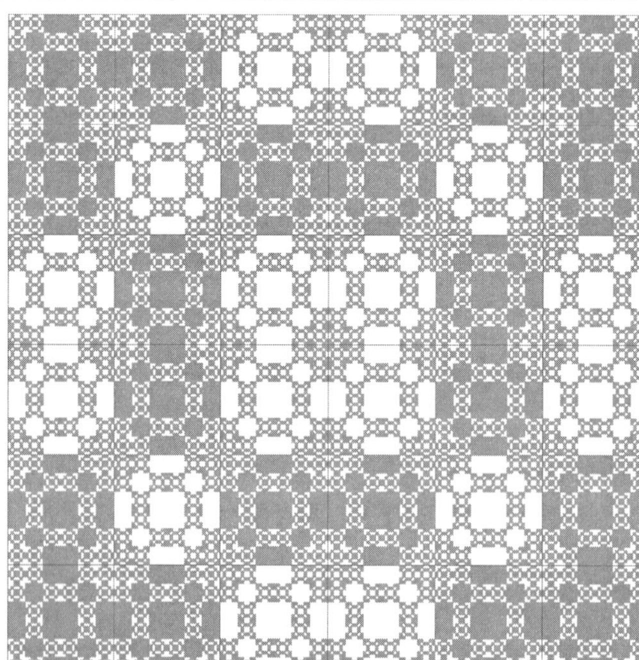

① $\log_{6}20 = 1.672$

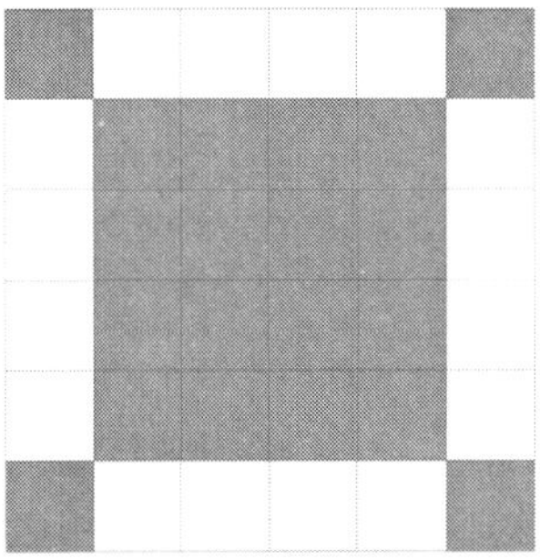

② $\log_{36}400 = 1.672$

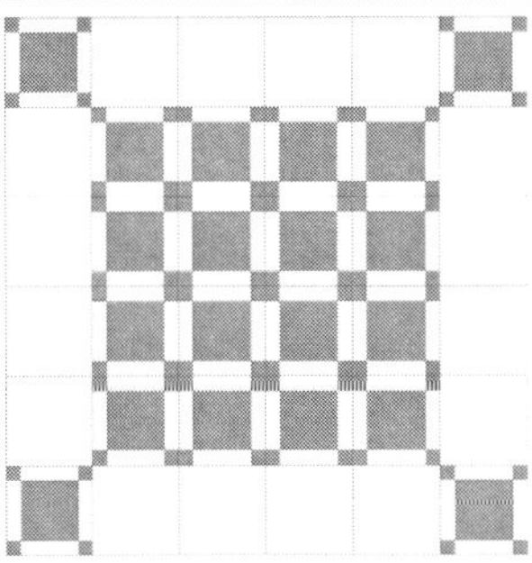

③ $\log_{216}24320 = 1.879$

① $\log_{6}20 = 1.672$

② $\log_{36}400 = 1.672$

③ $\log_{216}24320 = 1.879$

① $\log_6 20 = 1.672$

② $\log_{36} 400 = 1.672$

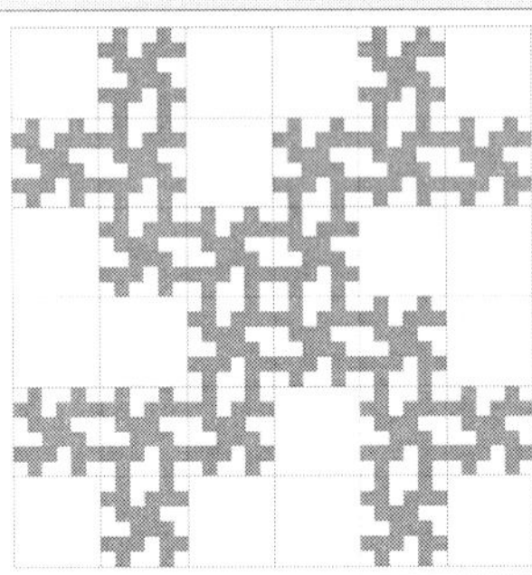

③ $\log_{216} 24320 = 1.879$

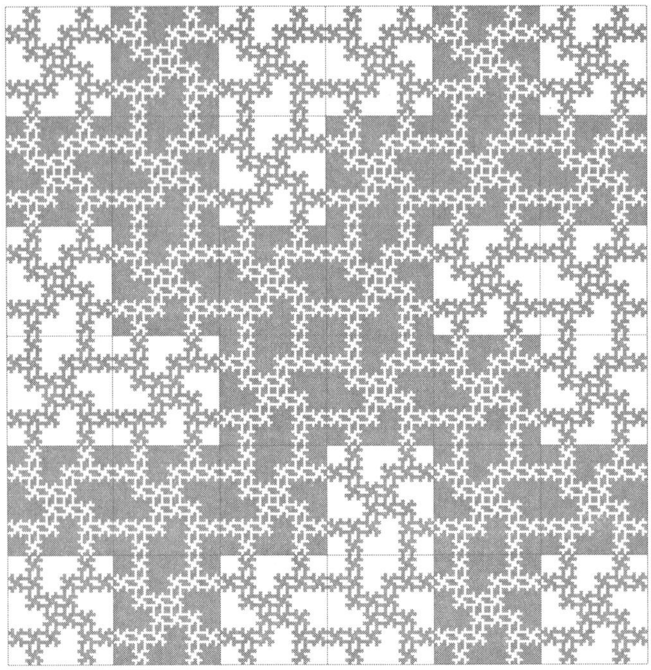

① $\log_6 20 = 1.672$

② $\log_{36} 400 = 1.672$

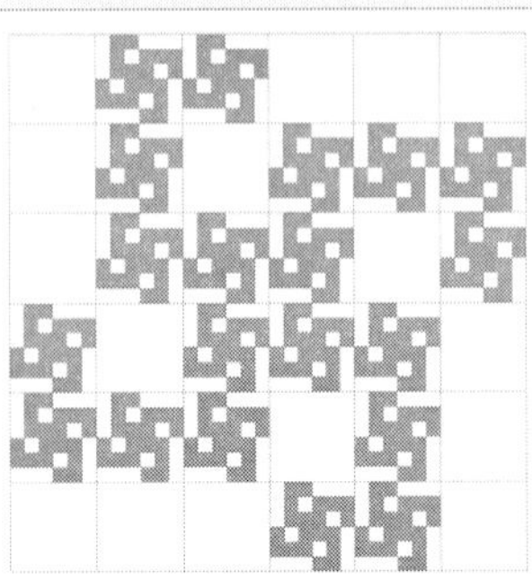

③ $\log_{216} 24320 = 1.879$

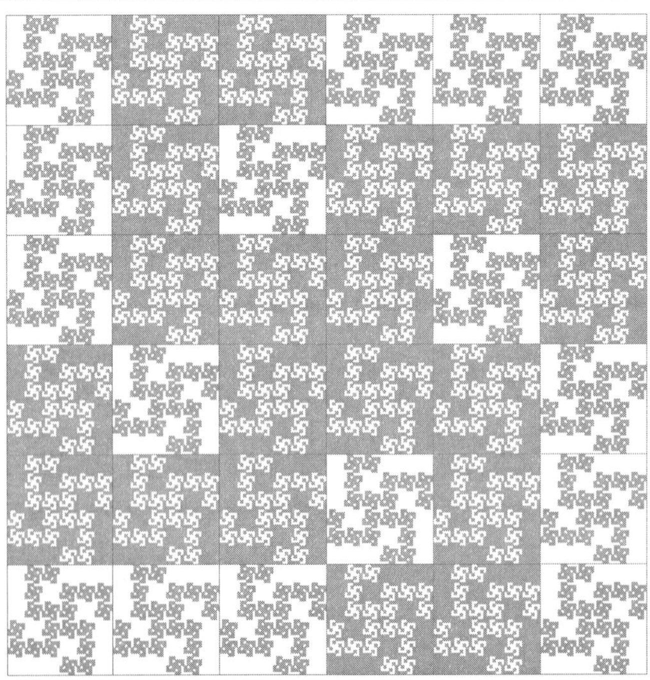

① $\log_{6}20 = 1.672$

② $\log_{36}400 = 1.672$

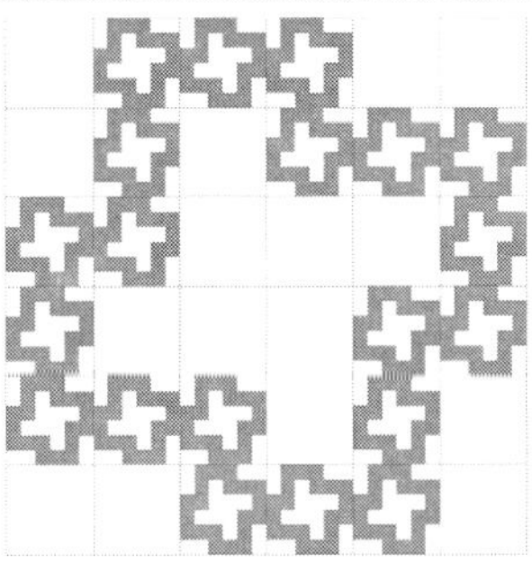

③ $\log_{216}24320 = 1.879$

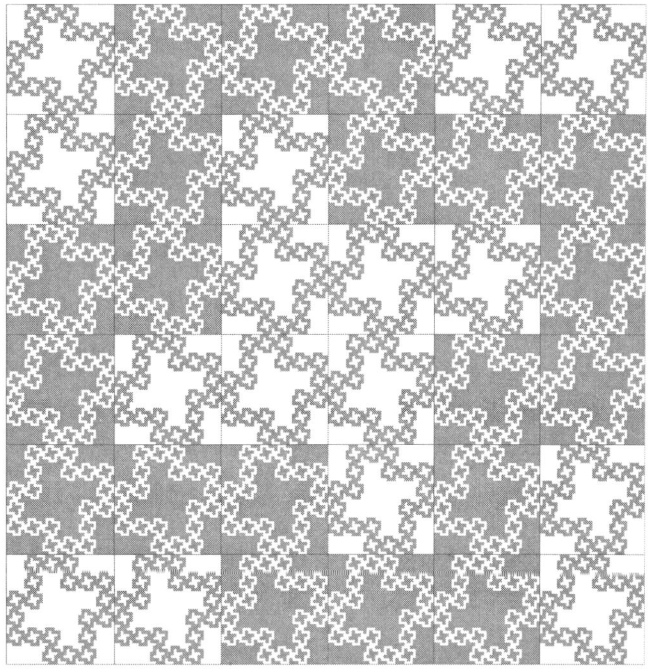

① $\log_{6}20 = 1.672$

② $\log_{36}400 = 1.672$

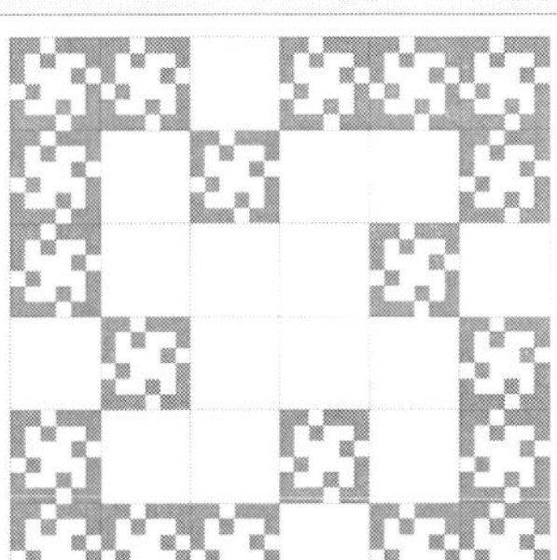

③ $\log_{216}24320 = 1.879$

① $\log_6 20 = 1.672$

② $\log_{36} 400 = 1.672$

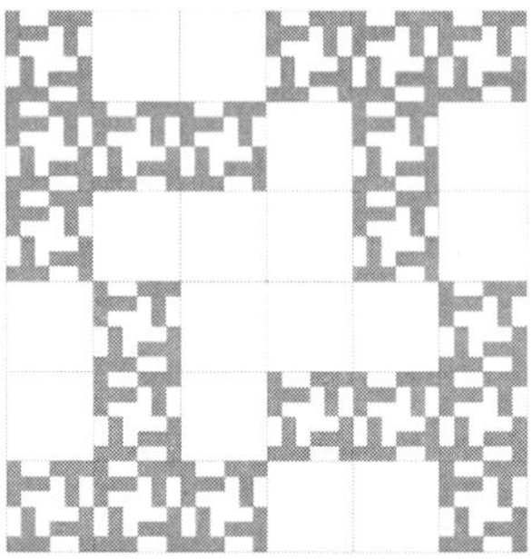

③ $\log_{216} 24320 = 1.879$

① $\log_6 20 = 1.672$

② $\log_{36} 400 = 1.672$

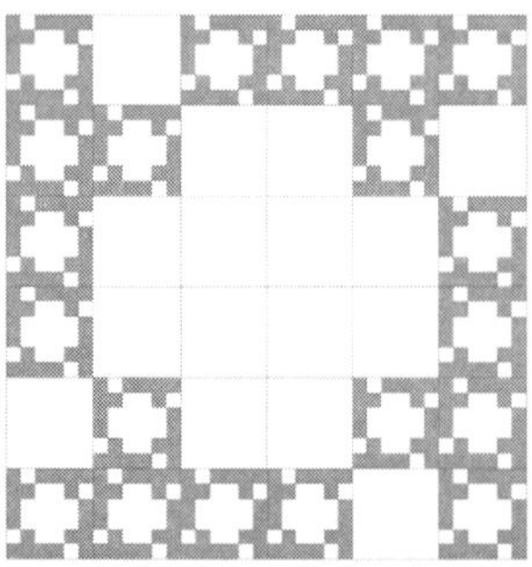

③ $\log_{216} 24320 = 1.879$

① $\log_6 20 = 1.672$

② $\log_{36} 400 = 1.672$

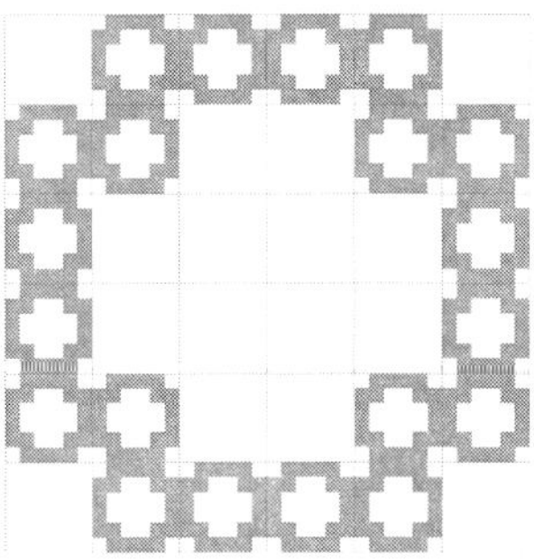

③ $\log_{216} 24320 = 1.879$

① $\log_6 20 = 1.672$

② $\log_{36} 400 = 1.672$

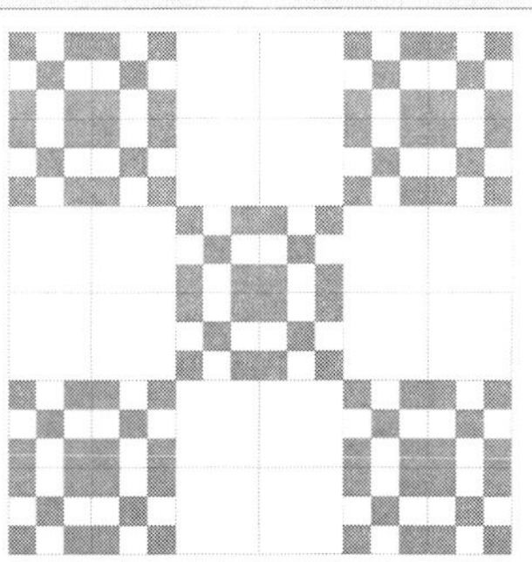

③ $\log_{216} 24320 = 1.879$

① $\log_6 20 = 1.672$

② $\log_{36} 400 = 1.672$

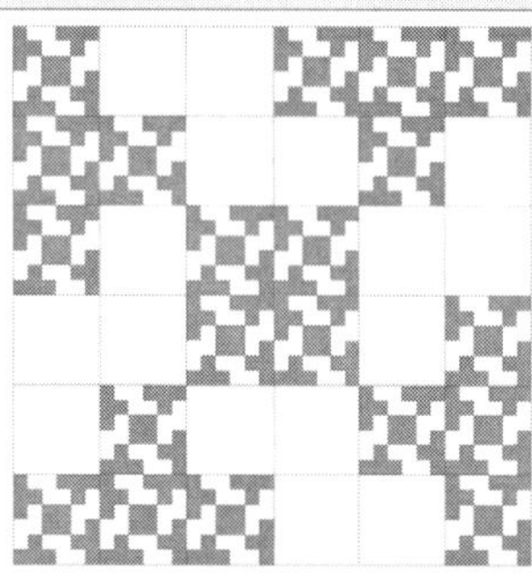

③ $\log_{216} 24320 = 1.879$

① $\log_6 20 = 1.672$

② $\log_{36} 400 = 1.672$

③ $\log_{216} 24320 = 1.879$

(5) 1단계 24개

① $\log_6 24 = 1.774$

② $\log_{36} 576 = 1.774$

③ $\log_{216} 24192 = 1.878$

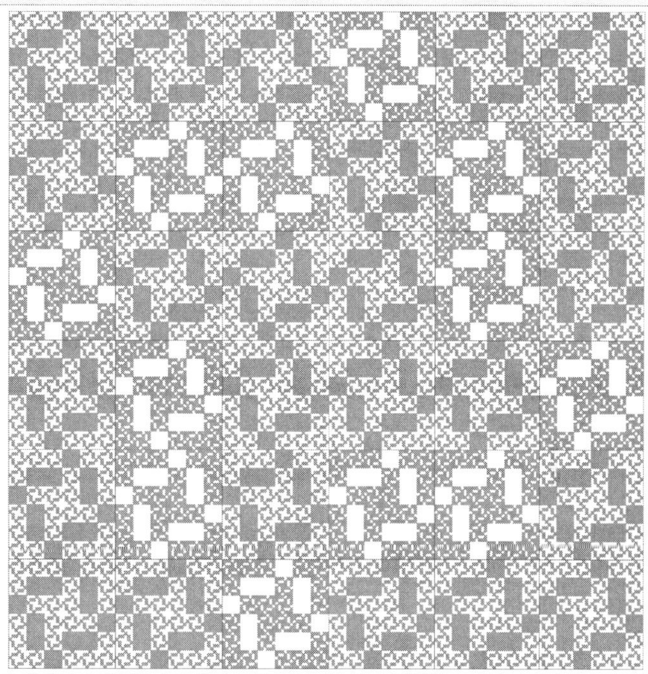

① $\log_6 24 = 1.774$

② $\log_{36} 576 = 1.774$

③ $\log_{216} 24192 = 1.878$

① $\log_6 24 = 1.774$

② $\log_{36} 576 = 1.774$

③ $\log_{216} 24192 = 1.878$

① $\log_6 24 = 1.774$

② $\log_{36} 576 = 1.774$

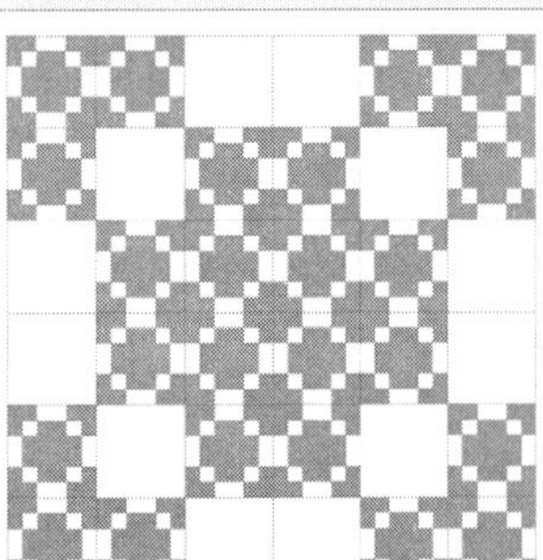

③ $\log_{216} 24192 = 1.878$

① $\log_6 24 = 1.774$

② $\log_{36} 576 = 1.774$

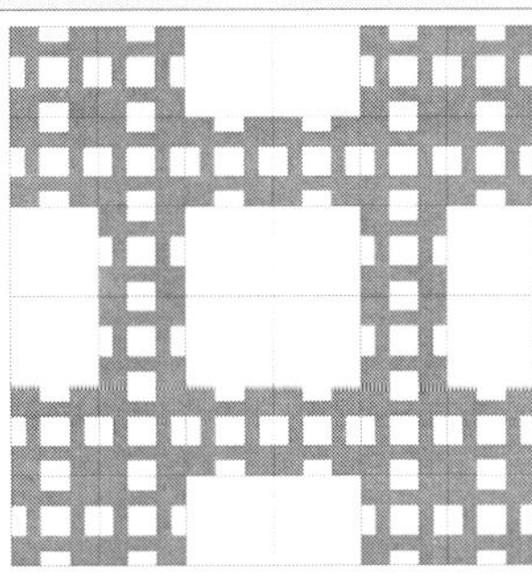

③ $\log_{216} 24192 = 1.878$

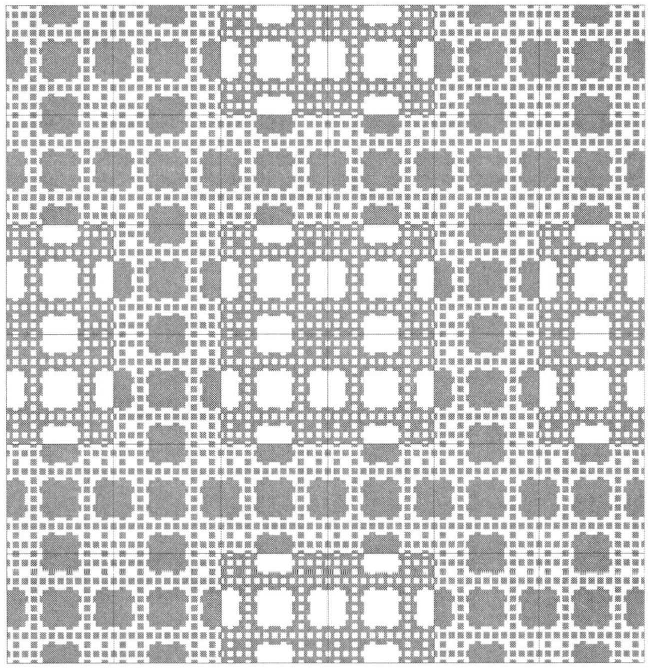

① $\log_6 24 = 1.774$

② $\log_{36} 576 = 1.774$

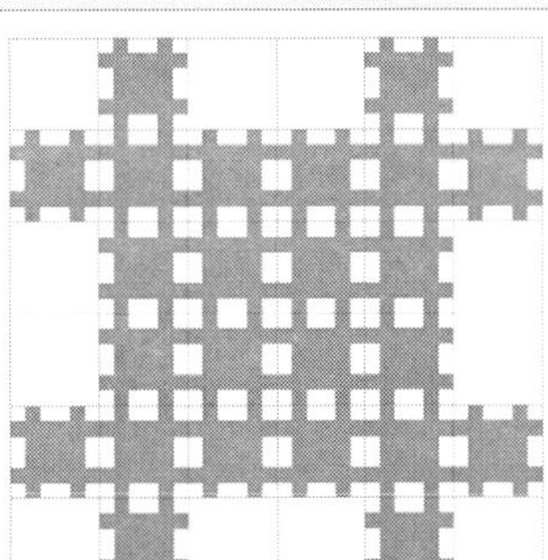

③ $\log_{216} 24192 = 1.878$

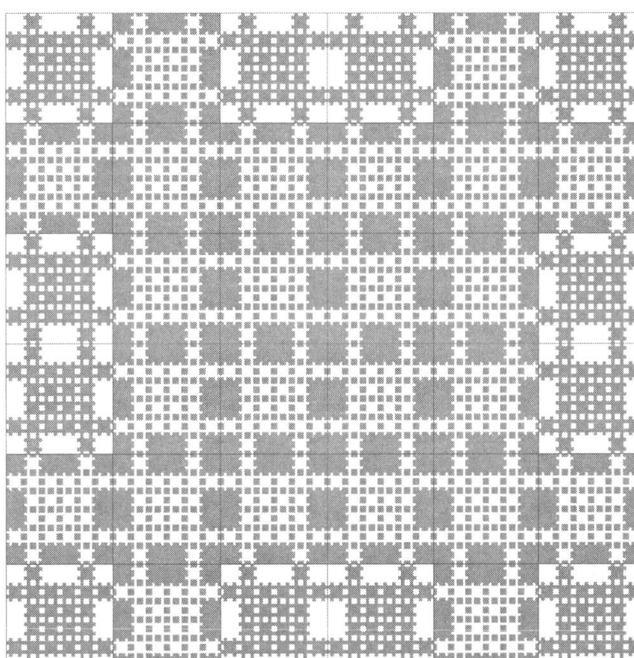

① $\log_6 24 = 1.774$

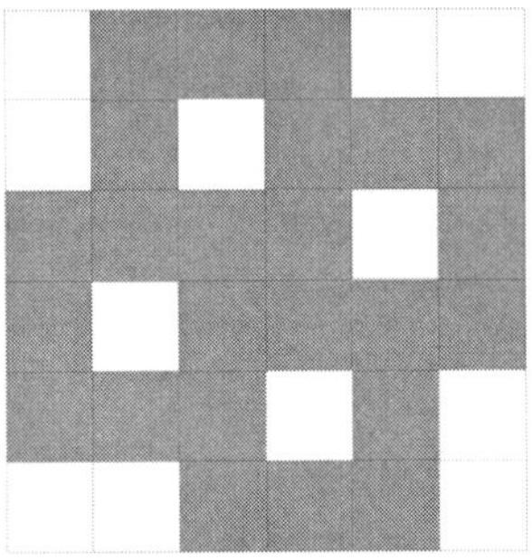

② $\log_{36} 576 = 1.774$

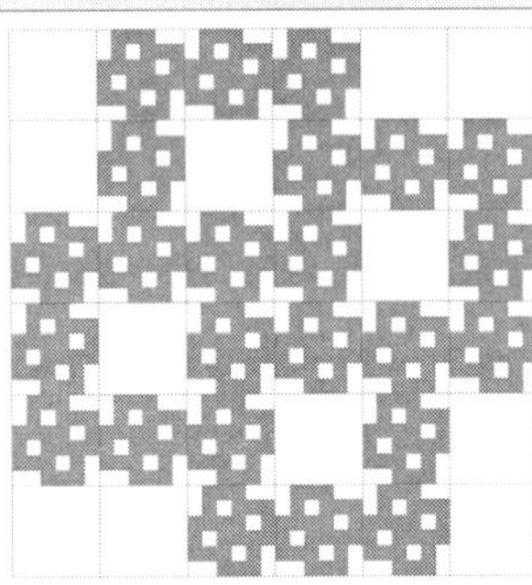

③ $\log_{216} 24192 = 1.878$

① $\log_6 24 = 1.774$

② $\log_{36} 576 = 1.774$

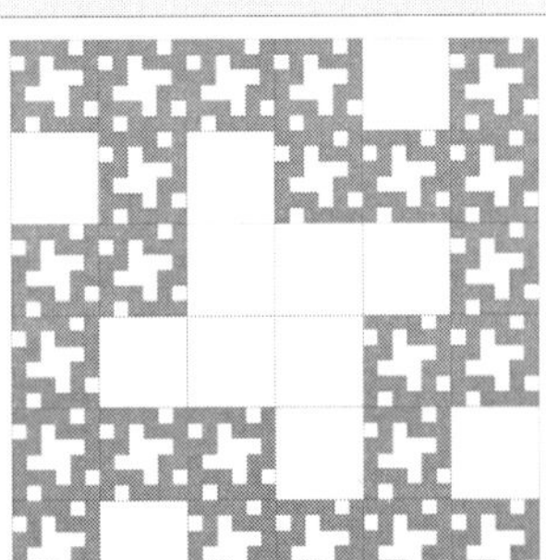

③ $\log_{216} 24192 = 1.878$

① $\log_{6}24 = 1.774$

② $\log_{36}576 = 1.774$

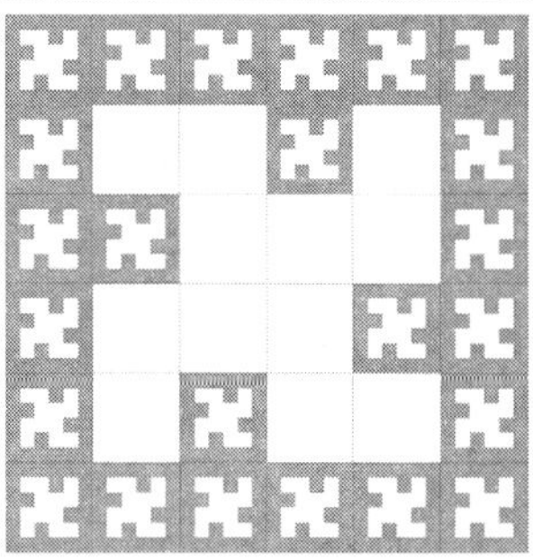

③ $\log_{216}24192 = 1.878$

① $\log_{6}24 = 1.774$

② $\log_{36}576 = 1.774$

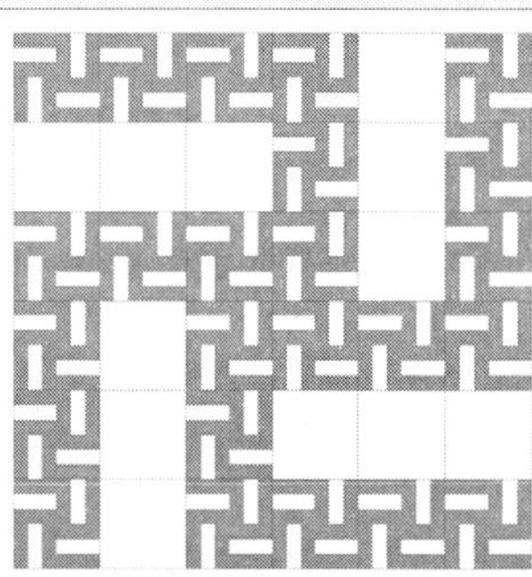

③ $\log_{216}24192 = 1.878$

① $\log_6 24 = 1.774$

② $\log_{36} 576 = 1.774$

③ $\log_{216} 24192 = 1.878$

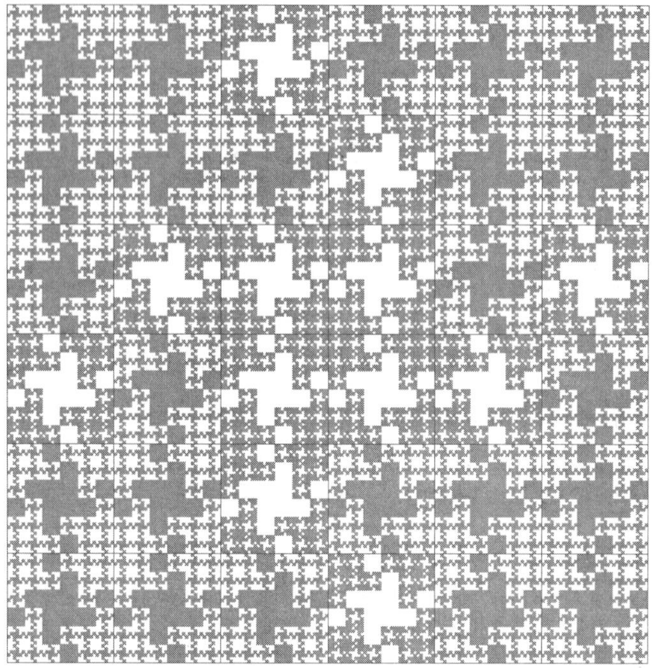

① $\log_6 24 = 1.774$

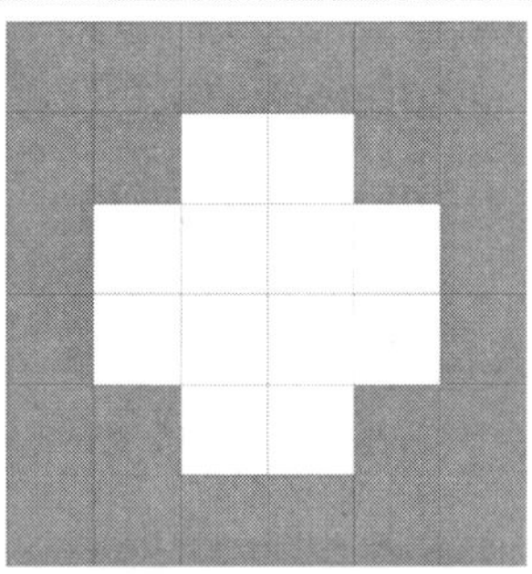

② $\log_{36} 576 = 1.774$

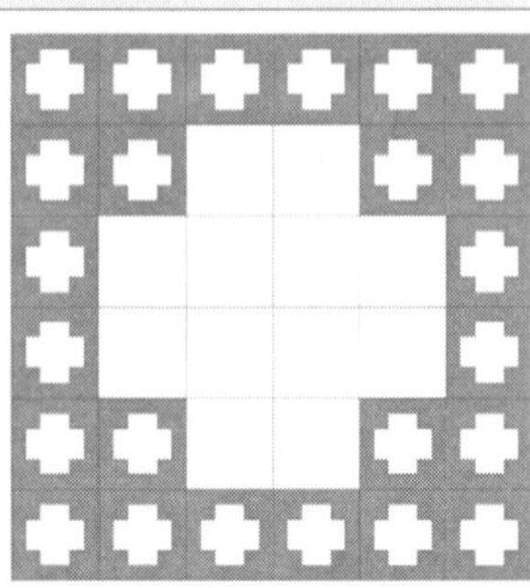

③ $\log_{216} 24192 = 1.878$

(6) 1단계 28개

① $\log_{6}28 = 1.86$

② $\log_{36}784 = 1.86$

③ $\log_{216}20608 = 1.848$

① $\log_{6}28 = 1.86$

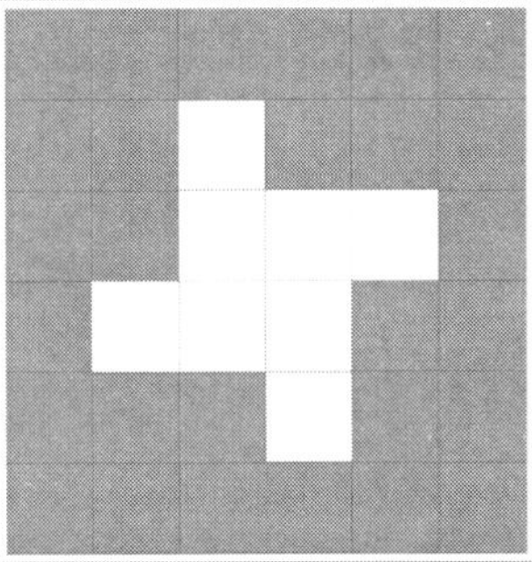

② $\log_{36}784 = 1.86$

③ $\log_{216}20608 = 1.848$

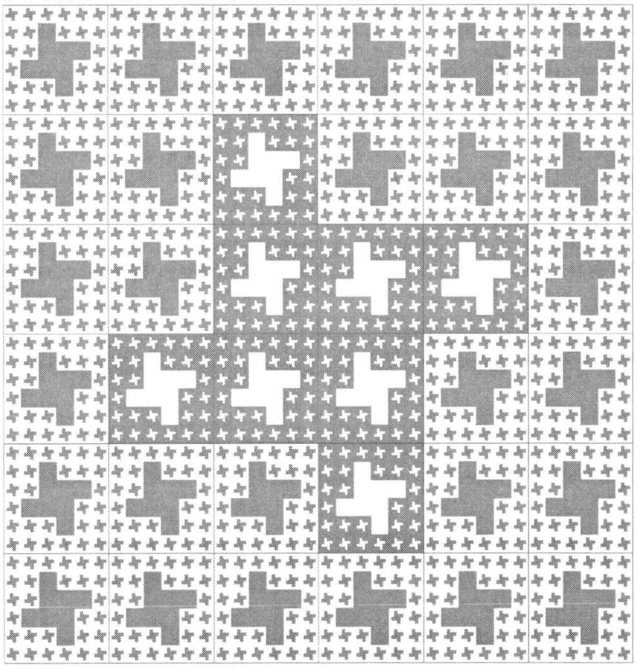

① $\log_6 28 = 1.86$

② $\log_{36} 784 = 1.86$

③ $\log_{216} 20608 = 1.848$

① $\log_6 28 = 1.86$

② $\log_{36} 784 = 1.86$

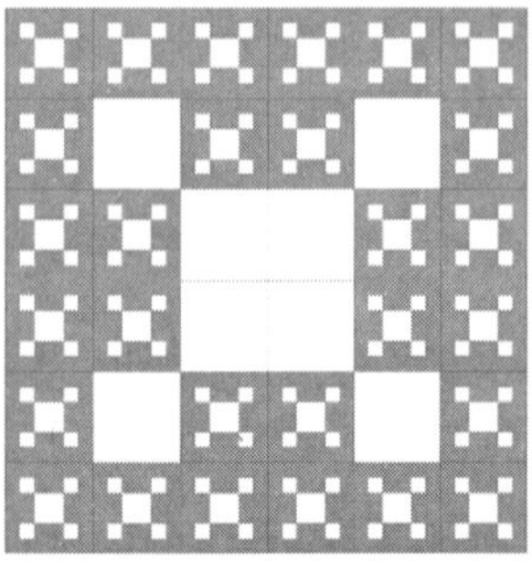

③ $\log_{216} 20608 = 1.848$

(7) 1단계 32개

① $\log_6 32 = 1.934$

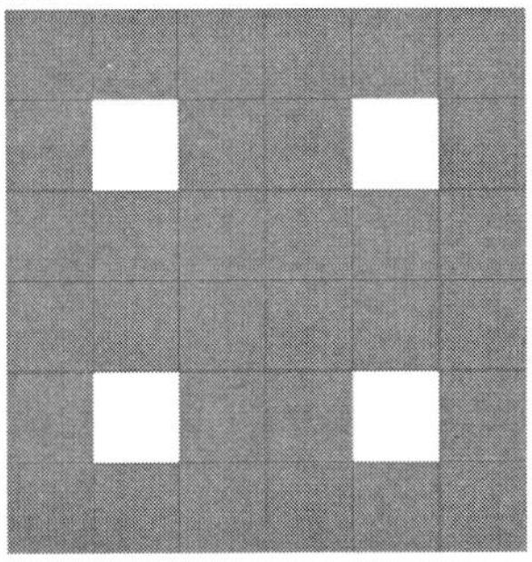

② $\log_{36} 1024 = 1.934$

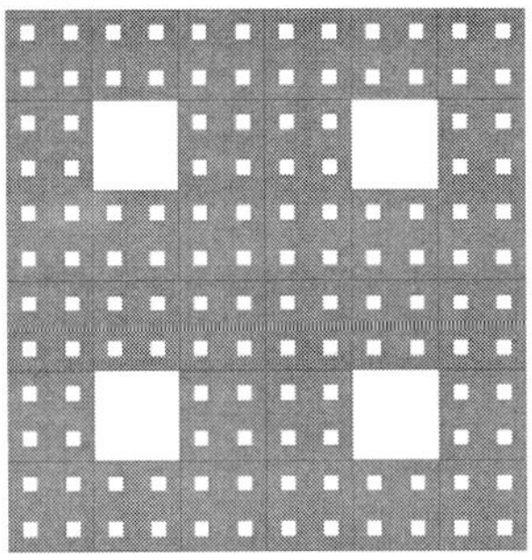

③ $\log_{216} 12800 = 1.759$

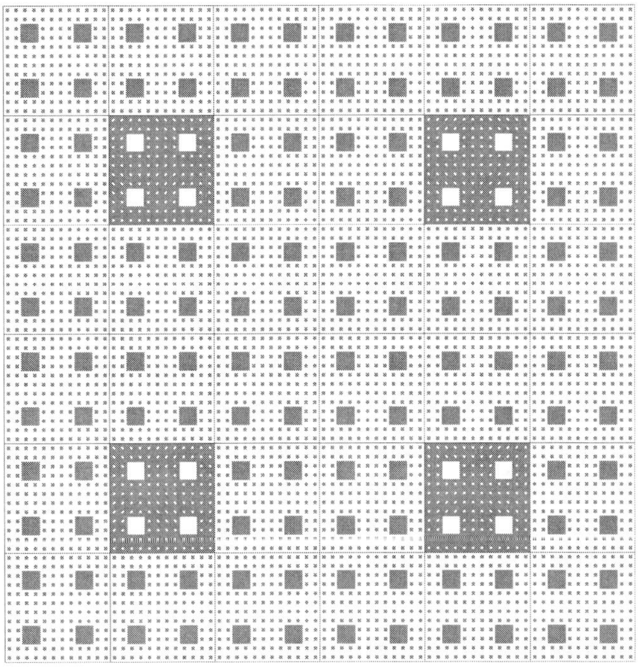

① $\log_6 32 = 1.934$

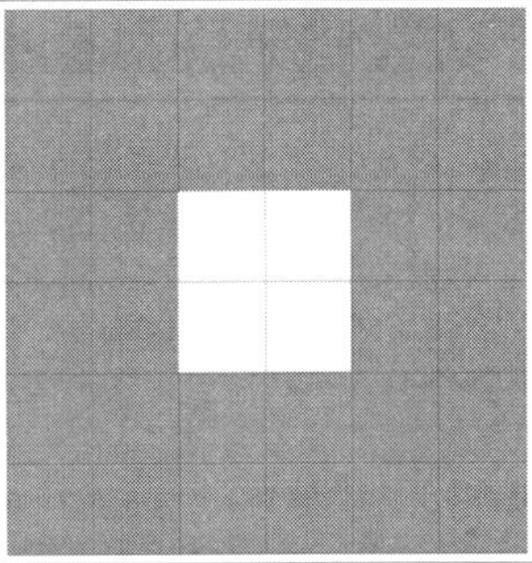

② $\log_{36} 1024 = 1.934$

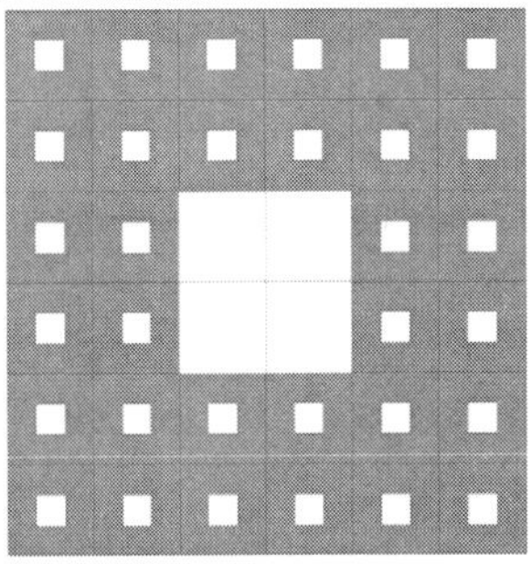

③ $\log_{216} 12800 = 1.759$

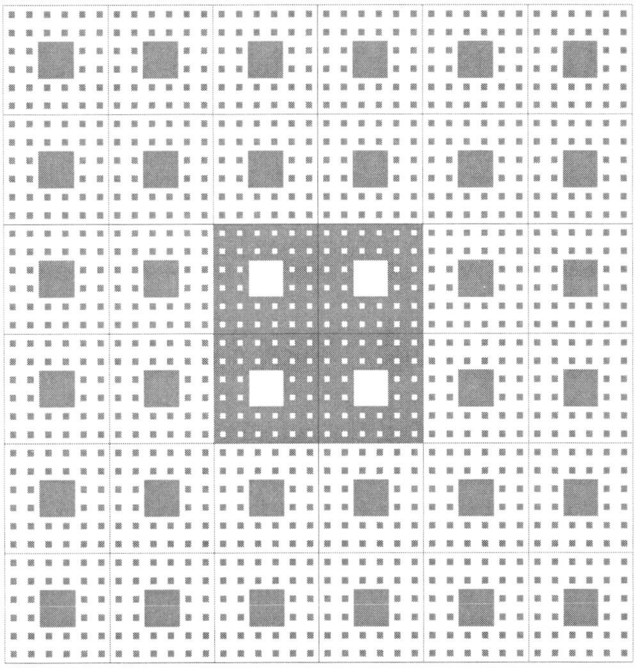

6 7×7 곱셈-나눗셈 프랙탈

(1) 1단계, 9개

① $\log_7 9 = 1.129$	② $\log_{49} 81 = 1.129$
	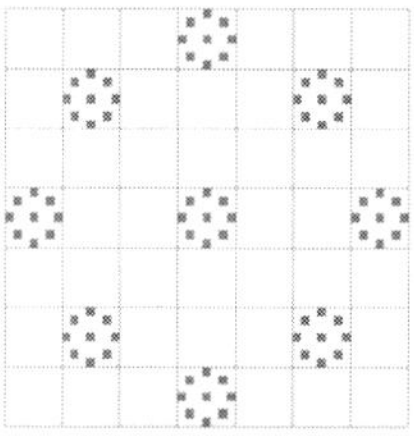

③ $\log_{243} 24120 = 1.729$

① $\log_7 9 = 1.129$

② $\log_{49} 81 = 1.129$

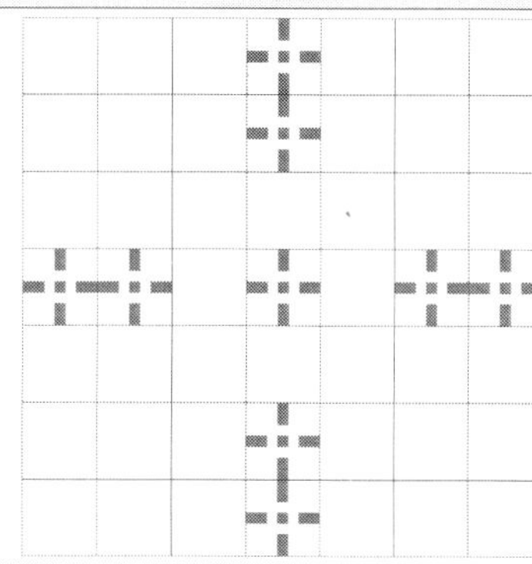

③ $\log_{243} 24120 = 1.729$

(2) 1단계 12개

① $\log_7 12 = 1.277$	② $\log_{49} 144 = 1.277$
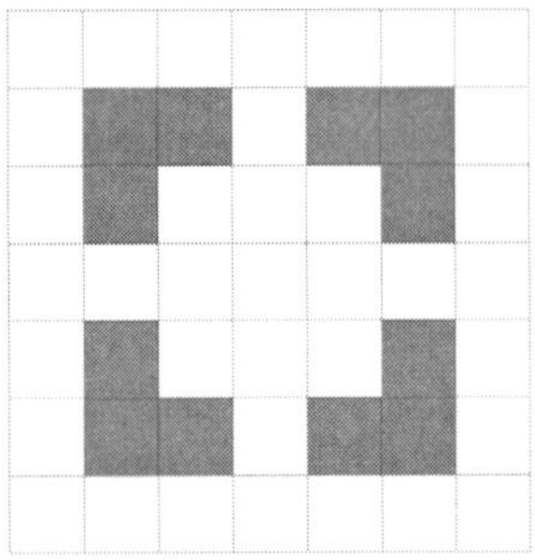	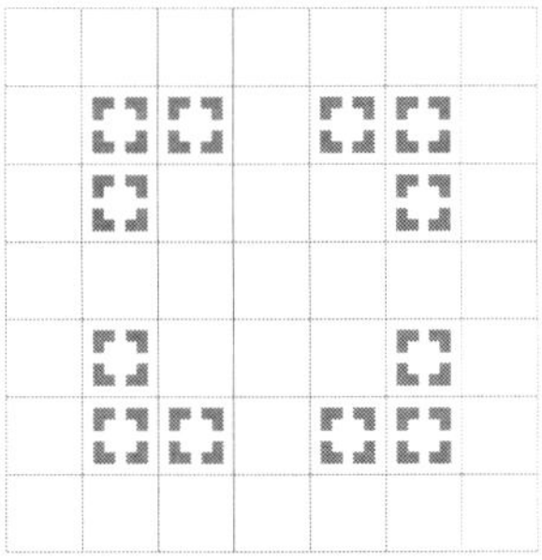

③ $\log_{243} 32412 = 1.779$

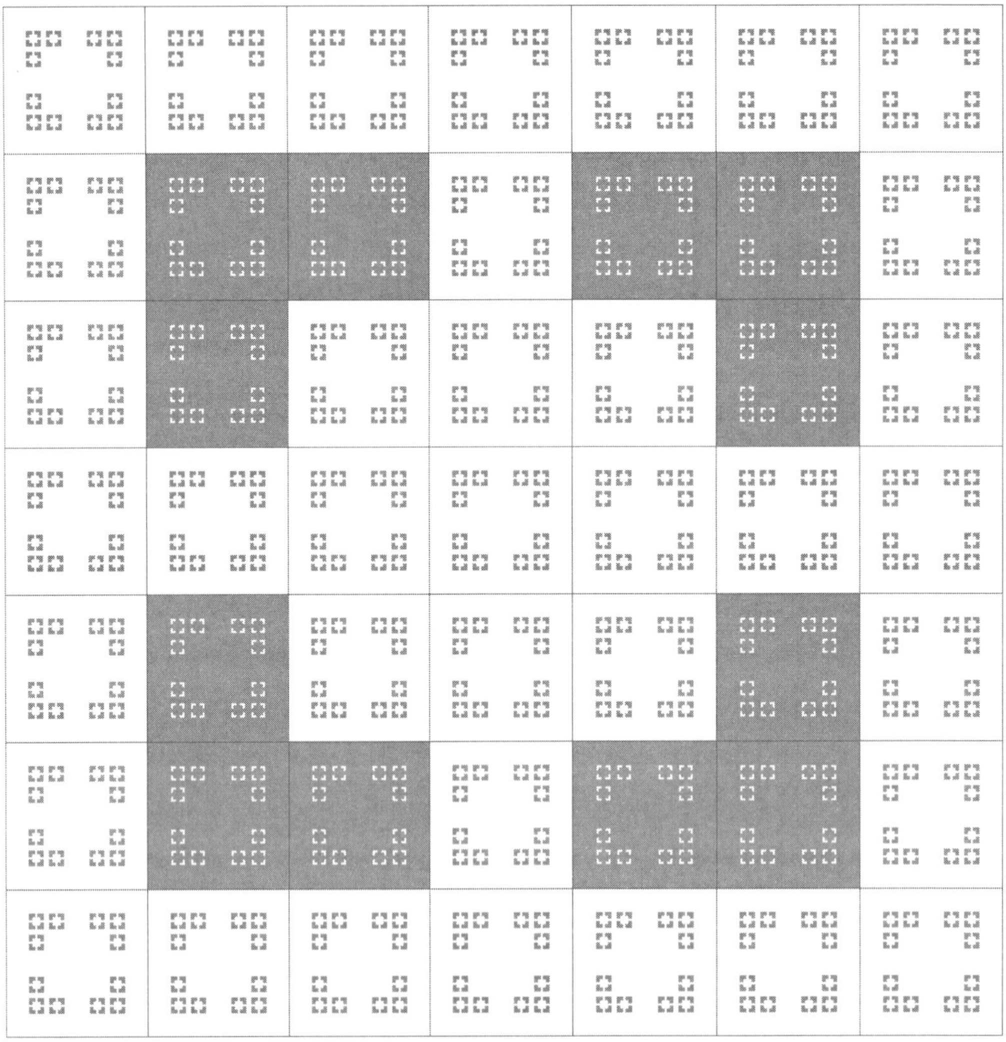

(3) 1단계 13개

① $\log_{7}13 = 1.318$	② $\log_{49}169 = 1.318$
	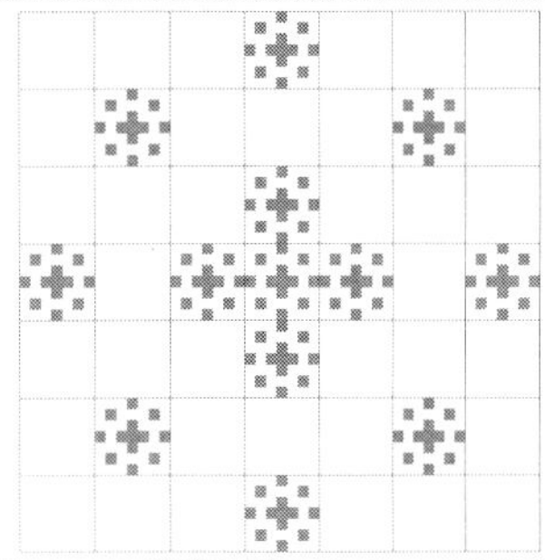

③ $\log_{243}35100 = 1.793$

(4) 1단계 16개

① $\log_7 16 = 1.425$	② $\log_{49} 256 = 1.425$
	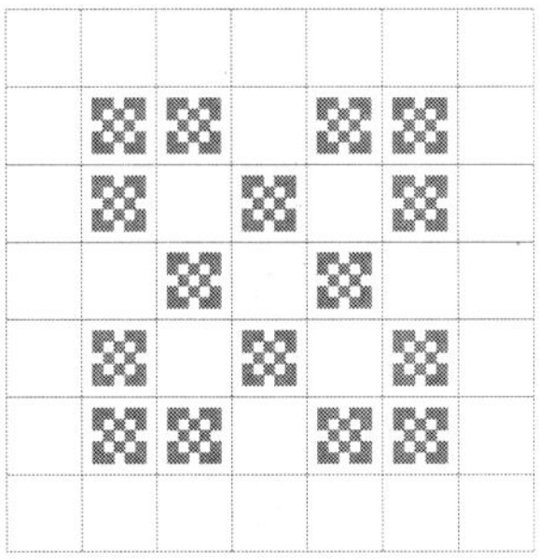

③ $\log_{243} 46864 = 1.842$

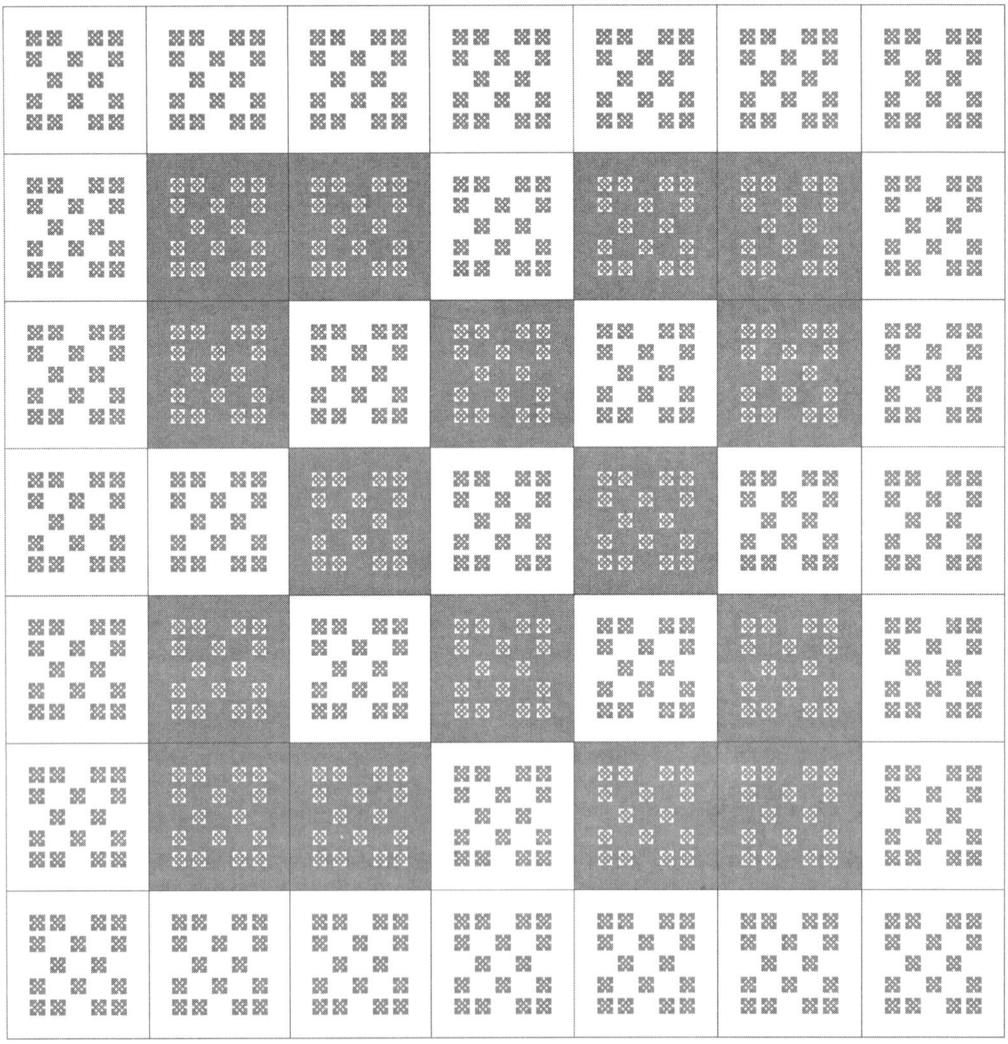

① $\log_7 16 = 1.425$

② $\log_{49} 256 = 1.425$

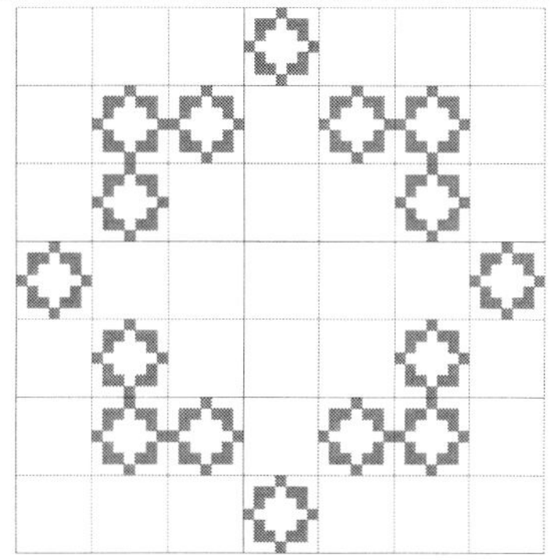

③ $\log_{243} 46864 = 1.842$

(5) 1단계 17개

① $\log_7 17 = 1.456$

② $\log_{49} 289 = 1.456$

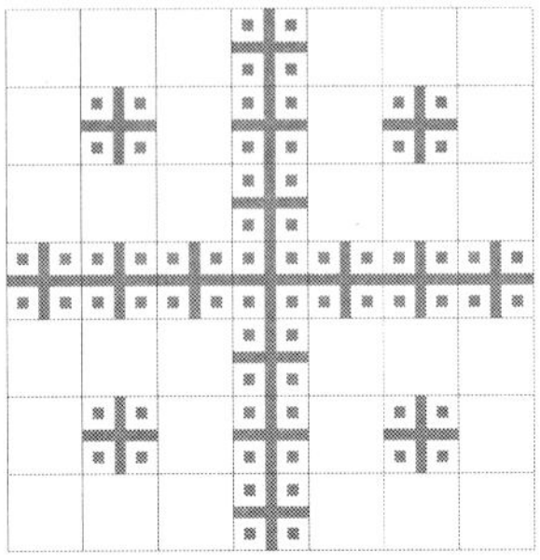

③ $\log_{243} 45152 = 1.836$

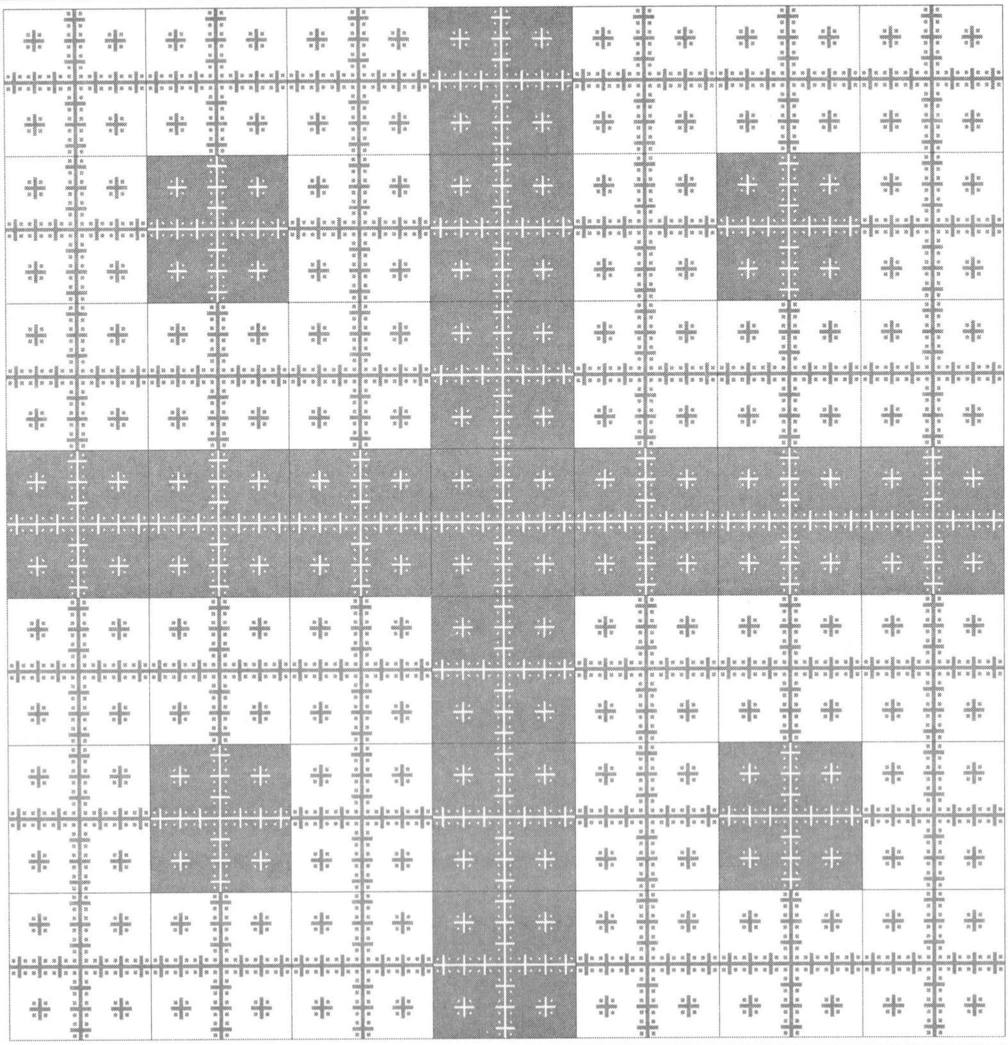

① $\log_7 17 = 1.456$

② $\log_{49} 289 = 1.456$

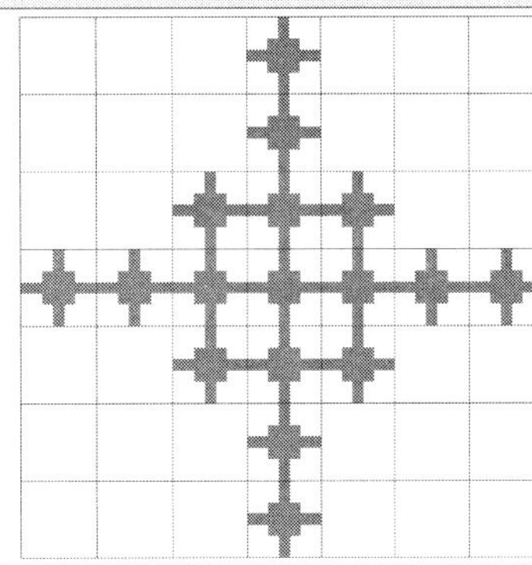

③ $\log_{243} 45152 = 1.836$

(6) 1단계 20개

① $\log_{7}20 = 1.54$	② $\log_{49}400 = 1.54$
	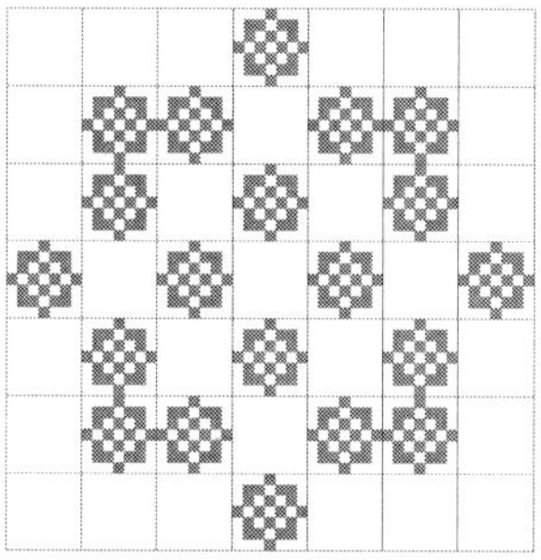

③ $\log_{243}51620 = 1.859$

① $\log_7 20 = 1.54$	② $\log_{49} 400 = 1.54$
	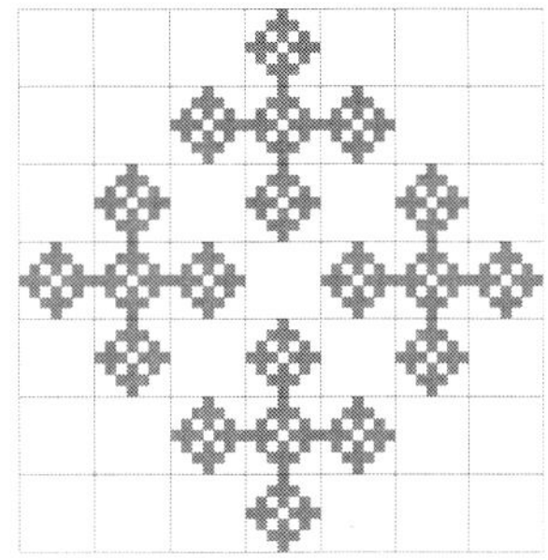

③ $\log_{243} 59620 = 1.884$

① $\log_{7}20 = 1.54$

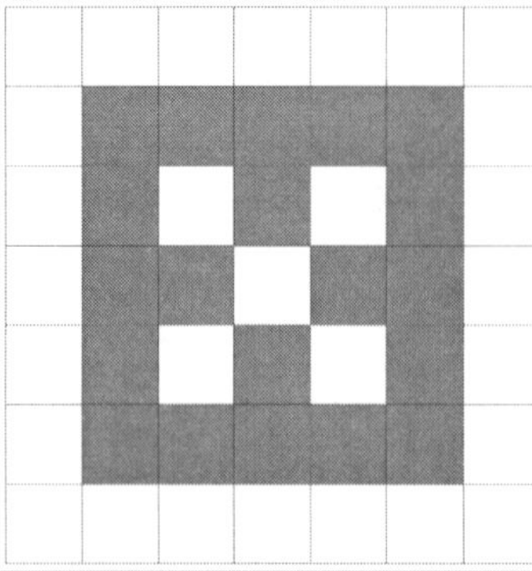

② $\log_{49}400 = 1.54$

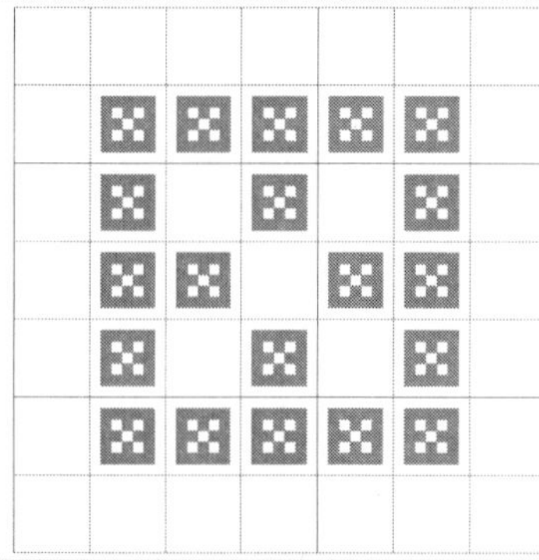

③ $\log_{243}59620 = 1.884$

(7) 1단계 21개

① $\log_{7}21 = 1.565$	② $\log_{49}441 = 1.565$
	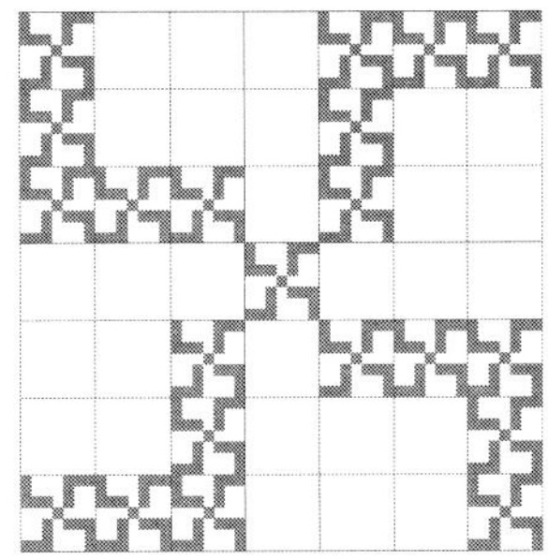

③ $\log_{243}53508 = 1.865$

7 8×8 곱셈-나눗셈 프랙탈

(1) 1단계 16개

① $\log_8 16 = 1.333$	② $\log_{64} 256 = 1.333$
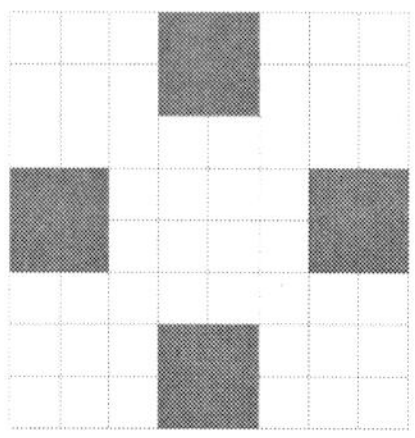	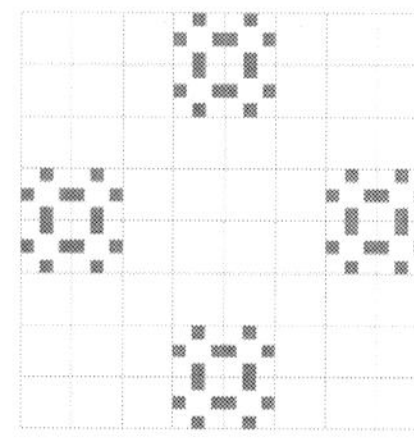

③ $\log_{512} 73656 = 1.797$

① $\log_8 16 = 1.333$

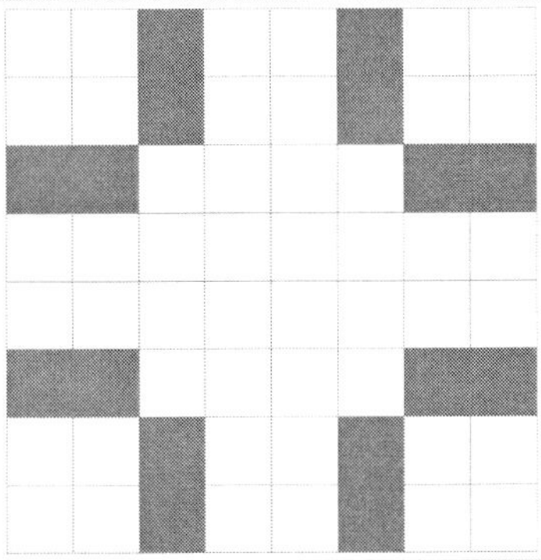

② $\log_{64} 256 = 1.333$

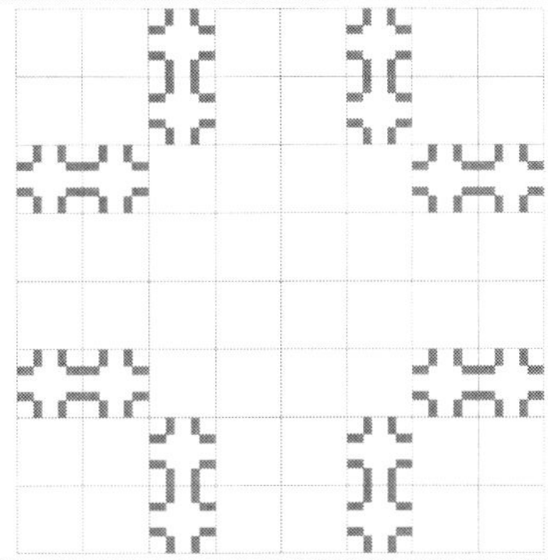

③ $\log_{512} 73656 = 1.797$

① $\log_8 16 = 1.333$	② $\log_{64} 256 = 1.333$
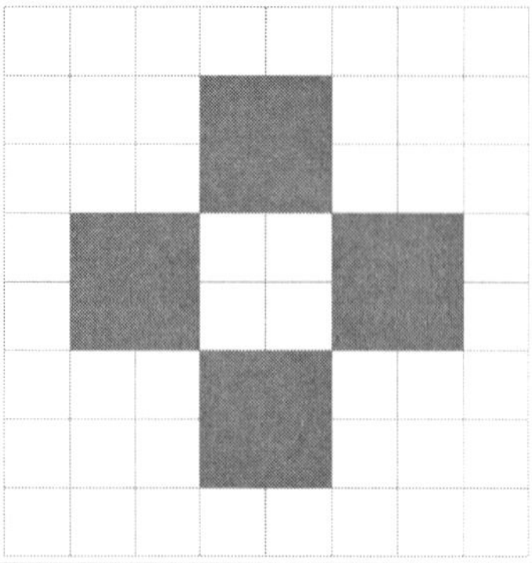	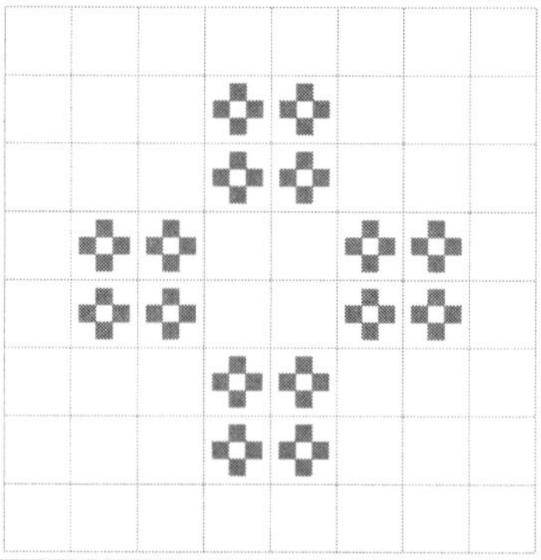

③ $\log_{512} 73656 = 1.797$

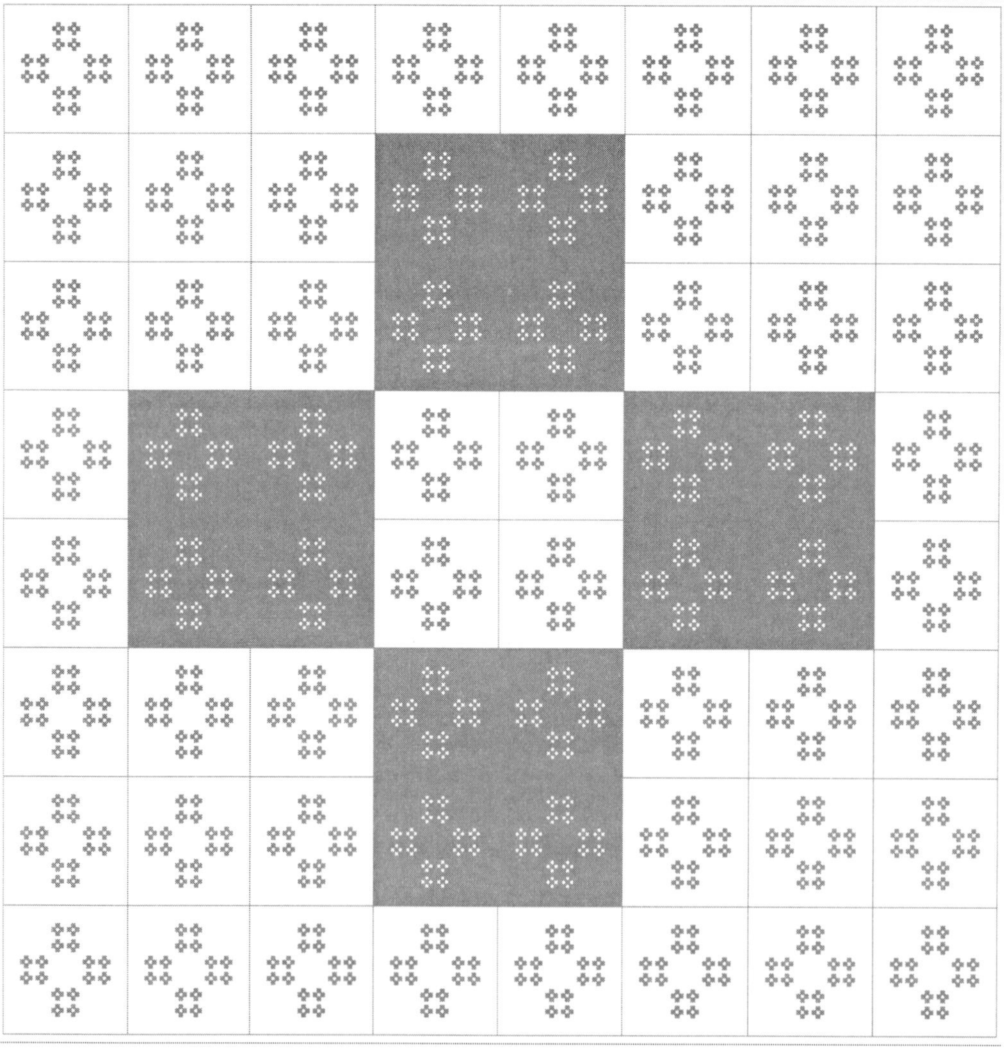

(2) 1단계 20개

① $\log_8 20 = 1.441$	② $\log_{64} 400 = 1.441$
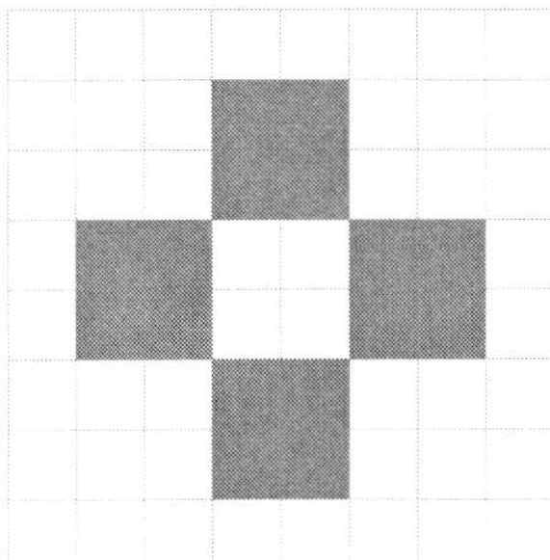	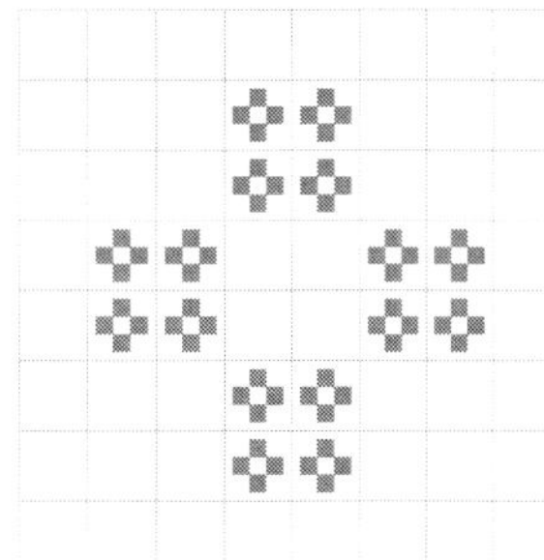

③ $\log_{512} 91448 = 1.831$

① $\log_{8}20 = 1.441$

② $\log_{64}400 = 1.441$

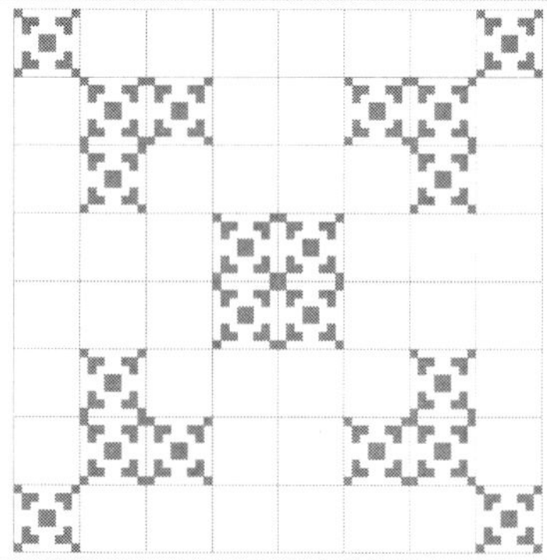

③ $\log_{512}91448 = 1.831$

(3) 1단계 24개

① $\log_{8}24 = 1.528$	② $\log_{64}576 = 1.528$
	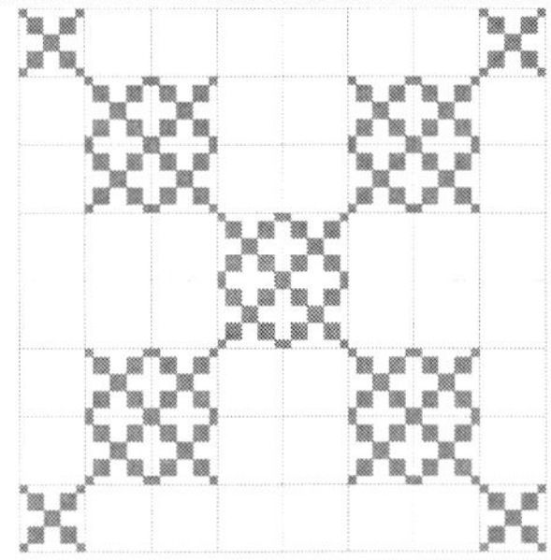

③ $\log_{512}107496 = 1.857$

① $\log_8 24 = 1.528$	② $\log_{64} 576 = 1.528$
	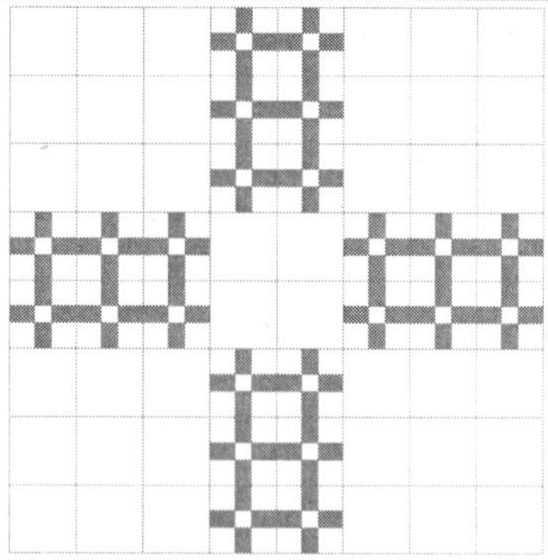

③ $\log_{512} 107496 = 1.857$

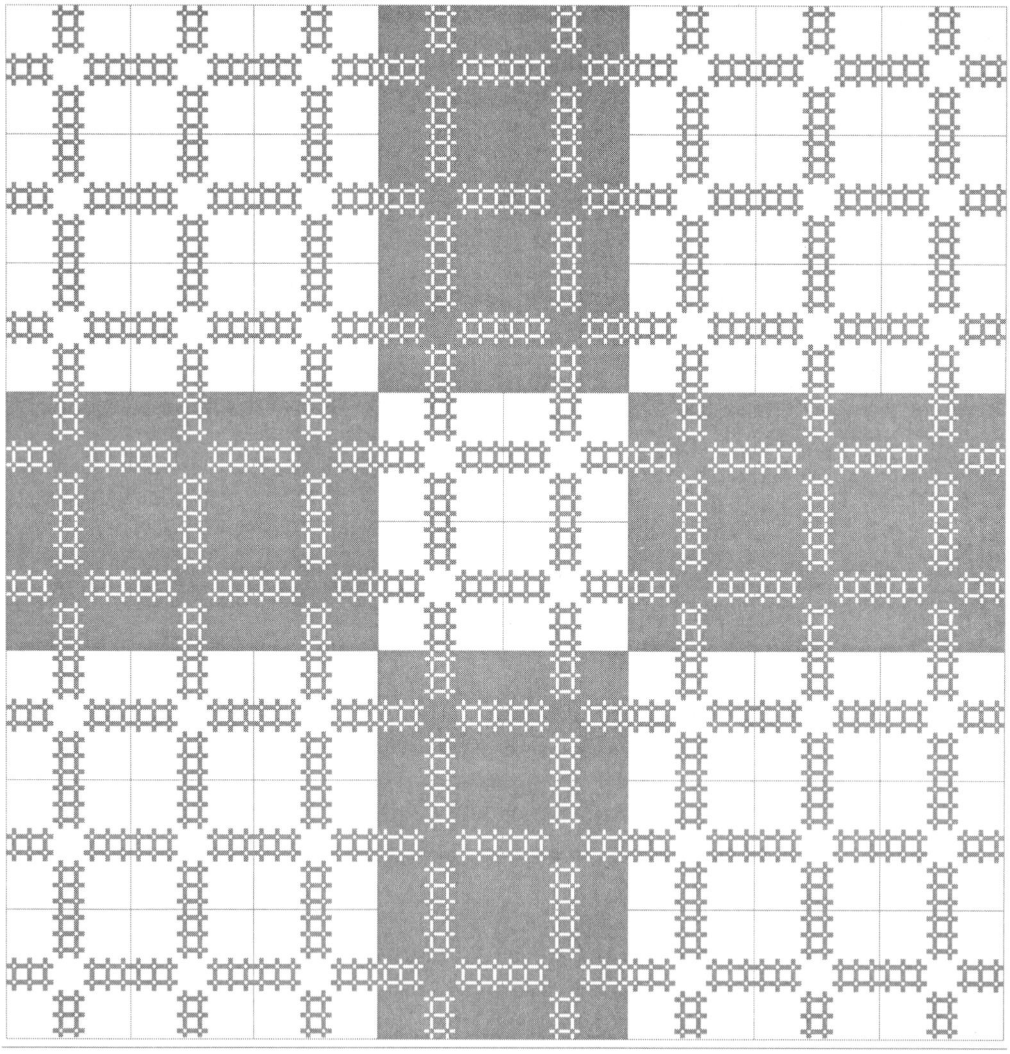

① $\log_8 24 = 1.528$

② $\log_{64} 576 = 1.528$

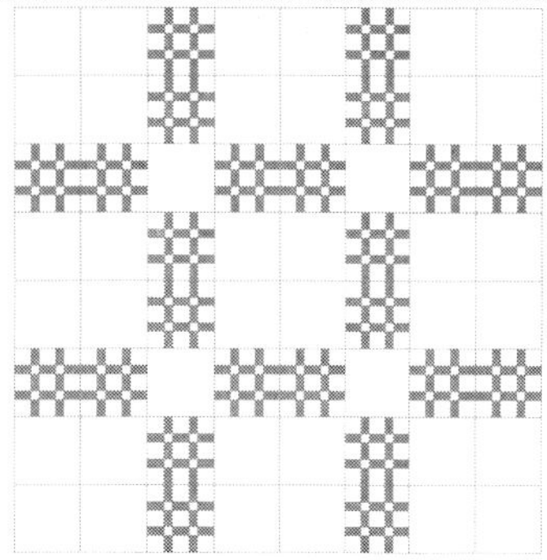

③ $\log_{512} 107496 = 1.857$

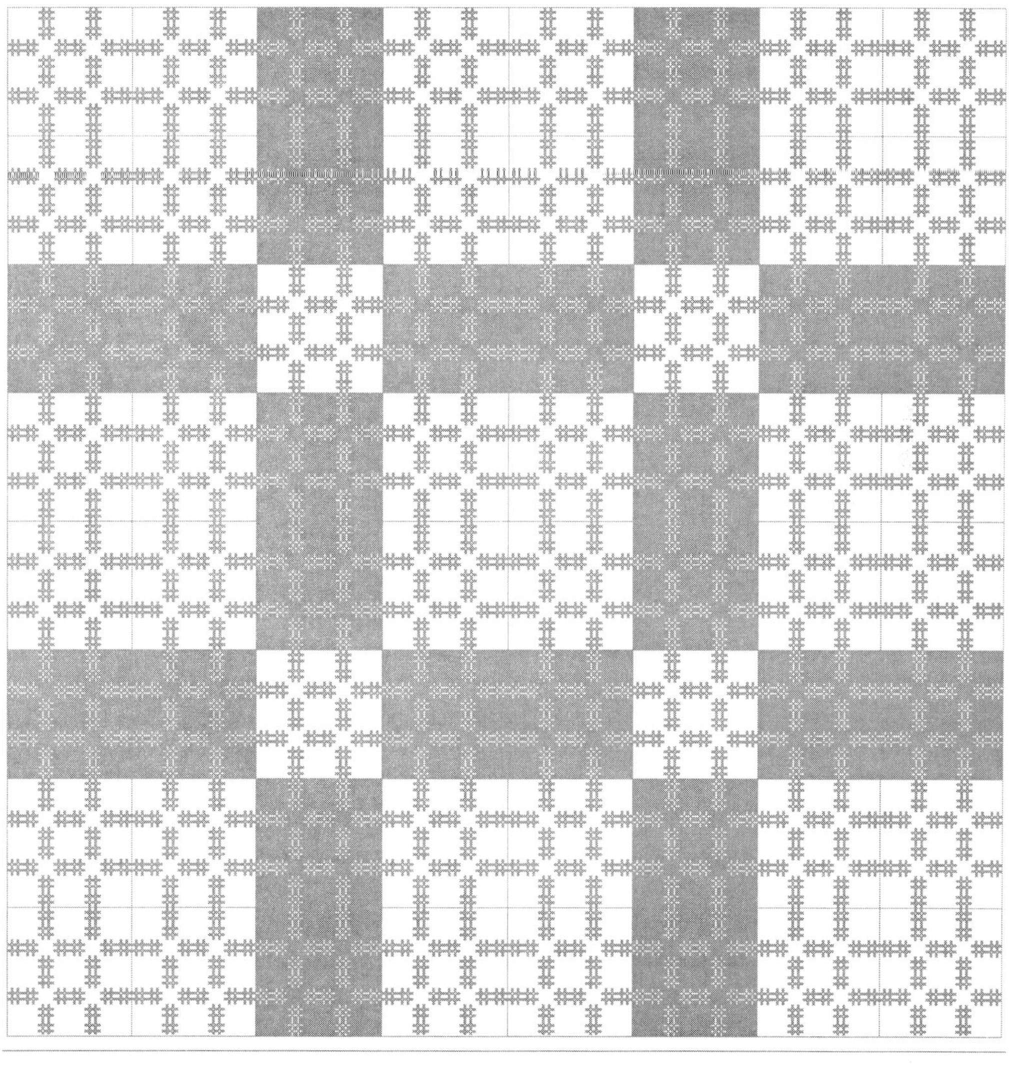

① $\log_{8}24 = 1.528$

② $\log_{64}576 = 1.528$

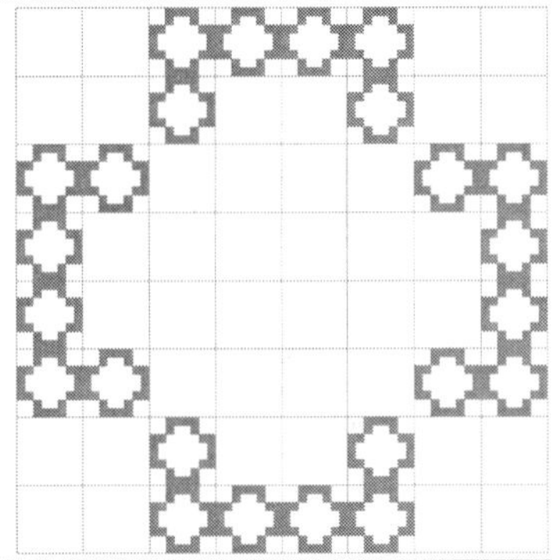

③ $\log_{512}107496 = 1.857$

① $\log_8 24 = 1.528$

② $\log_{64} 576 = 1.528$

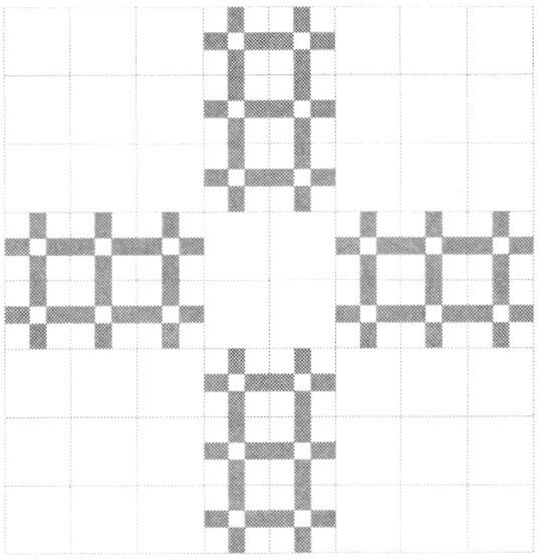

③ $\log_{512} 107496 = 1.857$

(4) 1단계 28개

① $\log_{8}28 = 1.602$

② $\log_{64}784 = 1.602$

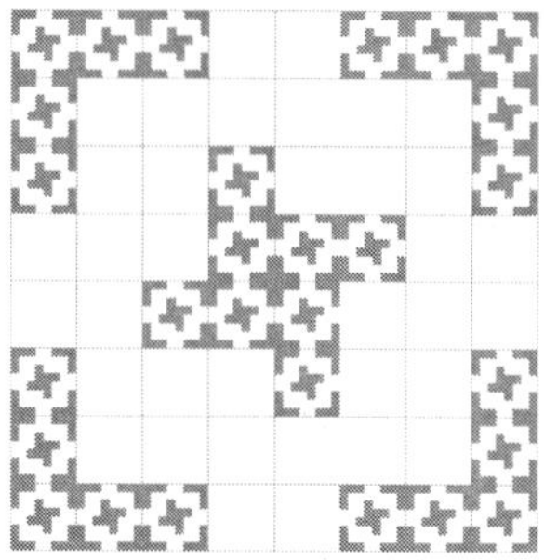

③ $\log_{512}120888 = 1.876$

① $\log_8 28 = 1.602$	② $\log_{64} 784 = 1.602$
	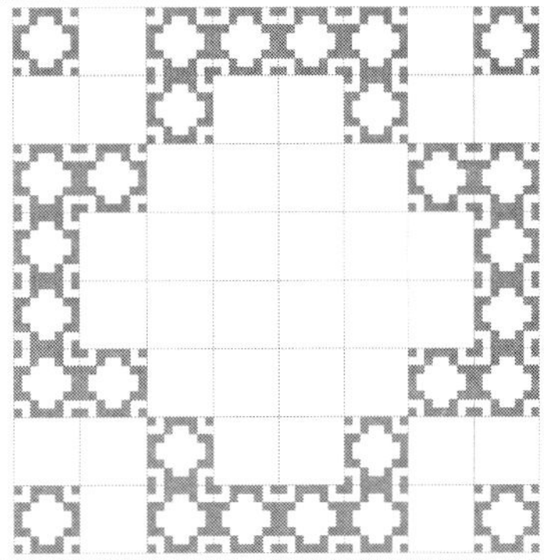

③ $\log_{512} 120888 = 1.876$

① $\log_8 28 = 1.602$	② $\log_{64} 784 = 1.602$
	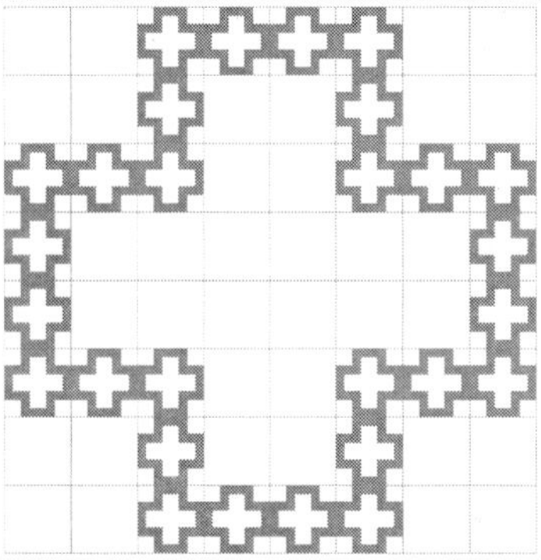

③ $\log_{512} 120888 = 1.876$

① $\log_8 28 = 1.602$

② $\log_{64} 784 = 1.602$

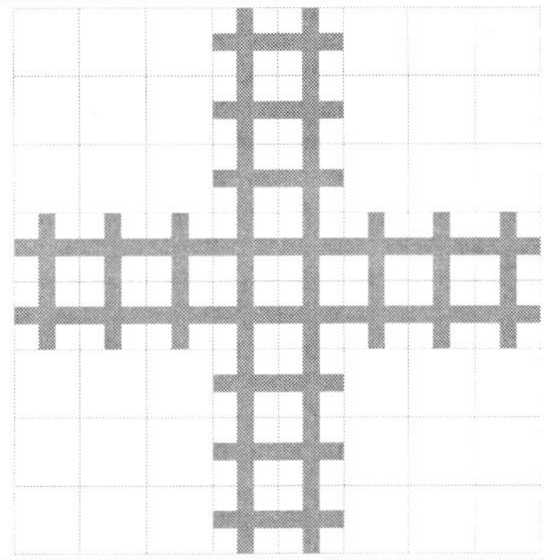

③ $\log_{512} 120888 = 1.876$

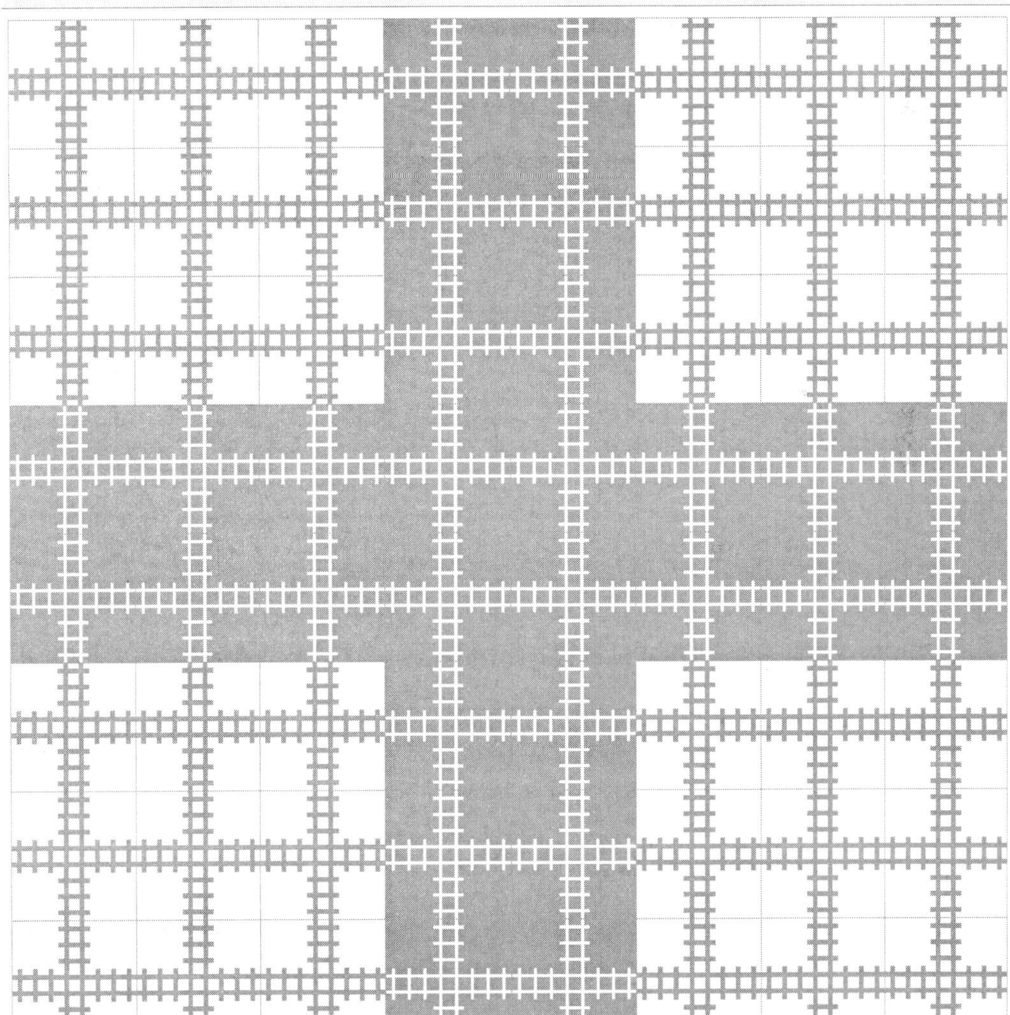

(5) 1단계 32개

① $\log_{8}32 = 1.667$	② $\log_{64}1024 = 1.667$
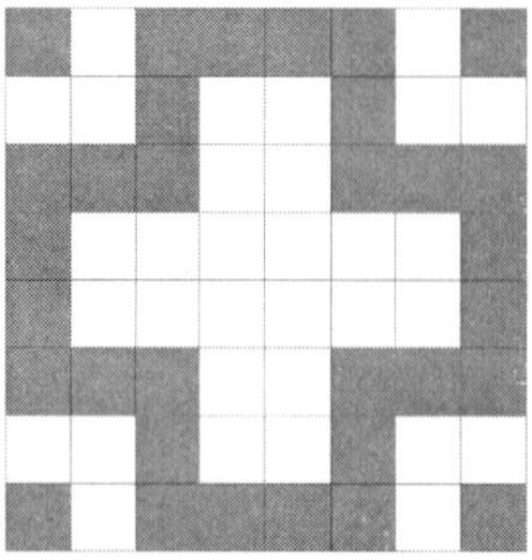	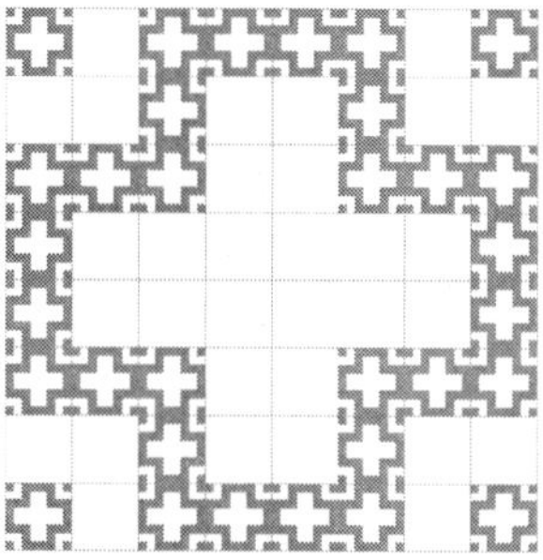

③ $\log_{512}163840 = 1.925$

① $\log_8 32 = 1.667$

② $\log_{64} 1024 = 1.667$

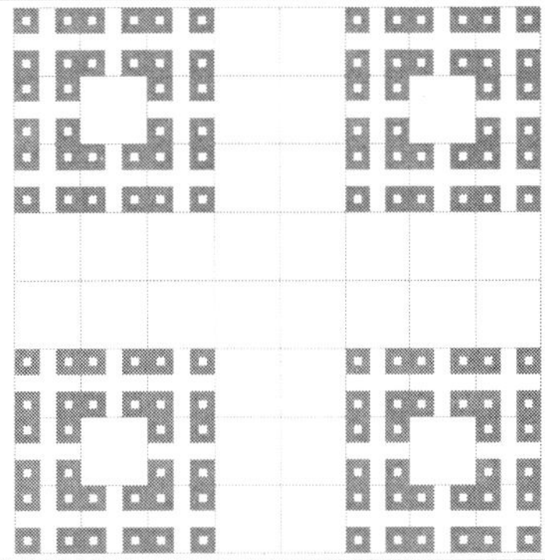

③ $\log_{512} 131000 = 1.889$

(6) 1단계 36개

① $\log_8 36 = 1.723$	② $\log_{64} 1296 = 1.723$
	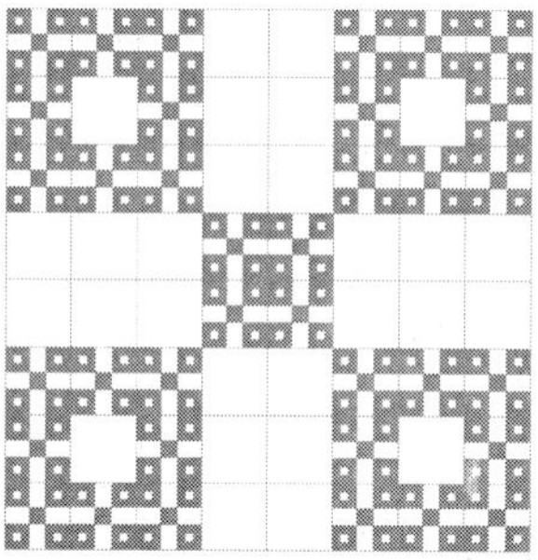

③ $\log_{512} 137016 = 1.896$

(7) 1단계 40개

① $\log_8 40 = 1.774$	② $\log_{64} 1600 = 1.774$

③ $\log_{512} 138168 = 1.897$

지은이_ 안대영

• 네이버 카페 프랙탈을 찾는 사람들
(http://cafe.naver.com/chaosfractals)
• 한국교원대학교 수학교육 박사
• 충청북도 수석교사

• 저서 〈융합교육시리즈〉

① 프랙탈과 카오스
② 수학에서 느끼는 삶의 지혜
③ 프랙탈 디자인을 유혹하다
④ 수학의 본질은 디자인이다
⑤ 디자인을 사랑한 수학
⑥ 나는 프랙탈 디자이너
⑦ 프랙탈 디자인을 말하다
⑧ 덧셈 프랙탈 디자인을 만나다
⑨ 뺄셈 프랙탈 디자인을 만나다
⑩ 곱셈 프랙탈 디자인을 만나다
⑪ 나눗셈 프랙탈 디자인을 만나다

융합교육 시리즈 ⑩

곱셈 프랙탈 디자인을 만나다

2016년 1월 11일 초판 발행
2023년 8월 10일 초판 1쇄 발행

저 자 안대영
발행자 오판근
발행처 교우사

주 소 서울특별시 동대문구 제기동 148-19 교우빌딩 2층
전 화 925-2861~2, 편집부 / 925-2825, 홈쇼핑 / 969-5762
팩 스 925-2860

E-mail kyowoo@kyowoo.co.kr
홈페이지 http://www.kyowoo.co.kr
북스토어(쇼핑몰) http://www.kyowoo.co.kr

등 록 1994. 3. 24 제6-0256호

ISBN 979-11-251-0143-7
979-11-251-0028-7(세트)
값 20,000원